전기응용

박성택 · 심상만 · 김천오
이해춘 · 권철오 공저

도서출판 태영문화사

머 리 말

산업의 급격한 발전과 더불어 생산 공정의 자동화, 고속화, 고정도화, 대용량 등 규모와 종류가 증대하고 있다. 또한 최근의 전기에너지 변환기술은 새로운 에너지원으로 변화시키고 있으며 특히 전기전자 및 정보 분야에서 에너지 변환은 전기응용 분야의 범위를 더욱 넓히고 있다. 이러한 산업의 원동력인 전기에너지를 합리적으로 운영하기 위하여 각종 전기기계의 효율적인 활용 및 운영방법을 연구하는 분야가 전기응용이다. 그래서 이 책에는 조명공학, 전열공학, 전동기응용, 전기철도, 전기화학 및 기타 전기응용 분야로 분류하여 편집하였다.

이 교재는 해당 분야마다 가급적 최근의 기술정보에 의한 이론과 각종 데이터, 주요 공식, 해당 항목에 대한 그림이나 사진을 삽입하여 충분한 이해를 돕도록 구성하였다. 또한 각 편마다 전기분야 산업기사 문제를 수록하여 실력 테스트에 활용하도록 하였다. 본 교재는 대학 및 대학교, 산업현장에서 전기분야 종사자에게 많은 도움이 되도록 기술하려고 하였지만, 아직도 미흡한 점이 많다고 생각한다. 앞으로 더욱 더 노력하여 미흡한 부분을 보완하여 전기분야에 관심있는 모든 분들께 좋은 참고서로 도움이 되도록 하겠다.

끝으로 본 서를 집필하도록 많은 도움을 수신 도서출판 태영문화사 사장님 이하 여러 임직원들에게 깊은 감사를 드리며 독자들의 무궁한 발전을 기원하는 바입니다.

저자 씀

차 례

제1편 조명공학

제1장 조명의 기초

제2장 광 원

제2편 전열공학

제1장 전열의 기초

제2장 전기가열

제3장 전기용접

제4장 열펌프

제3편 전동기 응용

제1장 전동기 기초

제2장 전동기 운전

제3장 전동기 응용분야

제4편 전기철도

제1장 전기철도

제2장 전차선로

제3장 전기운전설비

제4장 전기철도용 전동기

제5장 열차 운전

제5편 전기화학

제1장 전기화학의 기초

제2장 화학전지

제6편 정전기

제1장 정전기

제 1 편

조명공학

제 1 장

조명의 기초

1.1 조명이란

조명(照明)이란 태양광에 의한 자연조명과 열적, 화학적, 생물학적 에너지를 이용한 인공조명이 있다. 인간 생활은 낮과 밤이 공존하는 자연의 법칙에 의해 인류의 시작부터 조명의 생활화가 이루어져 왔다.

최근에는 과학의 발달로 인간 생활에 가장 적합하고 편리한 기능의 조명들이 개발되고 있다. 따라서 조명은 인간 삶의 가장 궁극적 목적인 편안하고 안락한 생활을 영위하는데 필수적인 요소로 자리 매김하고 있다.

가장 쾌적한 공기 환경이란 20~25[℃]의 온도, 50~70[%]의 상대습도, 시간당 30[m^3]의 환기량, 1[cc] 중 약 1,000개 이하의 먼지가 있는 경우이며, 조명환경 또한 물체를 보기 쉬운 밝은 환경과 시각적으로 안락한 분위기를 유지함으로서 건강하고 안락한 조명 환경을 얻을 수 있다.

시각은 우리들에게 물체의 형태, 색체, 밝음 등을 알리며, 우리들이 갖는 지식의 80[%]는 시각으로써 얻어진다고 볼 수 있다. 인간에게 쾌적한 조명환경은 수광채광이나 인공조명을 적절하게 실시함으로써 얻어진다.

인류가 오랜 세월 자연계에 적응되어 왔으므로 주광조명이 가장 자연스럽고 건강적이라 할 수 있다. 그러므로 인공조명은 주광이 부족할 때 보충하는 것이기는 하지만, 주광의 질과 양에 근사한 전등조명을 한다면 밝음이 심하게 변동하는 주광조명을 능가하게 될 것이다.

인공조명은 주로 전등으로 이루어지고 있으며, 전등도 백열전구로부터 형광등, 메탈핼라이드 램프 등으로 발전되어 높은 효율, 긴 수명, 좋은 광색의 우수한 광원을 얻고 있다. 이들 빛을 실제로 적용하는 여러 가지 조명방식이 우리 생활을 편리하고 쾌적하게 돕고 있다.

이와 같이 광원으로써 전등은 필요한 장소나 실내에 밝음을 제공하는 것을 조명이라 한다.

1.2 빛

1.2.1 빛과 전자파

빛도 전자파(電磁波)의 일부이며 전자파로서 전달되는 에너지를 복사한다. 복사란 전자파 또는 입자에 의하여 에너지가 방출하거나 전달되는 현상으로 파장에 따라 각각 고유의 성질을 가지고 있다. 그림 1-1과 같이 파장에 의하여 방송파, 적외선, 광선, 자외선, X선 및 γ선 등으로 나눌 수 있다.

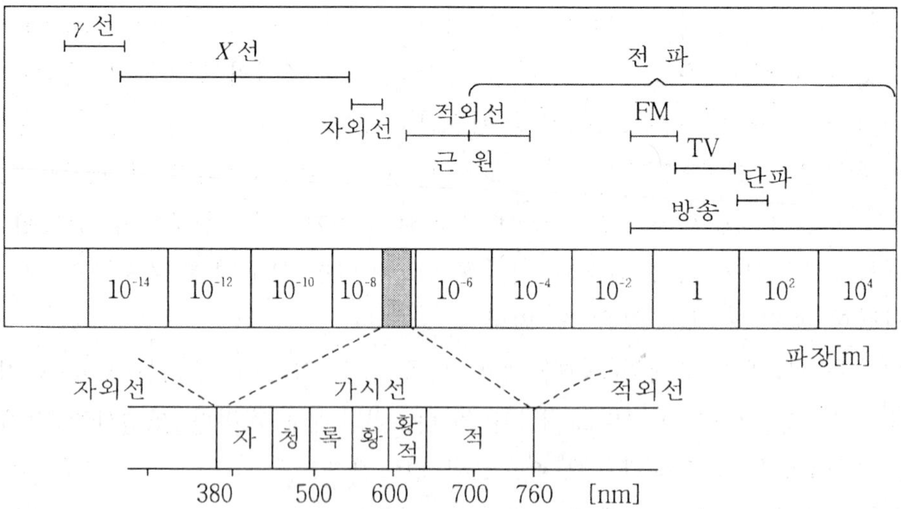

그림 1-1 복사 스펙트럼

이 전자파 중에서 감각을 일으키는 파장은 380~760[nm] 범위에 있는 광선이며, 380[nm] 보다 짧은 파장의 자외선은 화학, 살균 및 형광작용 등으로 활용하며, 광선보다 파장이 긴 760[nm]~1[mm]의 범위의 적외선은 온열효과로 활용하고 있다.

사람 눈으로 느끼는 빛의 파장영역도 전자파의 일부이다. 빛의 파장에 따라 사람이 느끼는 빛의 감각이나 감수성에 차이는 있지만, 일반적으로 긴 파장영역으로 갈수록 적색, 짧은 파장영역으로 갈수록 청색의 색감을 느낀다.

빛의 스펙트럼 분포에 따르면 파장 555[nm]일 때 가장 밝게 느끼며, 파장 555[nm]를 기준으로 파장이 짧거나 또는 길수록 밝기의 감각은 점점 줄어든다.

1.2.2 빛의 성질

빛은 파동성과 입자성의 두 가지의 성질을 가지고 있다. 편광, 회절 및 간섭 등의 현상은 빛의 파동성에 의한 것이며, 광전효과는 빛의 입자성에 의한 것이다.

빛을 전자파로 볼 경우, 진공중의 전파속도 c[m/s]는 식 (1-1)과 같이 표현할 수 있다.

$$c = \lambda \cdot f \,[\mathrm{m/s}] \qquad (1\text{-}1)$$

여기서, c : 광속 $= 2.9979 \times 10^8 \fallingdotseq 3 \times 10^8$[m/s]

λ : 파장[m]

f : 주파수[Hz]

빛이 매질 중을 통과할 때 주파수는 변하지 않으나, 속도와 파장은 변화한다. 빛의 파장의 단위로는 보통 [μm] $= 10^{-6}$[m], [nm] $= 10^{-9}$[m], [Å] $= 10^{-10}$[m] 등으로 사용된다.

1.3 조명용어 및 단위

1.3.1 방사속

전자파로 전달되는 에너지를 방사속(放射束)이라고 한다. 그림 1-2와 같이 단위 시간당 단위 면을 통과하는 방사 에너지의 양을 방사속(radiant flux ; Φ)이라 하며, 단위는 와트[W]를 사용한다.

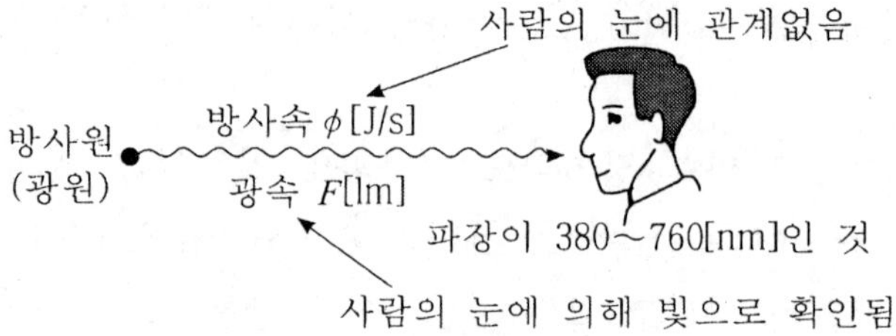

그림 1-2 방사속과 광속

1.3.2 광 속

사람의 눈으로 느끼는 빛의 파장범위는 380~760[nm]으로 가시영역의 방사속을 시감에 기초하여 측정한 것을 광속(光束, luminous flux ; F)이라 한다. 즉, 그림 1-2와 같이 어떤 영역을 단위시간에 통과하는 광량이며, 단위는 루멘[lm]이다.

예를 들면, 백열전구 110[V], 100[W]의 전광속(全光束)은 약 1,420[lm], 40[W] 백색형광 램프는 약 3,000[lm], 3파장 형광등 40[W]는 약 3,500[lm], 400[W] 고압나트륨 램프는 약 46,000[lm]이다. 표 1-1에 대표적인 광원의 광속을 나타내었다.

구광원일 때의 전광속은 식 (1-2)와 같이 표현할 수 있다.

$$F = 4\pi \cdot I\,[\text{lm}] \tag{1-2}$$

여기서 $\pi = 3.14$, I : 광도

표 1-1 대표적인 광원의 광속

광 원	광 속[lm]
태 양	3.6×10^{28}
백열전구 40[W]	445
백색형광램프 40[W]	3,000
3파장 형광등 40[W]	3,500
고압나트륨램프 400[W]	46,000

1.3.3 광속 발산도

그림 1-3과 같이 어떤 면으로부터 나오는 전광속 F[lm]를 그 발산면의 면적 A [m²]로 나눈 것을 광속 발산도(luminous radiance : R)라 하며, 식 (1-3)과 같이 나타낼 수 있다.

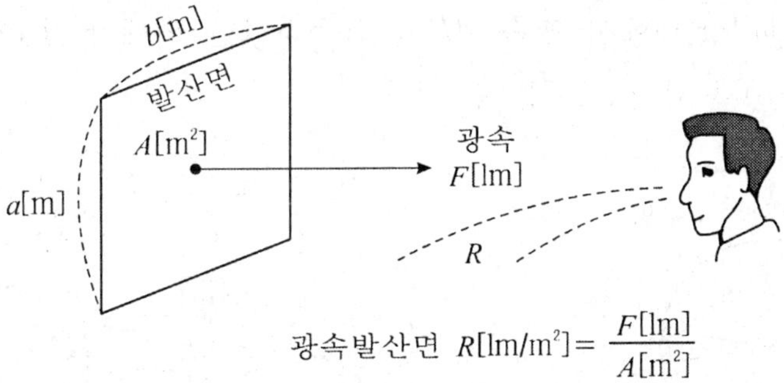

그림 1-3 광속 발산도

$$R = \frac{F}{A}\,[\mathrm{lm/m^2}] \tag{1-3}$$

광속 발산도(光束 發散度)는 반사면 또는 투과면에 있어서는 식 (1-4) 및 식 (1-5)와 같이 정의할 수 있다.

$$R = \rho\frac{F}{A} = \rho E\,[\mathrm{lm/m^2}] \tag{1-4}$$

$$R = \tau\frac{F}{A} = \tau E\,[\mathrm{lm/m^2}] \tag{1-5}$$

여기서 ρ : 반사율, τ : 투과율

단위는 레드룩스(radlux : rlx) 또는 아포스틸브(apostib : asb)가 사용된다.

$1[\mathrm{rlx}] = 1[\mathrm{asb}] = 1[\mathrm{lm/m^2}]$, $1[\mathrm{rph}] = 1[\mathrm{lm/cm^2}] = 10^4[\mathrm{rlx}]$

1.3.4 광 도

그림 1-4와 같이 빛이 광원에서 나와 어떤 방향의 미소 입각체내를 지나는 광속을 그 미소입체각으로 나눈 것을 광도(光度, luminous intensity)라 한다. 기호는 I이며, 단위는 칸델라[cd]를 사용한다. 1[cd]는 단위입체각(1steradian)내의 광속이 1[lm]일 때를 말한다.

어떤 입체각 $\varDelta\omega$[sr]내에서 광속 $\varDelta F$가 균등하다면 입체각 $\varDelta\omega$의 모든 방향의 광도 I는 식 (1-6)과 같이 표현할 수 있다.

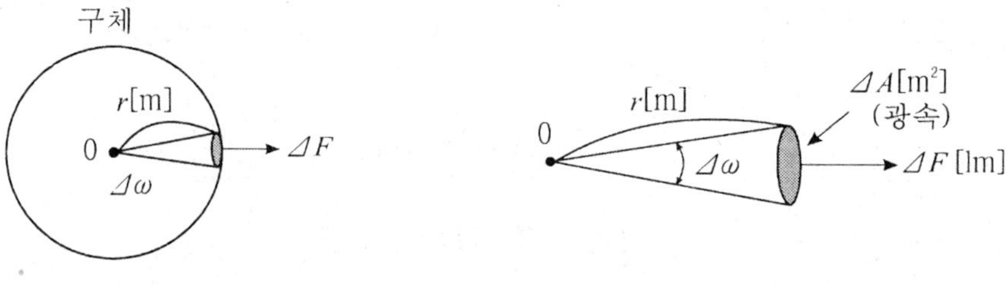

그림 1-4 광도와 입체각

$$I = \frac{F}{\omega}\,[\mathrm{cd}] \qquad (1\text{-}6)$$

점광원(點光源)에서 나오는 전광속을 구하기 위해서는 구면과 전체의 입체각은 4π[sr]이기 때문에 식 (1-6)을 식 (1-7)로 바꿀 수 있다.

$$I = \frac{F}{4\pi}\,[\mathrm{cd}] \qquad (1\text{-}7)$$

여기서, F는 점광원을 감싼 반경 r[m]인 구면 전체의 전광속(全光束)을 말하며, 식 (1-7)을 이용하여 전광속을 식 (1-8)로 표현할 수 있다.

$$F = 4\pi \cdot I\,[\mathrm{lm}] \qquad (1\text{-}8)$$

표 1-2에 대표적인 광원의 광도를 나타내었다.

표 1-2 대표적인 광원의 광도

광 원	광 도[cd]
태 양	2.8×10^{27}
백열전구 40[W]	40
백색형광램프 40[W]	330
형광수은램프 400[W]	1,800

1.3.5 조 도

빛이 투사하는 피조면(被照面) $A[\mathrm{m}^2]$에 입사한 광속 $F[\mathrm{lm}]$를 그 피조면의 면적 $A[\mathrm{m}^2]$로 나눈 것, 즉 단위 면적당의 입사광속의 밀도를 말한다. 기호는 E이며, 단위는 룩스[lx]를 사용한다. 조도(照度)란 어떤 물체에 광속이 투사되면 그 면을 밝게 비추는 정도를 표시한 것이다.

그림 1-5는 광속과 광도에 의한 조도 계산법을 나타낸 것이다.

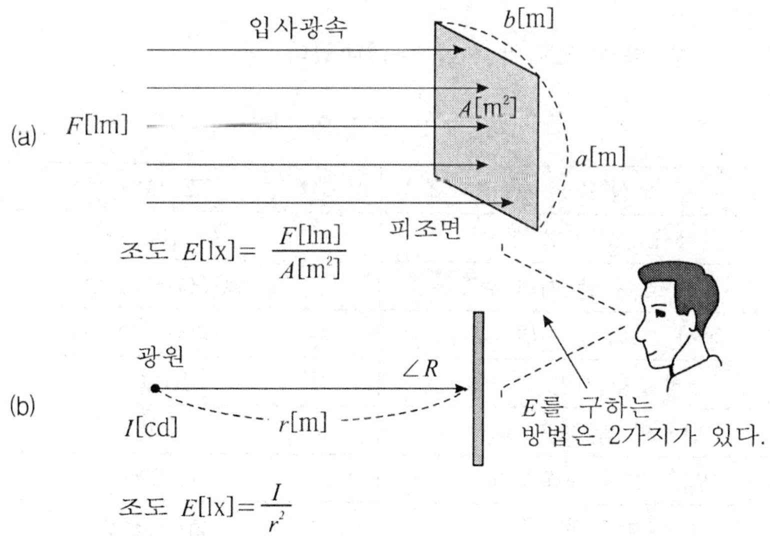

그림 1-5 조도 E 계산법

또한, 광원의 광도 $I[\mathrm{cd}]$와 광원에서 피조면까지의 거리 $r[\mathrm{m}]$과의 관계에 있어서 그림 1-5(a)의 경우에는 식 (1-9), 그림 1-5(b)의 경우에는 식 (1-10)으로 표현할 수 있다.

$$E = \frac{F}{A}\,[\mathrm{lx}] \tag{1-9}$$

$$E = \frac{I}{r^2}\,[\mathrm{lx}] \tag{1-10}$$

여기서, F : 입사 광속[lm], A : 입사 면적[m^2],
I : 광도[cd], r : 광원에서의 거리[m]

식 (1-10)의 조도 식을 거리의 역제곱 법칙(inverse square law)이라 한다. 예를 들어 광도 I인 균등 점광원을 반지름 r인 구(球)의 중심에 있는 경우, 구면위의 모든 점의 조도 $E = \frac{F}{A} = \frac{4\pi I}{4\pi r^2} = \frac{I}{r^2}$ [lx]로 구할 수 있다.

조도의 MKS 단위인 룩스(lux : lx) 즉, 1[lx]=1[lm/m^2]로도 나타내며, CGS 단위계로는 식 (1-11)과 같이 포트(phot : ph)를 사용하기도 한다.

$$1[\mathrm{ph}] = 1[\mathrm{lm/cm^2}] = 10^4[\mathrm{lx}] \tag{1-11}$$

표 1-3은 장소에 따른 조도의 예를 나타내었다.

표 1-3 조도의 예

장 소	조 도[lx]
직사일광 지면 위	약 100,000
약간 흐린 날 지면 위	30,000～70,000
몹시 흐린 날 지면 위	10,000～30,000
청공광 지면 위	10,000
만월의 밤 지면 위	약 0.2
맑은 날의 북쪽창가	2,000
밝은 방	200～500
독서에 적당한 밝음	200～500

천장(天障)에 있는 점광원에 의한 빛의 진행에 대한 조도는 법선조도, 수직면조

도, 수평면조도로 구분된다.

그림 1-6과 같이 수평면조도(E_h)와 수직면조도(E_v), 법선조도(E_n) 중에서 일반적으로 점 조도는 수평면조도를 말하고 각 조도 계산은 식 (1-12)~(1-14)로 계산을 할 수 있다.

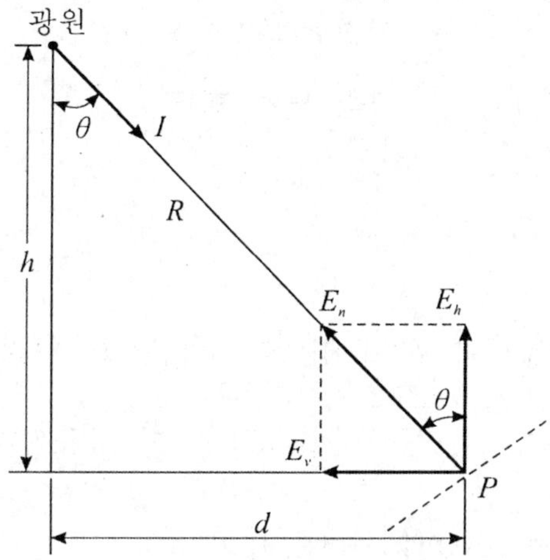

그림 1-6 조도계산

$$\text{법선조도 : } E_n = \frac{I}{R^2} \tag{1-12}$$

$$\text{수평면조도 : } E_h = E_n \cdot \cos\theta = \frac{I}{R^2} \cdot \cos\theta \tag{1-13}$$

$$\text{수직면조도 : } E_v = E_n \cdot \sin\theta = \frac{I}{R^2} \cdot \sin\theta \tag{1-14}$$

여기서, θ : 입사각[°], R : 광원에서 거리[m], I : 광도

1.3.6 휘 도

광원의 눈부심 정도를 휘도(輝度, brightness 또는 luminance)라 하며, B(또는 L)로 표시하며 그림 1-7에 나타내었다. 어떤 방향에서의 광도를 그 방향에 대한 투영면적으로 나눈 값으로 표시한다. 휘도는 광원까지의 거리에 관계가 없으며, 물체 식별은 그 물체의 밝기에 따른 면의 휘도 차에 의한 것이다. 휘도의 계산은 식

(1-15)에 의해 구할 수 있다.

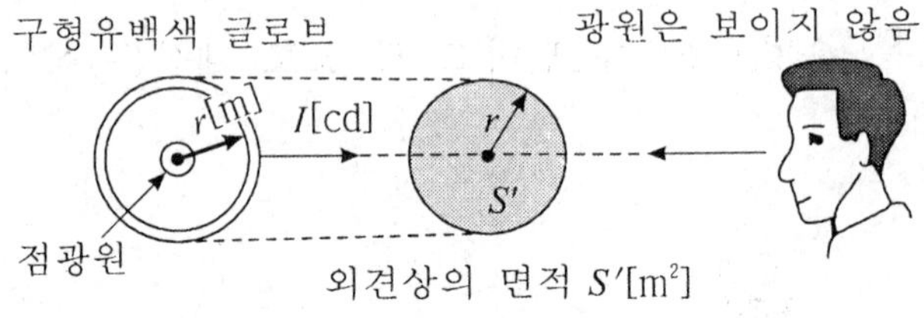

그림 1-7 휘도

$$B = \frac{I}{S'} \text{[cd/m}^2\text{]} \qquad (1\text{-}15)$$

여기서, I : 어느 방향에서의 광도[cd], S' : 외관상의 면적[m^2]

단위로는 스틸브(stilb : sb) 또는 니트(nit : nt)가 사용된다.

$$1\text{[sb]} = 1\text{[cd/cm}^2\text{]} = 10^4\text{[nt]},\ 1\text{[nt]} = 1\text{[cd/m}^2\text{]}$$

휘도 B가 크면 눈부심을 강하게 느낀다. 휘도는 눈과 광원간의 거리에는 관계가 없으며, 어느 방향에서 보아도 휘도가 같은 면을 **완전 확산면**이라 한다. 그림 1-7과 같이 완전 확산면의 경우 휘도 B와 광속발산도 R과의 관계는 식 (1-16)과 같다.

$$B = \frac{R}{\pi} \text{[cd/m}^2\text{]} \qquad (1\text{-}16)$$

표 1-4에 각종 광원의 휘도를 나타내었다.

표 1-4 각종 광원의 휘도 수치

광 원	휘도[cd/cm²]	광 원	휘도[cd/cm²]
태양(천장)	160,000	네온(적색)	0.08
청 공	0.4	석유등	1.2
투명전구 100[W]	600	양 초	0.5
프로스트전구 100[W]	14	형광램프 40[W] 주광색	0.35
고압수은등 400[W]	50	달의 면	0.3

1.3.7 반사율, 투과율, 흡수율

반사율(反射率)이란 그림 1-8과 같이 어떤 물체에 입사하는 광속과 그 물체에서 다시 반사되는 광속의 비로 나타내며, 기호는 ρ로 표시한다.

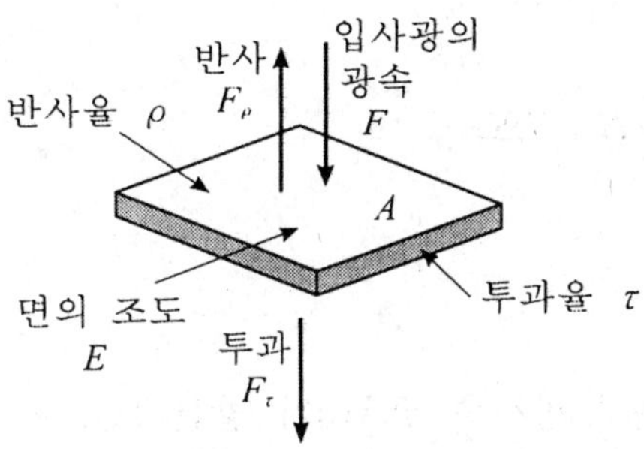

그림 1-8 반사, 투과, 흡수

투과율(透過率)이란 어떤 물체에 입사하는 광속 중에서 그 물체를 투과하는 광속과의 비로 나타내며, 기호는 τ로 표시한다.

흡수율(吸收率)이란 물체에 입사하는 광속 중 그 물체가 흡수하는 광속의 비를 말하며, 기호는 α로 표시한다.

반사율, 투과율 및 흡수율을 식으로 표현하면 식 (1-17)과 같다.

$$\left.\begin{aligned} \text{반사율}\ \ \rho &= \frac{F_\rho}{F} \\ \text{투과율}\ \ \tau &= \frac{F_\tau}{F} \\ \text{흡수율}\ \ \alpha &= \frac{F_\alpha}{F} \end{aligned}\right\} \tag{1-17}$$

여기서, F : 입사광속, F_ρ : 반사광속, F_τ : 투과광속, F_α : 흡수광속

반사율, 투과율 및 흡수율과의 관계는 식 (1-18)과 같다.

$$\rho + \tau + \alpha = 1 \tag{1-18}$$

또한 반사 광속발산도 R_ρ와 투과 광속발산도 R_τ의 관계는 식 (1-19)와 같이

나타낸다.

$$\left.\begin{aligned} &\text{반사 광속발산도 } R_\rho = \frac{F_\rho}{A} = \rho E = \pi B \\ &\text{투과 광속발산도 } R_\tau = \frac{F_\tau}{A} = \tau E = \pi B \end{aligned}\right\} \tag{1-19}$$

여기서, A : 단위 면적, E : 조도

1.3.8 발광효율

광원으로부터 어떤 방향의 방사속 Φ[W]가 발산되면, 이 중에서 광속 F만이 육안으로 느끼게 된다. 이 방사속 Φ에 대한 광속 F의 비율을 그 광원의 **발광효율**(Luminous efficiency)이라 한다. 발광효율(發光效率) ε는 식 (1-20)으로 나타낸다.

$$\varepsilon = \frac{F}{\Phi}\,[\text{lm/W}] \tag{1-20}$$

최대 시감도를 일으키는 파장 555[nm]일 때의 발광효율은 683[lm/W]이다.

1.3.9 전등효율

실제로 광원에서 발산되는 전방사속보다 많은 에너지를 가하여야 한다. 즉, 전발산 광속 외에 대류(對流), 전도(傳導) 등에 의한 손실을 포함한 전 소비전력을 생각하여야 한다. 전력소비 P에 대한 전발산 광속 F의 비율을 **전등효율**(電燈效率, lamp efficiency : η)이라 하며, 식 (1-21)로 나타낼 수 있다.

$$\eta = \frac{F}{P}\,[\text{lm/W}] \tag{1-21}$$

일반적으로 전등효율은 발광효율보다 적다.

전등이 글로브로 덮혀 있는 경우에는 글로브에 의한 반사, 흡수를 고려해야 한다. 글로브의 효율 η_g는 식 (1-22)와 같이 나타낸다.

$$\eta_g = \frac{\tau}{(1-\rho)} \tag{1-22}$$

표 1-5에는 각종 램프들의 효율에 대하여 나타내었다.

표 1-5 각종 램프들의 효율

램프 종류	효율[lm/W]	램프 종류	효율[lm/W]
백열전구	7~22	형광램프	48~80
할로겐램프	20~22	메탈핼라이드램프	75~105
수은램프	35~55	나트륨램프	80~150

1.4 눈의 구조와 시감도

사람 눈은 안구(眼球)와 시신경(視神經)으로 되어 있으며, 그림 1-9와 같다. 사람의 눈의 구조와 기능을 카메라와 비교할 수 있는데, 눈의 수정체는 카메라의 렌즈로, 홍채는 조리개, 망막은 필름에 각각 비교되고 있다. 눈에서는 수정체를 둘러싸고 있는 모양체를 변화시켜서 수정체의 두께를 조절하여 망막에 영상을 맺게 한다. 홍채는 조리개로 동공의 면적을 변화시켜, 눈에 들어오는 빛을 조절한다. 망막에는 시세포가 분포되어 있으며, 시세포는 다시 추상체(cone)와 간상체(rod)로 구별되고 있다.

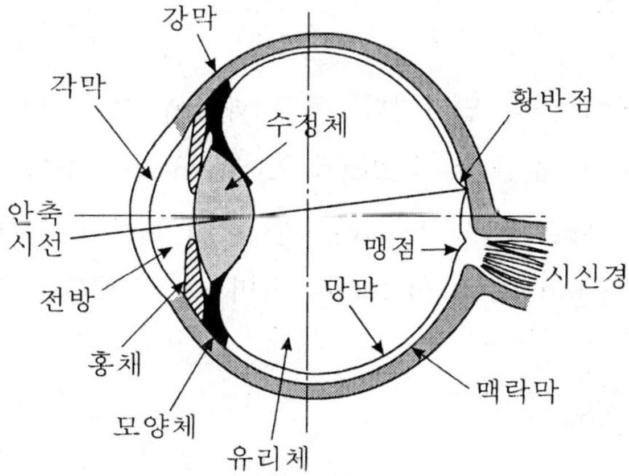

그림 1-9 눈의 구조

추상체(錐狀體)는 중심의 우묵해진 곳에 밀집하고, 밝은 곳에서 동작하며, 밝음과 색감을 일으킨다. 간상체(桿狀體)는 망막의 주변부에 분포되어 있으며, 조도가 0.03[lx] 이하의 어두운 곳에서만 동작하고 밝고 어두운 것만을 느낀다. 황반점에는 추상체가 밀집하고 있어, 이로부터 멀어질수록 추상체는 적어지고 간상체가 증가한다.

1.4.1 시감도

파장 λ의 복사속은 ϕ[W]이라 하고, 이때 이 파장의 광속을 F[lm]라 하면 복사속에 대한 광속의 비를 시감도(luminous factor ; K)라 한다. 시감도는 식 (1-23)과 같은 관계가 성립된다.

시감도(視感度)란 파장 λ의 에너지가 빛으로서 어느 정도 밝게 느껴지는가를 나타내는 것이다. 즉 밝음의 느낌은 파장과 개인에 따라서 다르다. 그러나 대부분 사람들에게 각 파장의 분광방사가 같은 밝음을 느끼게 하는데 필요한 에너지의 역수로 그 정도를 표시하는데 이것을 시감도라 한다. 즉 비등한 방사속에 대한 방사가 눈에 느끼게 하는 밝음의 비율이다. 시감도는 파장이 555[nm]일 때 최대시감도는 약 680[lm/W]이다.

$$K = \frac{F}{\phi}\,[\text{lm/W}] \tag{1-23}$$

1.4.2 비시감도

밝기의 감각은 파장에 따라 달라진다. 어떤 파장에 있어서의 시감도를 최대 시감도(680[lm/W])로 나눈 값을 비시감도(比視感度, V_λ)라 한다. 즉 파장 555[nm]의 방사일 때 최대시감도로서 680[lm/W]이다. 이에 대한 다른 파장의 시감도와의 비를 비시감도(relative luminous factor)라 하며, 식 (1-24)와 같이 나타낸다.

$$V_\lambda = \frac{\text{어떤파장의 시감도}}{680} \tag{1-24}$$

최대 시감도를 "1"로 하고 다른 파장에 대한 비시감도를 곡선으로 표시한 것이 비시감도곡선이라 하며 그림 1-10과 같이 나타낸다.

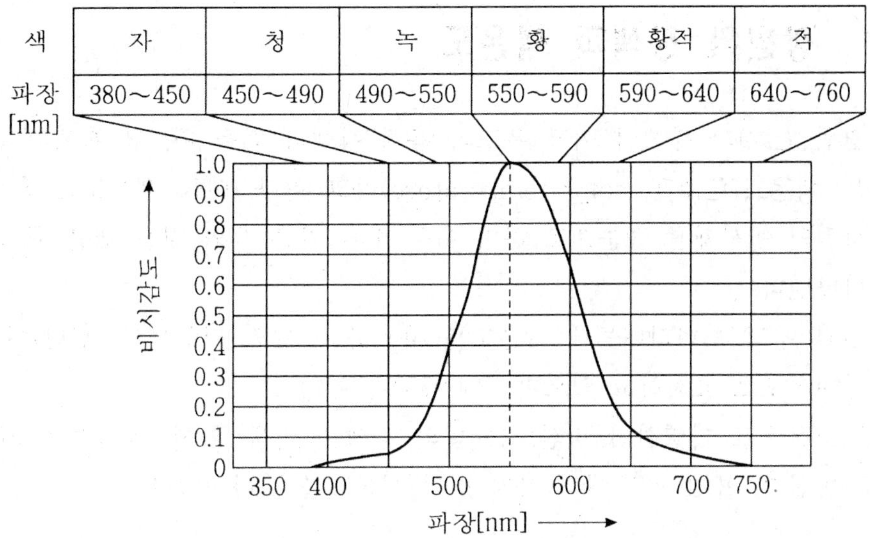

그림 1-10 비시감도 곡선

표 1-6은 국제조명위원회(CIE)에서 정한 비시감도를 나타내었다.

표 1-6 비시감도와 분광발광 효율

파장[nm]	비시감도 V_λ	분광발광효율 V_λ[lm/W]	파장[nm]	비시감도 V_λ	분광발광효율 V_λ[lm/W]
380	0.0000	000	580	0.870	592.0
400	0.0004	0.27	600	0.631	429.4
420	0.0040	2.7	620	0.381	259.3
440	0.023	15.7	640	0.175	119.1
460	0.060	40.8	660	0.061	41.5
480	0.139	94.6	680	0.017	11.6
500	0.323	219.4	700	0.0041	2.8
520	0.710	483.2	720	0.00105	0.71
540	0.954	649.2	740	0.00025	0.17
555	1.000	680.5	760	0.00006	0.04
560	0.995	677.1	780	0.000015	0.01

1.5 조명과 색

1.5.1 광원의 광색과 색온도

어떤 광원(光源)의 광색이 어느 온도의 흑체 광색과 같을 때, 그 흑체의 온도를 그 광원의 색온도(色溫度, color temperature)라고 한다. 이들 색온도는 흑체라고 하는 이상적인 방사체를 표준으로 하며 이들 빛과 같은 색의 빛을 냈을 때 흑체의 온도로 나타낸다.

각 광원과 광색을 나타내는데 색온도를 사용하고, 그의 단위는 K(켈빈)이다. 색온도는 절대온도로 표시하고 있으며 ℃+273°가 된다.

흑체를 고온으로 가열하면 발산하는 빛의 광색은 적색, 황색, 청록색을 거쳐 백열상태로 변한다. 표 1-7은 여러 가지 빛의 색온도를 나타내었다.

표 1-7 대표적인 광원의 색온도

광 원	색온도[K]	광 원	색온도[K]
태 양	5,450	할로겐전구(500[W])	3,000
푸른 하늘(오전 9시)	12,000	백열전구(600[W])	2,850
구름 낀 하늘	6,500	촛 불	2,000
주광색 형광램프	6,500	형광수은램프	4,600
백색 형광램프	4,500	고압수은램프	5,600

일반적으로 색온도가 낮으면 붉은 빛을 띠며 따스함을 느끼는 빛으로 되고, 색온도가 높아짐에 따라서 낮의 태양광과 같이 흰 빛, 더욱 높아지면 푸른색을 띠게 된다.

1.5.2 연색성

물체는 분광분포가 다른 광원을 비추면 각기 다른 색으로 보인다. 이와 같이 조명에 의해 물체의 색깔을 결정하는 광원의 성질을 연색성(color rendition)이라 한다. 즉, 연색성이란 광원이 비추어질 때, 그 물체에 대한 색의 보임을 정하는 광원의 성질을 말한다.

연색성(演色性)이 나쁜 광원으로 조명하면 물체의 색은 다르게 보인다. 이 연색성을 수치로 표시한 것을 **연색평가지수**라고 하며, 평균 연색 평가지수(R_a)란 많은 물체의 대표 색으로서 8종류의 시험 색을 사용하여 그의 평균값으로부터 구한 것이다. 평균 연색 평가지수가 100이란 그 광원의 연색성이 기준광과 동일하다는 것을 의미한다. 예를 들면 100[W] 백색전구의 평균 연색 평가지수는 100인데 비하여 백색형광등은 63이고, 투명수은등은 22정도이다.

1.6 밝음과 물체의 보임

1.6.1 밝 음

빛이 동공을 통하여 눈 속에 들어가서, 망막을 자극함으로써 밝음을 느낀다. 따라서 눈이 느끼는 밝음을 좌우하는 것은 망막에 부딪치는 빛의 세기, 즉 망막면의 조도가 가장 중요한 요소이다.

보통 인간에게 주워지는 자극의 세기와 인간이 느끼는 지각의 크기 사이에는 일정 관계가 있다. 즉, 자극의 세기 R이 등가 급수적으로 증가할 때 감각의 크기 S는 등차 급수적으로 증가한다. 이 관계는 식 (1-25)와 같이 나타낸다.

$$S = k \log R \tag{1-25}$$

여기서, k는 상수이다.

식 (1-25)를 **웨버(Weber)의 법칙**이라고 한다. 이 법칙은 밝음의 감각에도 적용된다. 즉, 10[lx]인 실내의 조도를 20[lx]로 올리면 실내의 사람들은 매우 밝아졌다고 느끼지만 100[lx]인 실내의 조도를 같은 차이로 10[lx]만큼 올려서 110[lx]로 하여도 실내의 사람들은 거의 밝아졌다고 느끼지 않는다. 10[lx]를 20[lx]로 한 경우와 똑같은 정도의 밝음을 느끼게 하려면 100[lx]를 200[lx]로 올려야 한다.

이와 같이 밝음의 감각은 조도의 차이가 아니고 조도의 비와 직접 관계하는 것으로, 조도의 스텝을 생각하며 조명하는 것이 편리하다.

1.6.2 명암순응

대낮에 어두운 영화관(映畵館)에 들어가면 처음에는 어두워서 보는 데 부자연스럽지만, 10분 정도 지나면 어두움에 익숙하게 되어 차차 발밑이나 주위의 모습이 보인다. 반대로 어두운 영화관으로부터 밝은 옥외로 나오면, 수 초 또는 수 분간 눈이 부시지만 잠시 후에 밝음에 익숙해진다. 이것은 눈에 들어오는 빛이 극히 적거나 전혀 없을 경우에는 눈의 감광도는 대단히 높아지고, 반대로 눈에 들어오는 빛의 양이 크면 감광도는 오히려 떨어지기 때문이다. 이러한 현상을 **명암순응**(明暗順應, light and dark adaptation)이라 한다.

사람의 눈에는 이러한 현상이 있으므로, 대단히 넓은 범위의 밝음에도 순응하게 된다. 여름철의 일광이 직사하는 조도가 100,000[lx] 정도의 밝은 곳이나, 만월만 있는 조도가 0.2[lx]의 어두운 밤에도 볼 수 있으며, 눈이 경험하는 밝음의 비는 1천만대 1로 된다. 이러한 명암순응은 대체로 망막중의 광화학 과정 때문이다.

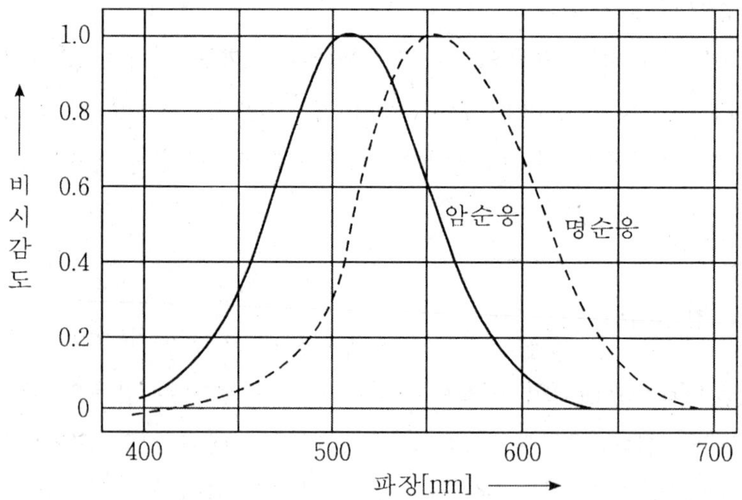

그림 1-11 퍼킨제 효과

이와 같이 망막에는 밝음에 따라서 감광도가 변화하는 기능이 있으며, 밝은 곳으로 나왔을 경우의 순응을 **명순응**(明順應, light adaptation)이라 하며, 감광도가 급격히 떨어져서 1~2분 정도 지나면 일정하게 된다. 반대로 어두운 곳으로 들어가서 망막의 감광도가 높아지는 경우를 **암순응**(暗順應, dark adaptation)이라 하며, 망막은 1~2만 배의 감광도를 얻게 된다. 명순응으로부터 암순응으로 되는 시간은 약 30분 정도 필요하다. 이 문제는 터널조명의 경우 특히 중요하다. 이와 같이 밝음의 변화에 따라 물체의 색 보임이 달라진다. 밝은 낮에는 파장이 555[nm]의 황록색이 밝게 보이고, 어두운 곳에서는 적색이 어둡고 파장이 510[nm]의 청색이 더 밝게 보인다.

그림 1-11에 나타난 것과 같이 명순응된 눈의 최대비시감도는 555[nm]이고, 암순응된 최대비시감도는 510[nm]로 최대비시감도가 짧은 파장 쪽으로 이동한다. 이러한 현상을 퍼킨제(purkinje) 효과라 한다.

1.7 발광 방법

1.7.1 온도방사

물질을 구성하고 입자(원자, 분자, 이온 등)는 그 온도에 대응해 열 진동을 한다. 그러므로 물체는 온도를 높이면 빛의 방사가 일어나며, 처음에는 적외선(赤外線)이 방사하고, 온도를 더 높여서 500[℃] 이상으로 하면 물체는 빛을 발산한다. 온도를 더 높이게 되면 발광색 중 적색이 감소하고, 백색이 증가하여, 표면에서 여러 가지 파장의 전자파가 방사된다. 이것을 열복사(온도방사)라 한다. 열복사(熱輻射)의 크기는 열복사체의 온도와 복사율에 의해 결정된다.

(1) 흑 체

입사하는 복사를 전부 흡수하여 반사와 투과를 하지 않는 것으로, 즉 흡수율이 100[%]인 가상적인 물체를 흑체(黑體, black body)라 한다. 흑체는 이상적인 열방사이며, 모든 파장에서 최대의 온도 방사를 한다. 그림 1-12는 흑체의 분광분포를 나타내었다.

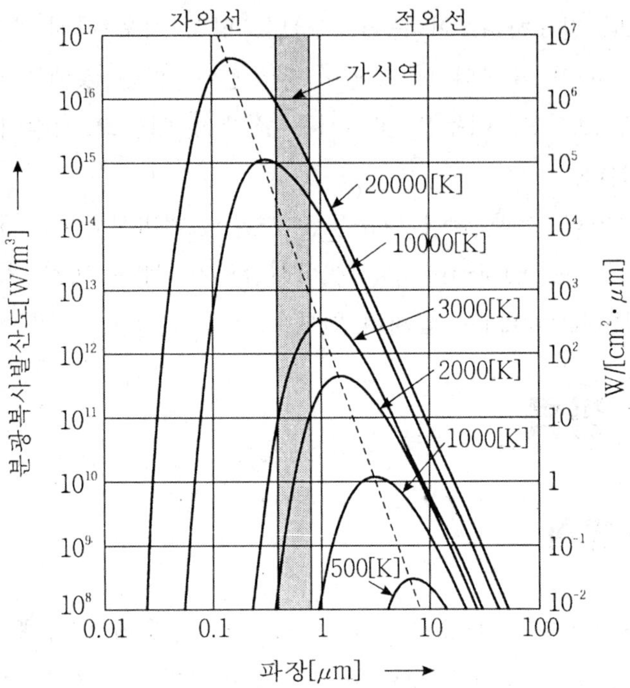

그림 1-12 흑체의 복사 분광곡선

(2) 흑체의 온도복사 법칙

① 스테판 볼쯔만의 법칙(Stefan-Boltzmann's law) : 단위 시간당 방사되는 흑체의 복사 발산량 W는 절대온도 T[°K]의 4제곱에 비례하며 식 (1-26)과 같이 나타낸다.

$$W = \sigma T^4 [\mathrm{W/cm^2}] \tag{1-26}$$

여기서, $\sigma = 2\pi^4 k^4/(15h^3c^3) = 5.683 \times 10^{-8}\,[\mathrm{W/m^{-2} \cdot °K^{-4}}]$로 스테판-볼쯔만의 상수이다.

② 비인의 변위법칙(Wien's displacement law) : 흑체의 분광 복사휘도 또는 분광 복사발산도가 최대가 되는 파장 λ_m은 그 흑체의 절대온도(絶對溫度) T[°K]에 반비례한다. 즉, 온도가 높아질수록 λ_m은 짧아진다. 이것을 비인의 변위법칙이라 하며 식 (1-27)로 나타낸다.

$$\lambda_m = \frac{2.896\times10^6}{T}\,[\mathrm{nm}\cdot{}^\circ\mathrm{K}] \tag{1-27}$$

③ **플랑크의 방사법칙**(Plank's radiation law) : 흑체의 온도방사에서 온도(溫度)와 같이 변화되는 것을 나타낸 것으로, 절대온도 $T[^\circ\mathrm{K}]$, 임의의 파장 $\lambda[\mu]$의 스펙트럼 복사속의 발산도 P_λ는 식 (1-28)과 같다.

$$P_\lambda = \frac{C_1}{\lambda_5}\,\frac{1}{e^{C_2/\lambda T}-1}\,[\mathrm{W/m^{-3}}] \tag{1-28}$$

여기서, C_1 및 C_2는 플랭크의 정수이다.

$C_1 = 3.714\times10^{16}[\mathrm{W}\cdot\mathrm{m}^2]$, $C_2 = 1.438\times10^{-2}[\mathrm{m}\cdot\mathrm{K}]$이며, e는 자연대수의 밑으로 $e = 2.7182$이다.

④ **복사율** : 어떤 열복사체에 대해서 복사휘도 또는 복사 발산도는 열복사체와 같은 온도에서의 흑체의 복사휘도 또는 복사 발산도에 대한 비율이며, 복사율(輻射率, emissivity)은 파장(λ), 온도(T) 및 관측방향과 입체각의 함수로 나타낸다. 이것은 같은 파장의 빛을 같은 온도에 있는 같은 물체 표면에 동일방향에서 같은 입체각으로 조사했을 때의 흡수율(吸收率)과 같다.

1.7.2 루미네선스

백열전구와 같이 물체의 온도를 높여서 빛을 발생시키는 온도복사 이외의 모든 발광(發光)을 루미네선스(Luminescence)라 한다. 즉 광원의 발광방법은 온도방사와 루미네선스가 있다. 온도방사는 원자 또는 분자에 열을 줌으로써 생기는 연속 스펙트럼 방사이며, 일반적으로 온도가 400~500[℃]에서 적색으로 되고, 온도가 더 높이 올라가면 백색으로 변하게 된다. 이때의 온도는 2,000~3,000[℃]의 적열, 백열상태이며, 이러한 온도방사를 이용한 것이 백열전구이다.

루미네선스는 광원의 방전에 기인한 것이다. 아크등은 온도방사와 루미네선스의 양쪽현상 모두를 활용한 것이다. 루미네선스의 발광은 지속시간에 따라 형광(螢光, fluorescence)과 인광(燐光, phosphorescence)으로 나누어진다. 형광은 자극이 가해지는 동안만 발광을 계속하고 자극이 사라지면 곧 발광을 멈춘다. 인광은 자극이 없어진 후에도 수분에서 수 시간 또는 수일 이상 에너지를 축적하여 발광을 지속하는 것을 말한다. 자극을 주는 방법에 따라 다음과 같이 나누어진다.

(1) 전기 루미네선스(electric luminescence)

기체 또는 금속 증기 내의 방전(放電)에 따르는 발광현상이며, 이것은 대전입자 상호간 또는 원자, 분자 등의 충돌에 기인되는 것이다. 네온관등, 수은등 등의 방전등은 전기 루미네선스를 이용한 것이다.

(2) 복사(방사) 루미네선스(photo luminescence)

어떤 물질에 광선, 자외선, X선 등의 복사를 받고, 분자 또는 원자가 그 중의 어떤 파장의 복사를 흡수하여 이것의 일부 또는 전부를 장파장의 빛으로 발산하는 것이다. 야광도료는 복사 루미네선스의 인광을 발생하는 것이고, 형광등의 발광은 이것의 형광을 이용한 것이다.

발광체가 발산하는 복사의 파장은 조사된 복사의 파장보다 항상 길다. 이것을 스토크스(Stokes)의 법칙이라 하며, 복사 루미네선스는 이 법칙을 따른다.

(3) 음극선 루미네선스(cathode ray luminescence)

음극선(전자류)이 형광체와 같은 물체에 조사되었을 때에 나오는 발광으로서, TV용의 브라운관, 오실로그래프 등에 이용된다.

(4) 열 루미네선스(thermal luminescence)

물체를 가열할 때, 같은 온도의 흑체복사에 비하여 복사속을 발산하는 현상을 말한다. 금강석, 대리석, 형석 등을 약간 가열하면 일어나는 발광이 그 예이다.

(5) 생물 루미네선스(bio luminescence)

반딧불, 야광충, 발광 박테리아, 발광어류 등의 생물에서의 발광을 말한다. 이것은 열을 수반하지 않는 것이 특징이다. 생물 루미네선스는 루시훼린(luciferin)이라는 발광물질이 같은 세포내에 있는 루시훼라제(luciferace)라고 하는 발광 효소의 작용으로 수분의 존재와 더불어 산화될 때에 발광하는 것이다.

(6) 파이로 루미네선스(pyro luminescence)

알칼리 금속, 알칼리 토금속 등의 증발하기 쉬운 원소 또는 염류를 알콜 램프의 불꽃 속에 넣을 때 발광하는 현상을 말한다. 이것은 염색반응에 의한 화합물의 분석, 스펙트럼 분석 및 발염 아크등에 이용된다.

(7) 화학 루미네선스(chemi luminescence)

황인이 산화할 때 발광하는 것과 같이 화학 반응, 주로 산화에 의한 발광을 말하며, 보통 연소 때의 발광과 구별된다.

(8) 마찰 루미네선스(tribo luminescence)

각설탕, 석영 등의 결정이 어두운 곳에서 분쇄하면 청백한 빛을 내는 것을 볼 수 있다. 이와 같이 물질이 기계적으로 파괴되거나 마찰이 일어날 때 순간적으로 발광하는 것을 말한다.

(9) 결정 루미네선스(crystallo luminescence)

황산소다, 황산가리 등이 용액 속에서 결정하는 순간에 발광하는 현상을 말한다.

제 2 장

광 원

인류 역사의 초기에는 태양, 달, 그리고 불꽃에 의한 빛과 함께 하는 역사였으나 점차 자연광(自然光)에서 물체가 연소할 때 발생하는 빛을 조명용 광원으로 이용하게 되었다. 유등(油燈)은 기원전 3천년부터로, 마른나무를 비빌 때 생기는 마찰열(摩擦熱)이나 부싯돌로 일으킨 불을 관솔에 붙여서 등불로 쓴 것 같이 목재를 연소시켜서 조명용 광원으로 사용한 것이 등불의 시초로 볼 수 있다.

처음에는 소기름, 돼지기름 등의 동물기름을 다음에는 정어리기름 등 어류기름을, 이어서 들깨기름, 피마자기름 등의 식물기름을 사용하였다. 그 후 양초가 사용되고 지하자원의 개발에 따라 석유인 광물기름을 사용한 석유등과 가스등이 등장하였다. 그러나 기름등불은 그을음, 냄새 때문에 비위생적이고, 불빛이 약하고, 바람에 따라 흔들리는 것이 단점이있다.

1810년 영국의 다비(Davy)가 탄소에 전류를 흘리면 빛이 발생하는 것을 발견하여 파리의 콩코드 광장에서 2,000개의 전지로 탄소아크가로등을 점등한 것이 전기(電氣)에 의한 인공적인 빛이 처음으로 등장되었으며, 전등의 역사적인 출현이며 이것이 아크등(arc lamp)이다.

그러나 탄소아크등은 불똥이 튀고 탄소봉이 자주 닳아서 새 것으로 갈아 넣어야 하고, 빛이 너무 강해서 눈이 쉽게 피로해지는 단점 때문에 부드러운 전등의 출현이 절실하게 요망되었다.

1879년 미국의 에디슨(Edison)이 면사를 탄화시켜 만든 진공전구인 백열전구가 실용화되었으며, 이 백열전구는 진공 탄소전구에서 진공 텅스텐전구(1911년), 가스입 전구(1913년), 이중코일 전구(1934년)로 진보 개량되었다.

아크의 실용화에 따라 연구 개량이 거듭되어 수은증기 중의 방전에 의한 발광(發光)을 이용한 저압수은등(1901년)이 나타나고, 독일의 피라니(Pirani)에 의해서 수은과 아르곤을 봉입한 고압수은등이 발명에 이어 초고압수은등(1935년)이 등장하였다. 이들 수은등은 백열전구(白熱電球)에 비하여 효율은 높으나, 광색에 있어서 일반 조명용으로 사용하기에는 부적당하였다.

계속하여 나트륨증기 등의 방전에 의한 발광을 이용한 나트륨등이 개발되었다. 1938년에 미국의 인멘(Inmen)에 의하여 수은등에 형광물질(螢光物質)을 발라서 백색으로 빛을 내는 방법을 연구 발표하였는데, 현재 세계적으로 수요가 많은 고효율의 형광등(螢光燈)이 출현되었다. 뒤이어 연색성(演色性)이 다소 개선된 고압나트륨등이, 수명이 길고 일정 광도가 수명기간 중에 계속 유지되는 전구인 할로겐전구 등이 속속 출현되어, 연색성과 효율 등이 우수한 전등이 계속하여 출현되고 있다.

현재 고압수은등의 개량형인 메탈핼라이드 램프가 개발되어 전 세계적으로 널리 사용하게 되었으며, 연색성이 다소 개선된 고압나트륨등, 수명이 길고 일정 광도가 수명시간 중 유지되는 할로겐전구 등이 계속해서 출현되었고, 연색성과 효율이 우수한 전등이 계속 개발되고 있다.

최근에는 점등주파수가 수 백[kHz]~수 백[MHz]인 무전극 RF 유도결합방전(H 방전)을 이용하여 전극에 의한 손실 및 점등실패를 막을 수 있고, 수명이 긴 무전극 형광등과 마이크로파 공동공진기 속에 배치한 무전극 유황램프가 마그네트론에 의해 마이크로파(2,450[MHz])를 공급하여 방전 발광하는 마이크로파 방전등이 제품화되고 있다.

이렇게 해서 현대의 조명환경(照明環境)은 사람의 생리적·심리적인 면도 고려하여 인간의 기본적인 생활인 의식주는 물론, 정치, 경제, 사회, 문화 등 모든 사회활동에 대응할 수 있는 상태가 되었다. 그러나 에너지 자원의 한계를 고려하면 보다 고효율, 고출력, 고연색, 장수명이면서 취급이 용이한 인공광원 개발 및 관련 시스템의 개량과 개발만이 더 좋은 조명환경 개선에 기여할 것이다.

표 2-1은 광원의 발광원리에 따라 분류한 광원들이다.

표 2-1 발광원리에 따른 조명용 광원의 분류

발광원리	광원	대표적인 조명용 램프	특징
연소		등잔불	
온도방사	텅스텐 필라멘트전구	백열전구 특수전구 할로겐전구	
방전 발광	저압 방전램프	형광등 네온사인 저압나트륨등 무전극 방전등	
	고압 방전램프	형광고압수은등 메탈핼라이드등 고압나트륨등	고휘도 고효율 장수명
전계 발광	EL램프 LED		면광원 고체발광
레이저 발광	레이저		
플라즈마 발광	무전극램프		장수명 고효율

2.1 백열전구

2.1.1 백열전구의 구조와 원리

백열전구(白熱電球, incandescent lamp)는 필라멘트에 전류(電流)를 통전시켜 2,700[℃] 고온에서 백열하여, 온도 방사를 이용한 광원이다. 1879년 에디슨이래, 1910년 텅스텐 필라멘트를 코일형상으로 감고 가스를 채워 넣은 가스가 든 전구가 개발되어 효율이 10[lm/W]에 도달하게 되었다.

백열전구의 내부 도입선은 보통 동선에 니켈을 도금 또는 철선에 니켈도금된 것이 사용된다. 스템 유리관과의 봉착 선으로는 듀밋선(dumet wire)이 사용되고, 외부 도입선으로서는 동선을 주로 사용한다. 필라멘트는 단일코일과, 이중코일을 사용하며, 텅스텐 선을 코일형태로 사용한다.

유리구는 휘도를 줄여 조명에 적합하도록 하기 위하여 유리구의 내면은 불소화합물(NH_4F)을 이용하여 유백색 전구로 사용하거나 실리카의 백색도장막이 도포되어 있다. 유리재질은 소다석회유리가 사용되고, 고출력과 옥외용에는 경질유리가 사용된다. 유리구 내에는 봉입 가스는 아르곤과 질소 및 크립톤 가스로 되어 있으며, 저출력의 것은 진공(眞空)이다. 그림 2-1은 텅스텐 전구의 구조 및 각 부의 명칭을 나타낸 것이다.

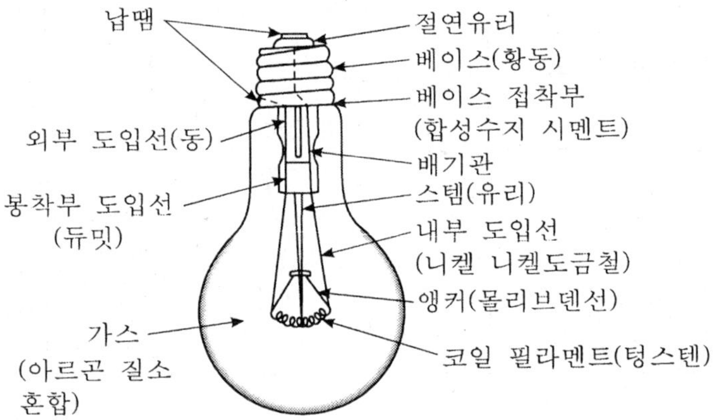

(a) 구 조

(b) 형상 예

그림 2-1 백열전구 구조 및 형상

(1) 유리구

유리구(glass bulb)는 백열 필라멘트로부터 방사되는 빛을 투과시키는 역할을 한다. 일반 조명용 전구용 유리는 보통 연화온도가 680~750[℃]인 연질의 소다석회유리를 사용하지만, 고용량의 것은 연화온도가 770~920[℃]로 높은 경질의 붕규산 유리가 사용된다.

투명전구(透明電球)는 고용량인 전구로서 기구(유백색 글로브) 등에 넣어 사용한다. 내면을 백색 도장한 것은 일반 조명전구로서 그대로 사용하며, 내면을 백색 도장함으로써 휘도를 낮게 할 수가 있다. 휘도가 너무 높으면 눈부심이 발생하므로 이것을 막기 위해 유리구 내면에 불화수소 불화암모늄, 녹말 등을 주로 하는 수용액으로 부식시켜 프로스트(frost)를 하였으나, 근래에는 유리구 내면에 무기질의 백색 분말인 실리카(SiO_2)를 칠하여 휘도를 낮추고 있다. 이렇게 하면 맑은 유리구 전구에 비하여 휘도를 약 1/50~1/80 정도로 낮출 수 있다.

또한 용도에 따라 담청색 유리는 주광색 전구, 사진현상용 전구, 도금용인 다색

전구 외에도 장식용 색전구 등이 있다. 그림 2-2에 여러 형태의 유리구의 모양을 나타내었다.

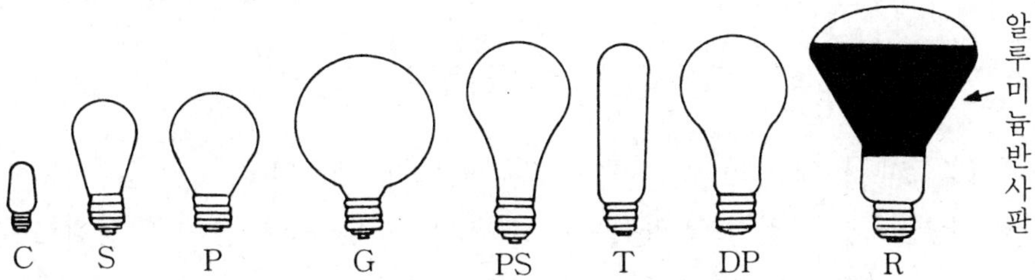

그림 2-2 각종 형태의 유리구

(2) 필라멘트

백열전구는 필라멘트(filament)에 전류를 흘려서 고온으로 가열(加熱)하여 온도 복사에 의한 발광원리를 이용한 것이다. 백열전구의 온도가 높아질수록 발광효율이 좋아지기 때문에 온도를 높이는 것이 좋다.

이와 같은 요구에 따라서 필라멘트 재료의 구비조건은 다음과 같다.

① 융해점이 높을 것.
② 고유 저항값이 클 것.
③ 높은 온도에서의 증발이나 승화가 적을 것.
④ 점화온도에서 주위의 것과 화합하지 않을 것.
⑤ 가는 선으로서의 가공이 용이할 것.
⑥ 고온으로 되어도 기계적 강도가 감소하지 않을 것.
⑦ 선팽창 계수가 적을 것.
⑧ 전기저항이 온도계수가 양(+)일 것.
⑨ 재료가 풍부하고, 가격이 저렴할 것.

필라멘트용 텅스텐의 융해점은 3,410[℃]이고, 사용온도 범위는 2,145~2,750[℃]이다. 필라멘트는 보통 0.01[mm] 굵기의 것이 사용되며, 모양은 직선형과 그림 2-3에 나타낸 것과 같이 단일 코일형 또는 2중 코일형이 사용되고 있다.

(a) 단일코일　　　　(b) 이중코일

그림 2-3 필라멘트의 구조

진공전구(眞空電球)에는 주로 직선형 필라멘트가 사용되고, 가스입 전구에는 단일 코일형 또는 2중 코일형 필라멘트가 사용된다. 필라멘트를 코일형태로 감았기 때문에 긴 선을 좁은 공간에 설치할 수 있다. 그리고 가스입 전구에서 코일형 필라멘트를 쓰면 가스에 의한 손실을 적게 할 수 있다. 가스에 의한 손실을 적게 하기 위하여 2중 코일형을 사용하면 효율은 약 10~20[%] 정도 높일 수 있다.

(3) 도입선

도입선(leading wire)에는 유리구 내부 도입선, 봉착부 도입선 및 스템 관을 통해서 꼭지쇠에 접속하는 외부 도입선이 있다. 이 중에서 봉착부 도입선이 가장 중요한 부분이다. 즉, 스템에 사용된 유리와 도입선의 팽창률이 동등하지 않으면 틈새가 생겨 봉입의 역할을 할 수 없게 된다. 외부 도입선에는 주로 동선이 사용되고, 내부 도입선에는 진공전구의 경우에는 동선을, 가스입전구인 경우에는 니켈 또는 니켈도금철선이 사용되고 있다.

봉합부는 도입선이 유리구를 관통하므로 공기가 새지 않도록 유리와 같은 팽창계수를 갖는 듀밋선이 사용된다. 듀밋선은 42[%]의 니켈을 포함한 강철선에 동을 피복한 것으로 팽창계수가 약 6×10^{-6}정도이다.

표 2-2에 백열전구의 도입선 재질을 나타내었다.

표 2-2 도입선의 재질

외부 도입선	봉착부 도입선	내부 도입선	스템 유리의 종류	전구의 종류
동 선	듀밋선	동 선	연유리	진공전구
동 선	듀밋선	순철 · 순동선 (니켈 · 도금)	연유리	가스봉입 전구

(4) 봉입가스

전구는 필라멘트가 고온의 백열상태로 됨으로 산화되어 불타서 끊어지는 것을 막기 위하여 개발 초기에는 진공으로 하였으나, 최근에는 불활성 가스를 봉입하여 텅스텐의 증발을 방지하고 있다. 가스를 봉입하면 진공에 비하여 전도 대류에 의한 열손실이 증가되므로 전류는 적어야 하고, 또한 필라멘트선이 가늘고 긴 것은 코일로서 효율적인 이득을 얻을 수 없으므로 20[W] 이하의 전구는 진공으로 하고, 30[W] 이상의 전구에는 가스를 봉입(封入)한다.

봉입가스(filled gas)는 일반적으로 질소(N_2)와 아르곤(Ar)을 사용하며, 100[V] 전구에서는 질소와 아르곤을 15 : 85[%] 비율로 혼합하여 사용한다. 200[V] 이상의 고전압에서는 아크를 억제하기 위하여 질소와 아르곤을 각각 50[%]로 사용하고 있다. 아르곤에 질소를 혼합하여 사용하는 이유는 순수 아르곤의 아크전압이 낮기 때문에 내부 도입선 사이에서 발생할 수 있는 아크를 억제시키기 위해 질소를 넣어 아크전압을 상승시키는 것이다. 봉입 가스압은 약 600[mmHg] 정도이며 점등시에는 1기압이 되도록 한다. 가스입 전구는 가스손이 있어도 진공전구보다 효율이 높다. 그림 2-4에는 전구별 에너지 분포를 간략히 예로 나타내었다.

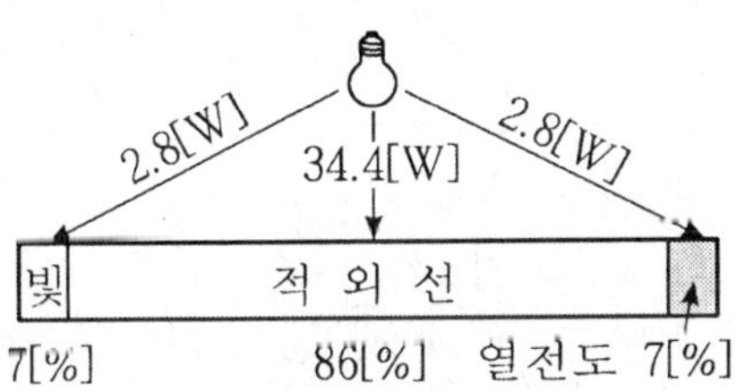

(a) 40[W]용 코일 진공전구

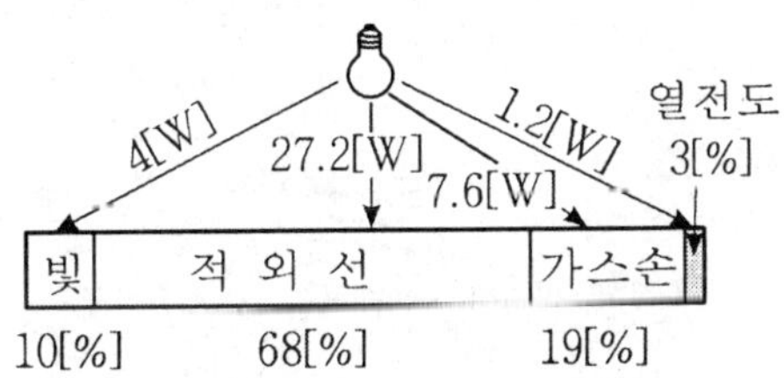

(b) 40[W]용 코일 가스입전구

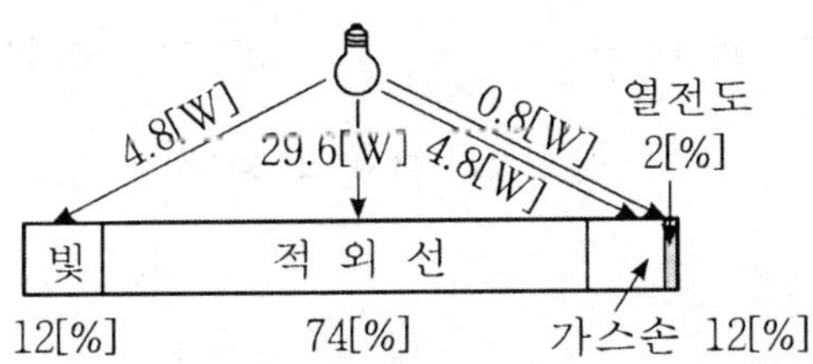

(a) 40[W]용 2중코일 가스입전구

그림 2-4 전구의 에너지 분포 예

(5) 베이스

베이스(base)는 전원에 연결하는 단자부분이며, 재료(材料)는 황동이나 알루미늄을 사용한다. 모양과 크기는 한국공업규격(韓國工業規格)에서 정하고 있다. 베이스는 백열전구와 같은 나사식(edison base : E)을 많이 사용하고, 기차, 선박, 공장 등의 진동이 심한 곳은 차입식(swan base : S)을 사용하여 전구가 빠지는 것을 방지한다. 형광등과 같이 긴 전구에는 바이포스트(bipost base : G)를 사용한다.

모양과 치수는 E, S, G의 머리글자와 지름(mm 단위)을 붙여 특소형(E-10), 소형(E-12), 중형(E-17), 보통형(E-26), 대형(E-39) 등으로 표기하여 구분하고 있다. 200[W] 이하는 보통형을 사용하고, 300[W] 이상은 대형을 사용하고 있다. 그림 2-5에 베이스 형태를 나타내었다.

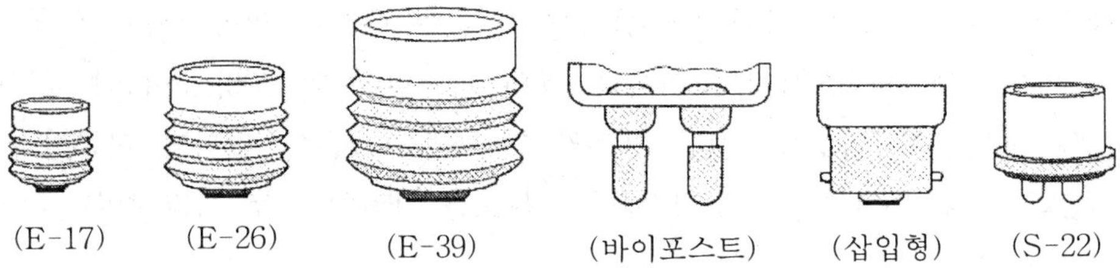

(a) 베이스 형태

일반가정용, 장식용 전구
(진동이 없는 곳)

(b) 나사식(E : 에디슨식)

부도차량 · 선박, 자동차용 전구
(진동이 있는 곳)

(c) 끼워 넣기식(S : 스핀식)

그림 2-5 베이스 형태

(6) 게 터

유리구 내부에는 미량(微量)의 산소가 남아 있으므로 점등하면 고온에서 필라멘트가 산화될 수 있으며, 이로 인해 유리구 내부가 그을리고 필라멘트가 가늘어지게 되어 전등 효율이 감소하는 흑화현상을 초래하게 된다. 따라서 게터(getter)를 필라멘트나 스템(stem)에 도포하여 점등시 전구 내에 남아 있는 산소와 결합하게 함으로써 진공도를 상승시켜($\simeq 10^{-5}$[mmHg]) 필라멘트의 산화를 억제하고 있다.

게터는 30[W] 이하의 진공 전구용에서 적린(P)과 플루오르화소다(NaF)를 사용하며, 40[W] 이상의 가스입 전구에서 사용되는 게터는 질화바륨($Ba(N_3)_2$)과 카올린($Al_2O_3 \cdot 2SiO_3 \cdot 2H_2O$)을 사용하고 있다.

2.1.2 백열전구의 특성

(1) 전구의 동정곡선

전구는 제작 직후 처음으로 점등하면 광속과 전류가 급격한 변화를 나타낸다. 광속은 갑자기 증가하여 10~15[%] 정도 커져서 극대값에 도달하며, 그 후 완만하게 감소하여 일정한 값에 이른다. 전류는 완만하게 감소하여 1~3[%] 정도 감소한 다음 일정한 값이 된다. 이 현상은 최초 점등 후 수십분 사이에 일어나는 현상이며 이 현상을 에이징(aging)이라고 한다.

에이징된 전구는 점등하면 시간의 경과와 함께 광속·전류·효율·전력이 약간이기는 하나 변화한다. 이 변화 과정을 동정(動程, performance)이라 하며, 점등시간과 특성의 변화를 그림 2-6과 같이 곡선으로 나타낸 것을 동정곡선(performan-ce curve)이라고 한다.

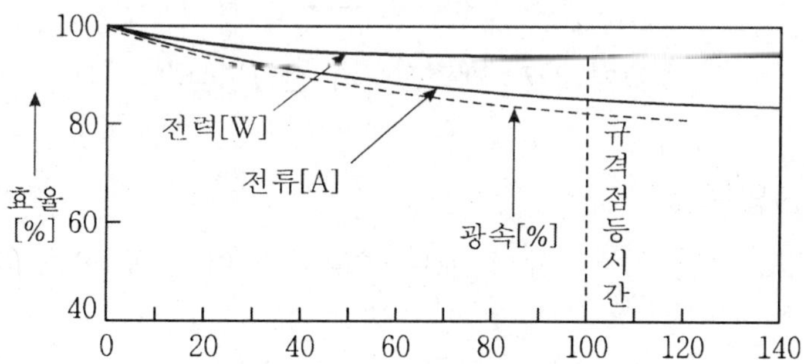

그림 2-6 백열전구의 동정곡선

필라멘트가 단선(斷線)될 때의 전류는 처음 점등시의 약 95[%]인데 반하여 광속은 약 80[%]로 저하하고 있다. 전구의 필라멘트가 단선될 때까지의 점등시간 합계를 그 전구의 수명이라 하며, 전구의 효율은 광속과 소비전력의 비로 나타낸다. 따라서 필라멘트의 온도가 높으면 효율은 좋아지지만 그 대신에 수명은 짧아진다. 이 관계를 KS규격에서 표준효율과 수명을 정하고 있다.

(2) 전구의 전압특성

전구에 인가하는 전압을 정격전압으로부터 변화시키면 필라멘트 온도가 변화하고, 전류(電流), 전력(電力), 광속(光束), 효율(效率), 수명(壽命) 등이 전압의 변화에 따라서 지수 함수적으로 변화한다. 이것을 **전압특성**이라 한다. 전구의 종류, 필라멘트의 형태 등에 따라 꼭 일정하지 않지만, 보통 이들의 변화를 다음 식들로 표현한다. 그림 2-7은 백열전구의 특성을 나타낸 그래프이다.

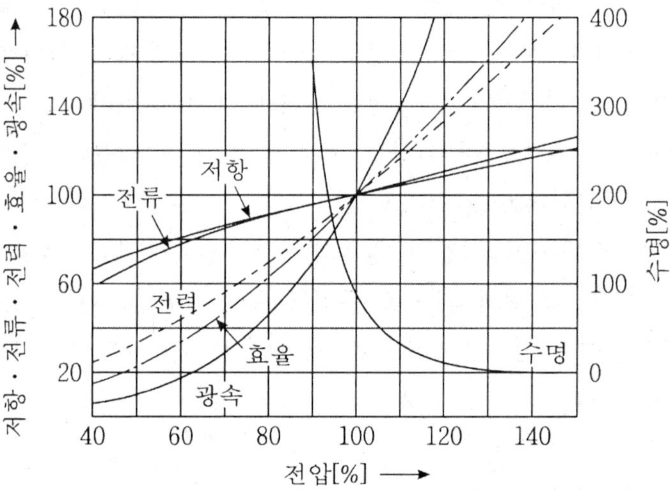

그림 2-7 백열전구의 전압특성

(가) 광속의 전압특성

전구의 인가전압 V가 정격전압 V_0보다 증감했을 때 광속 F는 식 (2-1)과 같다.

$$\frac{F}{F_0} = \left(\frac{V}{V_0}\right)^a \quad \therefore\ F = F_0\left(\frac{V}{V_0}\right)^a \tag{2-1}$$

여기서, F_0 : 정격시의 광속, F : 변화 후의 광속

a : 진공 전구일 때 3.51, 가스봉입 전구일 때 3.38

(나) 수명의 전압특성

수명 L은 식 (2-2)와 같이 구할 수 있다.

$$\frac{L}{L_0}=\left(\frac{V}{V_0}\right)^{-b} \quad \therefore\ L=L_0\left(\frac{V}{V_0}\right)^{-b} \tag{2-2}$$

여기서, L_0 : 정격시의 수명, L : 변화 후의 수명

b : 진공 전구일 때 13.5, 가스입 전구일 때 13.1

(다) 기타 특성

$$\left.\begin{aligned} &\text{전류} : \frac{I}{I_0}=\left(\frac{V}{V_0}\right)^{0.54\sim0.5} \\ &\text{전력} : \frac{P}{P_P}=\left(\frac{V}{V_0}\right)^{1.54\sim1.5} \\ &\text{효율} : \frac{\eta}{\eta_0}=\left(\frac{V}{V_0}\right)^{1.84\sim1.9} \end{aligned}\right\} \tag{2-3}$$

(3) 백열전구의 주요 특징

① 연색성이 좋고, 따스한 광색이다.

② 점광원에 가깝고, 빛의 집광이 용이하다.

③ 조광을 연속적으로 할 수 있다.

④ 점등이 간단하고, 곧 점등되어 밝아진다.

⑤ 광속저하가 적다.

⑥ 효율이 낮고 수명이 비교적 짧다.

⑦ 열선방사가 많다.

(4) 백열전구의 종류

백열전구는 일반 가정용으로 널리 이용되고 있다. 현재 주력으로 이용되고 있는 것은 백색박막 도장 전구이다. 표 2-3에 한국 산업규격 KS C 7501에 규정되어 있는 전구의 정격을 나타내었다. 그밖에 일반전구와 관련된 KS 규격은 다음과 같은 것들이 있다.

① KS C 7613 : 휘도 측정방법.
② KS C 7702 : 전구류의 베이스 및 소켓.
③ KS C 7708 : 전구류 시험방법 통칙.
④ KS C 8008 : 조명용어.
⑤ KS D 5542 : 조명 및 전자기기요 텅스텐선.
⑥ KS D 5603 : 듀밋선.

표 2-3 백열전구의 특성 및 수명(KS C 7501)

형 식	정격 전압 [V]	초 특 성			동적 특성 효율[lm/W] 이상	수명 [h]	베이스
		소비전력 [W]	광속 [lm]	효율 [lm/W]			
L 100[V] 10[W]	100	10±1.0	76±12	7.6±1.2	5.4	1300	E_{26}
L 100[V] 20[W]	100	20±2.0	175±27	8.7±1.4	6.2	1300	〃
Ld 100[V] 30[W]	100	30±3.0	330±50	11.0±1.7	7.9	900	〃
L 100[V] 30[W]	100	30±3.0	290±45	9.7±1.5	7.0	900	〃
Ld 100[V] 40[W]	100	40±4.0	500±75	12.5±1.9	9.0	900	〃
L 100[V] 40[W]	100	40±4.0	440±70	11.0±1.7	7.9	900	〃
Ld 100[V] 60[W]	100	60±6.0	830±125	13.9±2.1	10.0	900	〃
L 100[V] 60[W]	100	60±6.0	760±151	12.6±1.9	9.1	900	〃
Ld 100[V] 100[W]	100	100±10.0	1570±240	15.7±2.9	10.9	900	〃
L 100[V] 100[W]	100	100±10.0	1500±230	15.0±2.7	10.5	900	〃
L 100[V] 150[W]	100	150±15.0	2450±370	16.4±3.0	11.4	900	〃
L 100[V] 200[W]	100	200±20	3450±520	17.3±3.1	12.2	900	〃
L 100[V] 300[W]	100	300±30	5500±830	18.3±3.3	12.8	900	E_{39}
L 100[V] 500[W]	100	500±50	9900±1500	19.7±3.6	13.7	900	〃
L 100[V] 1000[W]	100	1000±100	2100±3200	21.0±3.8	14.6	900	〃

2.1.3 특수전구

일반 조명용 외로 여러 가지 용도에 따라서 각각의 특수전구가 제작되어 사용되고 있다. 그 중에서 대표적인 것들에 대하여 나타내었다.

(1) 적외선 전구

적외선(赤外線)은 가시광선의 적외부 보다 장파장 영역(700[nm]~1,000,000 [nm])에 있어 주로 열작용이 강한 특징을 가진 전자파의 일종이다.

적외선 전구(赤外線 電球)는 적외선에 의한 가열, 건조 등 공업 분야에 널리 이용되고 있으며, 여기에 사용하는 것이 적외선 전구이다. 보통 전구에서도 75[%] 내외의 적외선이 나오고 있으나, 적외선 건조용 전구는 특히 필라멘트의 색온도는 2,400~2,500[K] 정도로 적외선 방사효과를 80[%]까지 증대하고 있다. 수명은 약 5,000시간 정도이다. 사용 중에 유리구의 온도가 높아지므로 내열유리를 사용하고 있으며, 전구의 유리는 무색투명한 것이 보통이지만 적색유리도 사용하고 있다. 우리나라에서의 적외선 전구는 보통 110[V]/250[W]의 것이 가장 많고, 375[W], 500[W] 및 1,000[W]의 것도 있다.

적외선 건조(赤外線 乾燥, infrared drying)는 열풍건조나 직접건조와 달리 열전도나 대류 열을 이용하지 않고, 피건조물에 직접 적외선을 조사시키는 것으로서, 즉 방사열에 의해서 건조된다. 차량, 기계의 금속 도장에 많이 쓰이며, 섬유, 농산물 등의 건조에도 쓰이고 있다.

그림 2-8은 적외선 전구의 구조와 실물 예를 나타내었다.

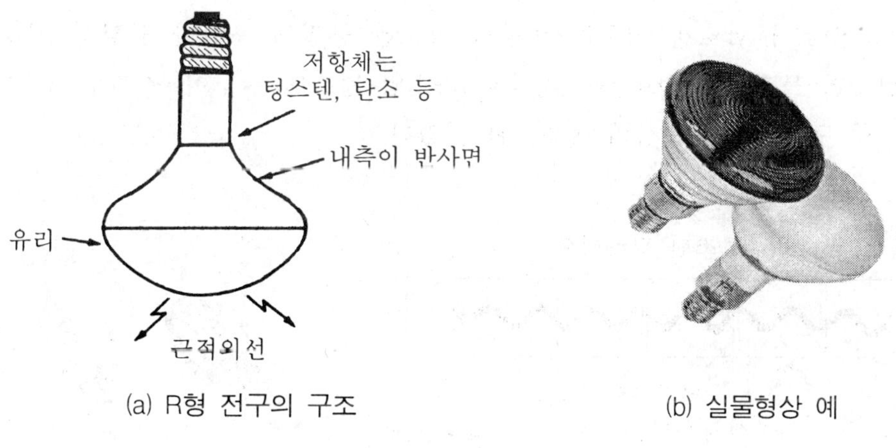

(a) R형 전구의 구조 (b) 실물형상 예

그림 2-8 적외선 전구

표 2-4는 적외선 전구를 응용하여 사용하는 분야를 나타내었다.

표 2-4 적외선 전구의 응용분야

분 야	적 용
건조	도료, 목재 등을 건조
인쇄도장	인쇄도장, 박막인쇄 등의 건조 소성
난방	난로, 화로
보온	부화기, 식품보온용
조리	훈제식품, 발효촉진
숙성, 양조	맥주, 와인, 과실주 등의 숙성과 양조
탈색	표백용
식품가공	떡, 과자, 밤, 깨 등 가공
화학작용	수지의 중합촉진, 적외선 사진
건강	혈액 순환 촉진

(2) 할로겐 전구

종래의 백열전구는 점등 중에 고온의 필라멘트에서 텅스텐분자가 증발하여 광속을 저하시키고, 텅스텐분자가 유리구 내벽에 부착하여 흑화현상을 일으켜 빛이 흡수되어 점점 광속이 저하하고, 효율이 떨어졌다. 이것을 개선한 것이 할로겐 전구(halogen lamp)로서 할로겐 전구는 미량의 할로겐 물질을 포함한 불활성가스를 봉입하여 할로겐 물질의 화학반응을 응용한 가스입 텅스텐 전구이다. 그림 2-9는 할로겐 전구의 구조와 실물형상의 예를 나타내었다.

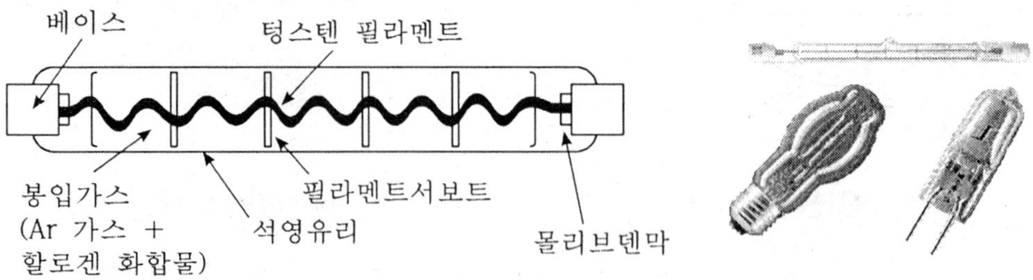

(a) 구조 (b) 실물형상 예

그림 2 9 할로겐 전구

(가) 할로겐 재생 사이클(halogen cycle)

할로겐 전구는 유리구 내에 불활성가스 이외에 요오도, 브롬, 염소 등의 할로겐 화합물을 미량 봉입한 것으로 할로겐은 낮은 온도에서 텅스텐과 결합하고 높은 온도에서는 분해하는 성질이 있다. 전구 내에 소량의 할로겐을 넣으면 이것이 증발하여 확산하며, 250[℃] 이상에서는 증기상태로 관벽에 부착하지 않고 밸브 내를 떠다니다가 필라멘트로부터 증발된 텅스텐이 온도가 낮은 유리구 관벽에 가까이 오면 결합하여 할로겐화 텅스텐으로 된다.

이것은 투명하고 증발하기 쉬운 것으로 대류(對流)에 의하여 2,000[℃] 이상의 고온의 필라멘트에 가까이 가면 고온으로 인해 분해되고, 텅스텐은 필라멘트로 되돌아가고 할로겐은 확산된다. 이 할로겐이 관 벽에 가면, 또다시 텅스텐을 잡아서 필라멘트로 되돌려 주는 할로겐 재생 사이클을 이루게 된다. 그 과정을 그림 2-10에 나타내었다.

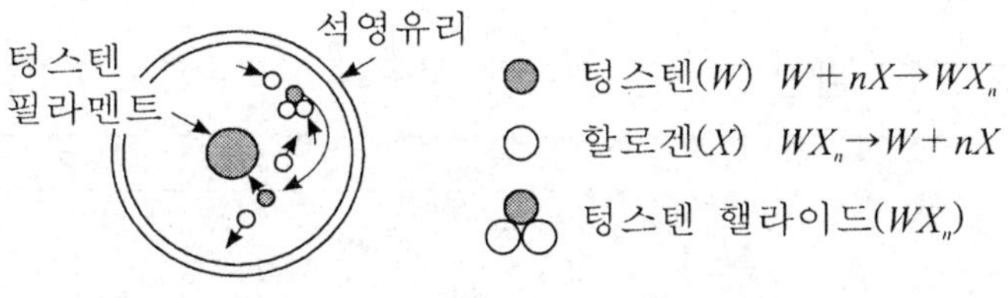

그림 2-10 할로겐 사이클의 모델

할로겐 전구는 이와 같이 텅스텐을 필라멘트로 되돌리는 작용을 이용하여 유리관의 흑화를 줄이는 한편, 필라멘트가 가늘어지는 것을 방지하며 광속 저하, 색온도 저하를 직세 하므로 수명은 일반전구에 비해 약 2배 정도 연장시켜 준다. 또한 같은 수명에서 효율을 약 15[%] 정도 높일 수 있을 뿐만 아니라, 체적(體積)도 일반 전구에 비하여 1/10이다.

(나) 할로겐 전구의 구조

할로겐 전구의 관벽(管壁) 온도는 텅스텐 할로겐 화합물이 부착되지 않도록 250~850[℃]로 설계되어 있으므로 할로겐 전구의 밸브는 종래의 전구보다 소형(小型)으로 관벽 부하를 높게 하고 있다. 이 때문에 관벽 온도를 250~850[℃]가 되도록 설계되어 있으므로 고온에 견딜 수 있는 석영유리가 주로 사용되지만 경질유리가 사용되기도 한다.

석영유리와 도입선과의 봉착은 두께 20~30[μm]의 나이프에지의 몰리브덴 막을 사용한 핀치시일로 되어 있고, 석영유리 내에 봉입되고 있는 금속은 텅스텐과 할로겐과의 반응을 방해하지 않도록 고순도(高純度)의 텅스텐 또는 몰리브덴이 쓰이고 있다. 봉입물로는 미량의 할로겐 기체와 불활성가스가 $1\times10^6 \sim 4\times10^5$[Pa]의 고압으로 봉입되어 있다. 소형이고 고온으로 되어 있으므로 점등(點燈) 중의 압력은 봉입압(냉압력)의 1.3~7.0배에 달한다.

또한 할로겐 전구는 점등방향의 지정이 있는 전구이기 때문에 반드시 지정방향으로 설치하여 사용해야 한다. 할로겐 전구의 크기는 15[W]의 미니할로겐 전구에서부터 300, 500, 1,000, 1,500 [W]의 일반 조명용까지 여러 가지가 있다. 일반적으로 효율은 20~22[lm/W]이고, 수명은 2,000~3,000시간 정도이다. 용도는 일반 조명용, 스튜디오용, 영사기, 광학기용, 자동차용 등이 있으며, 특히 미니할로겐 전구는 주로 스포트라이트, 다운라이트 등에 널리 사용되고 있다.

표 2-5는 일반 조명용 할로겐 전구의 규격을 나타내었다.

표 2-5 일반 조명용 할로겐 전구의 규격(KS C 7523)

형 식	정격 전압 [V]	표준점 등방향	초 특 성		광속유지율		효율(수명)	
			소비 전력 [W]	전광속 [lm]	규정점 등시간 [h]	[%]	정격 수명 [h]	효율 [lm/W]
J100(120)[V] 300[W]	100(120)	수 평	300±24	5,900±850	1,000	90이상	2,000	19.7
J100(120)[V] 500[W]	100(120)		500±40	10,500±1,500	1,000	90이상	2,000	21
J220(240)[V] 1,000[W]	220(240)		1,000±80	21,000±3,000	1,000	90이상	2,000	24
J220(240)[V] 1,500[W]	220(240)		1,500±120	33,000±4,500	1,000	90이상	2,000	22
JD100(120)[V] 75[W]	100(120)	베이스 윗방향 인 식	75±6	1,120±160	750	90이상	1,500	15
JD100(120)[V] 100[W]	100(120)		100±8	1,600±220	750	90이상	1,500	16
JD100(120)[V] 150[W]	100(120)		150±12	2,400±330	750	80이상	1,500	16
JD100(120)[V] 200[W]	100(120)		200±16	3,400±460	1,000	90이상	2,000	17
JD100(120)[V] 250[W]	100(120)		250±20	4,500±630	1,000	90이상	2,000	18
JD100(120)[V] 500[W]	100(120)		500±40	9,500±1,350	1,000	90이상	2,000	19

* J : 할로겐 램프, D : 2중 코일

(다) 할로겐 전구의 특징

① 초소형, 경량(輕量)의 전구로 백열전구의 1/10배로 소형화가 가능하다

② 단위 광속이 크다.

③ 동정곡선이 극히 완만하여 수평 및 광속의 변화가 거의 없다.

④ 수명이 백열전구에 비하여 2배로 길다(그림 2-11).

⑤ 별도의 점등장치가 필요하지 않다.

⑥ 정확한 빔을 가지고 있다.

⑦ 열 충격에 강하다.

⑧ 배광제어(配光制御)가 용이하다.

⑨ 연색성이 좋다.

⑩ 온도가 높다(할로겐 전구의 베이스로 세라믹 사용).

⑪ 휘도가 높다.

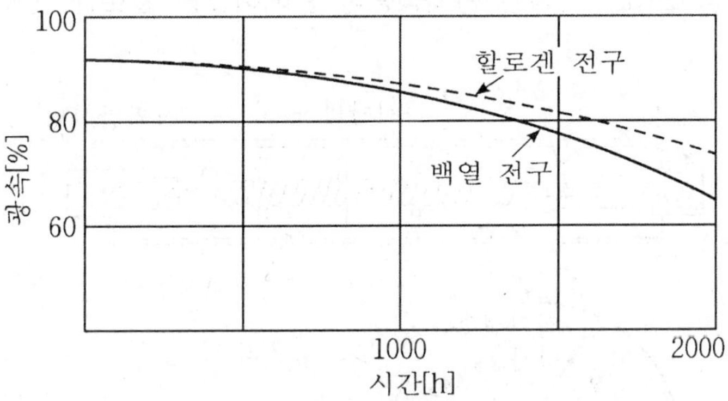

그림 2-11 백열 전구와 할로겐 전구의 광속유지 특성

(라) 적외선 반사막응용 할로겐 전구

일반적인 할로겐 전구와 외관적으로는 동일하지만, 석영유리표면에 고굴절률(高屈折率)의 금속산화물(TiO_2)과 저굴절률(低屈折率)의 금속산화물(SiO_2)의 다층막으로 만들어 가시광 투과 적외선 반사막을 형성하고 있다.

그림 2-12와 그림 2-13에 나타낸 적외선 반사막응용 할로겐 전구의 구조에서 적외선 반사막은 텅스텐 필라멘트로부터 방사된 가시광(可視光)을 투과시키고 적외선을 반사하여 필라멘트로 되돌려주어, 필라멘트의 가열에너지로서 재이용하기 때문에 할로겐 전구의 효율을 15~30[%] 향상시키고 열선(熱線)도 약 1/2정도 감

소시킬 수 있다.

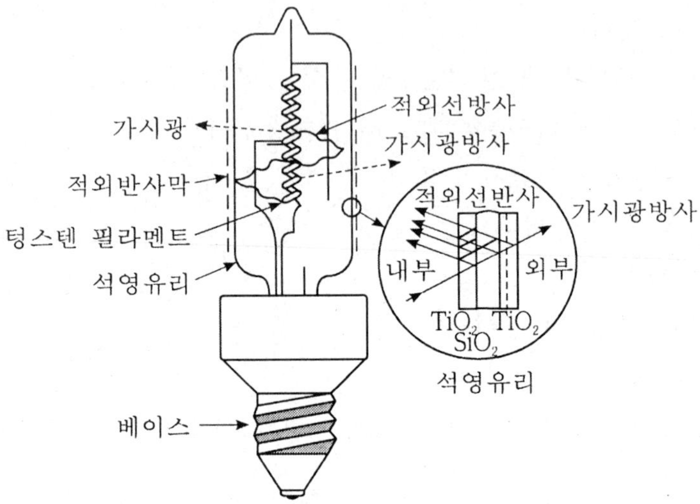

그림 2-12 적외선 반사막응용 편베이스형 할로겐 전구

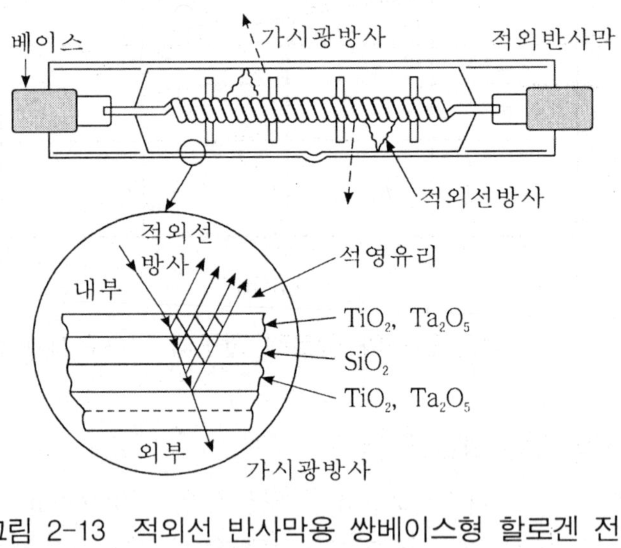

그림 2-13 적외선 반사막용 쌍베이스형 할로겐 전구

(마) 다이크로익 미러부 할로겐 전구

그림 2-14는 다이크로익 미러부 할로겐 전구의 구조를 나타낸 것으로 다이크로익 미러(dicroic mirror)가 처리된 할로겐 전구는 최첨단의 광학기술을 이용한 다이크로익 미러에 의하여 가시광을 전면(前面)으로 반사하고, 불필요한 열선(적외

선)을 후방(後方)으로 약 80[%]정도 투과시킴으로써 전면으로의 열선을 1/10로 감소시켜서 방사열에 의한 상품의 손상을 대폭 경감시키는 전시조명(展示照明)이 가능하게 되었다.

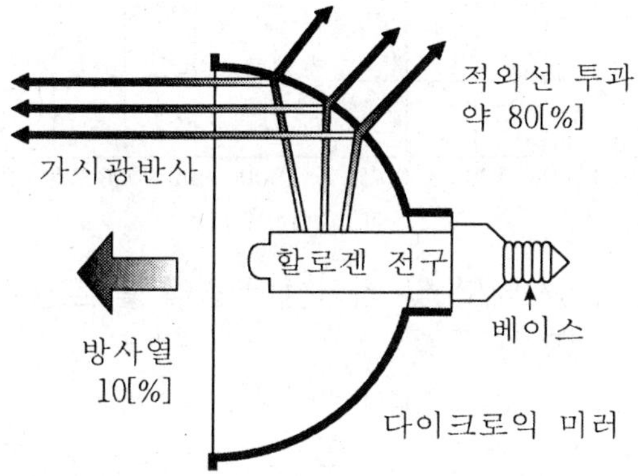

그림 2-14 다이크로익 미러부 할로겐 전구

다이크로익 미러는 전술(前述)한 적외반사 가시투과막과 같은 방법으로 유리기판 위에 굴절률이 높은 물질인 산화지탄(TiO_2)과 저굴절 물질인 불화마그네슘(MgF_2)을 번갈아 얇은 막으로 증착한 것으로 막의 두께와 층수를 조정하여 특정 파장대의 빛은 반사시키고, 다른 빛은 투과시키는 성질을 갖는 반사경인 다이크로익 미러를 얻는다.

이 전구는 광원으로부터의 방사열(放射熱)에 의한 전시품의 열손상이나 퇴색(退色)을 방지하기 위하여 만들어진 것으로, 점포조명이나 박물관, 미술관 등의 전시용 조명에서 진시품을 두느러지게 나타내기 위하여 고조도의 스폿조명으로 조명환경이 이루어지고 있다.

그림 2-15는 다이크로익 미러부 할로겐 전구의 분광분포의 예를 나타내었다.

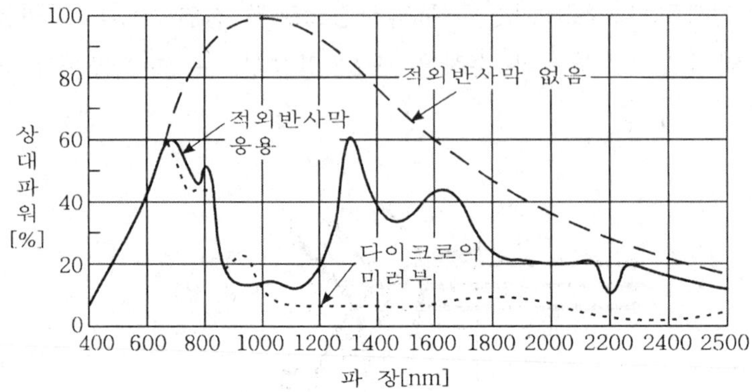

그림 2-15 적외선 반사막부 및 적외선 투광막 할로겐 전구의 분광분포

2.2 방전등

방전등(放電燈, discharge lamp)은 방전관에 기체방전을 일으켜, 전기에너지가 빛으로 변환되어 방출되는 것을 이용한 것이다. 기체방전(氣體放電)이란 금속증기 및 기체가 봉입되어진 방전관에 전압을 인가하면 방전파괴가 일어나 방전관이 도전 상태로 되는 현상이다.

방전등은 기체 또는 금속증기가 봉입된 투명한 유리관 양단에 전극을 삽입하여 외부회로 및 전류제어장치와 접속하는 구조로 되어 있다. 방전에 의해 방사되는 빛의 성질은 봉입기체 또는 증기의 종류와 봉입가스 압력에 따라 결정된다.

2.2.1 방전 특성

(1) 기체 중의 전기전도

공기 중에 2개의 평판전극(平板電極)을 서로 마주 보게 설치하고 전극에 전압(電壓)을 인가하면, 기체는 일반적으로 절연체이기 때문에 전류는 흐르지 않는다. 그러나 전극 사이의 전압을 높여 주면 두 전극 사이에 불꽃이 튀어 전류(電流)가 흐르는 것처럼 된다.

이것은 공기가 절연성(絶緣性)을 잃었기 때문이다. 이와 같은 기체의 절연 파괴를 방전(放電)이라고 한다. 방전이 일어나는 이유는 공기 중(다른 기체도 같다)에는 그림 2-16 (a)와 같이 우주선과 자연방사능에 의해 소량의 이온과 자유전자가 존재한다. 이때 전극 사이에 가한 전압을 높여 주면 공기 중의 전자는 양극(+전극)을 향하여 속도가 증가하고, 그 일부는 고속으로 중성의 기체분자에 충돌한다. 이 때의 현상은 그림 2-16 (b)와 같이 기체분자로부터 전자를 떼어 내어 이것을 전리시키는 것이다.

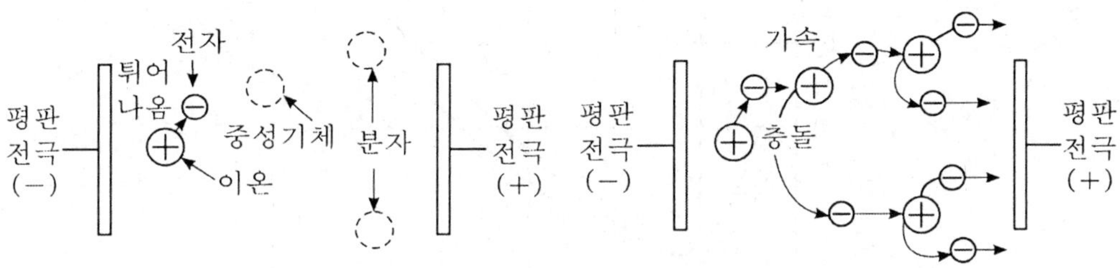

(a) 방사선, 우주선

(b) 전자와 양이온 증가

그림 2-16 전자사태

전리(電離)된 전자는 다시 전기장으로 가속되어 다른 기체 전자를 전리시키며, 차례차례로 눈사태와 같이 전자(부극성)와 양이온(정극성)이 급증한다. 이와 같은 현상을 **전자사태**(電子沙汰, electron avalanche)라고 한다. 이때 만들어진 전자는 양극(陽極)으로, 양이온은 음극(陰極)으로 향하여 많은 전류가 흐르는 것과 같이 된다. 또, 전자는 기체 분자를 전리시킬 뿐만 아니라 양이온에도 충돌하고, 그 결과 중성 분자로 된다. 이 때 전자가 가지고 있는 에너지가 빛 또는 열로 변한다. 한편 음극에 고속으로 충돌한 양이온은 음극인 전사를 튕기고 이 전자에 의하여 방전을 지속한다.

(2) 대기 중의 방전

(가) 불꽃 방전

대기 중에 평판전극을 놓고 고전압(高電壓)을 인가하면, 공기의 절연이 파괴되어 전극 사이에 불꽃이 발생하며 소리를 수반하는 방전이 일어난다. 이 방전을 **불꽃 방전**(spark discharge)이라 하고, 극히 짧은 시간에 일어난다. 자연계의 뇌방전(雷放電)이 일례라 할 수 있다. 불꽃 방전이 일어날 때의 전압을 **절연파괴전압**(絶緣破壞電壓) 또는 **불꽃전압**이라 한다.

여러 가지 기체에 평등 전기장을 가한 경우, 온도가 일정하다면 불꽃 전압은 기압 p[Pa]와 전극 사이의 거리 d[mm]의 곱으로 결정되며, 이것을 **파센 법칙**이라 한다. 따라서 기압이 두 배가 되어도 거리를 1/2로 하면 불꽃 전압은 변화하지 않는다. 그림 2-17은 공기, N_2(질소), H_2(수소)의 경우에 이러한 관계를 나타낸 곡선이다.

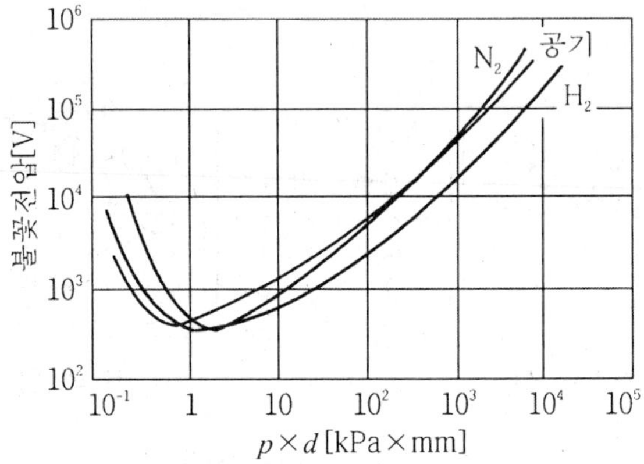

그림 2-17 파센 법칙

실제 고전압을 측정할 경우, 평등 전기장을 만들기 쉽고 높은 전압까지 측정 가능하여 비교적 제작이 쉬운 그림 2-18 (a)와 같은 구전극(球電極)을 이용한다.

전극 사이의 거리(d)에 비하여 전극의 지름(D)이 크다고 하면 아주 짧은 거리에서의 전기장은 평등 전기장이라 할 수 있다. 그림 2-18 (b)는 불꽃 전압의 측정 예를 나타낸 그래프이다.

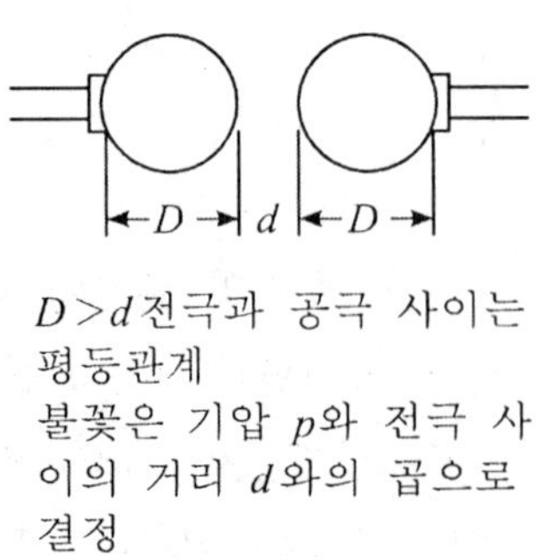

(a) 구대구 전극

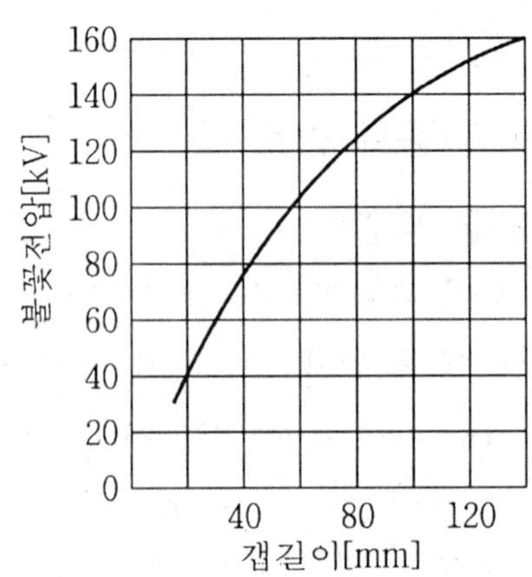

(b) 갭의 길이에 따른 불꽃전압 곡선

그림 2-18 불꽃 전압의 측정

(나) 코로나 방전

그림 2-19와 같이 침대평판(針對平板) 전극부를 구성한 회로에서 침전극(針電極)에 고전압을 인가하여 가면, 어떤 전압 이상이 되면 침전극의 선단 부분에 다른 부분보다 전기장이 강하게 되어 이 부분만 절연이 파괴되어 약한 빛을 수반하는 방전이 발생한다. 이와 같은 방전을 **코로나 방전**이라고 한다.

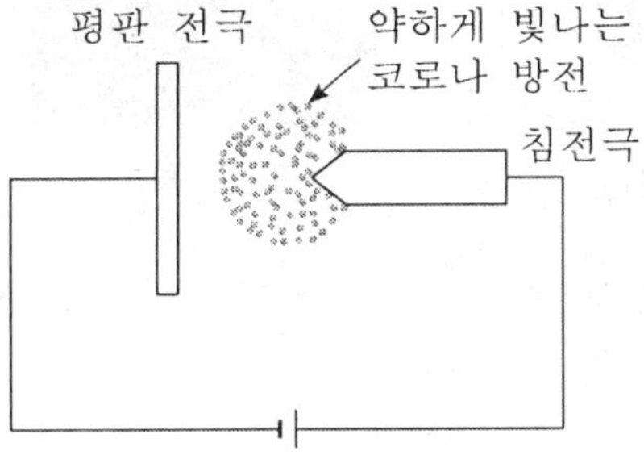

(a) 구조

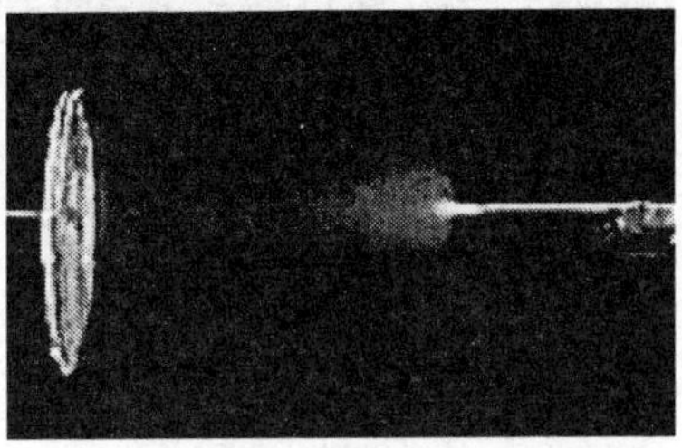

(b) 발생 예

그림 2-19 코로나 방선

전차(電車)의 가선(架線)이나 송전선(送電線)과 같은 원통형 도체에서도 기압과 온도의 변화에 의하여 코로나 방전(corona discharge)이 일어나 도체에서 미약한 빛을 내는 경우도 있다.

(다) 아크 방전

코로나 방전이 일어난 후 더욱 전압을 높이면 전리가 일어나 다수의 양이온이 격렬하게 음극에 충돌하며, 이 전극을 뜨겁게 하면 많은 전자가 튀어나오게 된다. 따라서 방전전류(放電電流)도 크게 되고 전자와 양이온과의 결합도 활발하게 되기 때문에 강한 빛과 열을 낸다.

이와 같은 전극 사이의 이온에 의한 전류를 아크라고 하고, 이 아크가 일어나는 방전을 **아크 방전**(arc discharge)이라고 한다. 아크 방전은 조명과 전기로, 용접 등에 이용되고 있다. 그림 2-20에 아크 방전 발생 예를 나타내었다.

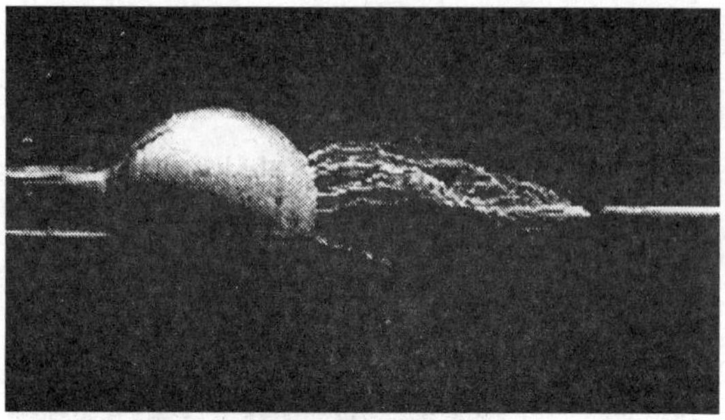

(a) 구-침 전극

(b) 송전탑

그림 2-20 아크 방전

(3) 글로우 방전

기체 중의 방전은 기체의 압력(壓力)을 낮추면 다른 방전과 비슷한 형태로 변화한다. 그림 2-21과 같이 유리 용기 중에 2개의 전극을 넣고 관내의 기압을 약 130[Pa] 정도로 낮추면 비교적 낮은 전압으로도 관내에 방전이 일어난다. 이와 같은 방전을 **글로우 방전** 또는 **진공 방전**(眞空放電, vacuum discharge)이라고 하며, 방전에 의한 빛의 색은 기체의 종류에 따라 다르다.

이 방전에 의한 발광은 관내가 일정한 모양으로 빛나지 않으므로 그림 2-21에 나타낸 것과 같이 빛을 내는 부분과 빛을 내지 않는 부분으로 이루어져 있다.

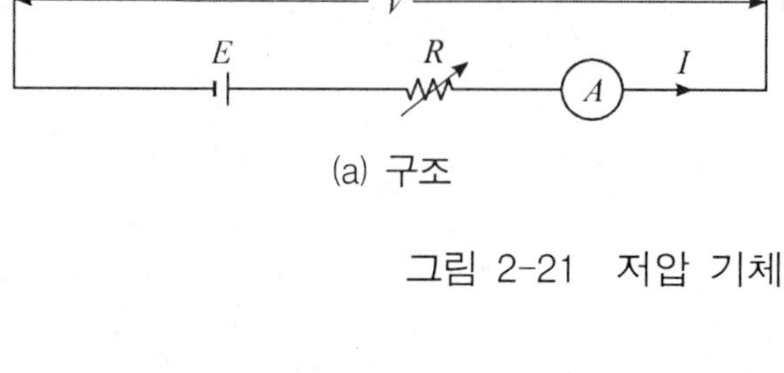

(a) 구조

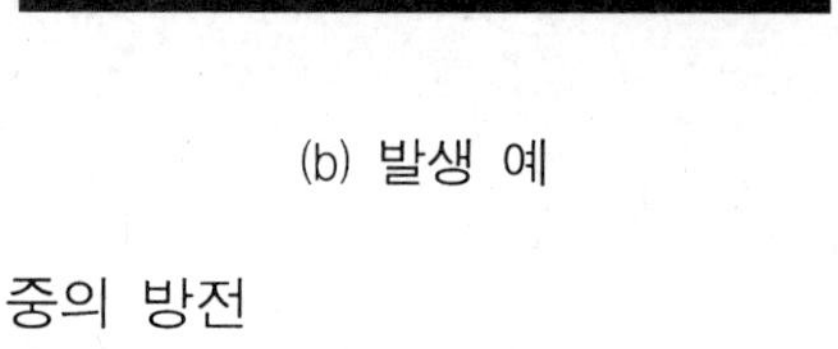

(b) 발생 예

그림 2-21 저압 기체 중의 방전

글로우 방전(glow discharge)은 네온관등과 네온램프, 정전압 방전관 등에 이용되고 있는데, 네온관등은 주로 양광주(陽光柱)를, 네온램프는 음(陰) 글로우를 이용한 것이다. 이 방전에 있어서 양광주의 색은 기체의 종류 및 방전 전류에 따라 다르며, 목적에 따라 광색을 연출하기 위하여 다양한 기체들이 사용되고 있는데 표 2-6에 기체의 종류 및 광색을 나타내었다. 이 중에서 네온, 아르곤, 수은, 헬륨 등이 주로 사용된다.

표 2-6 글로우 방전의 발광색

기체 종류	부글로우	양광주
O_2(산소)	녹색에 가깝다	황색
N_2(질소)	청색	주황색
H_2(수소)	밝은 청색	장미색
He(헬륨)	녹색에 가깝다	밝은 갈색
Ar(아르곤)	진한 청색	진한 적색
Ne(네온)	등홍색	홍색
Hg(수은)	밝은 청색	청록색
Na(나트륨)	백색에 가깝다	황색
K(칼륨)	엷은 청색	녹색
Cs(세슘)	적록색	황갈색

그림 2-22는 방전에 따라 흐르는 방전전류 I와 전극 사이의 단자전압(端子電壓) V의 관계를 나타낸 것이다. a점에서 방전이 시작되면 전극 사이의 단자 전압 V는 급격히 낮아지고, bc부분에서 전압 V는 전류의 증가에도 불구하고, 거의 일정한 값을 가진다. 이 곳이 정규 글로우 방전 영역이다.

전극 사이에 가해진 전압을 a점의 방전 개시전압의 상태로 두면, 전류는 증가하여 d점에 도달하게 된다. 따라서 bc사이의 글로우 방전을 지속시키기 위해서는 방전시 전극 사이에 가해진 전압을 bc영역에 적합한 값으로 해야 할 필요가 있다.

그림 2-22에서 방전의 전압-전류특성 d점보다 더욱 전압을 높여 방전전류를 증가시켜 e점에 도달한다. 이때 방전은 아크 방전으로 변하고, 방전에 필요한 전압이 낮게 되어 방전 전류는 급증한다. 저기압 중의 아크 방전은 대기 중의 아크 방전과 같이 강한 빛과 많은 자외선을 내보내기 때문에 수은등, 형광램프 등의 방

전등에 이용되고 있다.

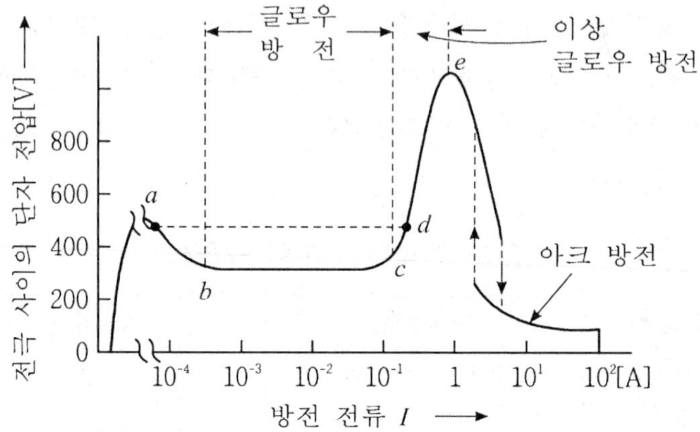

그림 2-22 방전의 전압-전류 특성

아크 방전이 일어나면 그림 2-22와 같이 전극 단자 전압이 증가하지만 글로우 방전과 아크 방전은 그림 2-22의 *ce* 사이를 제외하고는 방전전류가 증가해도 단자전압이 변화하지 않아 차츰 원래 상태로 되돌아가 감소하는 성질이 있다. 이와 같이 전류가 증가하면 저항(抵抗)이 감소하는 성질을 가지는 저항을 **부성저항**(負性抵抗)이라고 한다.

(4) 안정기

글로우 방전에서 아크 방전으로 변할 때 전류가 증가하면 전압은 급속히 감소한다. 그러면 금속체는 당연히 전압이 높아지나 기체 내 방전의 경우는 반대로 전압이 감소하는 것이다. 이와 같이 금속체에서 전류의 증가와 더불어 전압이 상승하는 것을 정(+)특성, 기체 내의 방전과 함께 전류가 증가하면 전압이 감소하는 것을 부(−)특성(負特性)이라 한다.

방전등은 전압-전류특성이 부(−)특성을 나타내므로 이것을 일정 전압의 전원에 연결하면 전류가 급속히 증가하여 방전등을 파괴하게 된다. 이 현상을 방지하기 위하여 그림 2-23과 같이 방전등에 저항 R을 직렬(直列)로 접속하면 저항내의 전압강하(電壓降下)는 전류의 증가에 따라 직선적으로 상승하므로 이것과 방전등의 전압강하의 합성이 이루어져서 그림 2-24와 같이 전류의 안정을 얻을 수 있다.

교류회로에서는 초크 코일을 사용하여 손실을 방지할 수 있다. 이와 같이 방전등에 있어서 안정된 전류를 얻기 위해서 접속하는 저항 또는 초크코일을 **안정기**

(安定器, ballast stabilizer)라 한다.

또한 누설변압기(漏泄變壓器)를 사용하여 2차 전압에 방전등을 접속하는 경우에는 변압기 자체의 누설 리액턴스가 많아지므로 따로 저항이나 초크 코일을 사용할 필요가 없다. 즉 누설 변압기를 쓰는 경우 전류가 증가하면 그 단자 전압이 급속히 저하하여 방전 전류가 증가하는 것을 방지하는 역할을 하기 때문이다.

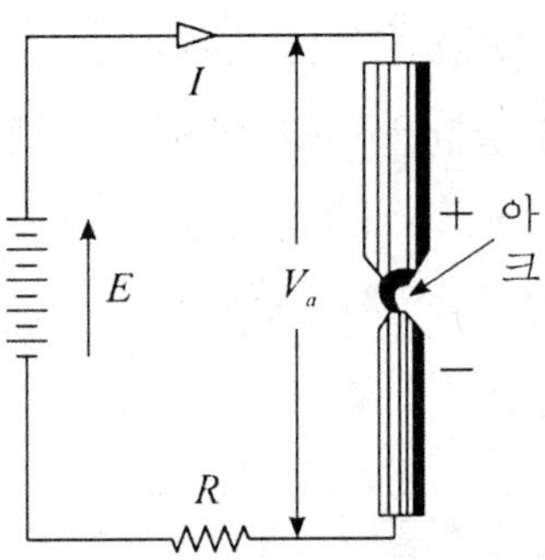

그림 2-23 안정저항의 원리

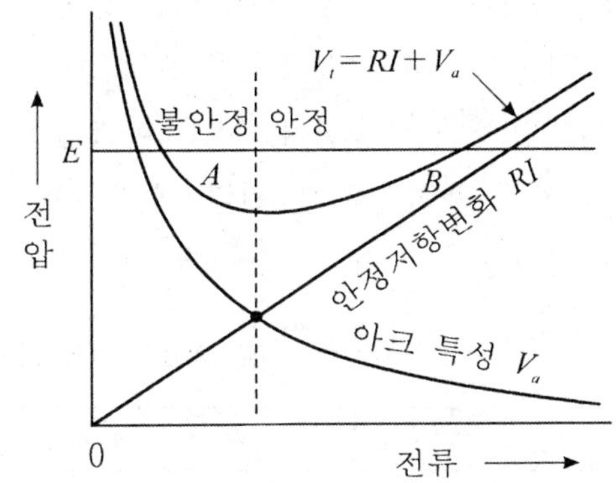

그림 2-24 아크 전압과 안정기의 관계

2.2.2 탄소 아크등

두 개의 탄소막대 전극의 양단을 접촉하고, 그 전극 사이에 전류를 흘리면서 전극을 서서히 떼어놓으면 두 전극 사이에 아크가 발생하는데, 이 원리를 이용하여 탄소 아크등(carbon arc lamp)을 만들 수 있다. 탄소 아크등은 다른 광원에 비하여 높은 휘도와 광도를 얻을 수 있으므로 주로 청사진 제작과 영사용에 사용된다.

탄소 아크등은 전압, 전류의 관계가 부(−)특성이므로 그림 2-23과 같이 직렬저항 R을 접속한다. 실험 결과에 의하여 탄소 아크의 단자전압 V_a와 저항 R을 직렬로 접속하면 그 단자전압 V_t는 $RI+V_a$로 되며, 이 회로의 전원전압(電源電壓)을 E라 하면, $E=V_t$가 성립되는 전류 I에서 점등하게 되는데, 위 식이 성립되는 전류 I는 그림 2-24에서 알 수 있는 바와 같이 A, B 두 값이 있다.

A점 부근은 부(−)특성으로 $\dfrac{dE}{dt} = \dfrac{dV_a}{di} + R < 0$, 즉 $\dfrac{V_a}{di} < -R$이 되어 불안

정하고, 전류가 증가하여 전압상승이 B점 부근에 오면 $\frac{dE}{di}=\frac{dV_a}{di}+R>0$, 즉 $\frac{dV_a}{di}>-R$이므로 안정하게 점등된다. 이 때문에 탄소아크등을 안정되게 점등하기 위하여 사용하는 저항 R을 **안정저항**(steadying resistance 또는 Ballast)이라 한다.

교류(交流)를 사용하는 경우 두 전극이 번갈아 극성이 변경되므로 충분한 빛을 내지 못하여 그 효율이 직류용(直流用)보다 낮다. 그러므로 교류용에서는 R 대신 안정 리액턴스를 사용한다. 탄소 아크등은 전류가 일정값을 초과하면 소음이 발생하고, 특성이 불안정하게 된다. 탄소 아크등에는 순탄소 아크등, 발염 아크등 및 고휘도 아크등이 있다. 표 2-7에 탄소 아크등의 장단점을 나타내었다.

표 2-7 탄소아크등의 장단점

장 점	단 점
· 광원이 작고 휘도가 높다. · 광도와 효율이 높다. · 자외선이 풍부하다.	· 전류특성이 부(-)특성이므로 안전장치가 필요하다. · 전극 소모로 인한 연소물질을 만든다. · 기동장치 및 전극조정장치가 필요하다. · 빛(광)이 움직인다. · 소음이 발생한다.

(1) 순탄소 아크등

점등 초기에는 순수 흑연 전극을 사용하여 직류로 점등하며, 점등 후에는 전극 소모를 자동적으로 보충하는 장치가 필요하다. 직류(直流) 및 교류(交流)에도 사용되는데 아크 안정성이 좋다. 효율은 20[lm/W] 이하, 휘도는 9,000~15,000[cd/cm^2], 전극 소모율은 1[mm/min] 정도이며, 주로 실험용으로 사용된다.

순탄소 아크등(pure carbon arc lamp)의 휘도는 전류 밀도와 더불어 증가되나, 소음이 일어나지 않는 범위에서 사용하고, 빛의 스펙트럼을 나타내지만 적외선을 많이 포함하고 있다.

(2) 발염 아크등

전극 속에 금속 염류(Ca, Sr, Cs 등)를 함유한 것으로서 광색은 이들 금속의 특유 스펙트럼을 발산한다. 즉, 불화칼슘은 황색, 규산 알카리는 적색, 붕산염은 청백색 등이다. 발염 아크등은 직류 및 교류에 사용되며, 직류인 경우는 양극에만 염류를 넣고 음극은 보통 탄소전극을 사용한다.

발염 아크등(flaming arc lamp)은 화구보다 화염에서 많이 발산되므로 휘도는 저하되나 발광 면적이 크므로 효율은 최고 80[lm/W]에 도달하고 있다. 발염 아크등은 주로 제판용, 소형 영사용 등에 사용된다.

(3) 고휘도 아크등

양극(+)의 중심에 지름의 약 반은 발광체(發光體)로서 불화세륨(CeF_3), 산화세륨(CeO) 등의 심(芯)을 넣은 것으로 벡 아크등(beck arc lamp)이라고도 한다. 이것은 어느 전류값에 도달하면 갑자기 깊은 화구가 만들어지며 전방에 백색의 화염(火焰)이 발생한다. 이 때 화구의 온도는 4,200[°K] 이하이나 양극의 화염 온도는 최고 5,800[°K] 정도가 된다.

광선(光線)의 범위는 일반적으로 연속 스펙트럼이 방사되나, 특히 400[nm] 부근에서 높게 된다. 휘도는 최고 120,000[cd/cm^2] 정도이며, 주 용도는 탐조등, 영사용 램프 등에 사용되고 있다.

2.2.3 글로우 방전등

(1) 네온관등

관경(管徑)이 10~20[mm](일반석으로 12, 15[mm]의 것이 대부분)의 긴 유리관을 진공으로 한 후에 20[mmHg] 정도의 압력으로 불활성 가스 또는 수은을 봉입하고, 양단(兩端)에 원통형의 음극관 금속 전극을 장치하여 높은 전압의 교류를 인가하면 양광주가 뚜렷이 빛난다. 이것을 네온관등(neon tube lamp)이라 하며, 광고용으로 많이 사용되므로 네온사인(neon sign)이라고도 한다. 광색은 봉입 가스 및 유리관의 종류에 따라 표 2-8과 같이 다양한 광색을 얻을 수 있다.

표 2-8 봉입가스에 따른 광색

봉입 가스	유리관색	관등의 색
네온	투명	등적색
네온	청색	등색

봉입 가스	유리관색	관등의 색
아르곤과 수은	투명	청색
아르곤과 수은	황록색	녹색
헬륨	투명	백색
헬륨	황갈색	황갈색
아르곤	투명	갈색

관전압(管電壓)은 주로 음극강하(200~1,000[V])와 양광주 강하로 된다. 전류는 20[mA] 전후로서 방전개시 전압은 관전압에 비해 1.5~3배 정도, 수명은 2,000~15,000시간 정도이다. 네온관의 길이 1[m]에 대하여 약 1,000[V]의 전압을 필요로 하며, 전원(電源)에는 그림 2-25와 같이 네온관을 점등시키기 위해서는 자기 누설 변압기를 사용한다. 이 누설변압기를 네온관용 변압기라 한다.

네온관용 변압기는 2차 전압 15,000[V], 2차 단락 전류 50[mA] 이하라는 전기설비기술기준이 있으므로, 보통 1차 전압 100[V], 2차 전압은 3,000[V], 6,000[V], 9,000[V], 12,000[V] 및 15,000[V], 2차 단락 전류는 20[mA]를 표준 규격으로 하고 있다.

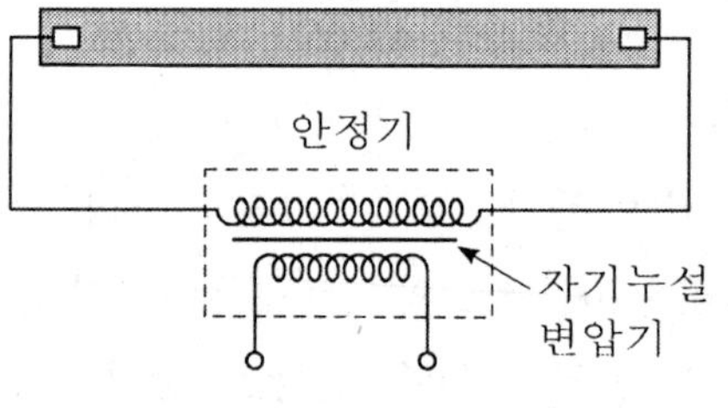

그림 2-25 네온관등 회로

(2) 네온전구

네온전구는 그림 2-26과 같이 유리구 내에 코일이나 원판모양 전극을 2~3[mm]로 접근하여 장치하고, 네온 또는 아르곤을 수십[mmHg]의 압력으로 봉입한 것으로, 베이스 내에 1,500~3,000[Ω]의 안정저항을 직렬로 삽입한 것이다. 네온전구는 전극간의 길이가 짧기 때문에 부(−)글로우를 발광으로 이용한 것이다.

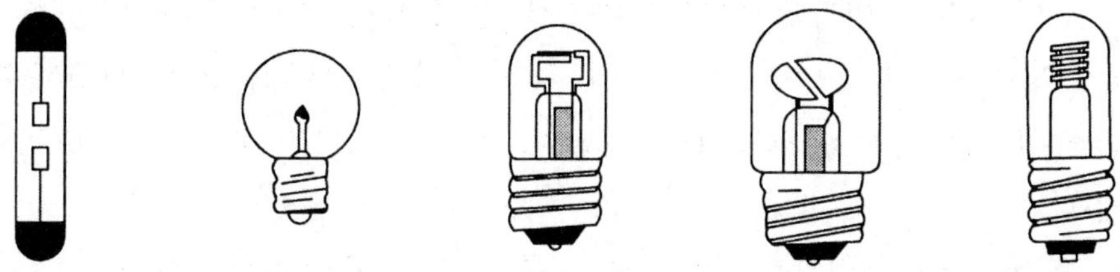

(a) (b) (c) (d) (e)

그림 2-26 네온전구의 모양

전압 100[V]의 것은 전극에 알칼리토금속(바륨, 세슘, 마그네슘, 나트륨)을 칠하고, 전압 200[V]용의 것은 전극을 철 또는 니켈을 사용한다. 네온전구만은 100[V]용, 0.05~1.5[W]로 만들고, 광도는 1.5[W]의 것이 0.06[cd] 정도이다.

네온전구의 방전개시 전압은 100[V]용은 약 75~85[V], 200[V]용은 140~160[V]이다. 또한 네온전구는 어느 정도 범위에서 광도 C[cd](전류 I와 구별하기 위함)는 전류 I[A]에 거의 비례하므로 식 (2-4)와 같이 표현할 수 있다.

$$C = kI_{\beta}[\mathrm{cd}] \tag{2-4}$$

여기서, β=1.02~1.06

네온전구에서 광도가 $C = 0.6$[cd] 정도라면 소비전력(消費電力)은 15[W/cd] 정도이다.

네온전구의 용도는 다음과 같다.

① 소비전력이 적으므로 배전반의 파이롯트 램프에 적합하다.
② 부(−) 글로우를 이용하므로 직류의 극성 판별용에 이용된다.
③ 일정 전압에서 점등되므로 검전기, 교류 파고치의 측정에 사용된다.
④ 어느 범위에서는 광도와 전류가 비례하므로 오실로그래프용, 스트로보스코프용에 이용된다.

2.2.4 수은등

수은등(水銀燈, mercury lamp)은 유리관 내에 봉입된 수은 증기압 중의 방전에 의한 발광을 이용한 것이다. 상온(常溫)에서 수은 증기압은 대단히 낮으므로 기동을 쉽게 하기 위하여 미량의 아르곤 가스를 봉입한다. 방전이 시작되면 온도상승에 따라 봉입된 수은이 서서히 증발하여 적당한 압력이 된다. 일반적으로 수은 증기압이 상승함에 따라서 아크는 관의 중심에 가늘게 모아져 관전압, 휘도, 효율 등이 높아진다.

그림 2-27에 수은 증기압과 효율과의 관계에서 알 수 있듯이 수은 증기압이 높아질수록 효율은 좋으나, 저압 수은등과 고압 수은등 사이에 효율이 떨어지는 곳이 있다. 수은 증기 중의 아크 방전에 의해 발산하는 빛의 복사는 수은 증기의 압력에 따라 다르다.

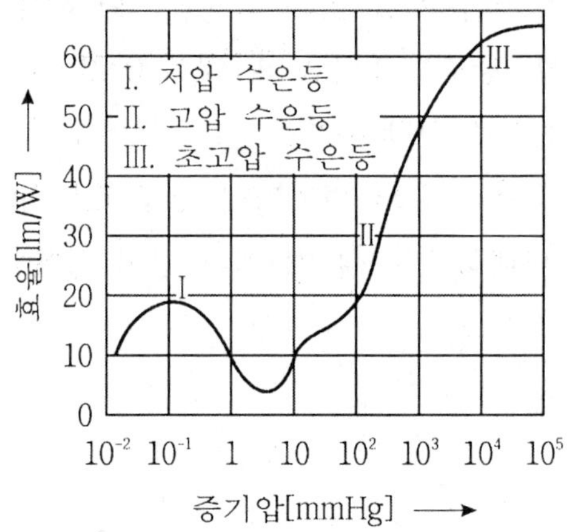

그림 2-27 수은등의 증기압과 효율의 관계

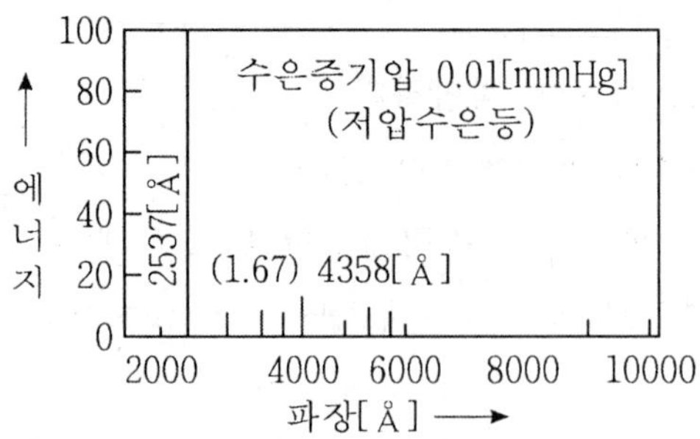

(a) 저압 수은등

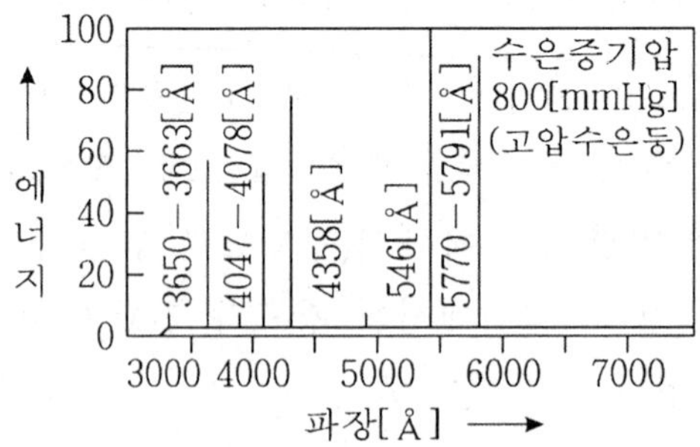

(b) 고압 수은등

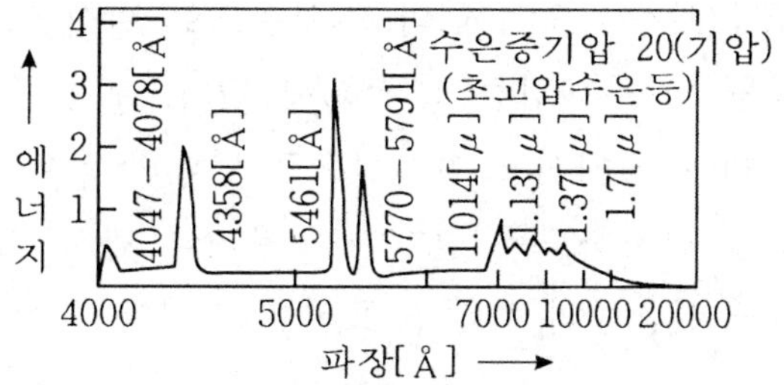

(c) 초고압 수은등

그림 2-28 수은등의 증기압과 스펙트럼

그림 2-28에서 보는바와 같이 저압수은등(0.01[mmHg])의 경우에는 2,537[Å]의 자외선이 강력하고 또한 4,358[Å](청색), 5,461[Å](녹색) 등의 가시선도 있다. 고압수은등(100~760[mmHg])에서는 자외선의 스펙트럼은 약하지만, 가시선(可視線)인 4,047~4,078[Å], 4,358~5,461[Å], 5,770~5,791[Å]의 스펙트럼이 크게 증가한다. 초고압수은등(10~200기압)으로 되면 가시선이 연속 스펙트럼의 경향을 나타내고 광색도 백색에 근접한다.

(1) 저압 수은등

수은을 봉입한 가늘고 긴 유리관의 양단에 전극을 설치한 방전관으로서, 음극은 열음극이나 냉음극을 사용하기도 하고, 한쪽 전극에 수은류의 음극을 설치한 것도 있다.

저압 수은등(低壓 水銀燈, low pressure mercury lamp)의 대표적인 것으로 쿠퍼-히위트등(Cooper-Hewit lamp)이 있으며 이것은 수은 증기압 0.25[mmHg] 내외로, 길이 1[m]되는 유리관 한 쪽의 수은류가 음극(陰極)의 역할을 하며, 다른 한 쪽에 철로 양극(陽極)을 가지고 있다. 직류용에서 양극은 한 개이고, 교류용은 두 개다. 쿠퍼-히위트램프는 공장 조명용으로 사용하였으나, 효율이 매우 낮아 고압 수은등으로 대체되고 현재 이 등(燈)의 고속도 점멸성을 이용하여 스트로보스코프에 사용된다.

저압 수은등을 응용한 것에는 살균등(殺菌燈, germicidal lamp)과 형광등(螢光燈)이 있다. 살균등은 산화물로 피복한 열음극을 사용하며, 증기압이 0.01[mmHg]가 되도록 설계되어 있다.

방전관 내에는 수은 이외에 보조 가스인 아르곤이 수 [mmHg]로 봉입되어 있으며, 입력 전력의 약 60[%]가 2,537[Å]의 자외선으로 발산되므로 자외선 투과 유리관을 사용하면 살균등 또는 태양등(太陽燈)이 된다. 보통 유리관을 쓰고 내면에 형광물질을 도포(塗布)하여 자외선을 가시선으로 변환한 것이 형광등이다.

살균등은 자외선을 잘 반사하도록 연마한 알루미늄 반사갓을 사용한다. 표 2-9는 일반적으로 사용되는 살균등의 특성을 표시한 것이다.

표 2-9 15[W] 살균등의 특성

크기	길이	관지름	관전류	정격전압	살균선 출력	거리 1[mm]에 있어서의 살균 복사조도	평균 수명
15[W]	36[mm]	25[mm]	0.3[A]	100[V]	2.9[W]	30[μW/cm^2]	3000[h]

(2) 고압 수은등

고압 수은등(高壓 水銀燈, high pressure mercury lamp)은 고압 수은증기 중의 방전에 의한 발광을 이용한 것으로 고압나트륨등과 메탈핼라이드등과 함께 HID램프(High intensity discharge lamp ; 고휘도 방전등)라 하며, 발광관의 관변부하가 3[W/cm^2] 이상의 것이다. 점등시에 수은 증기압이 100~760[mmHg] 정도의 것을 말하며, 그림 2-29에 나타낸 바와 같이 점등시 발광관(發光管)의 온도는 약 600[℃]로 되기 때문에 보온을 위해서 외관이 필요하다.

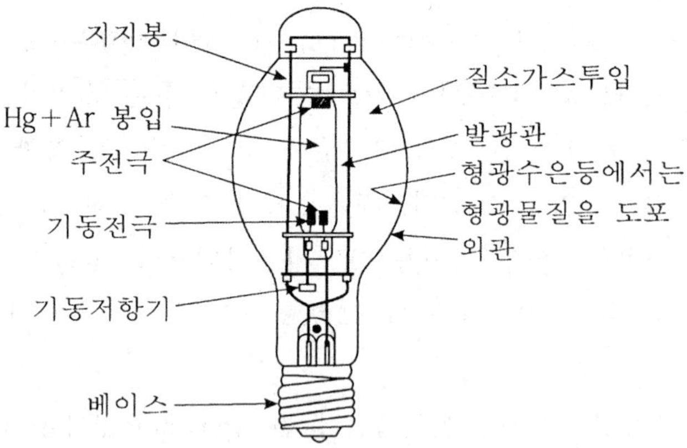

그림 2-29 고압 수은등의 구조

발광관은 고온으로 유지해야하므로 내열성과 내압성이 좋은 투명 석영유리를 사용하고, 열전도를 막기 위해 발광관과 외관과의 사이는 배기 또는 적당한 가스를 봉입하는 것 외에, 전극사이의 아크방지를 위해 질소를 50~100[kPa]정도 봉입한다.

발광관 내부에는 램프를 점등하면 완전히 증발될 수 있는 정도의 수은을 봉입하여 전극 보호와 더불어 방전개시를 쉽게 하기 위해 아르곤을 2.5~5[kPa]정도를 첨가 봉입한다.

고압 수은등은 일단 소등(消燈)한 직후에는 수은 증기압이 높기 때문에 기동은 곤란하므로 재 점등까지 약 10분이 걸린다. 고압 수은등의 점등은 기동 전극과 주 전극 사이에서 국부적인 방전이 일어나고, 이 방전 전류에 의한 열 때문에 수은이 증발하여 발광관 안에 수은 증기가 충만하고 주 전극 사이로 방전이 옮겨진다.

주 전극에는 산화물이 피복되어 있으며, 그림 2-30에 나타낸 바와 같이 점등 후 재시동하기까지 시간은 약 10분 이내로 규정하고 있다. 수은증기방전에서는 증기 압력이 높아짐에 따라서 전자와 원자의 충돌이 증가되어 발광 스펙트럼선의 폭의 퍼짐 차이, 연속 스펙트럼의 발생 등으로 그 상태도 저압방전의 경우와 매우 달라 가시부의 발광이 강화되었다. 그림 2-31에 고압 수은등의 분광분포를 나타내었다.

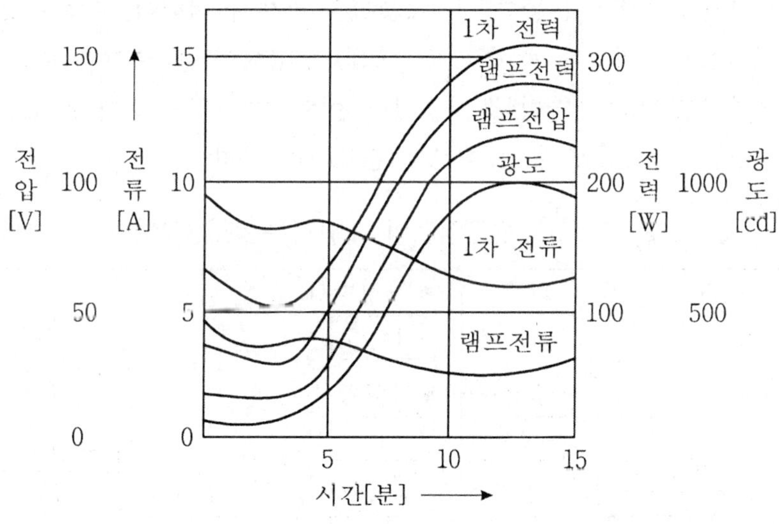

그림 2-30 고압 수은등의 점등 초기 특성

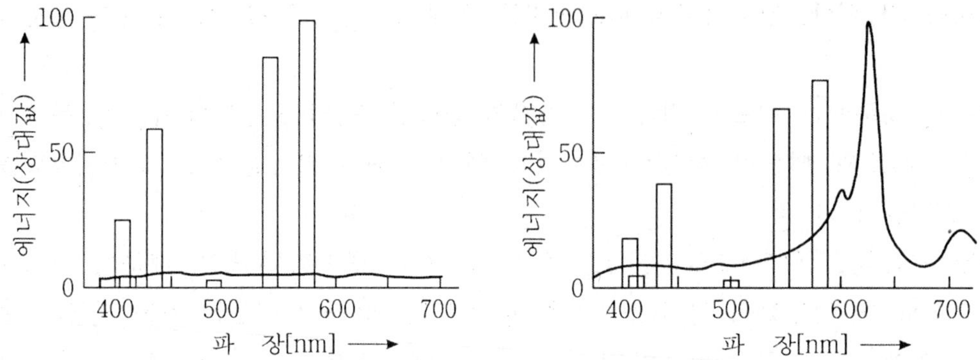

(a) 투명형(H 400) (b) 형광형(HF 400)

그림 2-31 고압수은램프의 분광분포

표 2-10에서는 전광변환계로서의 에너지 배분에 관하여 나타내었다.

고압수은램프의 수명은 초기 광속의 80[%]가 될 때까지의 시간을 말하며, 약 12,000시간(80~1,000[W]) 정도로 램프의 광속 저하나 시동의 곤란 등에 의해 수명이 결정되는데 수명이 짧아지는 요인은 주로 전극 소모에 기인한다.

고압 수은등 및 초고압 수은등의 결점(缺點)은 광색에 적색이 부족하므로, 이 결점을 개선하기 위하여 발광관 중에 Cd(카드뮴), Zn(아연)을 넣거나 또는 외관 내벽에 형광물질을 도포하는 방법이 사용되며 이와 같은 등을 형광 고압 수은등(fluorescent mercury lamp) 또는 형광 수은등이라 한다.

표 2-10 고압수은램프의 에너지 분배(400[W])

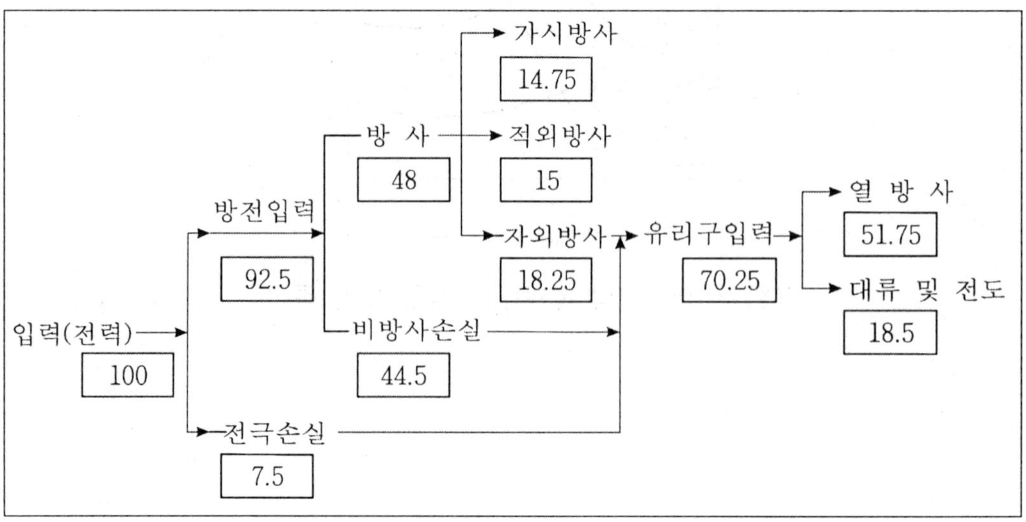

표 2-11에 고압 수은등의 특성을 나타내었다. 효율은 30~55[lm/W]로 투명형보다 형광형이 높고, 연색성 평가지수 R_a는 투명형은 25, 형광형은 45정도이며, 램프의 광속, 관전압, 전류, 전력 등의 램프특성은 주위 온도에 의하여 변화하지만, 형광램프에 비하여 변화가 적기 때문에 주로 공원, 광장, 경기장 및 공장의 조명에 적당하며 동정 특성이 안정되어 있는 램프다.

표 2-11 고압 수은등의 특성(KS C 7024)

형식	정격 전압 [V]	방전개시 전압[V] 이하	크기 [W]	램프 전압 [V]	램프 전류 [A]	전광속 [lm]	점등시간 [분] 이하	재점등시 간[분] 이하	베이스 [mm]
HF100(HRF100)	200	180	100	115	1.0±0.12	3200±900	8	10	E_{26}
H200(HR200)	200	180	200	120	1.9±0.3	8500±1800	8	100	E_{39}
HF200(HRF200)	200	180	200	120	1.9±0.3	7700±1900	8	10	E_{39}
H250(FR250)	200	180	250	130	2.1±0.3	11000±2200	8	10	E_{39}
HF250(HRF250)	200	180	250	130	2.1±0.3	10000±2300	8	10	E_{39}
H300(HR300)	200	180	300	130	2.5±0.35	14000±2800	8	10	E_{39}
HF300(HRF300)	200	180	300	130	2.5±0.35	13000±3000	8	10	E_{39}
H400(HR400)	200	180	400	130	3.3±0.4	20000±4000	8	10	E_{39}
HF400(HRF400)	200	180	400	130	3.3±0.4	18000±4100	8	10	E_{39}
H700(HR700)	200	180	700	130	5.9±0.4	37000±7500	8	10	E_{39}
HF700(HRF700)	200	180	700	130	5.9±0.4	34000±7800	8	10	E_{39}
H1000A(HR100A)	200	180	1000	130	8.3±1.0	55000±11000	8	10	E_{39}
HF1000A(HRF1000)	200	180	1000	130	8.3±1.0	50000±11500			
H1000B	460	400	100	260	4.0±0.4	55000±11000			
HF1000B	460	400	100	260	4.0±0.4	50000±11500			

<주> H : 고압수은등, F : 형광고압수은등, R : 반사형 고압수은등, A : 200[V]용, B : 460[V]용

(3) 초고압 수은등

초고압 수은등은 증기압력(蒸氣壓力)을 10~200기압으로 높여 효율을 40~70[lm/W]로 하기 위하여 석용관 내에 1~2[cm] 간격으로 두 개의 전극과 수은 및 미량의 아르곤을 봉입한 발광관을 다시 유리구의 외관으로 덮은 것이다. 중심 온도는 8,000~10,000[℃]로 되고, 관벽 온도는 400~600[℃] 정도이며, 작은 것은 자연 통풍방식이나 큰 용량의 것은 수냉식(水冷式)으로 냉각하고 있다. 압력을 높일수록 내부 중심의 온도가 높아져 연속 스펙트럼이 많아지므로 적색이 강하며 고압 수은등보다 더욱 백색에 가깝다.

초고압 수은등은 옥외 조명용, 투광기, 영화촬영 및 영사용, 일반 사무실이나 공장용으로도 사용된다. 외관에 자외선 투과의 유리구를 사용하여 다량의 자외선이 나오도록 만든 초고압 수은 건강등은 일광(日光)이 부족한 지하실, 공장, 빌딩 등 보건용 조명에 적당하다. 한편 초고압 수은등의 외관은 자외선에 대한 투과율이 큰 석영관을 쓰고, 알루미늄계의 반사갓으로 투광기와 같이 좁게 비쳐지는 태양등(sun lamp)은 피부병의 치료, 기타 의료용으로 사용된다.

초고압 수은등의 수명을 결정하는 요인으로는 램프로부터의 방사조도의 저하와 램프에 사용되는 석영유리의 열화(劣化)에 의한 것이 주 요인이다. 100[W] 램프의 수명은 5,000시간 이상이며, 120[W]에서도 2,000시간 이상의 수명이 기대되고 있다.

그림 2-32는 초고압수은등의 분광분포도를 나타낸 것이다.

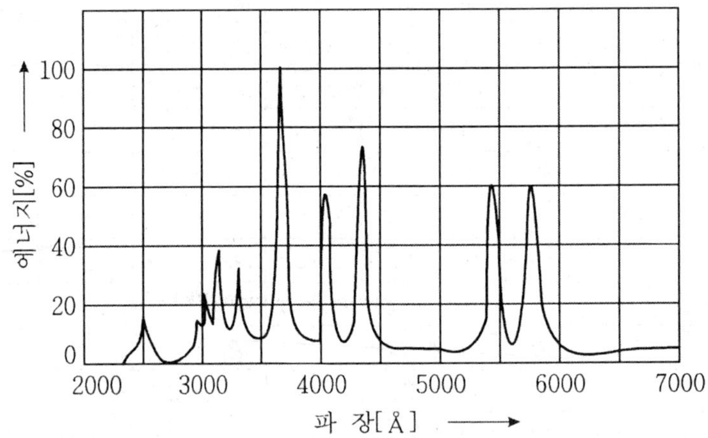

그림 2-32 초고압 수은등의 분광분포

2.2.5 메탈핼라이드 램프

메탈핼라이드 램프(metal halide lamp)의 외관은 고압수은램프와 비슷하지만, 발광관 내부에 수은, 아르곤 등의 비활성 가스 외에 발광물질로 금속할로겐화물(Ti, Na, In, Th 등)을 첨가하여 금속원자에 의한 금속 특유의 광 스펙트럼을 발광하는 것으로 효율과 연색성을 개선한 방전등이다. 일반조명용 뿐만 아니라 복사용, 광화학용, 식물 육성용, 어업용 등으로 널리 이용되고 있는 광원이다.

구조는 그림 2-33에 나타낸 바와 같이 고압수은램프와 거의 같으나, 석영으로 된 발광관 내에 시동용 아르곤과 램프전압, 발광관 온도를 조절하기 위한 수은과 여러 종류의 금속할로겐화물이 봉입되어 있다.

일반조명용으로는 나트륨(Na), 타륨(Tl), 인듐(In), 스칸듐(Se), 토륨(Th), 디스프로늄(Dy) 등의 할로겐화물이 조합되어 쓰이고 있으며, 가시부에 조화된 발광을 얻을 수 있도록 하고 있다.

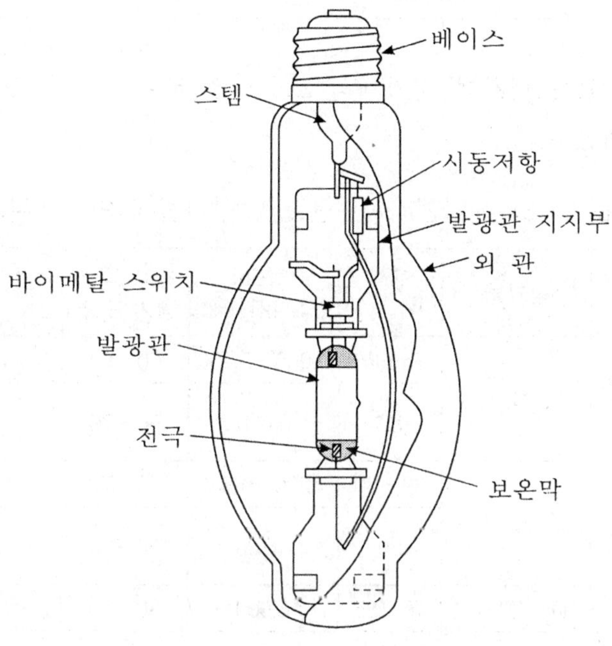

그림 2-33 메탈핼라이드램프의 구조

전기입력에 대한 방사광의 에너지 배분은 표 2-12에 나타낸 바와 같이 고압수은램프보다 매우 크다.

표 2-12 메탈핼라이드램프의 에너지 배분(400[W])

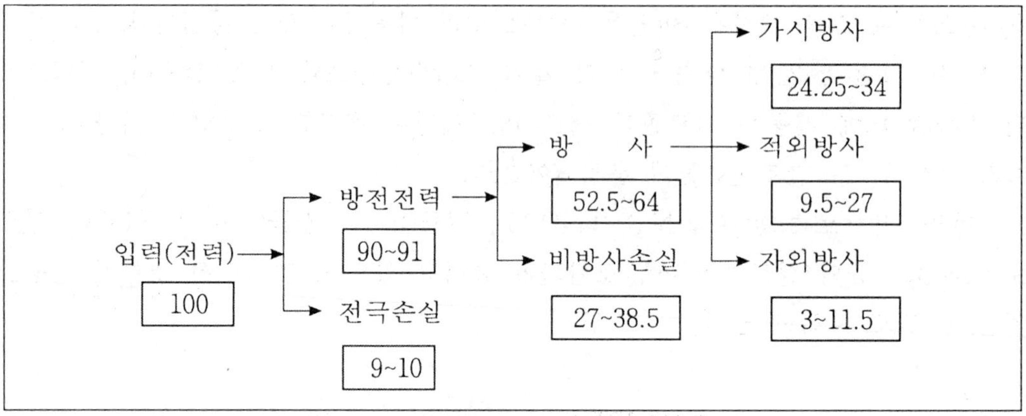

현재 실용되고 있는 램프를 첨가제의 조합으로 분류한 것을 표 2-13에, 성능은 표 2-14에 나타내었다.

표 2-13 메탈핼라이드램프의 첨가물에 의한 분류

발광 스펙트럼	첨가물	효율 [lm/W]	색온도 [K]	평균 연색 평가수 R_a	수명 [h]	종 류
수소의 선 스펙트럼의 조합	Tl-Na-In	75~85	5,000~5,500	60~70	6,000~9,000	일반
		80	5,000	60~70	9,000	저전압 시 동
밀집 스펙트럼과 강한 선 스펙트럼의 조합	Sc-Na-Tb	80~90	4,200~4,500	60~70	7,500~9,000	일반
		80	4,200	60~70	9,000	저전압 시 동
	Dy-Tl-In	75~85	6,000	80~90	6,000	일반
분자 발광에 의한 연속 스펙트럼	SnI_2 $SnBr_2$	50	5,000	92	6,000	고연색

표 2-14 메탈핼라이드램프 성능(KS C 7607)

형식	정격 입력 전압[V]	안정 시간[분]	재시동 시간[분]	초 특 성			전광속 [lm]
				램프 전압 [V]	램프전류 [A](참고값)	램프전력 [W]	
MH 175(B)							14,000
MHF 175(B)	220	8 이하	10 이하	130±15	1.50	184 이하	12,000
MHT 175(B)							14,000
MH 250(A)							17,000
MHF 250(A)	220	8 이하	10 이하	100±15	3.00	263 이하	15,000
MHT 250(A)							17,000
MH 250(B)							20,500
MHF 250(B)	220	8 이하	10 이하	130±15	2.10	263 이하	18,000
MHT 250(B)							20,500
MH 400(A)							28,800
MHF 400(A)	220	8 이하	12 이하	125±15	3.65	420 이하	25,000
MHT 400(A)							28,800
MH 400(B)							34,000
MHF 400(B)	220	8 이하	12 이하	135±15	3.25	420 이하	30,000
MHT 400(B)							34,000

보통 금속 할로겐화물은 수은보다도 증발하기 어려우므로 램프 동작 중의 분압도 수은증기압보다 낮고, 원자밀도도 적지만 수은 스펙트럼의 여기레벨보다 낮은 여기레벨을 갖는 금속이 선정되었기 때문에 방전에 의한 방사는 첨가 금속의 스펙트럼이 주이다.

점등 중에는 비교적 온도가 낮은 관벽 부근의 금속 할로겐화물은 증발하여 고온, 고압의 수은 아크 내로 들어가서, 그림 2-34에 나타낸 바와 같이 금속과 할로겐으로 분해된다. 분해된 금속은 아크 내에서 여기(勵起)되어 발광한다.

아크부의 금속과 할로겐은 관벽 부근에서 또 다시 결합하여 금속 할로겐화물로 되어 이 과정을 반복하면서 발광한다. 점등 중에 해리-여기-발광-재결합과 같은 순환을 반복하는 할로겐 사이클을 이루며, 이 할로겐 사이클을 활용함으로써 발광효율 및 연색성을 향상시키고 있다.

분광분포의 예를 그림 2-35에 나타내고 있다. 그림과 같이 연색성이 우수하고, 수은등이나 백열전구보다 전력소비(電力消費)가 적고, 효율이 1.8배 이상 높다.

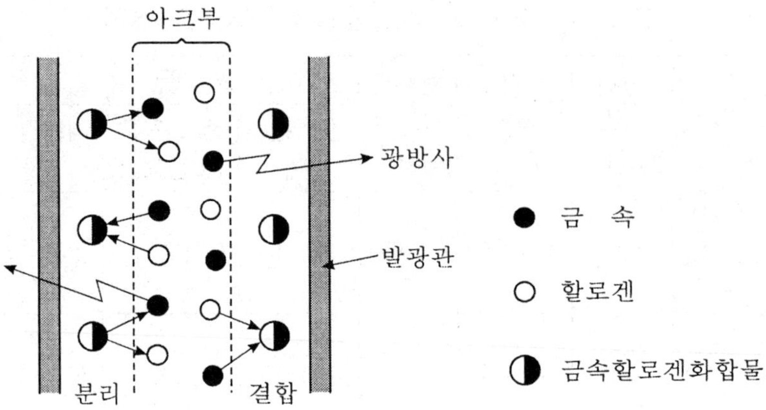

그림 2-34 메탈핼라이드 램프의 광방사

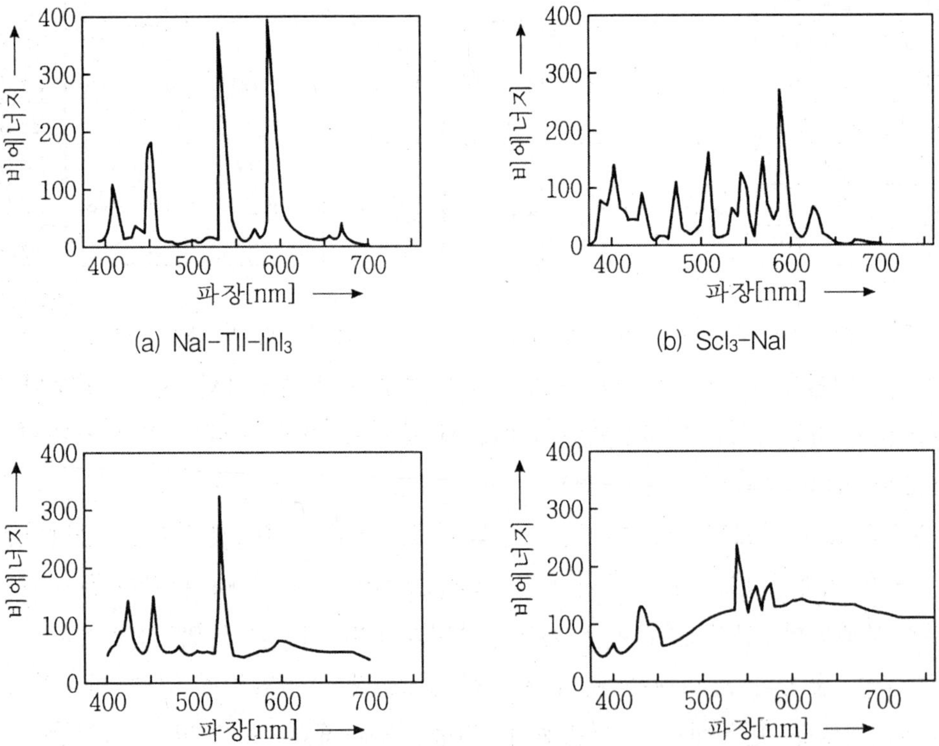

(a) $NaI-TlI-InI_3$ (b) ScI_3-NaI

(c) $DyI_3-TlI-InI_3$ (d) SnI_2-SnBr_2

그림 2-35 일반조명용 메탈핼라이드 램프의 분광분포

메탈핼라이드 램프는 전극의 전자방사의 저하나 방전방해성의 할로겐을 포함하므로 수은램프에 비하여 방전개시전압은 높아진다. 그러나 발광관내에 시동보조가스로서 적당량의 페닝가스(Ne-Ar 또는 Ne-Kr)을 쓰고, 시동전극의 구조, 시동방법이 곤란하므로 일반적으로 보급되고 있는 고압수은램프용 안정기로 점등할 수 있는 저전압 시동용 메탈핼라이드 램프도 시판되고 있다.

메탈핼라이드 램프의 시동시간은 수은램프의 경우와 거의 같지만, 재시동 시간은 일반적으로 약간 길다. 수명은 고압수은램프에 비하여 관벽온도가 높으므로 약간 짧고, 동정특성도 다소 뒤떨어지며, 전원전압의 변동에 의한 램프특성의 변화도 크고 광색도 변화한다.

효율은 일반적으로 70~80[lm/W]이고, R_a는 80~90으로 고연색성(高演色性)이다. 램프의 정격수명은 9,000시간(Sn계는 6,000시간), 광속 유지율은 정격수명 시간으로 70[%](Sn계는 90[%]) 정도이다. 메탈핼라이드 램프는 높은 광도를 유지할 수 있으며, 기동시에는 약 8분 정도 시간이 소요되며, 재 점등할 경우에는 약 10분 정도 소요된다.

또한 전원전압 변동의 영향을 받기 쉬우므로 정격전압(定格電壓)의 ±6[%]이내에서 사용하는 것이 좋다. 점등방향에 의해서도 광속이 변하므로 수평 또는 수직방향으로 램프의 방향을 지정한 것이 있다는 것을 알아야 한다.

2.2.6 나트륨등

(1) 저압 나트륨등

나트륨등은 나트륨 증기를 통하여 방전할 때 생기는 D선을 광원으로 이용한 램프를 말한다. 나트륨등의 구조는 그림 2-36에 표시한 바와 같이 열음극을 가지고 있는 발광판에 보온용(保溫用)의 외관을 붙이고 중간은 진공으로 하고 있으며, 관내에는 적은 양의 나트륨과 시동용의 네온(Ne)에 미량의 아르곤(Ar)을 혼합한 페닝가스가 봉입되어 있다. 발광관(發光管)에는 딤플이라는 수 개소의 돌기부가 있어 나트륨을 모아두고 있다. 휘도는 약 11~13[cd/m²]이므로, 이를 낮추기 위해 특수 나트륨유리의 U자형 발광관을 사용한다.

나트륨등의 발광 효율은 관벽 온도가 270[℃], 나트륨의 증기압 0.53[Pa]에서 발광효율(發光效率)이 최대이다. 그러기 때문에 발광관이 최적의 온도를 유지하기 위해서는 그림 2-36과 같은 보온 구조가 필요하다. 저압나트륨등은 램프 점등 후 약 10분 후에 방전이 안정하게 된다. 램프의 점등방향에는 제한이 있어 일반적으로 수평방향으로 배치하여 사용한다.

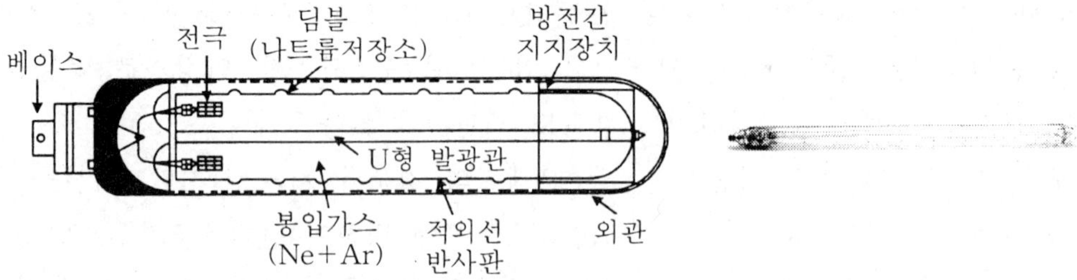

(a) 구조 (b) 실물 예

그림 2-36 저압 나트륨등

그림 2-37은 저압 나트륨등의 분광분포를 나타내고 있다. 그림에서 대부분이 나트륨 D선(589~589.6[Å])의 에너지는 전 복사에너지의 약 76[%]에 이르며, 광색은 거의 등황색이다. D선의 비시감도는 0.765이므로 전 복사에너지의 76[%]가 전부 D선의 빛으로 변환할 때, 555[nm]에서 1[W]의 복사속은 680[lm]이므로 등효율은 680×0.765×0.76≒395[lm/W]이지만, 실용상 등효율(燈效率)은 약 130~175[lm/W]정도이다.

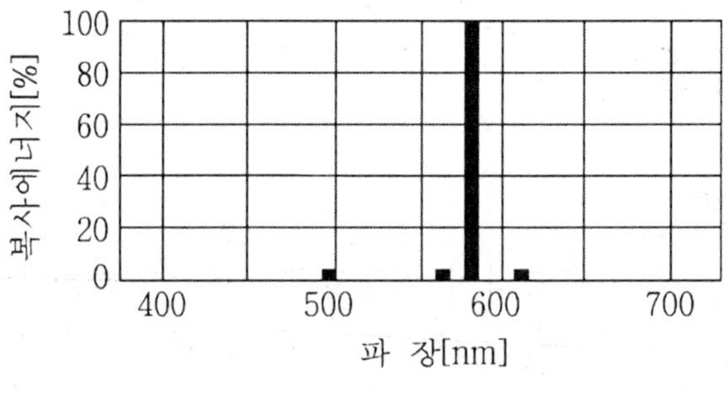

그림 2-37 저압 나트륨등의 분광분포

에너지 배분은 표 2-15에 나타내는 바와 같이 입력의 약 36[%]가 가시광으로 된다.

평균수명은 9,000시간 정도이며, 광속유지율은 80~85[%]로 동적특성도 좋다. 연색성평가지수 R_a가 28이며, 광색은 황등색의 단색광(單色光)이기 때문에 연색성에 문제가 되지 않는 유리의 굴절률 측정, 평면 검사 등의 광학 실험용, 주사액의 불순물 검사용, 교량조명, 터널 조명, 안개지역의 조명, 가로조명, 광장 및 경기장 조명 등에 이용되며, 일반조명으로는 부적합하다.

표 2-15 저압 나트륨램프의 에너지 배분

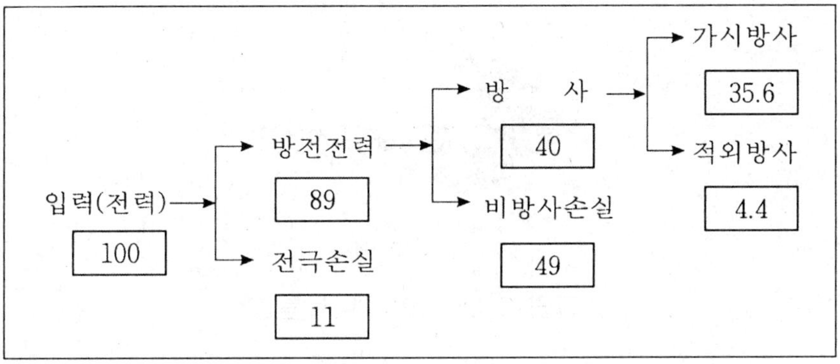

(2) 고압 나트륨등

고압 나트륨등(high pressure sodium lamp)은 발광관내에 나트륨 증기 압력 0.1기압 중의 아크방전에 의한 발광을 이용한 램프이다. 고압수은등이나 메탈핼라이드등과 비슷하지만, 발광관은 700~800[℃]의 고온도에서 나트륨에 침해당하지 않는 투과성 알루미나세라믹 또는 사파이어로 제작되었다.

그 구조는 그림 2-38에 나타내었다.

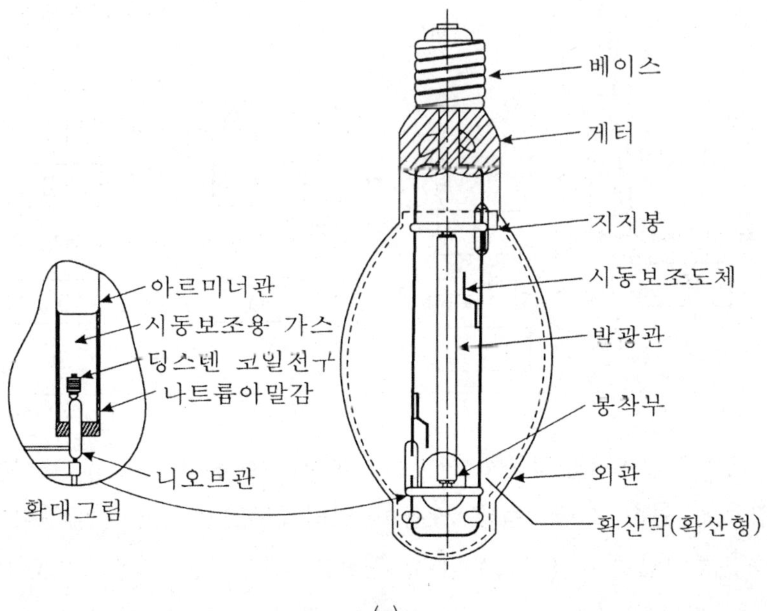

(a)

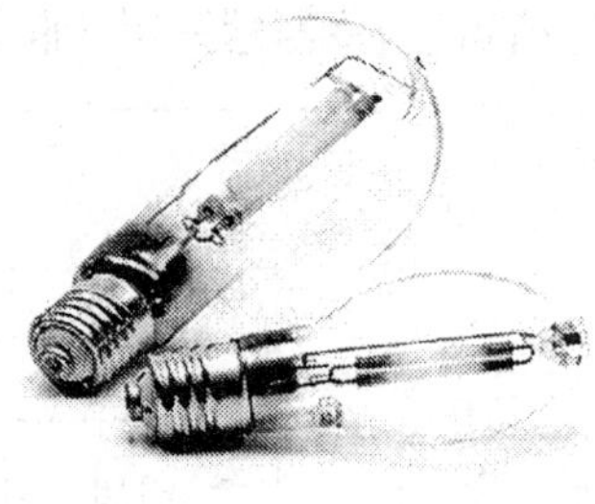

(b) 실물 예

그림 2-38 고압 나트륨등

발광관내에는 시동보조용 크세논가스가 2~3.3[kPa] 정도, 동작시에는 나트륨 증기압이 4~25[kPa] 정도가 되도록 나트륨 수은 아말감이 과잉 봉입되어 있다. 이것은 효율을 최대로 하기 위함이다.

표 2-16에 에너지 배분을 나타내었다. 고압 나트륨등은 400[W]램프에서 가시방사효율 η_e이 0.295이며, 광원의 효율도 120[lm/W]이기 때문에 발광효율 K는 407[lm/W]로서 다른 광원에 비해 높다.

표 2-16 고압나트륨램프의 에너지 배분(400[W])

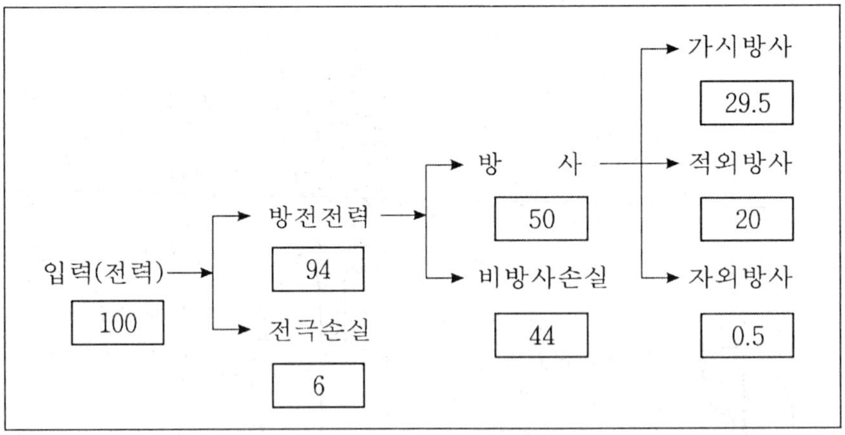

이것은 그림 2-39의 분광분포(分光分布)에서 보듯이 나트륨 D선(589, 589.6[mm])의 양측에 연속 스펙트럼의 발광이 널리 분포되어 있기 때문이다. 또는 분광분포는 수은증기압에 의해 좌우되며, 램프의 연색성은 색온도 2,000~2,100[K]이고, 평균연색평가지수 R_a는 15~30정도로 형광수은등에 비해 떨어지지만 평균

수명은 약 12,000시간이다.

용도는 터널내의 배기가스 및 안개지역 등에 대한 투과력(透過力)이 우수하기 때문에 터널조명, 교량조명, 항만조명, 가로조명(고속도로 나들목), 식물재배, 공장조명 및 스포츠 조명에 적합하다. 점등 후 재시동 시간은 약 10분 이내로 규정되어 있다. 단지, 이 램프는 전원전압이나 주위온도 등의 환경조건에서 램프전압이 어느 정도 변화하는 특성이 있으므로 기구의 선정에 주의가 필요하다.

표 2-17은 고압 나트륨램프의 특성에 관하여 나타내었다.

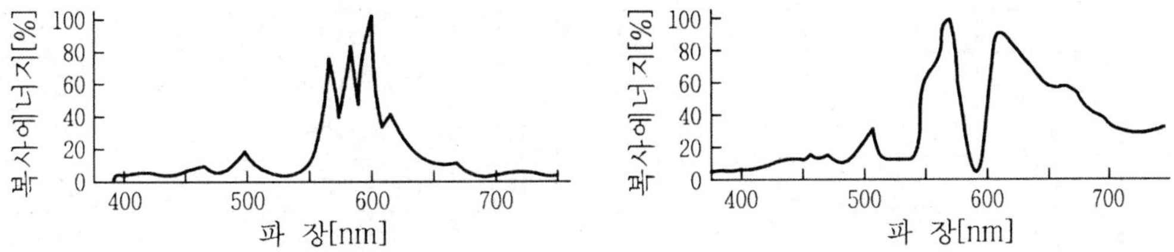

(a) 일반형 (b) 고연색형

그림 2-39 고압 나트륨등의 분광분포

표 2-17 고압 나트륨램프 특성(KS C 7610)

형 식	정격입력 전압[V]	안정시간 [분]	재시동 시간 [분]	초 특 성			전광속[lm]
				램프전압 [V]	램프전류 [A]	램프전력 (참고)[W]	
NH 100	220	8 이하	5 이하	100±15	1.2±0.2	100	9,000
NH 100F							8,500
NHT 100							9,000
MHR 100							—
NH 150	220	8 이하	5 이하	$100 \pm {}^{15}_{20}$	1.8±0.3	150	14,000
NH 150F							13,000
NHT 150							14,000
NHR 150							—
NH 200	220	8 이하	5 이하	$100 \pm {}^{15}_{20}$	2.3±0.40	200	20,000
NH 200F							19,000
NHT 200							20,000
NHR 200							—

형 식	정격입력 전압[V]	안정시간 [분]	재시동 시 간 [분]	초 특 성			전광속[lm]
				램프전압 [V]	램프전류 [A]	램프전력 (참고)[W]	
NH 250	220	8 이하	5 이하	$100 \pm ^{15}_{20}$	3.0±0.05	250	25,000
NH 250F							23,000
NHT 250							25,000
NHR 250							—
NH 400	220	8 이하	5 이하	$100 \pm ^{15}_{12}$	4.6±0.7	400	46,000
NH 400F							43,000
NHT 400							46,000
NHR 400							—
NXT 35	470	—	—	70±15	0.60±0.06	38	4,600
NXT 55	470			$105 \pm ^{20}_{15}$	0.59±0.06	58	7,600
NXT 90	500			$115 \pm ^{20}_{15}$	0.92±0.10	97	12,500
NXT 135	700			$160 \pm ^{25}_{15}$	0.92±0.10	136	21,500
NXT 180	700			$245 \pm ^{25}_{15}$	0.88±0.10	190	31,500

NH : 고압나트륨램프, NX : 저압나트륨램프
T : 관형, R : 반사형

2.2.7 크세논 램프

크세논 램프(Xenon lamp)는 크세논가스 중의 방전을 이용하지만, 아크의 형태로부터 쇼트 아크(short arc)램프와 롱 아크(long arc)램프로 구분된다.

크세논 램프의 분광분포는 그림 2-40에 나타내는 바와 같이 자외선영역으로부터 가시광선영역에 걸쳐서 균등(均等)한 연속 스펙트럼을 가지며, 가시광영역의 분광분포가 자연주광(自然晝光)과 거의 비슷하고, 동정 중 색온도도 거의 일정(약 6,000[K])하고 휘도도 매우 높다. 또한, 점등과 동시에 광 출력은 안정되고, 소등 후 순시점등도 가능한 특징을 갖고 있다.

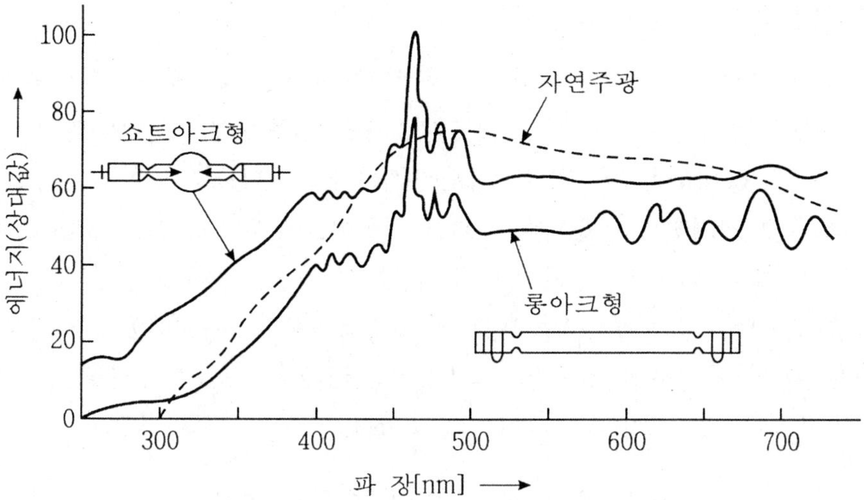

그림 2-40 크세논램프의 분광분포

(1) 쇼트 아크형

쇼트 아크형은 구 또는 타원형의 석영유리구에 수[mm] 간격으로 텅스텐 전극을 장착하고 크세논가스를 수백 [kPa] 봉입하였다. 점등 중에 압력은 2~4[MPa]에 달한다. 주로 직류전압(直流電壓)에 의해 점등되며 시동시 높은 전압이 필요하므로 고전압발생장치를 사용한다. 이 때문에 광출력이 안정되고 재 순시점등이 가능하다.

동정 중 색온도는 5,000~6,000[K]로 거의 일정하고 휘도가 높으며, 램프효율은 보통 20~40[lm/W], 용량은 30[W]~30[kW]이다. 주로 영사용 광원, 자동차전조등용, 광섬유 조명용으로 사용되고 있다.

표 2-18에 크세논 쇼트아크등의 정격을 나타내었다.

표 2-18 쇼트 아크등의 정격

램프의 크기 [kW]	0.5	2	3	3.6	5	
램프전류[A]	25	80	100	120	145	160
램프전압[V]	20	26	30	30	34	30
수평광도[cd]	1300~1500	5800~7500	10000	12500	18000~20000	
전광속[lm]	13500~14000	56000~70000	100000	115000	160000~200000	

(2) 롱 아크형

롱 아크형은 가늘고 긴 석영유리관에 한 쌍의 전극을 장착하고 크세논가스를 7~70[kPa] 정도 봉입한다. 교류전압(交流電壓)으로 점등하며, 10[kW]의 롱 아크램프는 전광속 250,000[lm], 램프효율 25[lm/W]이다. 롱 아크램프에서는 가스온도에 대한 플라스마의 전기전도도(電氣傳導度)의 변동이 적으며, 정전류 특성을 갖기 때문에 점등 안정회로 없이도 점등을 할 수 있다.

크세논램프는 연색성이 우수하기 때문에 광장조명등에 사용되지만, 영사용 광원, 광학기기용 광원, 컬러사진 촬영용, 회전신호등용 등으로도 사용된다. 표 2-19는 크세논 롱 아크램프의 정격에 관하여 나타내었다.

표 2-19 크세논 롱 아크램프의 정격

램프의 크기[kW]	6.5	10	20
정격전압[V]	200	220	380
램프전압[V]	-	140	270
램프전류[A]	75	75	75
전광속[lm]	412,000	220,000	550,000

2.2.8 지르코늄 램프

지르코늄 램프는 현재 사용되고 있는 방전등 중에서 가장 이상적인 점광원으로 그 구조는 그림 2-41에, 점등회로(點燈回路)는 그림 2-42에 나타내었다. 지르코늄 램프의 구조를 보면 양극(陽極)은 텅스텐이나 몰리브덴 등의 금속판에 바늘구멍 정도 크기의 구멍이 뚫려 있으며, 음극(陰極)은 탄탈 또는 텅스텐의 원통에 산화지르코늄을 넣은 것이다.

양전극(兩電極)의 간격은 1[mm] 정도이고, 봉입가스로는 순 아르곤을 1기압 정도 넣은 후, 그림 2-42와 같은 점등회로를 이용하여 방전시키면 음극부의 산화물은 환원(還元)되어 표면에 엷은 금속 층이 생기고 그 중앙에 음극휘점이 형성된다. 이렇게 형성된 빛이 양극에 뚫린 구멍을 통하여 외부로 방사되므로 매우 적은 점광원으로 된다.

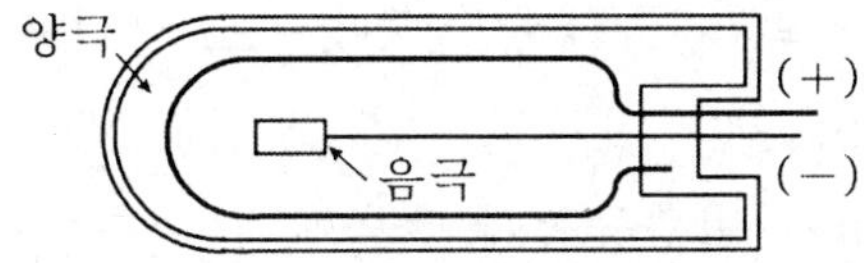

그림 2-41 지르코늄 램프의 구조

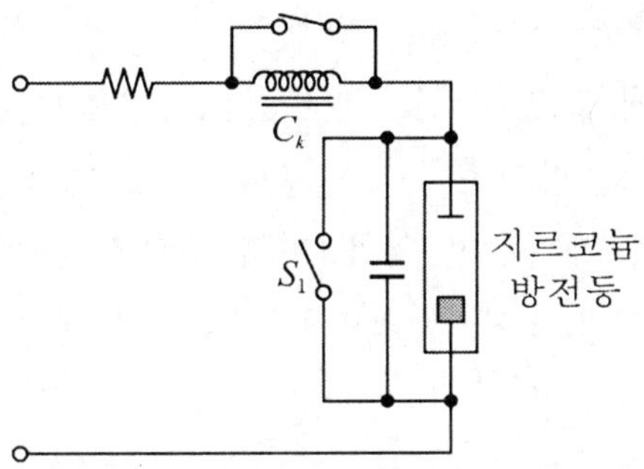

그림 2-42 지르코늄등의 점등회로

지르코늄 방전등의 휘도는 수 $10^3 \sim 10^8$[cd/cm^2]이며, 분광분포는 그림 2-43과 같이 연속 스펙트럼이며, 색온도는 약 3,000[K] 정도로 광학적 검사용 광원으로 사용하기 적당하다.

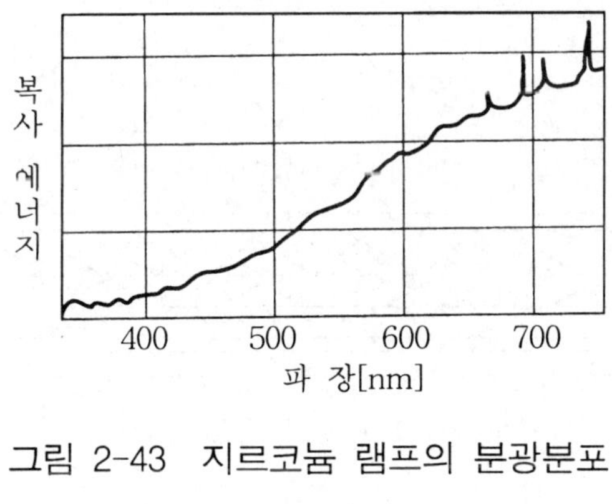

그림 2-43 지르코늄 램프의 분광분포

2.2.9 EL 램프

EL(electro luminescence)램프는 전계의 작용에 의한 고체(固體)의 루미네선스로, ZnS(섬유아연석)를 주체로 한 형광체를 유전체(誘電體)로 혼합하여 수십[μ]

두께의 막으로 하여, 두 장의 전극(1장은 투명으로 형광체측은 투명도전막으로 되어 있다) 사이에 삽입하고 교류(交流)를 인가하면, 형광체결정 내부에서 전계(電界)에 의하여 가속된 전자가 발광중심에 충돌하여 여기함으로써 나오는 빛을 이용한 얇은 평판형 광원이다.

그림 2-44의 EL램프의 구조에서 보듯이 유리면에 도전성 피막을 입히고 그 위에 전기루미네선스용의 특수 형광체를 바르고 금속 피막을 입힌다. 이 도전성 피막전극과 금속전극 사이에 교류를 인가하면, 강한 전계에 의해 형광체가 발광하고, 빛은 유리막을 통해 외부로 방사된다.

이 램프는 두께가 얇고 가벼우며 열을 거의 발생하지 않고 넓은 온도범위(−40~120[℃])에서 사용할 수 있으며, 전압변동(電壓變動)에 따른 광색의 변화가 거의 없다.

EL램프의 밝기는 100[V], 0[Hz]에서 수[rlx]로부터 수십[rlx] 정도, 효율은 보통 5[lm/W], 전력은 1[mW/cm^2] 정도이고, 광색은 형광체의 조성(助成)에 따라 녹색, 청색, 황적색 등의 기본색이 있다.

광속반감수명이란 초기광속의 50[%] 감쇠까지의 시간 수명을 말하며 구동전압과 주파수, 사용하는 형광물질에 따라 1,000~30,000[h]로 수명이 매우 길다. 용도는 전력, 광속발산도 및 휘도가 낮으므로, 일반조명용에는 부적합하다. 주로 장식용 조명, 계기의 문자판, 표찰, 표시판, 비상등, 유도등, LCD의 백라이트용 등에 응용되고 있다.

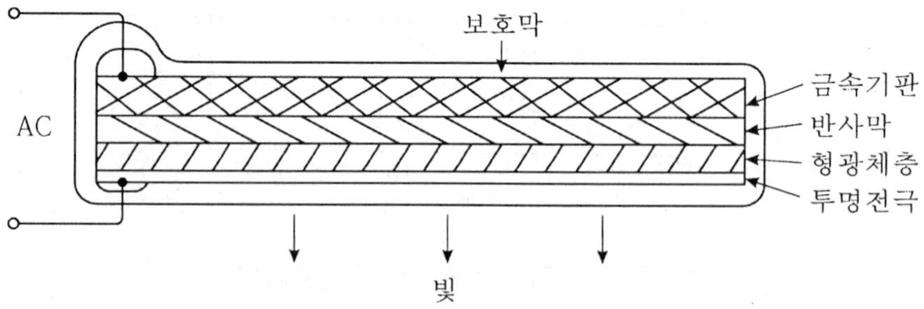

그림 2-44 EL램프의 구조 예

2.2.10 무전극 방전등

무전극 램프(electrodeless lamp)는 전자유도(電磁誘導)법칙에 의해 외부에서 내부 가스를 방전시켜 발광시키는 것으로 주파수(周波數)가 수 [MHz]보다 높은 주파수 영역에서 교류전계에 의한 전자의 왕복운동에 의한 충돌전리를 쉽게 일어나 방전을 유지시킬 수 있다. 이 경우 방전개시전압은 낮아지고 전극이 필요 없는 무전극 방전이 가능하다. 그러므로 무전극등(無電極燈)을 점등하기 위해서는 램프에 고주파 고전계를 인가시킬 수 있는 전용의 전원 장치가 필요하다.

고주파 무전극방전의 특징은 안정하고 동시에 공간적으로 균일한 플라즈마(plasma)를 얻을 수 있으며, 이 플라즈마에 RF 전력을 공급하는 방식에 의해 용량결합방전(E방전)과 유도결합방전(H방전)으로 분류된다. E방전은 방전관을 둘러싸는 평행판 전극 사이에 RF 전원을 인가할 때, 전극 사이에 형성된 전계에 의해 기체를 전리(電離)시켜 방전을 유지시키는 것을 말한다. H방전은 방전관 주위에 코일을 감아 이 코일에 RF 전류를 흘리면 축방향으로 형성되는 교번자계(交番磁界)가 방전관 내부의 플라즈마에 환형의 전류가 유도되어 에너지를 전달하는 방식이다.

무전극 형광등은 1990년 이후 전용 점등장치로 초기시스템 효율이 64~76[lm/W], 수명 60,000[h] 시간에 달하는 55~165[W]급이 상품화되어 일부 백열전구 대용으로 사용되고 있다.

2.2.11 형광등

형광등(螢光燈, fluorescent lamp)은 열음극으로 된 저압수은등의 일종이며, 1938년 미국 GE사의 인맨(Inman)의 프로젝트팀에 의해 개발되었다. 구조는 그림 2-45와 같으며, 유리관의 양단에 전자의 복사를 왕성하게 하기 위해 바륨(Ba) 또는 스트론듐(Sr)의 산화물을 피복한 열음극(2중 텅스텐 필라멘트 코일)을 장착하였다.

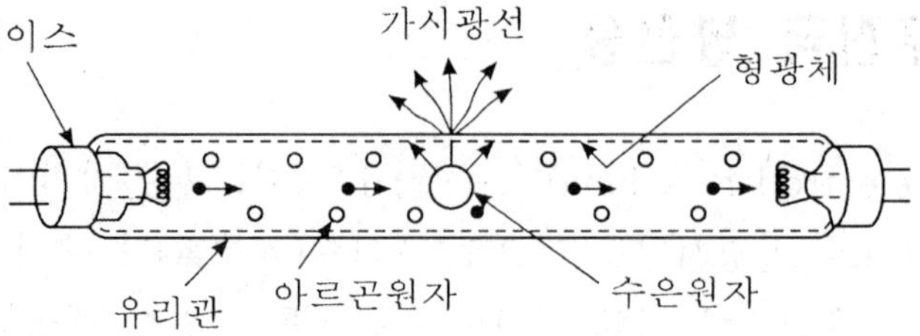

그림 2-45 형광등의 구조와 발광원리

관내에는 압력 약 1[Pa]((6~10) $\times 10^{-3}$[Torr])의 저압 수은증기 중의 방전에 의해 발생하는 파장(波長) 2,537[Å]인 자외선 방사를 관내 벽에 도포한 형광물질을 통해서 가시광선으로 변화시킨 것이다. 한편 관내에 봉입되는 수은과 아르곤 가스의 압력은 수 백[Pa](2~3[Torr])이며, 이 봉입 가스의 역할은 첫째, 낮은 전리 에너지를 가진 수은을 전리하기 쉽게 하며, 둘째, 아르곤 원자는 수은 이온의 운동을 저해하고, 전극수명의 단축과 관단부의 흑화를 완화시키며, 셋째, 방전관 벽 방향으로 확산하는 전자를 저지하고 전자의 손실을 막는 역할을 한다.

형광등에 사용되는 형광체(螢光體)는 여기파장의 최대감도가 253.7[nm] 또는 그 부근에 있어야 하며, 유리관 벽에 용이하게 부착하는 것이어야 한다. 이 조건에 적합한 형광체는 무기물의 복합 산화물 또는 염류로, 붕산, 규산, 인산, 텅스텐산 등의 산화물이고, 모체금속은 Mg(마그네슘), Ca(칼슘), Cd(카드뮴), Zn(아연) 등, 활성체라고 하는 중금속원소인 Ag(은), Mn(망간), Cu(구리), Pb(납), Sb(안티몬) 등을 미량 혼합하여 발광효율을 높이거나 형광의 색조를 변경하기 위하여 혼합한다.

일반적으로 램프의 색온도를 2,500[K]에서 6,500[K]까지 변환시킬 수 있으며, 희토류(稀土類)인 3파장 형광체를 사용하면 발광효율, 연색성, 광속유지율(수명)을 개선시킬 수 있다. 표 2-20에는 중요한 형광물질들의 발광특성을 나타내었다.

형광등의 형상은 그림 2-46과 같은 직관형(일반적인 것), 환상(서크라인)형 및 전구형 등이 있으며, 형광등에 가장 많이 사용되는 형광체는 하로린산 칼슘으로 백색, 주광색이 주로 사용되고 있다. 주광색은 푸르게 보이고, 백색은 백열전구와 같은 황색으로 보인다. 일반적으로 형광등은 고효율, 고연색, 장수명, 저휘도 등 여러 가지 장점이 있어 널리 사용되고 있다.

표 2-20 주요 형광체의 특성

형광체	분자식	광색	여기파장[nm]		발기파장[nm]		잔광시간 [초]
			범위	극대	범위	극대	
텅스텐산 칼슘	$CaWO_4$-Sb	청	220~300	272	310~700	440	1×10^{-5}
텅스텐산 마그네슘	$MgWO_4$	청백	220~320	285	360~720	480	5×10^{-5}
규산아연	$ZnSiO_3$-Mn	녹	220~296	253	460~640	525	14×10^{-3}
규산카드뮴	$CdSiO_2$-Mn	등	220~300	253	500~720	610	24×10^{-3}
붕산카드뮴	CdB_2O_5	분홍	220~360	250	520~750	615	16×10^{-3}
할로린산 칼슘	$3Ca_3(PO_4)_4 \cdot Ca_2(Cl_2F_2)$-Sb, Mn	황백	180~320	250	380~750	580	30×10^{-3}

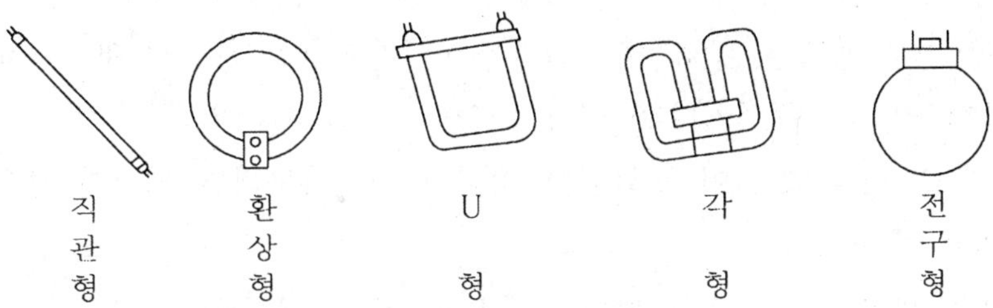

그림 2-46 형광등의 모양

(1) 전압 특성

형광등의 전압특성을 그림 2-47에 나타내었다. 그림에서 형광램프의 광속(光束), 전류(電流), 전력(電力)은 거의 전원전압에 비례(比例)하여 증가하고 있다. 전원전압이 너무 높으면 전극의 과열로 관단에 흑화가 촉진되며, 너무 낮으면 기동이 불안정하게 되어 전극물질의 스파터링 등으로 수명을 짧게 하는 원인이 된다.

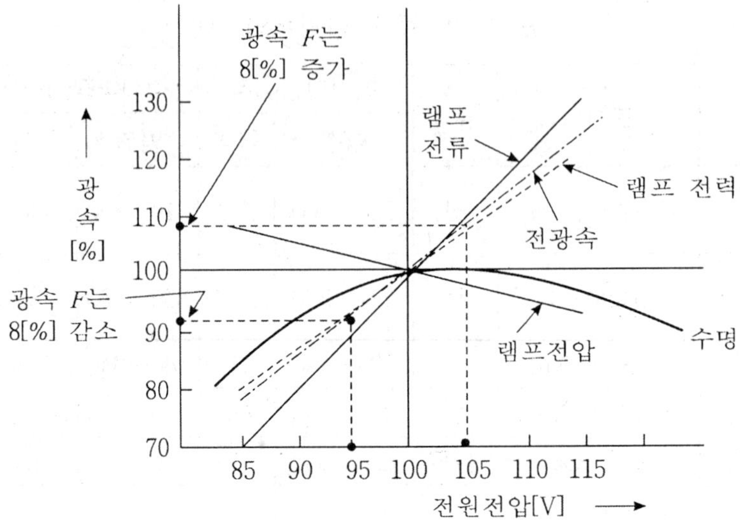

그림 2-47 형광등의 전압 특성

따라서 형광등은 전원전압이 정격전압(定格電壓)의 ±6[%] 범위 내에서 사용하는 것이 좋다. 그림 2-47에서 알 수 있듯이 공급전압(供給電壓)이 정격전압보다 5[V] 증가할 경우 광속은 8[%] 증가하고 5[V] 감소하면 광속이 8[%] 감소한다. 그러나 백열전구인 경우는 커다란 변화가 없다. 또한 안정기의 특성이 나쁜 것, 즉 설계 불량으로 철심(鐵心)이 포화되어 임피던스가 저하되면 전류가 증가하여 수명에 큰 영향을 준다.

표 2-21은 형광등의 정격을 나타낸 것이다. 즉, 주파수가 저하되면 안정기의 리액턴스 $2\pi fL$이 감소하여 전류가 증가하게 되므로 수명이 짧아진다.

표 2-21 형광등의 정격

방전관의 형식	정격입력전압 [V]	램프전류 [A]	임피던스 [Ω]	정격램프전력 [W]	안정기손실전력 [W]
FL-10	100	0.23	253±3	15	1.5±0.5
FL-15	100	0.30	242±2	20	2.0±0.5
FL-20	100	0.375	192±2	25	2.5±0.5
FL-30	100	0.62	19±11	30	3.0±0.5
FL-40	200	0.435	344±3	40	4.0±0.5

(2) 온도 특성

형광등의 발광, 효율 및 시동개시전압 등은 주위온도의 영향을 크게 받는다. 형광등은 주위 온도가 20~25[℃], 관벽 온도 40~45[℃]일 때 253.7[nm]의 자외선 방사효율이 최대로 된다.

그림 2-48에 나타낸 바와 같이 온도가 10[℃] 이하로 되면 광속이 급속히 감소하여 어두워지고, 방전시 전압이 높아지므로 점등하기 어렵게 된다. 35[℃] 이상으로 되면 방전개시(放電開始)는 쉬워지나 광속이 감소하면 어두워진다.

형광등은 온도가 저하하면 관내의 수은증기압이 감소하여 광속이 적어지고, 또 온도가 높아지면 관내의 압력이 증가되어 여기 파장 253.7[nm]이 약하게 되므로 광속이 감소된다. 저온(低溫)에서 사용하는 것은 관내의 아르곤 가스 압력을 낮추어 저온용으로 만들어야 한다.

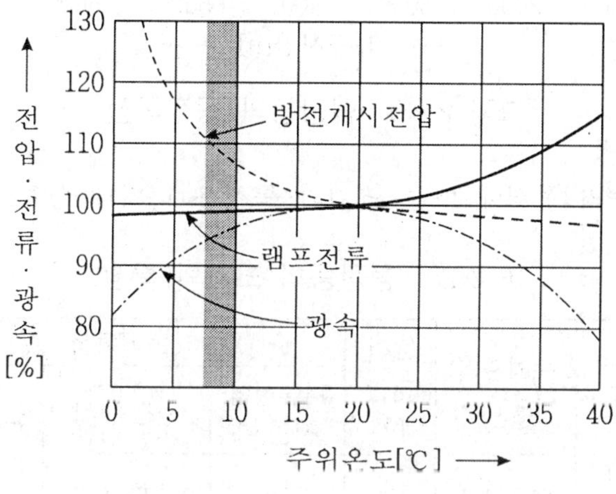

그림 2-48 형광등의 온도 특성

(3) 수명과 동정

그림 2-49와 같이 점등시간에 따라 전류, 전압, 전력 및 효율 등의 관계를 광속으로 나타내는 곡선을 **동정곡선**(performance curve)이라 하며, 형광램프의 광속은 사용 후 100시간 정도까지는 급격히 저하하지만, 그 이후는 완만하게 감소한다.

보통 100시간 후의 광속을 100[%]로 하였을 때 광속유지율은 70~95[%]로 저하할 때까지의 점등시간 합계 또는 램프가 점등되지 않게 될 때까지의 총점등시간의 합계 중 짧은 것을 택하여 정격수명시간으로 정한다. 표준규격품(標準規格品)의 수명은 약 4,000시간으로 되어 있으나, 우량품은 7,000시간까지 되는 것도 있다. 형광등은 점등 후 100시간까지는 광속이 급격히 감소하고 1,000시간까지는 완만한 감소를 보이며, 그 후 비교적 안정된 광속을 발산한다.

한국공업규격에서는 초특성의 전 광속은 100시간 점등 후의 광속으로 하고, 동정특성의 광속은 500시간 점등 후의 광속으로 정하고 있다.

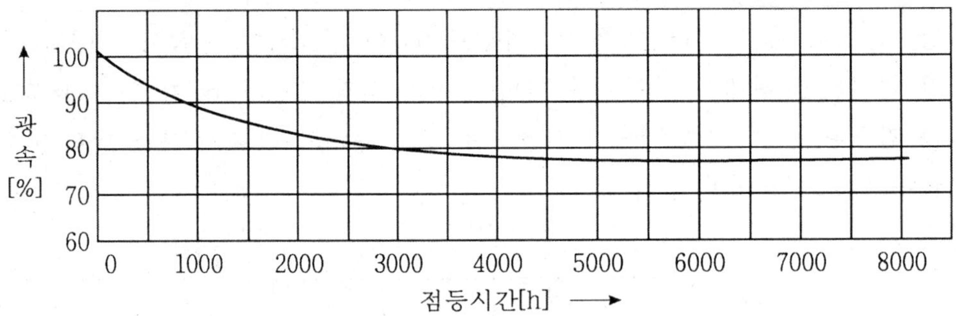

그림 2-49 형광등의 동정곡선

표 2-22에 형광등의 형식에 따른 크기와 특성을 나타내었다.

표 2-22 형광등의 크기와 특성

형 식	종 류	유리관의 지름[mm]	정격 전압 [V]	초기특성			동정특성
				기동시험 전압[V]	관전류[A]	전광속[lm]	전광속[lm]
FL-4D FL-4W	주광색 백 색	14.7±1.3	100	94	0.125±0.020	94±14 100±15	70 이상 80 이상
FL-6D FL-6W	주광색 백 색	14.7±1.3	100	94	0.147±0.020	180±27 200±30	140 이상 160 이상
FL-8D FL-8W	주광색 백 색	14.7±1.3	100	94	0.170±0.020	300±45 330±35	240 이상 270 이상
FL-10D FL-10W	주광색 백 색	25.0±1.5	100	94	0.230±0.030	380±57 430±65	330 이상 370 이상
FL-15SD FL-15SW	주광색 백 색	25.0±1.5	100	94	0.300±0.030	640±96 730±110	550 이상 620 이상
FL-15D FL-15W	주광색 백 색	38.0±2.0	100	94	0.340±0.030	540±81 600±90	470 이상 530 이상

형 식	종 류	유리관의 지름[mm]	정격 전압 [V]	초기특성			동정특성
				기동시험 전압[V]	관전류[A]	전광속[lm]	
FL-20D	주광색	38.0±2.0	100	94	0.375±0.030	880±130	750 이상
FL-20W	백 색					1000±150	850 이상
FL-20WW	온백색					1030±150	880 이상
FCL-20D	주광색	36이하	100	94	0.375±0.040	800±120	690 이상
FCL-20W	백 색					900±140	780 이상
FL-30D	주광색	38.0±2.0	100	94	0.620±0.062	1350±200	1150 이상
FL-30W	백 색					1530±230	1300 이상
FL-30WW	온백색					1570±240	1340 이상
FCL-30D	주광색	36이하	100	94	0.620±0.070	1150±170	1000 이상
FCL-30W	백 색					1300±200	1150 이상
FCL-32D	주광색	36이하	147	137	0.435±0.050	1420±210	1200 이상
FCL-32W	백 색					1600±240	1360 이상
FL-40D	주광색	38.0±2.0	200	180	0.435±0.040	2250±340	1950 이상
FL-40W	백 색					2250±380	2220 이상
FL-40WW	온백색					2600±390	2300 이상
FCL-40D	주광색	36이하	200	180	0.435±0.050	1950±290	1700 이상
FCL-40W	백 색					2200±330	1900 이상

<주> 1. 형식에 사용되는 문자 및 수치이다.
FL : 형광방전관, FL의 중간의 C : 관이 환형인 것, FL 또는 FCL의 다음 수치 : 크기, 수치 다음의 S : 관의 지름이 가느다란 것, 수치 또는 S 다음의 문자 : D, W 및 WW, 각각 관이 발하는 색이 주광색, 백색 및 온백색인 것

2. 연색성을 개선한 것은 D 또는 WW 다음에 DL 또는 SDL의 기호를 붙여 표시한다.
3. DL 또는 SDL의 문자가 붙은 것의 초특성 및 동정특성의 전광속은 D, W, WW에서 정하는 각 값의 70[%] 이상으로 한다.
4. 온백색 : 약간 밝은 기가 있는 흰색.

대표적인 형광등의 분광분포를 그림 2-50에 나타내었다.

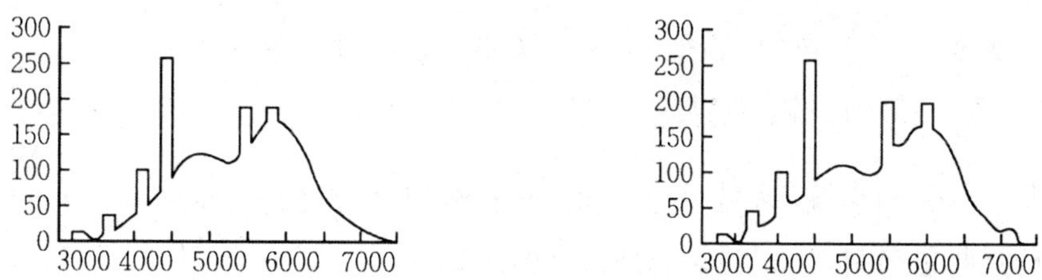

(a) 주광색(D)

(b) 주백색(N)

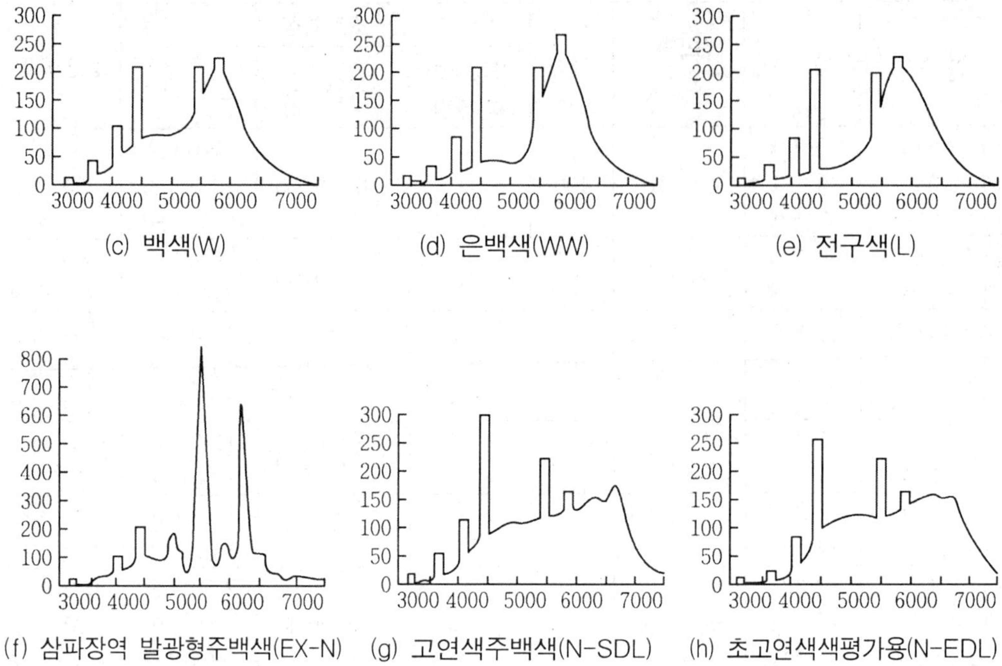

종축 : 분광방사속(μW/10mm · ml), 횡축 : 파장[Å]

그림 2-50 각종 형광등의 분광분포

(4) 형광등의 흑화현상

형광등의 양단(兩端)이 검게 변화하는 현상을 흑화라 한다. 이 흑화현상은 형광등을 사용함에 있어서 안정기가 부적당하다거나, 잦은 점등 또는 전압의 변동이 원인이 되어 발생하며 심한 경우에는 동정 특성에 나쁜 영향을 주게 된다.

형광등을 사용함에 따라 광속이 감소하는 원인은 다음과 같다.

① 전극의 전자 발산이 적어지기 때문이다.
② 전극 물질이 승화하여 램프 양단의 흑화 발생 때문이다.
③ 형광체의 열화에 기인한다.

또한 방전관의 양단에 흑화현상이 생기는 형태는 다음과 같으며, 그 변화 형상 및 수명판정에 관해서는 그림 2-51에 나타내었다.

① 전극의 양단에서 5[cm] 정도의 떨어진 곳에 나타나는 환상의 흑화는 형광등을 수십 시간 이상 사용하면 나타나는 것으로 특성에 큰 영향을 주지 않는다.

② 베이스의 가까운 부분에 생기는 짙은 검은 반점은 기동전류 또는 점등시의 전류가 과대한 경우에 발생한다.

③ 방전관 끝부분의 넓은 흑화는 관의 수명 말기에 생기며, 이것은 필라멘트 표면의 바륨(Ba)이 승화되어 관 내벽에 부착한 것이다.

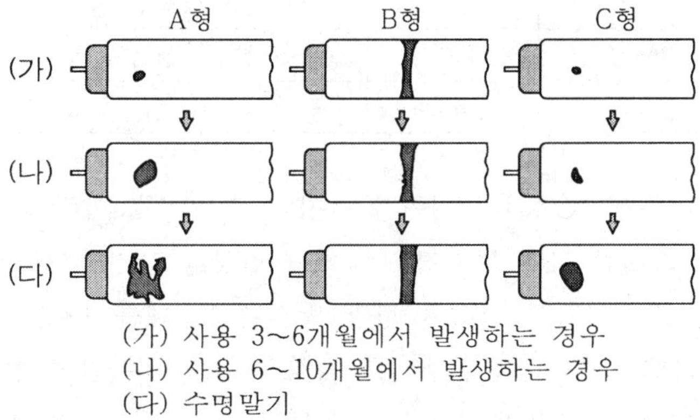

그림 2-51 형광램프의 흑화진행 과정에 따른 수명 판정

이와 같은 흑화현상이 일어나면 방전 개시전압이 과대하게 높아져 점등관이 동작하여도 필라멘트만 가열될 뿐이고, 점멸을 반복하여도 안정된 점화가 불가능하게 된다. 형광등의 열화는 수은과 형광체가 화학적으로 결합하거나 자외선의 심한 자극으로 생기는 것이다.

(5) 플리커와 플리커리스 형광등

형광등을 상용주파수(商用周波數)의 교류로 점등하면 반 사이클마다 전류의 증감에 따라 광속이 변화한다. 이것은 교류로 인한 전류의 순시값에 비례하여 1[Hz]마다 2회의 맥동(脈動)을 한다. 형광체는 잔광성을 가지고 있으므로 전류값이 영으로 되어도 빛은 남아 있어 눈으로 시감(視感)할 수는 없으나 빛의 반복된 명멸을 느낄 수 있다.

이와 같은 빛의 명멸, 즉 어른거림을 플리커(flicker)라 하고, 식 (2-5)와 같이 표시하며 각종 광원(光源)의 플리커를 비교하면 표 2-23과 같다.

$$\text{플리커} = \frac{\text{최대광도} - \text{평균광도}}{\text{평균광도}} \times 100[\%] \tag{2-5}$$

표 2-23 전구별 플리커의 발생률

광 원	플리커[%]	광 원	플리커[%]
백열전구 40[W]	13	형광등 백색(2등용)	20
백열전구 100[W]	5	형광등 백색(3등용)	6
형광등 주광색(1등용)	60	형광등 청색(1등용)	95
형광등 주광색(2등용)	28	형광등 녹색(1등용)	20
형광등 주광색(3등용)	8	형광등 분홍색(1등용)	20
형광등 백색(1등용)	45		

형광등은 백열전구에 비하여 플리커가 크지만, 일반 점등시에는 시감할 수 없고, 움직이는 물체를 장시간 관측하는 경우 플리커 현상을 감지할 수 있게 된다.

플리커 현상을 감소시키기 위하여 형광 방전관 두 개를 동일 기구에 설치하고 그림 2-52에 나타낸 것과 같이 콘덴서를 직렬로 접속하여 한쪽 형광등의 전류 위상을 90[°] 빠르게 주면 주광색 형광등은 28[%], 백색 형광등은 20[%] 정도 플리커 현상을 감소시킬 수 있다. 이와 같은 형광등을 **플리커리스**(flickerless) **형광등**이라 한다.

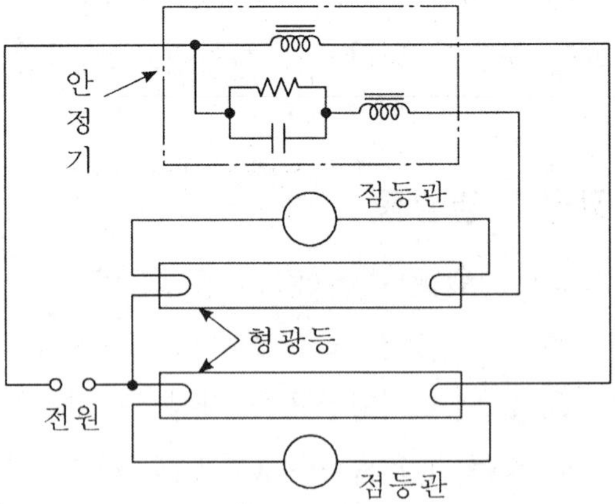

그림 2-52 플리커리스 형광등의 구조

플리커를 더욱 감소시키려면 세 개의 형광 방전관을 각각 3상회로의 각 선간에 설치하면 플리커는 6~8[%]로 되며 전류도 각 상이 평형으로 되어 역률이 개선되는 장점이 있다.

(6) 3파장 형광등

형광등은 다른 어느 광원보다도 에너지 절약측면을 위시하여 여러 가지 좋은 특성을 가지고 있어 다른 어떤 방전등보다 많이 보급되어 있지만, 연색성이 낮은 것이 단점이었다. 이에 호응하기 위해 선진국들에서는 이미 상당한 각광을 받고 있는 삼파장 협대역 발광형 형광등(삼파장이라 칭함)이 개발되었다.

3파장램프는 일반 형광등의 분광분포에서 발광이 부족한 영역인 445~475[nm]의 청색, 525~555[nm]의 녹색, 595~62[nm]의 적색의 3영역의 분광분포를 강화시킨 것이다. 즉 3파장 형광램프는 3종류의 형광체를 혼합하여 연색성을 더욱 향상시킨 것으로, 광색은 주광색(6,700[K]), 주백색(5,000[K]), 전구색(3,000[K])의 3가지로서 가정용,, 상점 등에 사용하기에 적합하다.

3파장 형광체는 최적의 영역, 453(청색), 544(녹색), 611(적색)[nm]에서 발광함으로써 연색평가지수의 향상을 저해하는 405[nm]의 수은 휘선(輝線)을 흡수하는 효과를 갖고 있다. 여기에 형광체의 소성(燒成)조건과 후처리방법의 개선에 의해 종래보다 고효율화되고 전광속의 저하를 최소한으로 억제를 시켰다. 삼파장 형광등의 특징을 일반형광등과 비교하여 살펴보면 다음과 같다.

① 가장 밝은 형광등이다. : 같은 규격의 백색 형광등에 비해서 약 10[%]정도 밝다.

② 밝다는 느낌이 뛰어나다. : 같은 조도 하에서 일반 형광등에 비하여 약 40[%] 정도 밝게 느낀다.

③ 연색성이 우수하다. : 색상이 자연스럽고, 선명하게 보인다.

④ 산뜻하고 싱싱한 분위기를 만든다.

⑤ 기존의 백열전구와 비교해서 치수, 형상 및 전기적 특성이 비슷하므로 기존의 등기구를 그대로 사용할 수 있다.

⑥ 전기요금이 절약된다. : 유리관경을 축소시킨 절전설계 등으로 동정 중 광속 감퇴율이 적고, 또한 약 3~5[%] 절전된다.

표 2-24는 3파장 형광램프와 일반 형광등과의 특성을 비교하였다.

표 2-24 3파장 형광램프의 연색평가지수

램프		색온도[K]	평균연색평가지수	전광속[lm]
일반형 형광등	N	5000	72	1600
	D	6500	74	1450
	W	3500	61	1670
3파장 형광등	EX-N	5000	84	2100
	EX-D	6700	84	2000

2.3 각종 광원의 재원 비교

2.3.1 색온도 비교

색온도(色溫度)란 동일한 발광 색을 내는 흑체의 온도(K)를 말한다. 색온도가 높으면 광색이 차고 시원하게 느껴지고, 낮으면 따뜻하고 부드럽게 느껴진다. 그러므로 조명 선택시 설치장소와 목적 및 사용자의 심리적 요인까지 고려하여 선정하는 것이 좋다.

일반적으로 일반사무실은 자연광에 가까운 5,000[K] 전후의 광원이 좋고, 휴게실과 같이 사람이 편하게 있어야 할 공간은 3,000~3,500[K]의 낮은 색온도의 광원이 좋다. 표 2-25에 광원의 종류에 따른 색온도를 나타내었다.

표 2-25 광원별 색온도 비교

광원 종류	색온도[K]	광원 종류	색온도[K]
백열전구	2,700	메탈핼라이드램프	3,600~4,800
할로겐전구	2,800~3,200	크세논램프	6,000
형광등(은백색)	3,500	고압나트륨램프	2,200
형광등(백색)	4,500	저압나트륨램프	매우 따뜻하다.
형광등(주광색)	6,500	고압수은등	5,700

2.3.2 연색성 비교

연색성(演色性)이란 기준 광원과 어떤 램프와의 색채(色彩)를 비교한 수치로 연색평가지수(R_a)로 나타낸다. R_a가 80 이상이면 고연색형의 광원이라 할 수 있다. 광원의 연색성 차이로 인해 백열등으로 물체를 조명하는 경우, 백열전구의 분광 스펙트럼이 적황색 영역이므로 적색 또는 황색이 강조된다. 그러나 형광등의 경우에는 푸른색 계통이 강조되어 보인다. 이와 같이 연색성이 피조명 물체의 색 표현에 미치는 영향이 크기 때문에 조명용 램프 선정시에 고려해야 한다. 표 2-26에 여러 가지 조명등(照明燈)의 연색성을 비교한 것이다.

표 2-26 광원별 연색성 비교

광원 종류	연색성	광원 종류	연색성
백열전구	99	메탈핼라이드램프	66
형광등	75	고압나트륨등	20
삼파장 형광등	85	저압나트륨등	단색광
무전극등	82	고압수은등	50

2.3.3 효율 비교

조명에 사용되는 에너지가 우리나라 전체 전력의 20[%] 정도 차지하고 있다. 그러므로 자원절약과 에너지 절약이라는 측면에서 성능과 발광효율이 높은 고효율의 램프를 개발해야 할 것이다. 표 2-27은 광원별 효율을 비교한 것이다.

표 2-27 광원별 효율 비교

광원 종류	효율[lm/W]	광원 종류	효율[lm/W]
백열전구	7～20	메탈핼라이드램프	65～100
형광등	48～80	고압나트륨등	110
삼파장 형광등	80	저압나트륨등	150
무전극등	80	고압수은등	30～55
할로겐등	20～22	크세논등	21～28

2.3.4 각 광원의 특성 비교

표 2-28은 일반조명용으로 사용되고 있는 각종 광원의 특성을 비교한 것이다.

표 2-28 각종 일반조명용 전등의 특성비교

종 류	백열전구	할로겐램프	형광램프
용 량 효 율 수 명	2~1,000[W] 7~22[lm/W] 1,000~1,500[h]	50~1,500[W] 20~22[lm/W] 2,000~3,000[h]	6~110[W] 48~80[lm/W] 7,500[h]
점등 부속장치	안정기 필요 없음	안정기 필요 없음	안정기 등 부속장치가 필요함
광질 및 특색	일반적으로 휘도가 높고 열방사가 많다. 광색에는 적색부분이 많고, 배광제어가 용이하다. 스위치를 넣고 점등에 이르는 순응성이 크다.	고휘도이고 광색은 적색부분이 비교적 많은 편이다. 배광제어는 용이하다. 흑화가 거의 일어나지 않는다.	저휘도이고 광색 조절은 비교적 용이하다. 열방사가 작다. 점등까지 시간이 걸린다(래피드 스타트식 제외).
용 도	비교적 좁은 장소의 전반조명, 악센트조명, 기분을 주로 한 효과를 얻기가 쉽다. 대형인 것은 높은 천장, 각종 투광조명에 적합하다.	장관형은 높은 천장이나 경기장, 광장 등의 투광조명에 적합하다. 단관형은 영사기용에 적합하다. 미니형은 자동차용이나 스포츠용으로 적당하다.	옥내외, 전반조명, 국부조명에 적합하다. 명시를 주로 한 양질조명을 경제적으로 얻을 수 있다. 간접조명에 의해서 무드 조명에도 효과적이다.

종 류	고압수은램프	나트륨램프	메탈핼라이드램프
용 량 효 율 수 명	40~1,000[W] 35~55[lm/W] 10,000[h]	20~400[W] 80~150[lm/W] 6,000[h]	250~400[W] 75~105[lm/W] 6,000[h]
점등 부속장치	안정기 필요함	안정기 필요함	안정기 등 부속장치가 필요함
광질 및 특색	고휘도이고 배광제어는 용이하다. 광색은 청백색인 특성이 있으나 형광수은램프, 전구 병용 등으로 해결이 가능하다. 완전점등까지 약 10분이 소요된다.	저압은 전광속의 60[%] 이상이 5,890~5,896[Å]인 D선이다. 등황색의 단일광원이고 고압은 2,200[°K]의 황백색이다. 수평점등이 원칙이며, 일반 실내조명은 연색성이 안 좋아 부적합하다.	고휘도 배광제어는 용이하다. 연속 스펙트럼을 방사하기 때문에 자연색과 거의 같은 광이다. 연색성이 좋다. 수평으로 점등해야 하며, 경사지게 해서 사용하면 광색에 변화가 일어나는 수가 있다.
용 도	등 한 개당 큰 광속을 얻을 수 있고, 수명이 길므로 높은 천장, 투광조명, 도로조명에 적합하다.	광질의 특성 때문에 도로조명, 터널조명에 적합하다.	등 한 개당의 광속이 많고 수명이 긴 점과 연색성이 양호한 점으로 인해서 연색성을 중요하게 고려하는 높은 천장, 옥외조명 등에 적합하다.

제 3 장

측광 · 조명계산

3.1 측광 표준기

광도, 광속, 조도 및 휘도 등의 측광량을 구하는 것을 측광(測光)이라고 하고, 측광량의 기본은 광도(光度)이며, 단위는 칸델라[cd]이다. 이 단위는 백금의 응고점(2,042[°K])에 있는 흑체 1[cm^2]인 평평한 표면의 수직방향으로 발산하는 광도의 1/60을 1[cd]로 정의하며, 국제도량형총회에서 1948년 채택되어 1967년 개정된 칸델라를 광도의 단위(單位)로 사용하고 있다.

이 광도를 정하는 원기는 그림 3-1과 같이 백금흑체로를 사용하며, 이것을 1차 표준기라 한다.

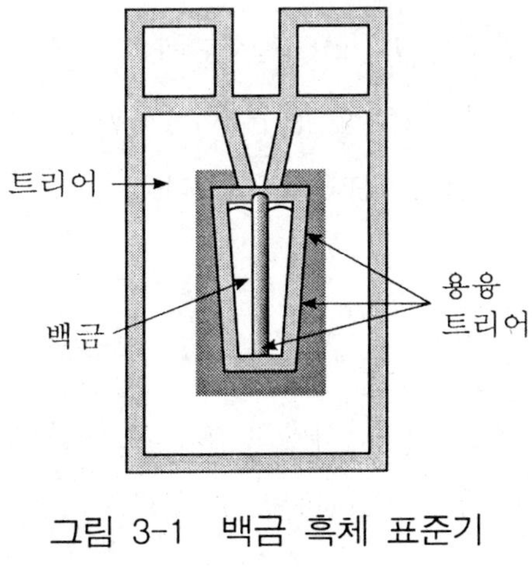

그림 3-1 백금 흑체 표준기

그러나 실제적으로 백금 흑체로는 제작이나 측광에 어려움이 많아, 일반실험실이나 전구 제작 업체들이 사용하는 표준기(標準器)는 백금 흑체로와 비교하여 광도가 정해진 2차 표준기로서 텅스텐전구를 사용하고 있다.

2차 표준기는 측광이나 동정특성을 안정하게 하기 위하여 재료, 구조 및 제작 등에 주의를 해야 한다.

3.2 광도측정

3.2.1 장형광도계에 의한 광도측정

그림 3-2와 같이 반사율(反射率)이 똑같은 스크린이라는 반사판(광도계 두부)의 위치를 조정하여 광도계의 평형을 맞춘다. 반사판 양면을 표준전구(標準電球) A와 피측정 전구(被測定 電球) B로 비추면 휘도가 똑같으므로 결국 반사판 양면의 조도도 똑 같다고 판단할 수 있다. 이 방법을 **직접법**(또는 비교법)이라 한다.

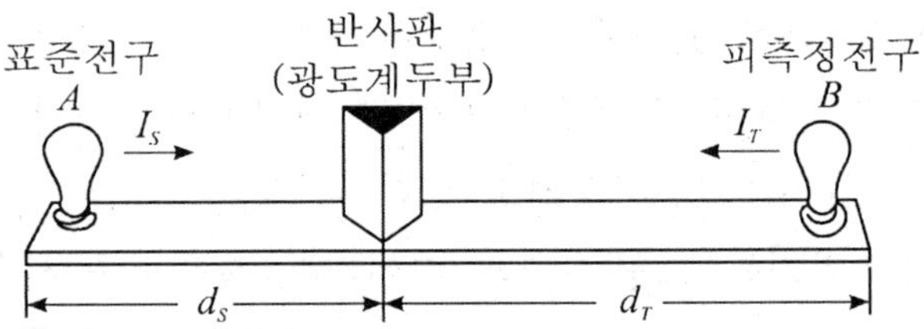

그림 3-2 광도 측정의 원리

그림에서 표준전구의 광도를 I_S[cd], 반사판과의 거리를 d_S[m]라 하고, 또한 피측정 전구의 광도를 I_T[cd], 피측정 전구와 반사판까지의 거리를 d_T[m]라 하면, 각각의 조도는 식 (3-1)과 같이 나타낼 수 있다.

$$E_S = \frac{I_S}{{d_S}^2}, \ E_T = \frac{I_T}{{d_T}^2} \text{[lx]} \tag{3-1}$$

여기서, 반사판 양면(兩面)의 반사율과 조도가 같다면, 즉 $E_S = E_T$이면, 식 (3-1)을 식 (3-2)와 식 (3-3)으로 나타낼 수 있다.

$$\frac{I_S}{d_S^{\,2}} = \frac{I_T}{d_T^{\,2}} \tag{3-2}$$

$$I_T = I_S\left(\frac{d_T}{d_S}\right)^2 [\mathrm{cd}] \tag{3-3}$$

3.2.2 치환법에 의한 광도측정

백열전구의 광도를 측정하는데 사용하는 실질적인 방법으로 치환법(置換法)을 사용하고 있다. 치환법은 표준전구를 피측정 전구의 위치에 놓고 비교전구 C와 비교하여 측광하는 방법으로 한 쪽은 항상 일정하게 유지하고, 다른 쪽에 비교할 양 광원을 치환하여 2회의 측정으로부터 측광하는 방법이다. 광도계의 양측면의 조도가 동일할 경우 표준전구 A와 비교전구 C로부터 반사판까지의 거리를 각각 d_S와 d_C라 하고, 각 전구의 광도를 각각 I_S와 I_C라면 그 관계는 식 (3-4)와 같이 나타낸다.

$$I_C = I_S\left(\frac{d_C}{d_S}\right)^2 [\mathrm{cd}] \tag{3-4}$$

다음으로 비교전구 C를 그대로 두고 피측정 전구 B를 표준전구 A의 위치에 놓고 동일하게 측정한다. 이때 각 전구로부터 반사판(광도계)까지의 거리를 d_T와 $d_C{}'$라면 식 (3-5)와 같이 나타낼 수 있다.

$$I_T = I_C\left(\frac{d_T}{d_C{}'}\right)^2 [\mathrm{cd}] \tag{3-5}$$

여기서 식 (3-4)와 식 (3-5)를 이용하여 I_C를 소거하면 식 (3-6)과 같이 피측정 전구 B의 광도를 구할 수 있다.

$$I_T = I_S\left(\frac{d_C}{d_S}\right)^2 \cdot \left(\frac{d_T}{d_C{}'}\right)^2 [\mathrm{cd}] \tag{3-6}$$

즉, 치환법이란 측정하고자 하는 전구와 표준전구를 직접 비교하는 직접법에 비하여 측정이 복잡하지만, 반사율과 흡수율 차이로 인해 발생하는 측정기의 오차가 측정에 영향을 주지 않고, 표준전구의 점등시간을 줄임으로써 표준전구의 특성변동에 영향을 적게 미치게 하는 장점도 있다.

3.2.3 수광기에 의한 광도측정

치환법은 시감측정에 의한 것이지만, 물리측광의 경우는 그림 3-3 (a)와 같이 광도 I_S인 표준전구 A를 수광기로부터 거리 d_S에 위치시키고, 동일하게 피측정 전구 B를 수광기(受光器)로부터 거리 d_T에 위치시켰을 때, 각각의 광전류(光電流)가 동일하게 측정되었다면 식 (3-3)에 식 (3-5)에 의해 피측정 전구 B의 광도를 구할 수 있다.

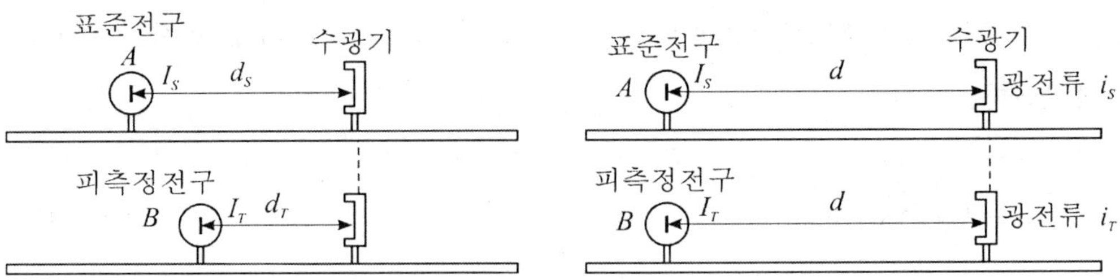

(a) 거리의 역자승의 법칙에 의한 방법

(b) 수광기의 광속대 전류특성을 이용한 방법

그림 3-3 수광기를 이용한 광도 측정

그림 3-3 (b)와 같이 표준전구 A와 피측정 전구 B를 수광기를 기준으로 동일한 거리에 위치시키고, 이때 수광기에 측정된 광전류를 각각 i_S, i_T라면 피측정 전구 B의 광도 I_T는 식 (3-7)로 구할 수 있다.

$$\left.\begin{aligned} &\text{그림 (a)에 의한 방법 : } I_T = I_S\left(\frac{d_T}{d_S}\right)^2 [\text{cd}] \\ &\text{그림 (b)에 의한 방법 : } I_T = I_S\left(\frac{i_T}{i_S}\right) [\text{cd}] \end{aligned}\right\} \qquad (3\text{-}7)$$

식 (3-7)의 그림 (b)에 의한 방법이 성립하기 위해서는 수광기의 입사광속과 광전류 사이에 비례관계가 성립해야 한다.

3.2.4 루머브로듐 광도계

(1) 등휘형

루머브로듐 광도계(光度計)의 구조를 그림 3-4 (a)에 나타내었다. 그림에서 S는 산화마그네슘을 바른 스크린(반사판)이며, m, m'는 반사경, P는 루머브로듐의 큐브 또는 루머브로듐 입방체이다. 이 P에는 그림 3-4 (b)에서 보는 것과 같이 한 쪽은 삼각 프리즘 B와 다른 쪽은 밑변의 양단(兩端)을 자른 삼각 프리즘 A로 구성되어 있으며, 이 두개의 A, B 프리즘의 밑 부분이 서로 맞붙어 있다.

스크린 S를 기준으로 양방향의 두 광원에서 빛을 S로 조사하면, 스크린의 좌측 피조면상으로부터 반사광은 m반사경에서 전반사하여 프리즘 A의 중앙부를 직진하여 접안경(시야) E에 도달한다. 또한 스크린 S의 우측으로부터의 반사광은 반사경 m'에 의해 전반사되어 프리즘 B의 중앙부분에서 왼쪽으로 직진하지만, 프리즘 B의 주위의 밑 부분에 부딪혀 빛은 전반사(全反射)하여 접안경 E에 도달한다.

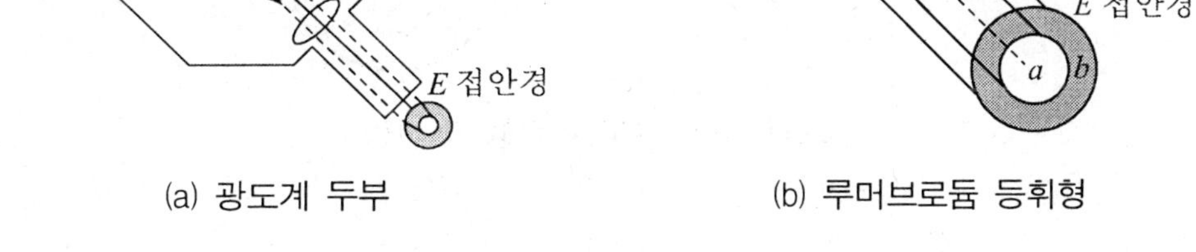

(a) 광도계 두부 (b) 루머브로듐 등휘형

그림 3-4 루머브로듐 등휘형 광도계

그러므로 그림 3-4 (b)와 같이 접안경 E로부터 주위는 우측 광원에 의한 S상의 휘도(b의 어두운 부분), 중앙부는 좌측 광원에 의한 S상의 휘도(a의 밝은 부분)를 한 눈에 비교할 수 있다.

따라서 스크린 S상의 좌우의 조도가 같을 경우에는 접안경 E를 보았을 때, 중앙부와 그 주위의 휘도가 똑같아지므로 그곳의 내외의 경계선이 발생하지 않게 되는데, 이때 이 점이 두 광원의 평형점이 된다.

(2) 대비형

루머브로듐 대비형은 그림 3-5에서 보는 것과 같이 큐브 P의 한쪽 프리즘 A가 경계면에 대해 동일한 간격으로 홈이 파여 있으므로 광의 통행 및 접안경 E로부터 본 휘도 분포는 그림과 같다. 여기서 투과율이 똑 같은 필터 g와 g'가 붙어 있기 때문에 접안경으로 본 시야(視野)에서 사다리꼴 형태로 되어 있는 a와 b의 휘도가 동일하게 되어 a와 b의 경계선이 없어진 곳이 평형점이 된다.

사람의 눈으로 보았을 때 등휘형보다 대비형이 스크린 S의 휘도 차이를 더 쉽게 찾아낼 수 있어 더 정확한 측광이 가능하다. 일반적으로 광도계의 스크린상의 조도(照度)는 10~20[lx] 정도가 좋다.

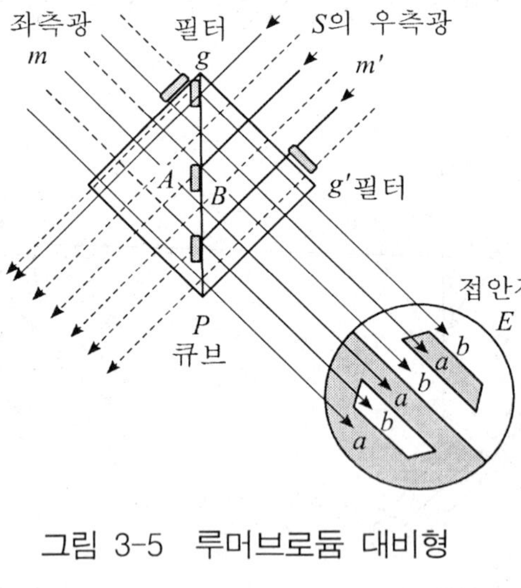

그림 3-5 루머브로듐 대비형

3.2.5 광속계

광속계(intergrating phtometer)는 광원의 광속을 측정하는 장치로, 그림 3-6과 같이 일반적으로 올브리히트 구형 광속계가 사용된다. 그림 3-6은 구형광속계의 측정 원리를 보여주는 것으로 이것은 발명자의 이름을 붙여 올브리히트 구 (ulbricht's globe)라고 한다.

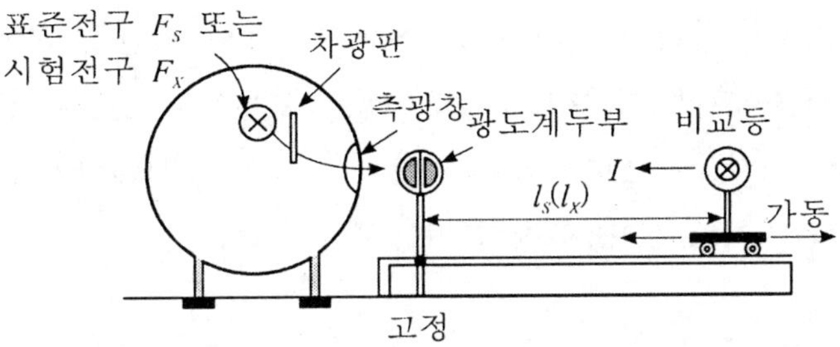

그림 3-6 올브리히트 구형 광속계

구(球)의 내면은 완전확산성 백색 도료(MgO, ZnO 등)로 칠하고, 측정하고자 하는 광원(표준전구 또는 시험전구)을 내부에 부착하고, 이 광원에 의한 직사광이 측광측으로 다시 반사되어 입사하지 못하도록 중간에 백색도료를 칠한 차광판을 광원과 측광창 사이에 설치한다.

구 표면의 측광창(유백색 유리)에서의 광도는 구 내부의 광원 위치가 구 내부의 어디에 위치하든 광원의 전광속에 비례하므로 구내의 표준전구를 점등한 경우와 시험전구를 점등한 경우의 측광창의 휘도를 비교하면 시험전구의 전광속을 구할 수 있다. 구의 직경은 백열전구의 경우 0.3~1.5[m], 형광등의 경우에는 2.5~3.5[m], 측광창의 크기는 내경의 1/10 이하로 가능하면 작게 한다. 시험전구의 전광속은 식 (3-8)로 구할 수 있다.

$$F_X = \left(\frac{l_S}{l_X}\right)^2 F_S \tag{3-8}$$

3.2.6 조도계

(1) 맥베스 조도계

그림 3-7은 맥베스 조도계(macbeth illuminometer)의 구조로 다이얼 B를 돌려서 루머브로듐 등휘형의 큐브 P와 전구 L과의 거리를 조절할 수 있다. 조도 눈금은 전구 L이 움직이는 측에 표시되어 있으며, B에는 지침이 있다. 전구를 점

등하는 건전지(乾電池)와 전구의 광도를 조절하는 가감저항기 및 전류계는 조정상자에 넣고 코드를 이용하여 전구와 연결한다.

조도 측정방법은 조도를 측정하려는 장소에서 계기에 부착된 완전확산성의 측정판 S를 측정방향으로 향하게 놓아두고, 눈을 조도계의 접안경 E에서 측정판 S를 보면서 다이얼 B를 돌려 평형이 되었을 때의 조도눈금으로 측정하려는 조도(照度)를 산출할 수 있다. 이 조도계의 측광범위는 10~250[lx]이지만, 필터를 사용하면 0.1~25,000[lx]까지도 조도 측정이 가능하다.

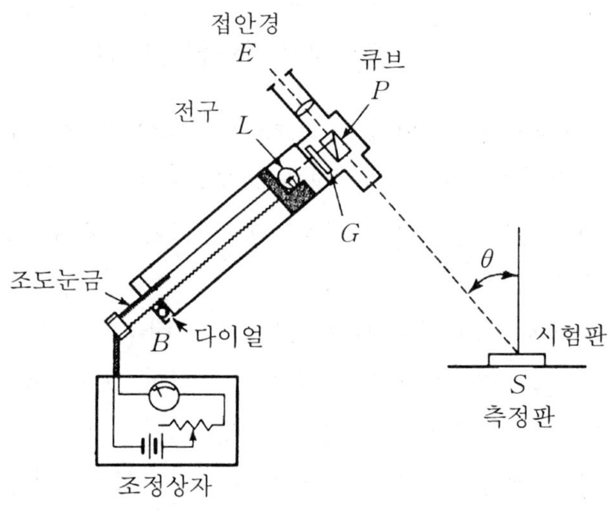

그림 3-7 맥베스 조도계

(2) 광전지 조도계

그림 3-8은 광전지 조도계의 외관을 나타낸 것이다. 광전지 조도계의 광전지(光電池)는 셀렌이나 산화동의 수광창에 빛을 입사시키면 기전력(起電力)이 발생한다. 이 현상을 이용한 것이 광전지라 하며, 이 기전력은 조도에 거의 비례한다.

따라서 광전지 면의 조도와 광전류 사이의 관계를 미리 교정하여 전류계로 직접 조도의 눈금을 읽을 수 있도록 한 것이다. 이것은 광전지를 측정 면에 놓고 지시하는 눈금이나 값을 읽으면 바로 측정 조도를 알 수 있는 장점과 간편함이 있다.

일반적으로 감도(感度)는 100~500[μA/lm]이며, 응답시간은 수 [m · sec], 주파수 수 십[kHz]까지 광의 측정에 사용되며, 필터를 사용할 경우 10배, 100배 등으로 측정범위를 넓힐 수 있다.

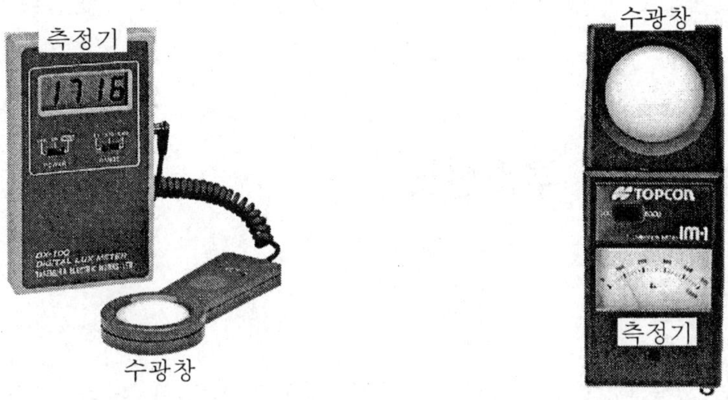

(a) 디지털형　　(b) 아날로그형

그림 3-8 휴대용 광전지 조도계

3.2.7 휘도 측정

휘도 측정은 그림 3-9와 같이 렌즈계를 사용하여 피측정면의 이미지를 수광기 내에 만들어진 휘도를 측정하는 방법이 많이 이용되고 있다.

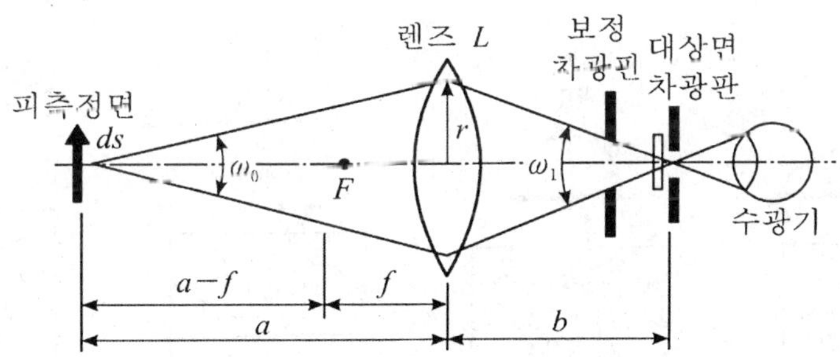

그림 3-9 렌즈형 광전휘도계

피측정면의 휘도 B는 식 (3-9)로 구할 수 있다.

$$B = \frac{F}{\omega_0 ds} \fallingdotseq \frac{Fa^2}{\pi r^2 ds} \tag{3-9}$$

여기서, F : 렌즈 L에 들어가는 전광속,

ω_0 : ds면상의 점으로부터 수광기 쪽의 입체각으로 렌즈의 반이 지름 r인 경우.

3.3 배광곡선과 루소선도

3.3.1 배광곡선

광원의 광도는 광원의 종류, 형태, 구조 및 광원의 방향에 따라 달라지므로, 어떤 방향으로 어느 정도의 광속이 분포하는가를 알고, 이것을 적당히 이용함으로써 그 환경에 알맞은 조명을 실시할 수 있다. 이 같은 광속의 분포를 광원의 **배광**(配光, light distribution)이라 한다.

광원이 있는 공간에서의 광속의 분포 상태, 즉 광원의 중심을 지나는 평면상의 광속분포를 표시하는 극좌표 곡선을 **배광곡선**(配光曲線, distribution curve of luminous intensity)이라 한다. 이 배광곡선에서 수평면상의 것을 **수평배광곡선**, 수직면상의 것을 **수직배광곡선**이라 한다.

그림 3-10에는 각종 조명기구의 배광곡선을 나타내었다.

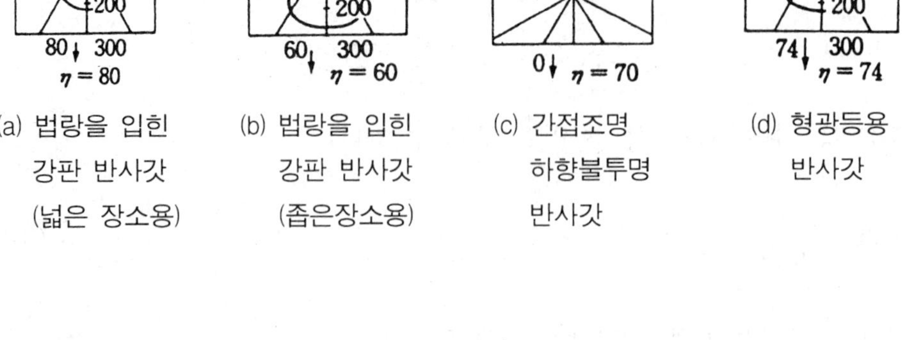

(a) 법랑을 입힌 강판 반사갓 (넓은 장소용)　(b) 법랑을 입힌 강판 반사갓 (좁은장소용)　(c) 간접조명 하향불투명 반사갓　(d) 형광등용 반사갓

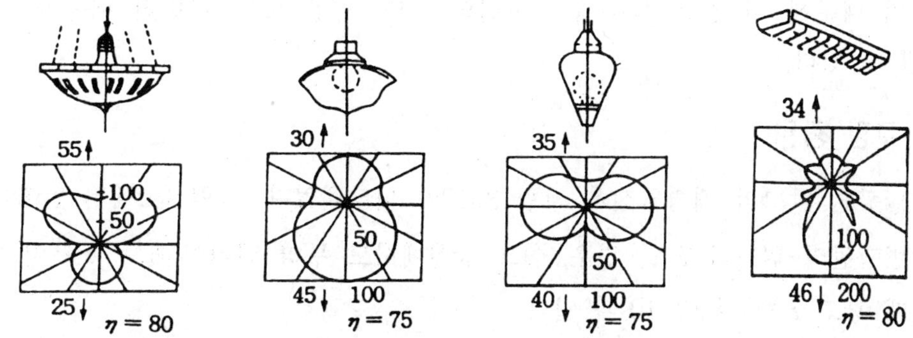

(e) 반간접 조명용 유색유리 반사갓　(f) 유색 유리제 외구　(g) 도로용 글로브　(h) 형광등용 루버 기구

그림 3-10　각종 조명기구들의 배광곡선 및 배광분포도

그림 3-11 (a)는 백열전구의 배광 입체도를, 그림 3-11 (b)는 그것의 수직배광곡선을 나타낸 것이다.

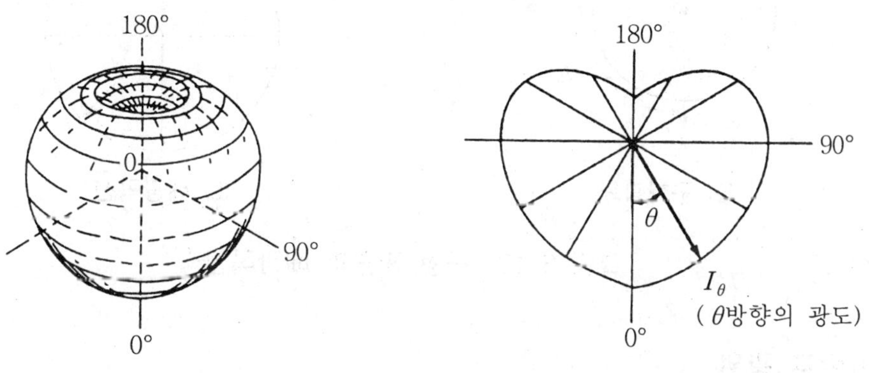

(a) 배광 입체분포도　(b) 수직배광분포

그림 3-11　배광곡선

3.3.2　완전확산성 광원의 배광곡선

어떤 광원으로부터 임의의 방향에서 그 광원의 광도(光度) I는 임의의 지점에서 그 광원을 바라보았을 때의 투영면적 A에 휘도 B를 곱한 값, 즉 $I = A \times B$가 된다. 따라서 그 광원이 완전확산 광원인 경우에는 어느 방향에서 보아도 휘도(輝度)

가 같기 때문에 이 같은 경우에는 광원의 투영면적을 알면 간단히 배광곡선으로 나타낼 수 있다.

(1) 구형 광원

구형 광원과 그의 배광곡선을 그림 3-12에 나타내었다. 그림 (a)에서 반지름 r인 구면광원의 휘도가 B일 경우, 어느 방향에서도 투영 면적이 모두 πr^2이 되므로 이때 광도 I는 식 (3-10)과 같다.

$$I = \pi r^2 \cdot B[\mathrm{cd}] \qquad (3\text{-}10)$$

이때의 구광원의 배광곡선은 그림 3-12 (b)와 같이 광원(光源)의 중심을 기준으로 하는 원형의 형태가 된다.

(a) 구형광원 (b) 배광곡선

그림 3-12 구형 광원과 배광곡선

(2) 반구 광원

반구 광원의 배광곡선을 그림 3-13에 나타내었다. 그림 3-13 (a)와 같이 반구(半球)의 반지름 r, 휘도 B일 때 광도는 식 (3-11)과 식 (3-12)로 표현된다.

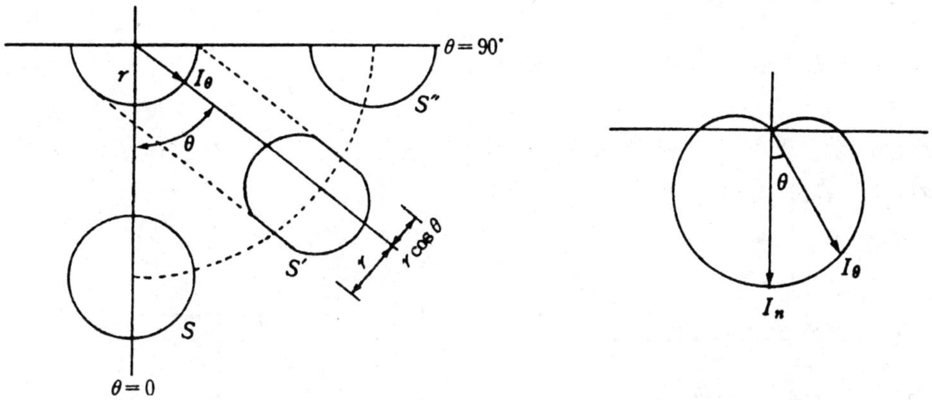

(a) 반구 광원 (b) 배광곡선

그림 3-13 반구 광원과 배광곡선

$$\text{반구 직하 } \theta = 0° \text{의 방향에서 광도 : } I_0(=I_n) = \pi r^2 \cdot B[\text{cd}] \qquad (3\text{-}11)$$

$$\text{반구의 수평 } \theta = 90° \text{의 방향에서 광도 : } I_{90} = \frac{1}{2}\pi r^2 \cdot B[\text{cd}] \qquad (3\text{-}12)$$

이때 임의의 θ방향으로의 정투영면적은 그림 (a)의 S'와 같이 반원과 반타원의 합성의 형태를 띠고 있고, 이때 반원의 면적은 $\frac{1}{2}\pi r^2$이고, 반타원의 면적은 $\frac{1}{2}\pi r^2\cos\theta$가 된다. 따라서 임의의 θ 방향에서의 광도 I_θ는 식 (3-13)과 같이 나타낼 수 있다.

$$I_\theta = \left(\frac{1}{2}\pi r^2 + \frac{1}{2}\pi r^2\cos\theta\right) \cdot B = \frac{1}{2}I_n(1+\cos\theta)[\text{cd}] \qquad (3\text{-}13)$$

이 반구광원의 수직 배광곡선은 그림 3-13 (b)와 같다.

(3) 평판 광원

평판광원은 그림 3-14 (a)와 같이 휘도 B, 투영면적이 S인 광원에서 그 직하 법선방향의 광도 I_n은 식 (3-14)로 나타낼 수 있고, 이것과 이루는 θ각 방향의 투영면적 S'는 $S \cdot \cos\theta$이므로 θ각 방향의 광도 I_θ는 식 (3-15)와 같다.

$$I_n = B \cdot S[\text{cd}] \tag{3-14}$$

$$I_\theta = B \cdot S \cdot \cos\theta = I_n \cdot \cos\theta[\text{cd}] \tag{3-15}$$

따라서 법선방향을 수직축으로 한 수직배광곡선은 그림 3-14 (b)와 같이 광원에 접하는 원의 형태가 된다.

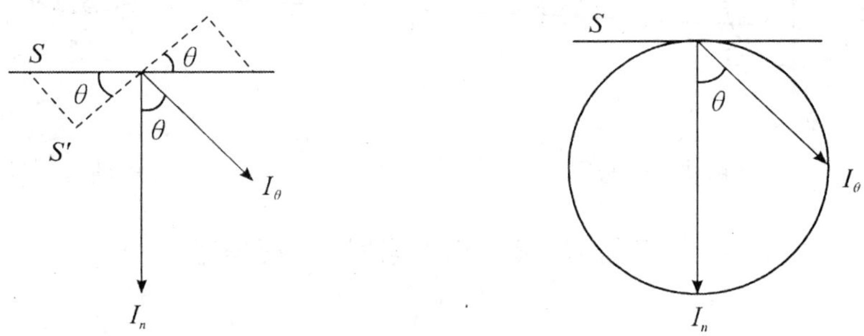

(a) 평판 광원 (b) 배광곡선

그림 3-14 평판광원과 배광곡선

(4) 원통 광원

원통광원은 그림 3-15 (a)와 같이 반지름 r, 높이 h인 수직 원통으로 외면의 휘도 B일 때, 수평방향으로 투영면적(投影面積)은 폭 $2r$, 높이 h인 직사각형의 형태이므로 이때의 수평광도 I_n은 식 (3-16)과 같고, 이때 이것과 θ각을 이루는 방향의 광도 I_θ는 식 (3-17)과 같이 나타낸다.

$$I_n = 2r \cdot h \cdot B[\text{cd}] \tag{3-16}$$

$$I_\theta = 2r \cdot h \cdot \sin\theta \cdot B = I_n \sin\theta[\text{cd}] \tag{3-17}$$

따라서 원통광원의 수직배광곡선은 그림 3-15 (b)와 같이 수평광도 I_n을 지름으로 하는 원의 형태가 된다.

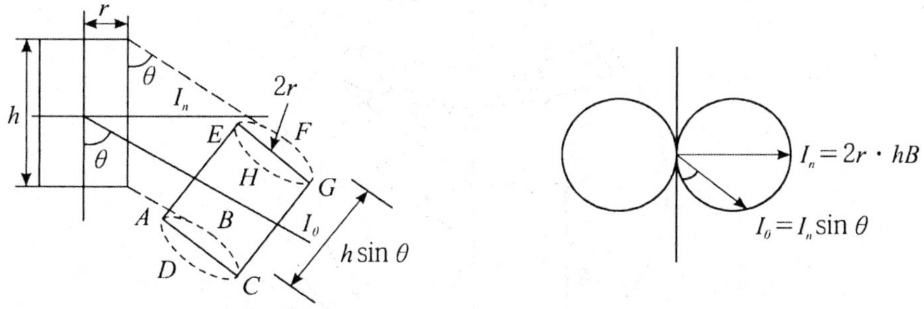

(a) 원통광원 (b) 배광곡선

그림 3-15 원통광원과 배광곡선

3.3.3 루소선도

광속계가 있으면 광원으로부터 직접 총광속을 측정할 수 있겠지만, 그렇지 못하는 경우에는 광도계로 배광곡선을 구하고 다음에 서술하는 방법으로 총광속을 계산하여야 한다. 그림 3-16과 같이 중공인 구의 중심 O에 광원을 놓고, 구의 표면을 수직축에 대하여 직각으로 자른 미소표면적을 생각할 수 있다. 이 미소표면적을 구대(球臺)라 한다.

그림 3-16과 같이 광원의 배광곡선을 알고 있는 경우에는 광원 O를 중심으로 반경 R의 구면(球面)을 그리면 미소구대는 수직축으로부터 θ의 방향에 있을 때 구대의 폭이 중심에 내해 각 $d\theta$, 구대의 반지름은 $R \cdot \sin\theta$가 되므로, 이때 구대의 길이는 $2\pi \cdot R \cdot \sin\theta$가 된다.

또한 폭의 길이가 $Rd\theta$가 되므로 각 θ와 $\theta + d\theta$ 사이의 구대 표면적 dS는 식 (3-18)과 같이 나타낼 수 있다.

$$dS = 2\pi \cdot R \cdot \sin\theta \cdot Rd\theta = 2\pi R^2 \cdot \sin d\theta [\mathrm{m}^2] \tag{3-18}$$

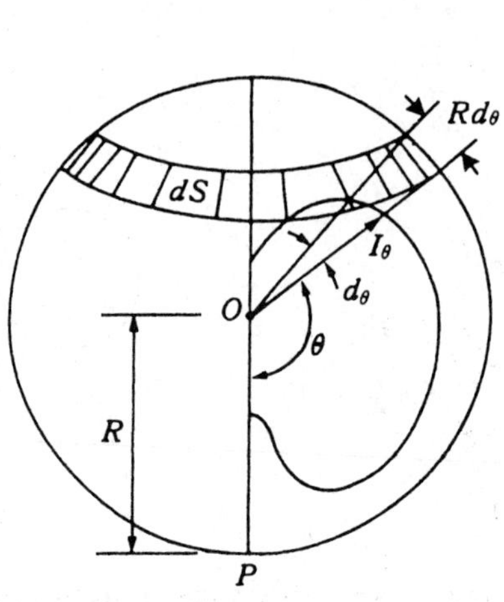

그림 3-16 배광곡선

광원의 중심에서 구대 양단을 향하는 입체각(立體角) $d\omega$는 식 (3-19)와 같이 나타낼 수 있다.

$$d\omega = \frac{dS}{R^2} = 2\pi \cdot \sin\theta d\theta \tag{3-19}$$

광원의 중심 O의 수직축에서 θ방향으로의 광도 I_θ라 할 경우, 입체각 $d\omega$내의 미소 광속 dF는 식 (3-20)과 같이 나타낸다.

$$dF = I_\theta d\omega = I_\theta \cdot 2\pi \cdot \sin\theta d\theta [\mathrm{lm}] \tag{3-20}$$

그러므로 전광속 F는 식 (3-21)로 부터 구할 수 있다.

$$F = 2\pi \int_0^\pi I_\theta \cdot \sin\theta d\theta [\mathrm{lm}] \tag{3-21}$$

이와 같은 배광곡선(配光曲線)의 적분을 도표로 나타낸 것을 **루소선도**(rou-sseau's diagram)라 하며, 루소선도의 면적은 광속에 비례하기 때문에 구대광속을 구의 전 내면에 대하여 계산하여 합하면 배광곡선으로부터 광원의 총광속을 구할 수 있다.

그림 3-17은 배광곡선의 오른쪽 반을 이용한 루소선도를 만든 것이다. 광원 중심 O에서 반경 R[m]인 원을 그린 후, 각 직경 OA, OB, OC, … OQ의 연장선이 배광곡선과 만나는 점에서 수평축 x축에 대해 평행하게 선을 그어 y축으로부

터 $OA = aa'$, $OB = bb'$, $OC = cc'$라 한다. 여기서 aa'는 OA방향의 광도 I_θ를 취한 것과 같다고 한다.

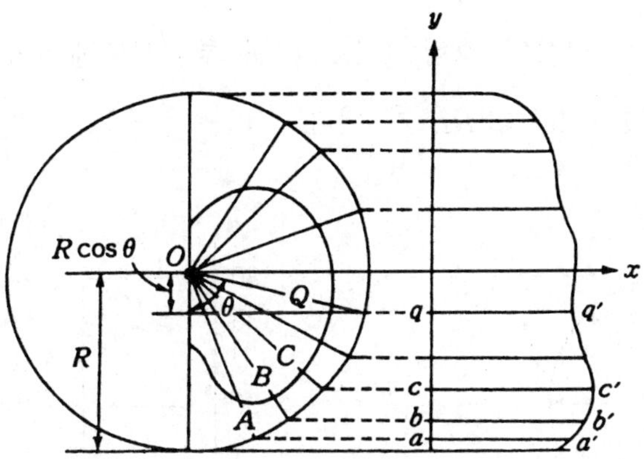

그림 3-17 루소선도

따라서 광도 1[cd]를 나타내는 동경(動徑)의 길이를 k[m]라 하면 좌표계에서 q'의 x와 y의 좌표는 식 (3-22)와 같다.

$$\left.\begin{aligned} x &= kI_\theta \\ y &= -R\cdot\cos\theta \end{aligned}\right\} \qquad (3\text{-}22)$$

따라서 각 곡선 a', b', c' 및 q'와 수직축 y가 이루어지는 부분의 면적을 S라 하면, 그 면적 S는 식 (3-23)과 같이 표현할 수 있다.

$$S = \int_0^{2R} x dy = kR\int_0^{\pi} I_\theta \cdot \sin\theta dt[\text{m}^2] \qquad (3\text{-}23)$$

그러므로 식 (3-22)와 식 (3-23)에서 전광속(全光束)과 면적을 비교하면, 임의의 광원의 전광속 F와 면적 S는 식 (3-24)와 같은 관계를 가지고 있다.

$$F = \frac{2\pi}{kR}\cdot S[\text{lm}] \qquad (3\text{-}24)$$

즉 식 (3-24)에서 루소선도의 면적을 알면 전광속을 구할 수 있다.

(1) 구형 광원

그림 3-18 (a) 배광곡선 중에서 반경 R인 구광원은 중심 O를 축으로 균등한 광원을 가지므로 이때 광도를 I_A라 하면, $x = I_\theta = I_A$가 되므로 루소선도의 기준선에서 I_A만큼 떨어져서 평형인 그림 3-18 (b)의 루소선도에서와 같이 수직선 형태이므로 루소선도의 면적 S는 $2RI_A$가 된다.

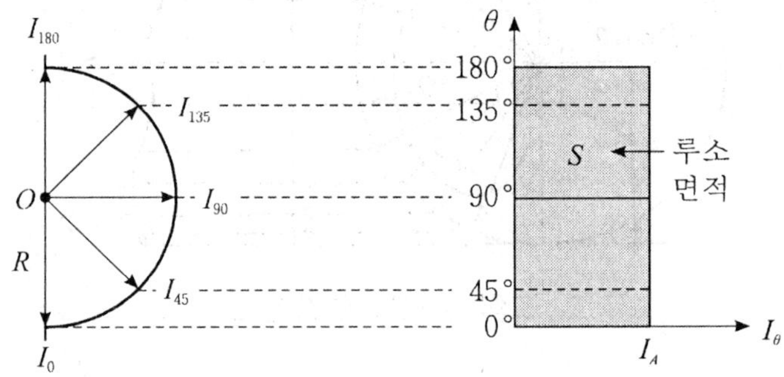

(a) 배광곡선　　(b) 루소선도

그림 3-18 구형 광원의 배광곡선과 루소선도

이때 총광속 F는 식 (3-25)와 같이 나타낼 수 있다.

$$총광속\ F = \frac{2\pi}{R} \times (루소선도의\ 면적)$$

$$= \frac{2\pi}{R} \times 2R \cdot I_A = 4\pi \cdot I_A \tag{3-25}$$

(2) 원통 광원

그림 3-19와 같이 원통광원의 최대광도를 I_B라 하면, 임의의 각에서 광도 $I_\theta = I_B \sin\theta$가 된다. 이때 x, y좌표는 식 (3-26)과 같이 된다.

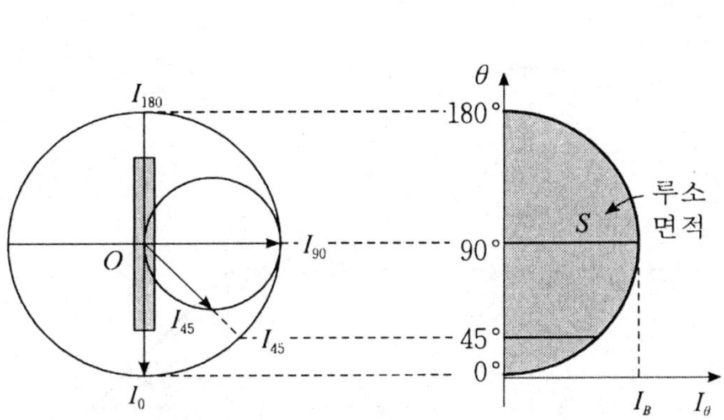

(a) 배광곡선 (b) 루소선도

그림 3-19 원통형 광원의 배광곡선과 루소선도

$$x = I_B \sin\theta,\ \ y = -R\cos\theta \tag{3-26}$$

식 (3-26)의 x, y에서 θ를 소거하기 위해 삼각함수 관계식 $\sin^2\theta + \cos^2\theta = 1$을 이용하면 식 (3-27)과 같이 된다.

$$\frac{x^2}{{I_B}^2} + \frac{y^2}{R^2} = 1 \tag{3-27}$$

여기서, 횡축(橫軸, x축)이 I_B이고, 종축(縱軸, y축)이 R인 원의 형태이므로, 그림 3-19 (b)의 루소선도와 같이 반원호의 형태로 나타나며, 이것의 전광속은 식 (3-28)과 같이 된다.

$$\text{총광속 } F = \frac{2\pi}{R} \times (\text{루소선도의 면적})$$

$$= \frac{2\pi}{R} \times \frac{\pi R I_B}{2} = \pi^2 \cdot I_B \tag{3-28}$$

(3) 평판형 광원

그림 3-20 (a)와 같이 평판형 광원의 최대광도를 I_C라 하면, 임의의 각에서 광도 I_θ는 $I_\theta = I_C \cdot \cos\theta$가 된다. 이때 x, y좌표는 식 (3-29)로 나타낼 수 있다.

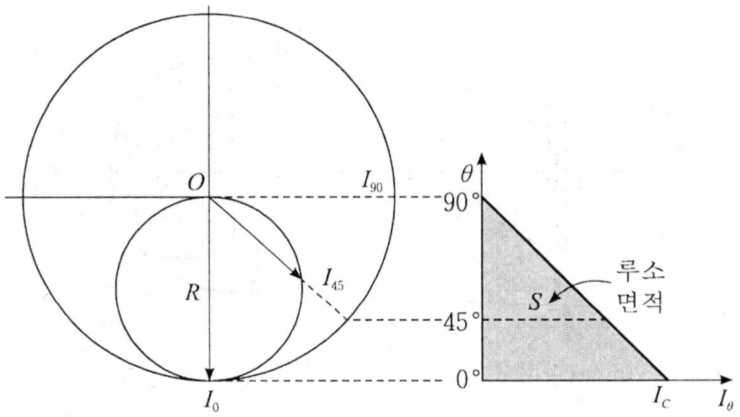

(a) 배광곡선　　　　(b) 루소선도

그림 3-20　평판형 광원의 배광곡선과 루소선도

$$x = I_C \sin\theta,\ \ y = -R\cos\theta \tag{3-29}$$

식 (3-29)에서 x식으로부터 $\cos\theta$를 구하여 y식에 대입하면 식 (3-30)과 같이 된다.

$$y = -R\frac{x}{I_C} = -\frac{R}{I_C}x \tag{3-30}$$

이것으로부터 그림 3-20 (b)의 루소선도에서와 같이 원점을 통과하여 횡축과 $\tan(R/I_C)$을 이루는 직선이 되며, 이때 전광속 F는 식 (3-31)과 같다.

$$\begin{aligned} \text{총광속 } F &= \frac{2\pi}{R} \times (\text{높이 } R,\ \text{밑변이 } I_C\text{인 직각삼각형 면적}) \\ &= \frac{2\pi}{R} \times \frac{RI_C}{2} = \pi \cdot I_C \end{aligned} \tag{3-31}$$

그림 3-21은 각 광원의 배광곡선과 그에 따른 루소선도를 나타낸 것이다. 각 광원의 배광곡선을 이용하여 루소선도를 작도(作圖)하는 방법 및 루소선도를 이용하여 전광속을 구할 수 있다.

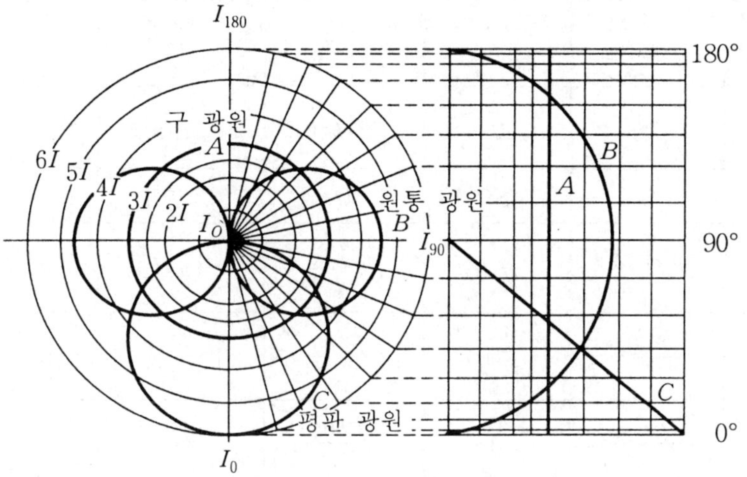

(a) 배광곡선　　　　　(b) 루소선도

그림 3-21　구형 광원의 배광곡선과 루소선도

표 3-1에 대표적으로 사용되고 있는 광원의 종류에 따른 기하학적 광원의 배광곡선분포와 루소선도 및 조도와 광속 식을 나타내었다.

표 3-1　각종 광원의 배광곡선과 루소선도

광원 / 항목	직선	평판	원통	구면	반구면
전등 축	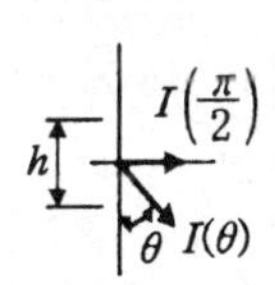	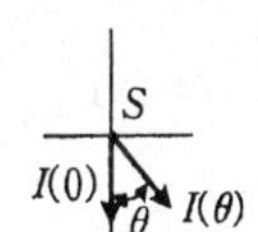	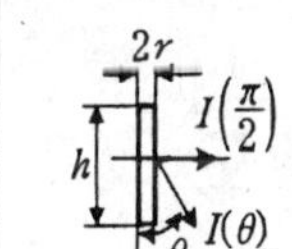	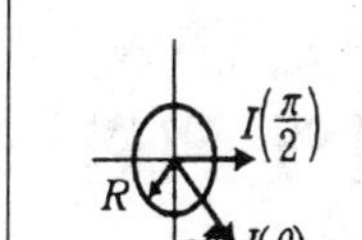	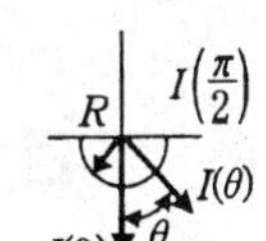
직선 배광 곡선	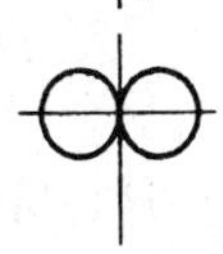	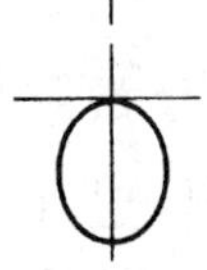	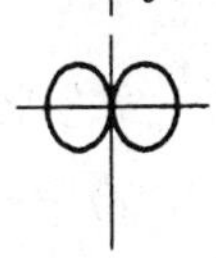	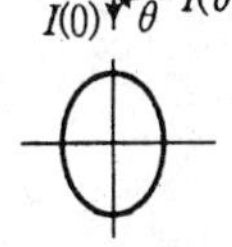	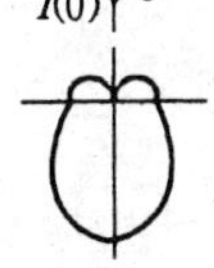
루소 선도	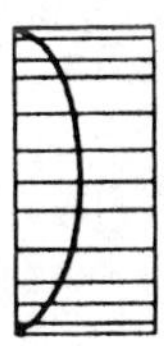	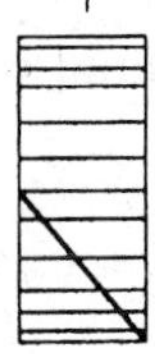	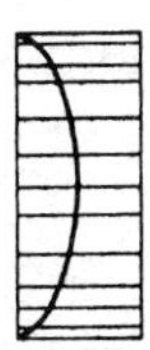	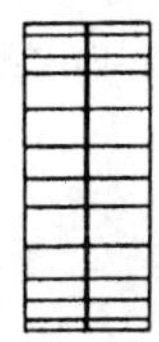	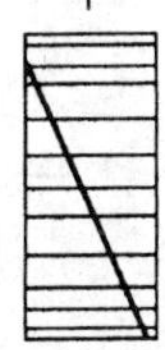
$I(\theta)$	$I\left(\frac{\pi}{2}\right)\sin\theta$	$I(0)\cos\theta$	$I\left(\frac{\pi}{2}\right)\sin\theta$	$I\left(\frac{\pi}{2}\right) = I(0)$	$I\left(\frac{\pi}{2}\right)(1+\cos\theta)$

광원 \ 항목	직선	평판	원통	구면	반구면
$I\left(\frac{\pi}{2}\right)$	hB	0	$2rhB$	$\pi R^2 B$	$\frac{\pi R^2 B}{2}$
$I(0)$	0	SB	0	$\pi R^2 B$	$\pi R^2 B$
전광속 $F(0)$	$\pi^2 I\left(\frac{\pi}{2}\right)$	$\pi I(0)$	$\pi^2 I\left(\frac{\pi}{2}\right)$	$4\pi I(0)$	$2\pi I(0)$
하반구 광속	$\frac{F(0)}{2}$	$F(0)$	$\frac{F(0)}{2}$	$\frac{F(0)}{2}$	$\frac{3F(0)}{4}$
상반구 광속	$\frac{F(0)}{2}$	0	$\frac{F(0)}{2}$	$\frac{F(0)}{2}$	$\frac{F(0)}{4}$

3.4 조도계산

광원에서 직접 피조면(被照面)에 도달하는 광속에 의한 조도를 직사조도라 하며, 광원에서부터 광속이 천장이나 벽 등에서 반사 또는 투과되어 피조면에 도달하는 조도를 확산조도라 한다. 직사조도는 계산이 간단하여 도로조명, 광장조명 및 투과조명 등에 적용하여 계산하면 되지만, 확산조도인 경우에는 계산이 매우 복잡히며, 반사이론 등을 적용하여 계산해야 한다.

3.4.1 점광원에 의한 조도

그림 3-22와 같이 수직면상 h[m]의 높이에 점광원(點光源) L이 있는 경우, 점광원 L에 대하여 직하 수직면 기준점 O에서부터 임의의 점 P까지의 거리를 d[m]라 할 때, 점 P에서의 법선조도(normal illumination) E_n은 식 (3-32)와 같이 나타낼 수 있다.

$$\text{법선조도} : E_n = \frac{I}{r^2} = \frac{I}{\sqrt{h^2 + d^2}} \text{[lx]} \tag{3-32}$$

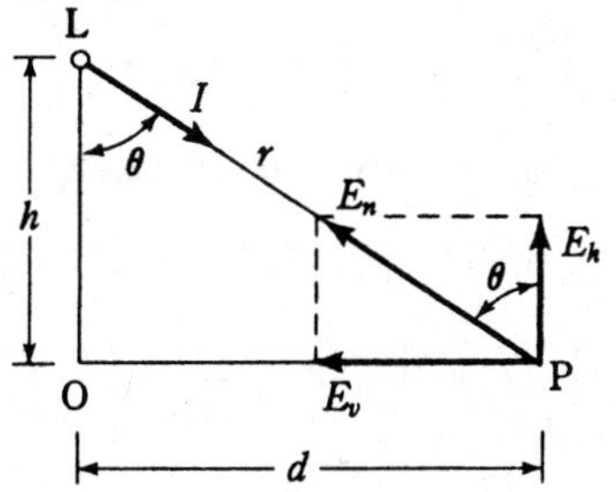

그림 3-22 점광원에 의한 조도

점 P에서의 수평면조도 E_h과 수직면 조도 E_v는 각각 식 (3-33)과 (3-34)로 나타낼 수 있다.

$$\text{수평면조도 : } E_h = \frac{I}{r^2}\cos\theta = \frac{I}{\sqrt{h^2+d^2}}\cos\theta = E_n\cos\theta\,[\text{lx}] \qquad (3\text{-}33)$$

$$\text{수직면조도 : } E_v = \frac{I}{r^2}\sin\theta = \frac{I}{\sqrt{h^2+d^2}}\sin\theta = E_n\sin\theta\,[\text{lx}] \qquad (3\text{-}34)$$

실제 광원은 점이 아니고 어떤 크기를 가지고 있다. 그러나 광원의 최대 크기가 (형광등과 같은 형태의 경우에는 길이를, 전등과 같이 구 형태인 경우는 구 지름을 기준으로 함)의 5배 이상 떨어진 임의의 곳에서 발생하는 광의 조도를 계산할 경우, 그 광원을 점광원으로 두고 계산하여도 무방하다.

3.4.2 면광원에 의한 조도

면광원(面光源)에 의한 직사조도의 계산은 완전확산면으로 보고 계산하는 것이 일반적이다. 면광원에서 휘도 B[cd/m^2], 면적 dS[m^2]인 완전확산면에서 법선방향의 광도 I는 BdS[cd]이며, 그 법선과 θ각을 이루는 방향에서의 광도 dI는 $BdS\cos\theta$로 나타낼 수 있다. 광속발산도 R[lm/m^2]가 주어질 경우 휘도 B와의 관계는 식 (3-35)로 구할 수 있다.

$$R = \pi B \text{ 또는 } B = \frac{R}{\pi} \qquad (3\text{-}35)$$

(1) 평원판 광원

평원판(반구형)광원은 천장에 완전확산성 투과 유리를 끼워 그림 3-23과 같이 천장 속의 광원으로부터 균등하게 조사한다고 생각하면 된다.

그림과 같이 반지름 R[m]이라면 원판의 중심 바로 직하(直下) 방향의 광도 I는 $\pi R^2 B$[cd]이며, 원판중심 N에서 거리 H[m] 떨어진 점 P면에 생기는 조도 E_p는 식 (3-36)과 같다.

$$E_p = \pi B \sin^2\theta = \frac{\pi R^2 B}{H^2 + R^2}\,[\mathrm{lx}] \qquad (3\text{-}36)$$

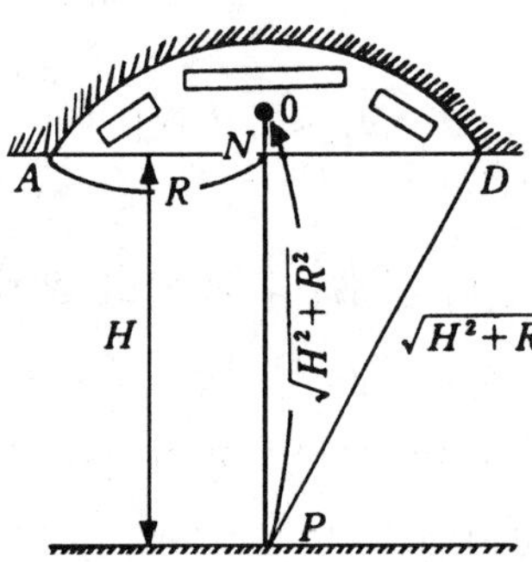

그림 3-23 평원판 광원의 조도

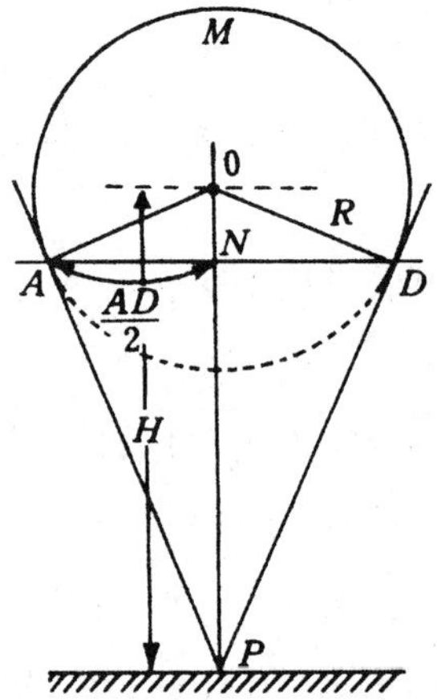

그림 3-24 구형 광원의 조도

(2) 구형 광원

그림 3-24와 같이 휘도 B인 반지름 R[m]의 구형광원(ADM)인 경우 구형광원의 중심에서 거리 H[m] 떨어진 점 P에서의 조도는 동일 입체각의 지름 AD인 평원판 광원과 같은 휘도일 때 생기는 조도와 같다. 그러므로 점 P에서의 조도(照度) E_p는 식 (3-37)과 같다.

$$E_p = \frac{\pi \times (AD^2/4) \times B}{AP^2} = \pi B \left(\frac{\overline{AD}/2}{AP} \right)^2$$

$$= \pi B(\sin \angle APO)^2 = \pi B\left(\frac{\overline{AO}}{\overline{OP}}\right)^2 = \pi B\left(\frac{R}{H}\right)^2 \qquad (3\text{-}37)$$

따라서 표면의 휘도 B, 반지름 R인 구형광원에서의 조도는 그 구의 중심에 놓인 $\pi R^2 B$[cd]인 광도의 점광원에서 생기는 조도와 같다는 것을 알 수 있다.

제 4 장

조명설계

4.1 이상적인 조명의 요건

조명의 주목적은 물체를 쉽게 식별할 수 있도록 적당한 조도를 설정하는 것도 중요하지만, 경제적인 문제도 고려하여 설계를 하여야 한다. 또한 조도, 휘도, 눈부심, 그림자 및 분광분포 등을 사용목적이나 장소에 알맞게 하여 눈의 피로뿐만 아니라 정신적, 육체적 피로도 적게 하여야 하며, 또한 미적효과도 고려하여야 한다. 조명설계(照明設計)에 있어서 고려해야 할 사항을 들면 다음과 같다.

4.1.1 조 도

조명 목적에 적합하도록 충분한 조도를 주어야 한다. 조도의 크기에는 한계가 없지만, 조명량이나 경제성(經濟性)에 의해 제한을 받는다. 일반적으로 적정한 조도는 작업환경(作業環境)과 생활공간(生活空間)에 따라 차이가 있지만 다음의 정도면 적당하다고 본다.

① 일반 독서에서는 500[lx] 이상.

② 대비가 약하고 세밀한 작업에서는 1,000~2,000[lx] 정도.

③ 더욱 심리적으로 정밀한 작업에서는 30,000[lx] 정도.

조명목적에 따른 적당한 표준조도 및 조도범위는 표 4-1, 표 4-2에 나타냈으며, 인공조명(人工照明)의 세부적인 조도기준은 KS A 3011에서 상세히 규정하고 있다. 균일한 조도를 얻기 위해서는 다음 사항을 고려하여야 한다.

① 조명방식, 기구의 선정 및 취부 위치를 고려한다.
② 전반조명과 국부조명의 조도차를 작게 한다.
③ 수평면조도와 수직면조도의 차가 없도록 한다.
④ 천장과 벽을 밝게 한다.
⑤ 실내의 색채 조절을 잘한다.

표 4-1 활동유형과 조도 분류에 따른 조도값

활동 유형	조도 분류	조도범위 [lx]	작업면 조명방법
· 어두운 분위기중의 시식별 작업장	A	3~4~6	공간의 전반조명
· 어두운 분위기의 이용이 빈번하지 않는 장소	B	6~10~15	
· 어두운 분위기의 공공장소	C	15~20~30	
· 잠시 동안의 단순 작업장	D	30~40~60	
· 시작업이 빈번하지 않은 작업장	E	60~100~150	
· 고휘도 대비 혹은 큰 물체 대상의 시작업 수행	F	150~200~300	작업면 조명
· 일반 휘도 대비 혹은 작은 물체 대상의 시작업 수행	G	300~400~600	
· 저휘도 대비 혹은 매우 작은 물체 대상의 시작업 수행	H	600~1,000~1,500	
· 비교적 장시간 동안 저휘도 대비 혹은 매우 작은 물체대상의 시작업 수행	I	1,500~2,000~3,000	전반조명과 국부조명을 병행한 작업면 조명
· 장시간 동안 힘드는 시작업 수행	J	3,000~4,000~6,000	
· 휘도대비가 거의 안되며 작은 물체의 매우 특별한 시작업 수행	K	6,000~10,000~15,000	

[주] 조도범위에서 왼쪽은 최저값, 중간은 표준값, 오른쪽은 최고조도값.

표 4-2 기준 조도

기준조도 / 작업등급	최저허용조도 [lx]	표준기준조도 [lx]	최고허용조도 [lx]
초 정 밀	1,500	2,000	3,000
정 밀	600	1,000	1,500
보 통	300	400	600
단 순	150	200	300
거 친	60	100	150

(1) 사무실, 학교, 주택, 병원, 상점 등

<table>
<tr><th colspan="3">종 류</th><th>조도 [lx]</th></tr>
<tr><td rowspan="3">사무실</td><td colspan="2">*타이프라이터, *제도, *계산사무실</td><td>400~200</td></tr>
<tr><td colspan="2">일반사무실</td><td>200~100</td></tr>
<tr><td colspan="2">회의실, 응접실</td><td>100~50</td></tr>
<tr><td rowspan="3">학 교</td><td colspan="2">제도실, *도서실, *재봉실, *칠판면</td><td>200~100</td></tr>
<tr><td colspan="2">보통교실, 실험실</td><td>100~50</td></tr>
<tr><td colspan="2">강당, 체육관, 집회실</td><td>50~20</td></tr>
<tr><td rowspan="4">병 원</td><td colspan="2">◦진료실, ◦처치실, ◦검사실, ◦조재실</td><td>300</td></tr>
<tr><td colspan="2">병실</td><td>50</td></tr>
<tr><td rowspan="2">수술실</td><td>전반</td><td>300~200</td></tr>
<tr><td>수술대</td><td>5,000~1,000</td></tr>
<tr><td rowspan="3">주 택</td><td colspan="2">*재봉, *서재</td><td>400~200</td></tr>
<tr><td colspan="2">*독서실</td><td>200~100</td></tr>
<tr><td colspan="2">◦응접실, ◦방, ◦부엌</td><td>100</td></tr>
<tr><td rowspan="3">여 관</td><td colspan="2">◦응접실, ◦객실, ◦부엌</td><td>200~100</td></tr>
<tr><td colspan="2">접수 및 대기실</td><td>100~50</td></tr>
<tr><td colspan="2">홀, 복도, 계단, 화장실, 욕실</td><td>60~30</td></tr>
<tr><td rowspan="2">음식점, 다방</td><td colspan="2">조리장</td><td>200~100</td></tr>
<tr><td colspan="2">객실</td><td>100~50</td></tr>
<tr><td rowspan="3">백화점</td><td colspan="2">1층</td><td>500~200</td></tr>
<tr><td colspan="2">2층 이상</td><td>500~150</td></tr>
<tr><td colspan="2">지하</td><td>400~200</td></tr>
</table>

<table>
<tr><th colspan="3">종 류</th><th>조도 [lx]</th></tr>
<tr><td>이발소,
미장원</td><td colspan="2"></td><td>300～150</td></tr>
<tr><td rowspan="2">극 장</td><td rowspan="2">관객석</td><td>휴게 중</td><td>50</td></tr>
<tr><td>공연 중</td><td>2～1</td></tr>
<tr><td rowspan="3">상 점</td><td colspan="2">의료, 양품, 모자, 시계, 귀금속, 사진기, 안경,</td><td>500～200</td></tr>
<tr><td colspan="2">서적, 문방구, 약, 화장품, 생화, 악기, 운동기,
양피, 피혁, 식품, 과실, 과자, 식료기, 완구</td><td>300～150</td></tr>
<tr><td colspan="2">가구, 철물, 잡화, 고물, 육류, 어류, 야채</td><td>200～100</td></tr>
<tr><td>기 타</td><td colspan="2">일반복도, 계단, 화장실, 출입구</td><td>20</td></tr>
</table>

[주] *는 국부조명을 병행, 기타는 전반조명,

◦는 작업범위로 이 조도가 얻어진다.

(2) 공장

<table>
<tr><th colspan="2">작업 종류</th><th colspan="2">전반, 국부병용의 경우</th><th>전반조명
만의 경우</th></tr>
<tr><td>작업
정도</td><td>작업 예</td><td>국부조명에 의한 작업 개소의 조도[lx]</td><td>전반조명에 의한 조도[lx]</td><td></td></tr>
<tr><td>초정밀</td><td>기계(초정밀 기계조작 및 세공대위), 시계정밀조작, 직물검사</td><td>5,000～1,000</td><td>100～50</td><td></td></tr>
<tr><td rowspan="2">정 밀</td><td>기계(정밀기계조작 및 조작대), 금속(판검사), 인쇄(식자, 문선), 암색포지(절단, 검사, 재봉), 검사</td><td>1,000～300</td><td rowspan="2">80～40</td><td></td></tr>
<tr><td>도장(정밀수도), 자동차(비행기), 조립(수선), 방직</td><td></td><td>200～100</td></tr>
<tr><td rowspan="2">보 통</td><td>기계(조작, 삭마, 연마, 보통가공), 주물(형조), 용접 명색포지(절단, 검사, 재봉)</td><td>300～100</td><td>60～30</td><td></td></tr>
<tr><td>금속(열처리), 제과, 제지, 화학(여과, 증류, 결정), 도장, 직물(염색물)</td><td></td><td></td><td>100～50</td></tr>
<tr><td></td><td>목공
금속(노), 화학(노), 주조</td><td>100～50</td><td>40～20</td><td>50～20</td></tr>
</table>

(3) 운동장, 경기장

조도 [lx]	육상경기 트랙, 필드	수영	테니스 배드민턴	축구, 럭비 미식축구, 핸드볼	하키
1,000			공식경기		
500	공식경기	공식경기	일반경기	공식경기	공식경기
200	일반경기	일반경기	레크레이션	일반경기	일반경기
100		레크레이션	레크레이션		
50			관객석		
20	관객석	관객석		관객석	관객석

조도 [lx]	야구	연식야구	소프트볼	골프연습장
2,000	프로경기 내야			
1,000	프로경기 외야, 공식경기 내야			
500	공식경기 외야, 일반경기 내야	일반경기 내야		라운드
200	일반경기 내야	일반경기 외야, 레크레이션 내야	일반경기 내야	장내(연면조도)
100		레크레이션 외야, 일반경기내야	레크레이션 내야	
50	관객석(공식경기)			
20	관객석(공식경기)	관객석	관객석	

[주] 단, 칼라TV일 경우는 조도값을 별도로 고려함.

4.1.2 눈부심

(1) 눈부심의 요소

그림 4-1과 같이 시야 내의 광원이 직접 노출되거나, 정반사에 의해 광원의 모습이 눈에 들어오므로 불쾌감, 고통, 눈의 피로, 시력의 일시적 감퇴를 초래하는 현상을 눈부심(glare) 또는 현휘라 한다.

조명에서 가장 눈부심을 일으키기 쉬운 것은 시야 내에 있는 광원의 빛남일 것이다. 전구나 형광등 또는 고압수은램프 등의 인공광원 이외에, 때로는 햇빛이 내리 쬐는 창이나 창을 통하여 보이는 흰 건물이나 하늘 등도 눈부심의 원인으로 된다. 그러나 이들이 시야 내에 있다고 항상 눈부심을 일으키는 것은 아니다.

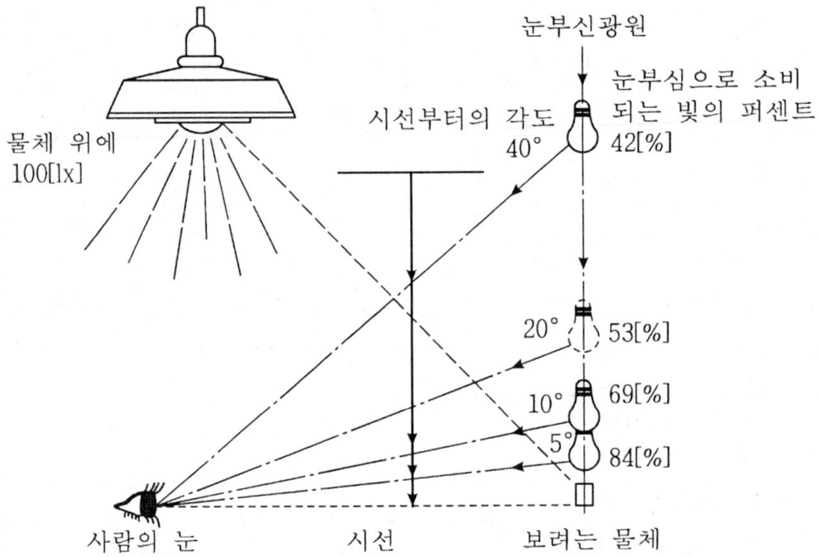

그림 4-1 눈부심에 의한 광의 손실

예를 들면, 밤길에 자동차의 전조등(前照燈)을 비추면 강렬한 눈부심을 느끼지만, 낮의 밝은 길에서는 자동차의 전조등에 대해서는 하등의 눈부심을 느끼지 않는다. 눈부심을 일으키는 주요 원인들을 들면 다음과 같다.

① 광원의 휘도가 과대할 때.
② 눈에 들어오는 광속이 너무 많을 때.
③ 광원을 오래 동안 바라볼 때.
④ 순응이 잘 안될 때.
⑤ 시선 부근에 광원이 있을 때.
⑥ 광원과 배경 사이에 휘도 대비가 클 때 등이다.

일반적으로 눈부심에 의하여 불쾌감을 느끼는가, 느끼지 않는가의 경계선(BCD)의 휘도한계는 0.5[cd/cm^2]이다. 사람들을 대상으로 실험한 결과, 자극조도 E와 눈부신 시간 T와는 식 (4-1)과 같은 관계가 있음을 알게 되었다.

$$T = 0.0389E^{0.96} \quad (4\text{-}1)$$

즉, 조사시간 4초의 경우 자극조도 200[lx]에서 눈부심 시간은 5.7초이고, 600 [lx]에서 17.8초나 된다. 결국, 눈부심은 작업능률을 저하시키고, 부상 등 재해의 원인이 되므로 적극적으로 눈부심을 피해야 한다. 이러한 눈부심을 방지하기 위한 방법은 다음과 같다.

① 휘도가 낮은 형광등과 같은 광원을 사용한다.
② 플라스틱 커버가 있는 조명기구를 선정한다.
③ 시선을 중심으로 30° 범위 내의 글레어 존(glare zone)에는 광원을 설치하지 않는다.(그림 4-2)
④ 광원 주위를 밝게 한다.

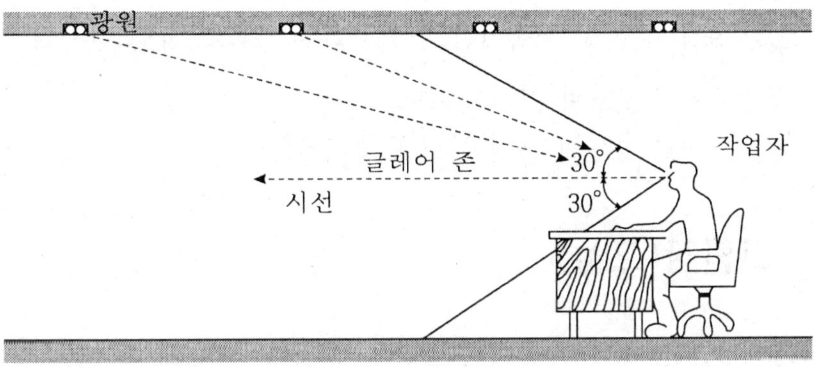

그림 4-2 글레어 존

(2) 눈부심의 종류

눈부심은 정도에 따라 불쾌 글레어, 감능 글레어로 분류할 수 있으며, 눈부심이 생기는 원인에 따라 반사(광막) 글레어 또는 직시 글레어로 분류한다.

(가) 불쾌 글레어

대상을 보는데에는 장애가 없지만, 시야가 고휘도의 광원으로 인해 불쾌감을 느끼거나 눈의 피로를 일으키는 정도를 말한다.

(나) 감능 글레어

전조등과 같이 매우 밝은 광원이 눈에 들어오면 시력저하에 의해 눈이 어두워지고 주위의 대상이 잘 보이지 않게 된다. 이런 기능저하를 초래하는 현상을 말한다.

(다) 반사 글레어

광택이 있는 지면이나 물체를 볼 때, 보는 각도에 따라 광원의 빛이 반사되어 지면(地面)이 빛나 보이며, 문자나 사진 등을 보기가 어렵게 된다. 이런 현상을 반사 글레어 또는 광막 글레어라 한다. 이 반사광(反射光)에 의해 대상물과 주위 배경의 휘도 대비가 저하하기 때문이다.

(라) 직시 글레어

고휘도 광원과 같이 휘도가 매우 높은 것이 중심 시야에 들어가는 경우를 말한다. 식 (4-2)로 나타낼 수 있다.

$$D_t = 1.8\log(L \cdot T) + K \tag{4-2}$$

여기서, D_t : 잔상(殘像)의 지속시간, L : 고휘도 광원의 휘도[cd/m²],

T : 고휘도 광원의 직시시간(sec),

K : 고휘도 광원의 배경에 의해 정해지는 정수

4.1.3 그림자(그늘)

그림자는 대상물을 보는데 있어서 중요한 요소가 되기도 하지만, 필요치 않을 경우도 있다. 또한 대상물 표면의 요철(凹凸)부에서 생기는 그림자는 입체감을 주므로 오히려 보는데 도움을 준다.

물체의 가장 밝은 곳과 가장 어두운 곳의 광속발산도의 비가 2 : 1~7 : 1 사이에 있는 것이 좋으며, 일반적으로 명암의 대비가 3 : 1일 때 가장 입체적으로 보인다. 작업에 방해를 주는 그림자를 방지하기 위해서는 다음과 같이 조치하면 된다.

① 광원의 수를 늘린다.

② 광원의 위치를 변경한다.

③ 형광등과 같이 넓은 발광면적을 가진 광원을 사용한다.

4.1.4 좋은 조명의 요건

(1) 광 색

광색(光色)은 물체의 보임을 좌우하는 중요한 요소 중 하나이다. 백열전구에서 나오는 빛에는 적색 광이 많기 때문에 낮은 조도에서도 쾌적감을 느낄 수 있는 반면에, 형광등의 빛에는 청색광이 많기 때문에 높은 조도에서 쾌적감을 느낀다. 그림 4-3과 같이 빛의 색온도가 높을수록 밝고, 쾌적함을 느낄 수 있는 조명을 얻을 수 있다.

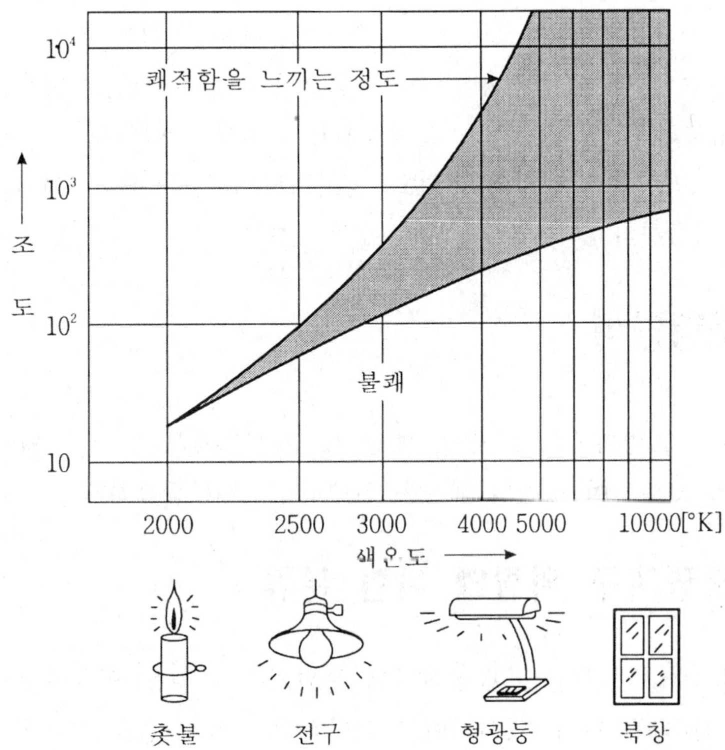

그림 4 3 색온도와 조도

(2) 심리적 효과

광원의 종류와 조명방식(照明方式)에 따라 조명에 의한 실내 분위기 조성이 달라진다. 실내의 경우에는 천장, 벽, 바닥을 분위기에 맞게 조명기구의 형태와 색상을 선택하여 실내 색 분위기를 연출할 경우 안락한 실내 분위기와 따뜻한 느낌을 받을 수 있다.

(3) 미적 효과

조명기구(照明器具)의 의장(디자인)은 건축양식(建築樣式)과 조화를 이루어야 하며, 조명기구의 모양도 단순하면서 미적(美的)효과에 불필요한 장치가 없고, 그 배치도 기하학적으로 간단한 모양이 좋다. 색은 실내 면과 전반적으로 조화를 이루어야 하며, 가능하면 색의 종류를 일률적으로 하고 반사율만 바꾸는 것이 가장 적당하다.

(4) 경제적 효과

조명기구와 램프는 효율이 높고, 유지관리 및 보수가 쉬운 것을 선택하여야 한다. 조명과 관련된 비용은 조명설계에서 중요한 부분이므로 효율이 나쁜 등기구(燈器具)를 사용하면 빛의 낭비가 크게 된다. 그러므로 상업조명의 경우 판매 증가와 비교한 조명비가 고려되어야 하고, 생산조명의 경우 생산증가와 사고의 감소에 중점을 두어야한다.

4.2 조명방식

조명방식에는 조명기구의 디자인, 배광 및 가설위치와 배치 등에 따라 효과가 다르므로 이를 고려하여 조명의 배광을 선택하는 것이 중요하다.

4.2.1 조명기구 의장에 의한 분류

조명기구의 의장(디자인)은 장식적이고 분위기적인 것을 연출하고자 할 경우에는 단등 방식과 다등 방식, 명시적이고 실리적인 것을 연출하고자 할 경우에는 연속열 방식이나 평면 방식이 널리 쓰인다. 표 4-3에 조명기구의 의장에 의한 분류를 나타내었다.

표 4-3 조명기구의 의장에 의한 분류

조명방식	특 징	조명용도
단등방식	광원이 점광원에 가까운 모양으로 보이는 기구	장식적
다등방식	몇 개의 점광원을 모은 기구	
연속열 방식	광원이 선 또는 선형에 가까운 모양으로 보이는 기구	실리적
평면방식	발광 면이 평면으로 보이는 기구	

4.2.2 조명기구의 배광에 의한 분류

표 4-4는 조명기구의 배광에 의한 분류를 나타내었다. 표에서 기구형태는 위의 그림은 형광등기구이며, 아래 그림은 백열등기구를 나타낸 것이다.

표 4-4 조명기구의 배광에 의한 분류

	등기구의 형태	응용 방법의 예	배광[%]
직접 조명	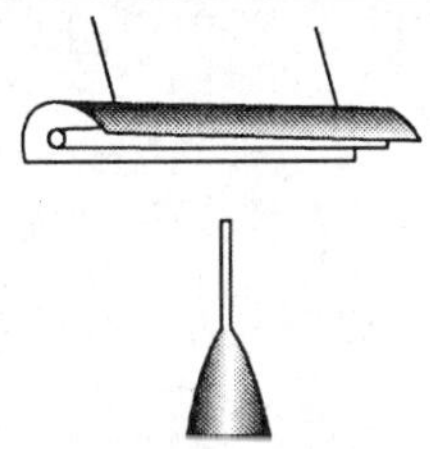	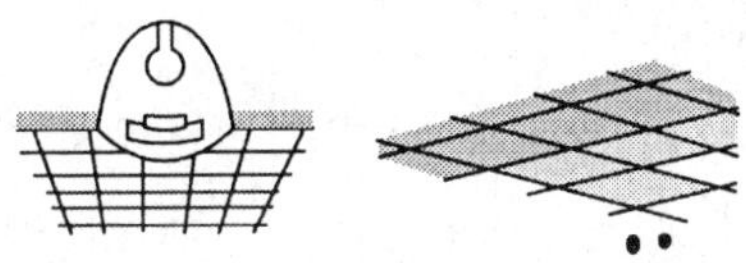	↑ 10～ 0 ↓ 90～100
반직접 조명	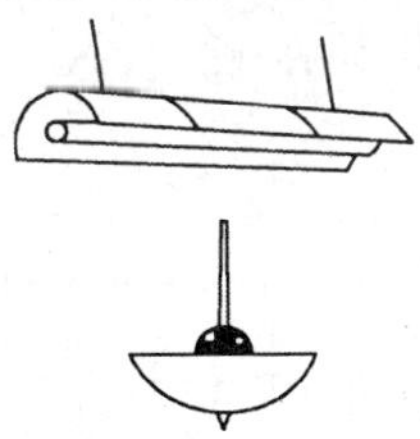	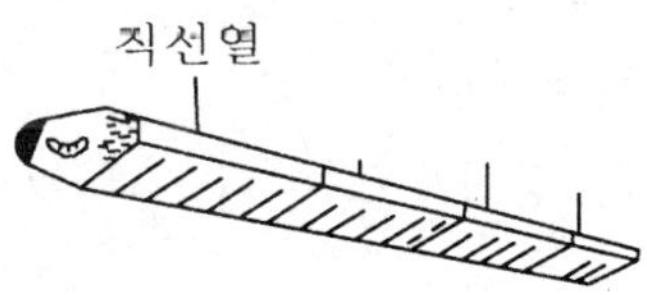	↑ 40～10 ↓ 60～90
전반 확산 조명	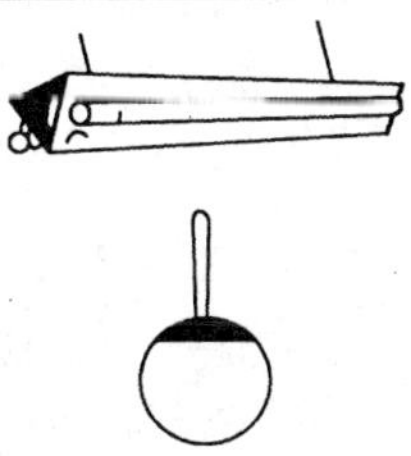		↑ 60～40 ↓ 40～60

	등기구의 형태	응용 방법의 예	배광[%]
반간접 조명	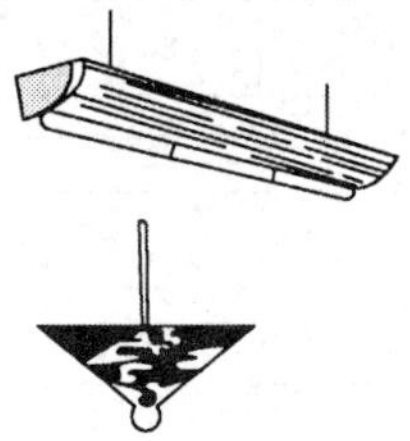	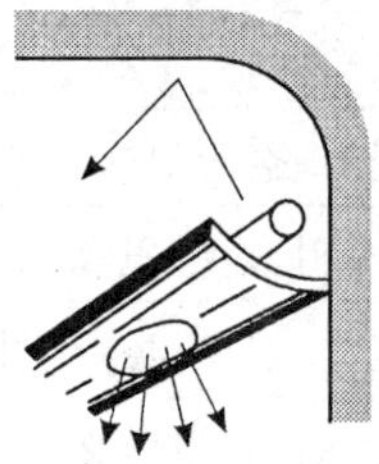	↑ 90~60 ↓ 10~40
간접 조명	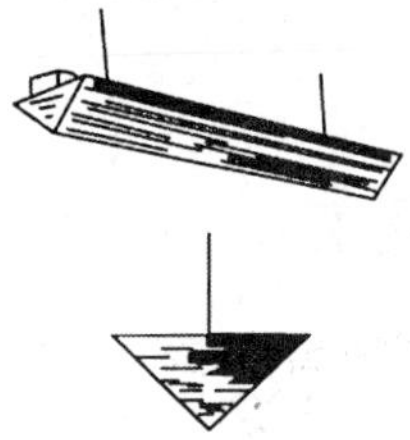	건축화조명 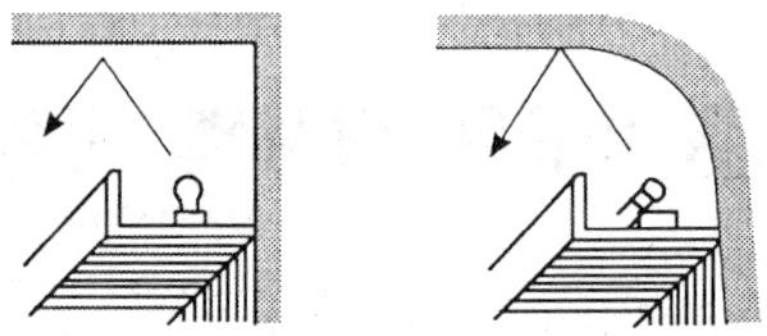	↑ 100~90 ↓ 0~10

(1) 직접 조명방식

직접조명(直接照明)은 작업면을 비추는 조도 중 직사조도가 확산조도 보다 높은 경우로, 등기구에서 발산되는 광속의 90~100[%]가 하향방향으로 투사하는 일반적인 조명방식이다.

작업면에 대하여 높은 조도를 얻을 수 있지만, 주위와의 심한 휘도 차, 그림자 및 반사 눈부심 등으로 작업자를 괴롭히는 것이 단점으로 직사광이 직접 눈에 들어오는 것을 막기 위하여 15~25[°] 정도의 차광 각을 유지하는 것이 좋다. 또한 빛을 집중시키는 조명기구는 높이 설치하고, 빛을 분배시키는 것은 설치 높이를 낮게 하는 곳에 사용한다.

직접 조명방식의 장점으로는 다음과 같다.

① 조명률이 크기 때문에 소비전력은 간접조명의 약 1/2~1/3정도이다.
② 설비비가 저렴하고 설계가 단순하다.
③ 그림자가 생기므로 물체의 식별이 입체적이다.
④ 조명기구의 점검 및 유지보수가 용이하다.

(2) 반직접 조명방식

반직접 조명방식은 조명기구로부터 발산광속의 60~90[%]가 아랫방향의 작업면을 직사하고, 40~10[%]는 윗 방향으로 빛이 천장이나 윗벽부분에서 반사된 반사광이 작업면의 조도를 증가시킨다.

이러한 조명기구의 밑바닥은 개방되어 있고, 갓은 유백색 유리 또는 플라스틱으로 되어 있다. 일반사무실이나 주택 조명용으로 사용된다.

(3) 전반확산 조명방식

이 조명방식은 조명기구로부터의 발산광속의 40~60[%]는 아랫방향의 작업면에 직사하고, 60~40[%]는 윗 방향으로 방사되어 천장이나 윗벽 부분에서 반사되어 반사광을 이룬다.

이 조명기구는 대부분 유백색 유리나 플라스틱 및 아크릴로 외구를 구성하고 있어 발광면을 크게 하여 광원의 휘도를 감소시키기 때문에 눈부심을 느끼지 않게 한다. 주로 고급사무실, 상점, 주택, 공장 등의 전반조명용으로 사용되고 있다.

(4) 반간접 조명방식

이 조명방식은 조명기구로부터의 발산광속의 10~40[%]는 아랫방향으로, 90~60[%]는 윗 방향으로 향하여 천장, 윗벽부분에서 반사되어 작업면을 비추게 된다. 이 방식은 천장을 주광원으로 이용하기 때문에 천장의 색과 유지율을 충분히 고려해야 한다. 주로 세밀한 작업을 오랫동안 하는 곳에 적당하며, 휘도는 0.5[cd/cm^2]을 초과하면 안 된다.

(5) 간접 조명방식

이 조명방식은 작업면에 비추는 조도 중 확산조도가 직사조도보다 높은 경우로, 조명기구로부터 발산광속의 100~90[%]가 윗 방향으로 향하여 천장이나 윗벽에 투사시켜 이로부터 반사 확산된 광속을 이용하는 것이다.

그러므로 천장과 윗벽부분이 주광원 역할을 하므로 밝은 색이여야 하고, 빛이 잘 확산(擴散)되도록 마감이 되어야 한다. 이 방식은 우수한 확산성과 낮은 휘도 때문에 위생적인 시각조건을 갖추고 있지만 설비비와 경상비가 많이 든다. 주로 대합실, 입원실, 회의실 등에 사용되며, 간접조명방식의 장점은 다음과 같다.

① 눈부심이 적고 피조면의 조도가 균일하다.

② 그림자가 부드럽다.

③ 등기구의 사용을 최소화하여 적정한 조명효과를 얻을 수 있다.

4.2.3 조명기구의 배치에 의한 분류

기구 배치에 따라 전반 조명, 국부 조명, 전반 · 국부병용 조명 등으로 분류되며, 그림 4-4에 나타내었다.

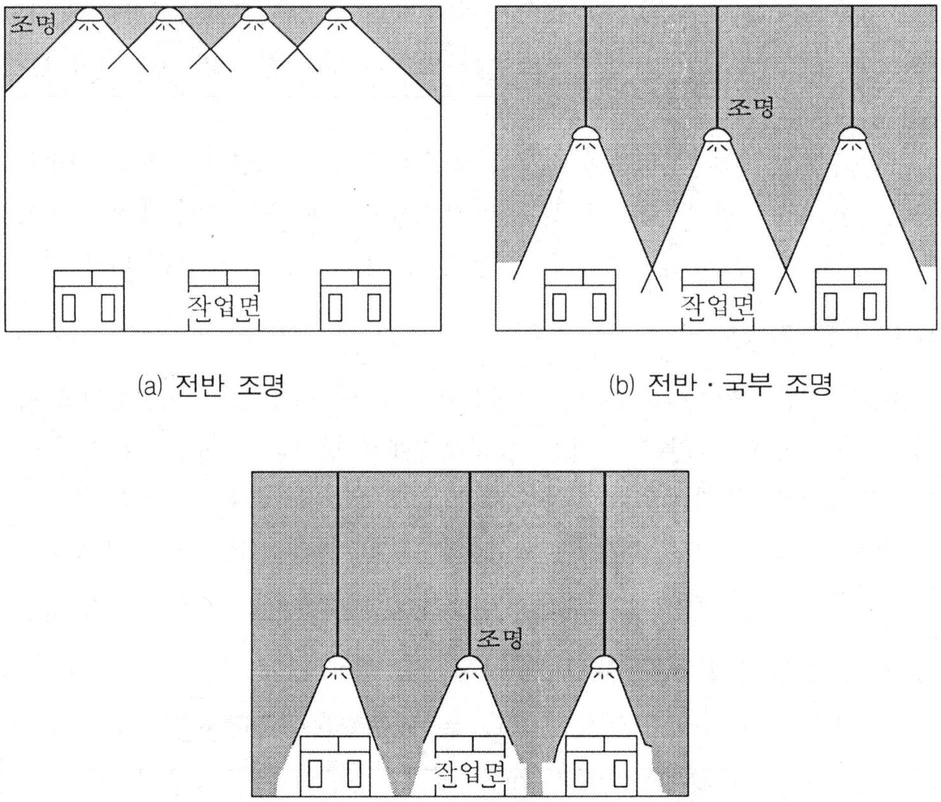

(a) 전반 조명

(b) 전반 · 국부 조명

(c) 국부 조명

그림 4-4 조명 배치에 의한 분류

(1) 전반 조명

이 조명은 방 전체를 균일하게 조명하기 위해 조명기구를 일정한 높이 및 일정한 간격으로 배치하는 방식이다. 주로 학교, 공장, 사무실 등에서 채용하는 방식이다.

(2) 국부 조명

작업상 필요한 작업면에만 집중적으로 조명하는 방식으로 높은 조도를 얻을 수 있으며, 필요 없는 곳은 소등(消燈)할 수 있어 경제적이다.

(3) 전반·국부병용 조명

이 방법은 전반조명에 의해 시환경(視環境)을 좋게 하고, 국부조명을 이용하여 필요한 장소에만 높은 조도를 제공하는 조명방식이다. 전반조명(全般照明)은 국부조명(局部照明)에 의한 조도보다 약 1/10이상 정도면 적당하고, 주로 정밀공장, 타이프 라이트실 등에 사용되고 있다.

4.2.4 조명기구의 용도에 의한 분류

① 일반 조명기구 : 주택이나 건축물의 옥내용으로서 벽부착형, 매다는 형, 매립형, 다운라이트, 블래킷(벽등), 탁상 스탠드, 플로어 스탠드 등 여러 종류가 있고, 형광등 기구, 백열등 기구에 관해서는 KS C에서 정하고 있다.

② 방수(습)형 조명기구 : 옥외에서 사용되는 조명기구로서 기구의 전체 또는 일부분이 물속에 잠겨 사용하는 기구이다. 대부분인 도로등, 가로등, 투광기, 방범등, 정원등, 문등 등이 있으며, 물과 습기의 침입에 대해서 기능의 보호정도에 의해 방수종별이 분류된다. 접지가 곤란한 것은 2중 절연 조명기구를 이용한다.

방습형 기구는 습도가 높은 주변 환경에서 사용하면, 통전부분의 절연성능이 열화되어 위험하므로 통상 상대습도가 90[%] 이상에서 사용하는 기구를 말한다. 온천, 옥외, 욕실 등과 같이 습도가 높은 조건하에서 사용한다.

③ 방재형 조명기구 : 비상등과 유도등이 여기에 해당되며, 조명기구공업협회 규격에 기술표준이 설정되어 있다. 사용법에 관해서는 소방법시행령과 건축기준법에 의해 보수관리가 규정되어 있다.

④ 방폭 조명기구 : 폭발성 가스는 조명기구를 점멸할 때 발생하는 팽창과 수축에 의해 조명기구내의 작은 틈새로 침입할 수 있어 기구를 밀폐하더라도 방폭의 효과를 얻기 힘들다. 이 때문에 만들어진 것이 내압방폭등과 안정증방폭등이다.

내압방폭등은 기구 내부에 폭발성 가스의 침입에 의해 폭발을 일으켜도 주위에 화재가 발생되지 않도록 공기나 불활성 가스를 유입시킨 램프로 외부 충격에도 견디는 구조이다. 주로 기름저장소, 가스 저장고, 도료공장 등에 사용된다.

안전증방폭등은 외부 이물질의 침입 방지와 램프 보호를 위하여 만들었기 때문에 자체 폭발에 의한 안전은 보장할 수 없어 규격에 적합한 것을 사용해야 한다. 일반적으로 "위험장소"라고 하면 위험의 정도에 따라 다음과 같이 3종류로 분류하고 있다.

㉠ 0종 장소 : 일반적인 상태에서 위험한 장소, 원칙적으로 조명기구의 설치는 불가하다.

㉡ 1종 장소 : 일반적으로 위험의 염려가 있는 장소, 내압방폭구조형을 사용한다.

㉢ 2종 장소 : 조작의 잘못, 장치가 고장난 경우에 위험의 염려가 있는 장소, 내압 방폭구조 또는 안전증 방폭구조의 것을 사용한다.

⑤ **공조 조명기구** : 공조 조명기구라는 것은 천장에 설치하는 조명기구와 실내 공조용의 흡입구를 조합시켜 하나의 유닛으로 구성한 기구를 말한다. 주로 형광등이 사용된다. 조명기구를 직접 덕트에 접속시킨 턱트형과 조명기구의 상부를 개방하고 천장 안은 공기의 통로로서 이용하는 아레나므형이 있다.

장점은 실내 천장의 시설정리가 쉽고, 기구의 내열 상승을 막을 수 있다. 또한 공조에 의해 천장 쪽의 더운 공기를 외부로 배기할 수 있어서 냉방 효율도 증대시킬 수 있다. 특히 공조 조명기구에서는 공조공사와 전기공사의 분담을 계획 초기부터 명확하게 하는 것이 중요하다.

⑥ **OA 전용 조명기구** : VDT(video display terminal : 컴퓨터 디스플레이 장치)를 이용한 작업에 있어서 조명은 기구로부터 직사 눈부심이 없어야 하며, CRT 등의 디스플레이장치 화면에 기구가 비치지 않아야 한다. 또한, 원고대와 키보드의 적정 조도로 광막 반사에 의한 눈부심이 없어야 하므로 주로 경면의 파라볼릭루버 기구가 사용되고 있다.

⑦ **내열 조명기구** : 램프는 주위온도가 20[℃]일 때 최고 효율이며, 안정기 내장형 기구는 주위온도가 35[℃] 정도 이하에서 그 성능이 유지되어야 한다. 따라서 그 성능을 유지할 수 있는 재료를 사용하여야 하며, 이 온도 이상의 조건에서 사용하면 효율이나 수명저하, 재료의 변형 및 사고의 원인이 된다. 따라서 사용 환경의 온도에 따라 적절한 조명기구를 선정해야 한다.

4.2.5 건축화 조명

건축화 조명(建築化 照明, architectural lighting)이란 건축구조나 표면마감에 따라 조명기구가 중요한 역할을 할 수 있도록 건축물과 조화를 이루기 위한 조명방식으로, 표 4-5와 같다.

표 4-5 건축화 조명방식

천장면이 광원	천장에 매입	벽면이 광원
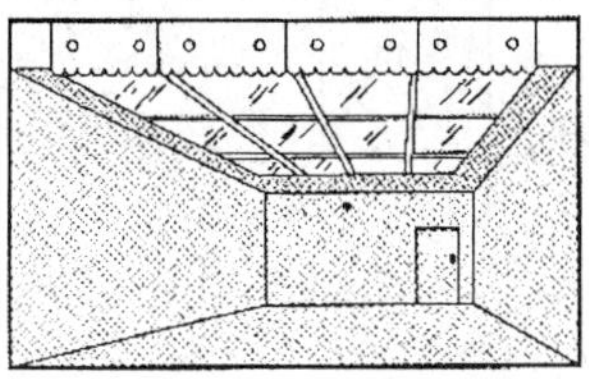	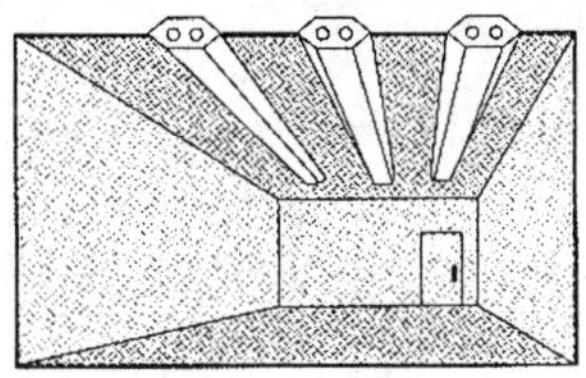	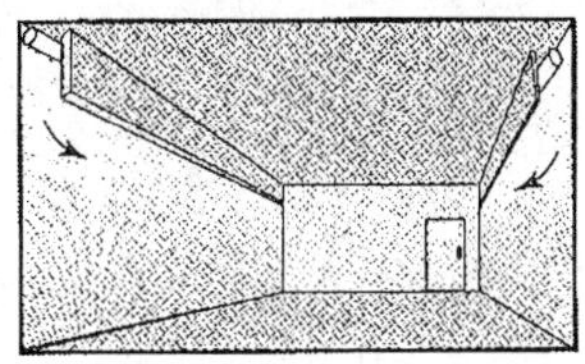
광천장 조명	광량 조명 (반매입 라인라이트)	코니스 조명 (벽면 조명)
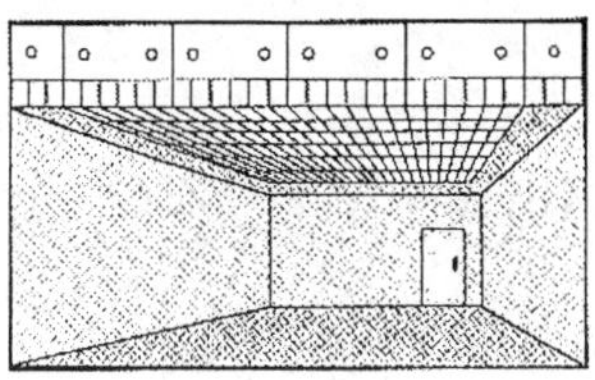	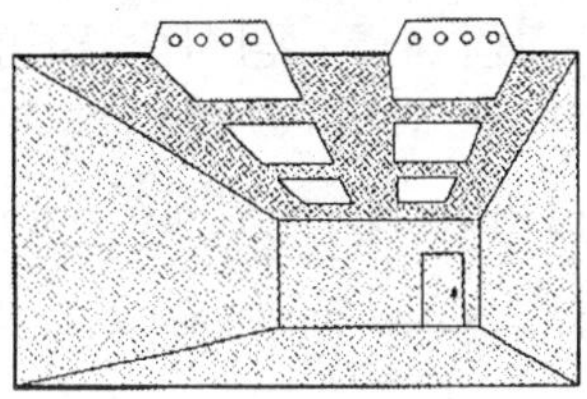	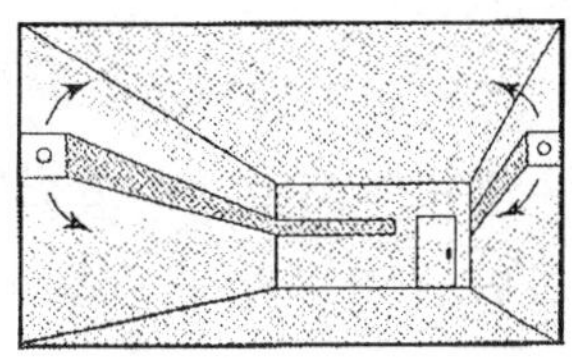
루버 조명	코퍼 조명	밸런스 조명
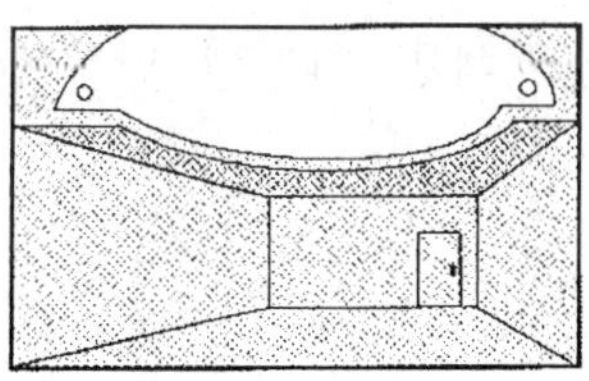	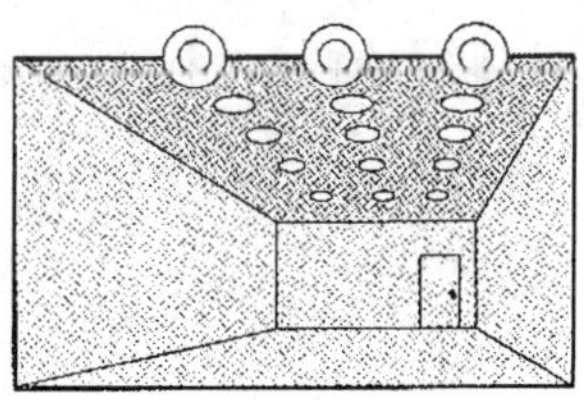	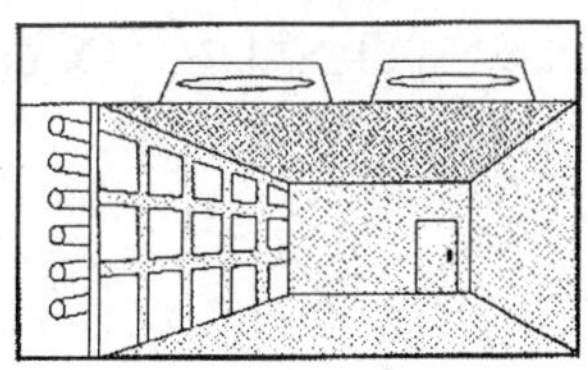
코브 조명	다운라이트 조명 (핀홀 라이트)	광벽 조명

매입방법에 따라 천장면을 광원으로 하는 방법(광천장 조명, louver 조명, cove 조명), 천장에 매입하는 방법(매입 형광등, down light, pin hole light, coffer light, line light), 벽면을 광원으로 하는 방법(coner 조명, conice 조명, valance 조명, light window 조명) 등으로 분류할 수 있다.

(1) 천장면 이용방법

(가) 광천장 조명

그림 4-5와 같이 실내의 천장면에 확산성 투과재료인 메틸 아크릴 수지판이나 유백색 플라스틱판을 붙이고, 천장 내부에 광원을 배치하는 방식이다. 천장면이 낮은 휘도의 광천장이 되므로 부드럽고 깨끗한 조명이 된다. 보수가 용이하고 조명률이 높으며, 높은 조도를 필요로 하는 1층 홀, 쇼룸, 회의실 등에 적합하다.

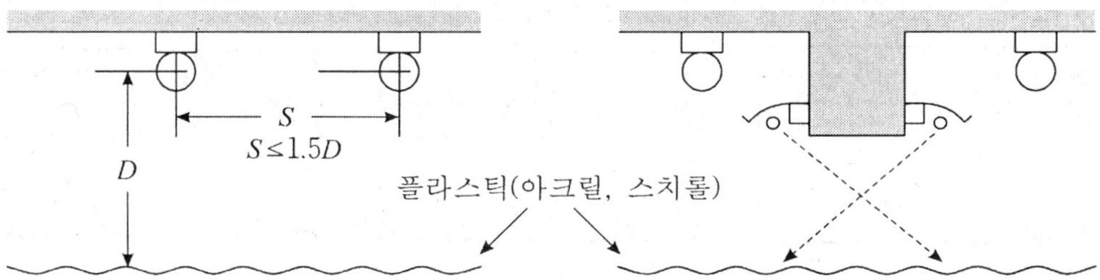

(a) 램프에서 발산면까지의 거리 (b) 보가 있는 경우 보조 조명 설치

그림 4-5 광천장 조명

그림 4-5 (a)에서 등간의 간격을 S, 광원에서부터 발산면(피조면)까지의 거리를 D라면, 등간 거리는 식 (4-3)으로 나타낼 수 있다.

$$S \le 1.5D \tag{4-3}$$

파형 플라스틱을 사용할 경우에는 식 (4-4)와 같이 설계하면 휘도에 얼룩이 생기지 않는다.

$$S \le D \tag{4-4}$$

건축상에서 작은 보가 설치되어 있는 경우에는 그림 4-5 (b)와 같이 보에 보조 조명을 설치할 필요가 있다.

(나) 루버 조명

그림 4-6과 같이 천장면에 루버 판을 설치하고, 천장 내부에 광원을 설치하는 조명방식이다. 직사 현휘가 없고, 낮은 휘도의 밝은 직사광을 얻을 수 있다. 사용 중 루버면에 휘도의 얼룩이 일어나지 않도록 해야 하며, 램프가 직접 눈에 들어오

지 않도록 보호각과 램프와 루버면 간의 거리를 고려해야 한다. 보호각에 따라 식 (4-5), 식 (4-6)과 같이 등간 거리를 설계한다.

보호각이 30° 전후인 경우 : $S \leq 1.5D$ (4-5)

보호각이 45°인 경우 : $S \leq D$ (4-6)

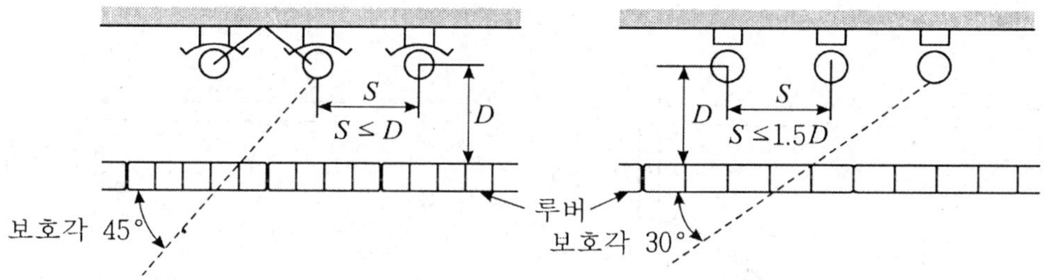

(a) 보호각이 45°인 경우 (b) 보호각이 30°인 경우

그림 4-6 루버 조명과 보호각

(다) Cove(코브) 조명

그림 4-7과 같이 천장면에 플라스틱이나 목제 등을 이용하여 활 모양으로 굽힌 곳에 광원을 감추고, 간접조명을 이용하여 그 반사광을 이용하는 조명방법이다. 천장과 벽이 2차 광원이 되므로 반사율과 확산성이 높아 방 전체가 부드럽고 차분한 분위기를 연출할 수 있다. 고브의 치수는 빙의 크기와 천장 높이에 따라 나르다.

코브 조명은 램프가 노출되지 않도록 하고 천장에 너무 근접하여 설치하면 천장 중앙 부근이 어두워질 수 있다. 이 조명방식은 천장 전면이나 벽면에 얼룩이 없고 균일한 휘도를 요구하는 곳에 이용한다.

(a) (b)

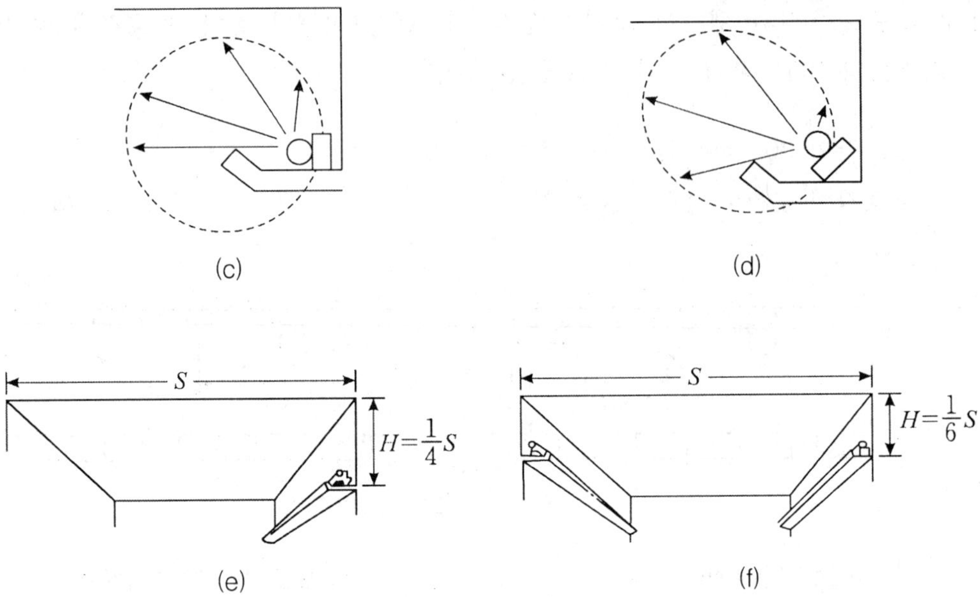

그림 4-7 cove 조명

(2) 천장 매입방법

(가) 매입 형광등

그림 4-8과 같이 가장 보편적으로 사용하는 방법이며 천장을 이용하는 것으로 개방형과 하면 확산판 설치형 및 반매입형 등이 있다.

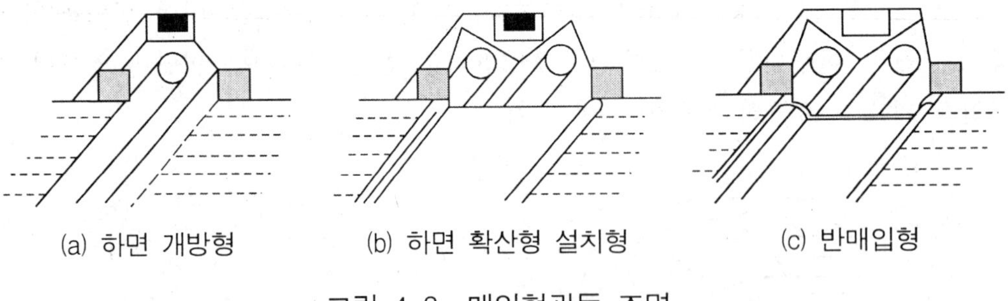

(a) 하면 개방형 (b) 하면 확산형 설치형 (c) 반매입형

그림 4-8 매입형광등 조명

(나) Down light(다운라이트)

그림 4-9와 같이 천장면에 구멍을 많이 뚫어 그 속에 다양한 형태의 하면개방형, 하면루버형, 하면확산형, 반사형전구 등의 등기구를 매입하는 조명방식이다. 천

장면에 뚫는 구멍의 크기와 재료 마감 및 의장, 전체 구멍수, 배치 등에 따라 다양한 조명 분위기를 연출할 수 있다. 이 조명은 천장면이 어두워진다. 등 간격은 불규칙하게 배치하는 경향이 높다.

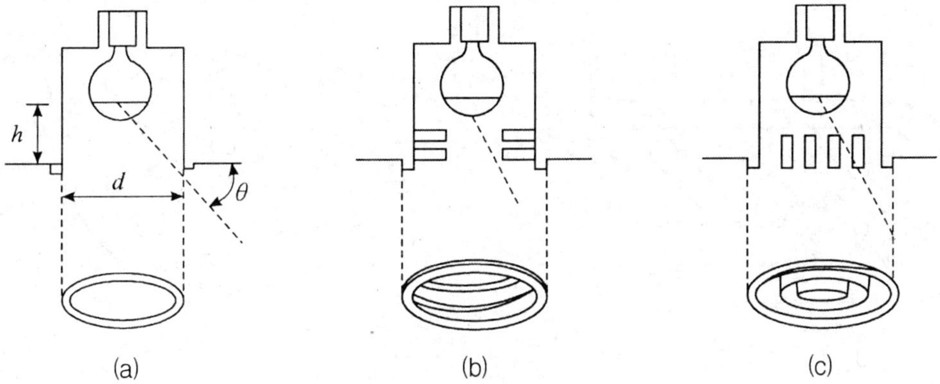

그림 4-9 down light

(다) Pin hole light(핀 홀 라이트)

그림 4-10과 같이 다운 라이트의 일종으로 아래로 빛이 조사되는 구멍을 적게 하거나 렌즈를 달아 실내의 한 곳을 집중 조사되도록 하는 조명방식이다.

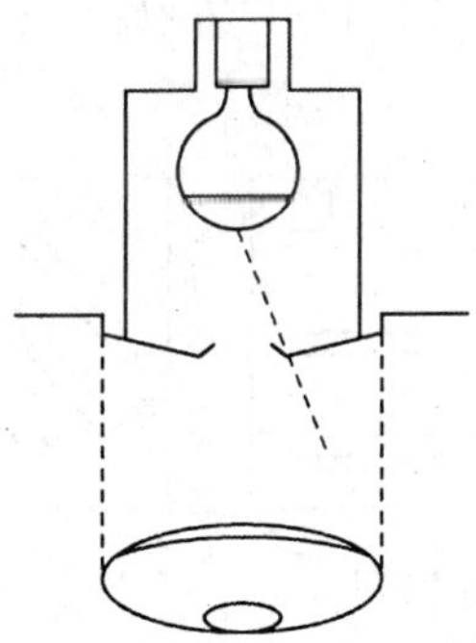

그림 4-10 pin hole light

(라) Coffer light(코퍼 조명)

그림 4-11과 같이 대형의 다운 라이트라 할 수 있으며, 천장면을 둥근 모양, 사각모양 등 다양한 형태로 오려내어, 여기에 여러 가지 매입기구를 설치하여 실내

의 단조로움을 피하는 조명방식이다. 일반적으로 천장면에 설치한 등기구의 하부에는 플라스틱이나 아크릴 판 등을 부착하고, 천장 중앙에 반간접형 기구를 매다는 방식을 채용하고 있다. 주로 높은 천장이 있는 은행, 대형 홀, 백화점 1층 등에 적용된다.

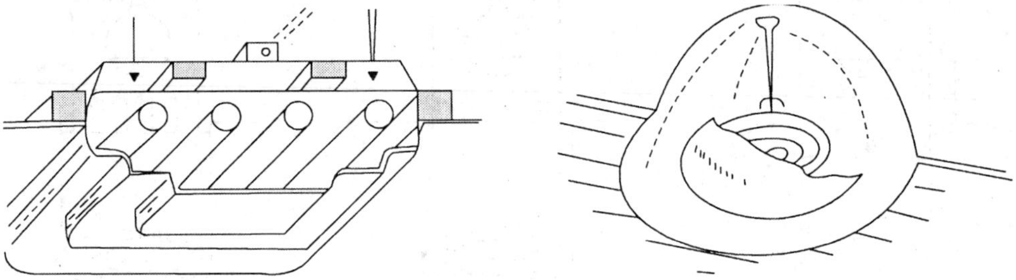

(a) (b)

그림 4-11 coffer light

(마) Line light(라인 라이트)

그림 4-12와 같이 매입 형광등방식의 일종으로 광량조명 형식이다. 이것은 형광등을 연속 열로서 천장이나 들보에 설치하는 조명방식으로 형광등 조명방식 중 가장 효과적인 조명방식이다. 이 설치방식은 종방향 line light, 횡방향 line light, 사선 line light, 장방향 line light 등이 있다.

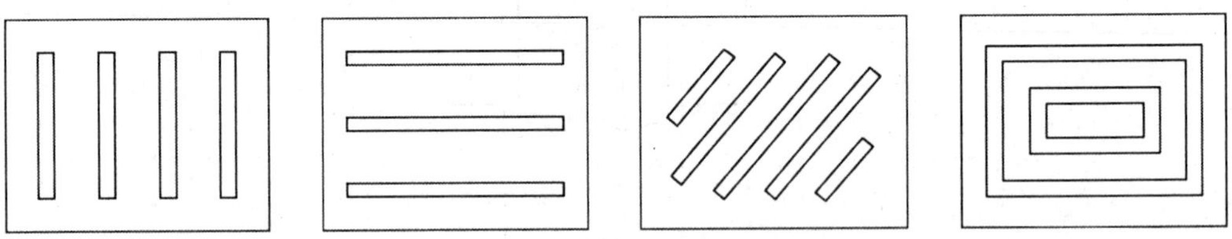

(a) 종방향 (b) 횡방향 (c) 사선방향 (d) 장방향

그림 4-12 line light

(3) 벽면 이용방법

(가) Coner(코너) 조명

천장과 벽면의 경계면 사이에 조명기구를 배치하여 조명하는 방법으로 천장과

벽면에 동시에 조명하는 실내 조명방식이다. 지하도에 많이 이용하고 있다.

(나) Conice(코오니스) 조명

그림 4-13과 같이 벽면 상방 모서리에 건축적으로 둘레 턱을 만들어 등기구를 설치하는 조명방식이다. 이 턱을 코오니스라 하며 천장면에서 15~20[cm] 정도 내려서 아래쪽의 벽 또는 커튼을 조명하도록 하는 방법으로 형광등의 건축화 조명에 적합하다.

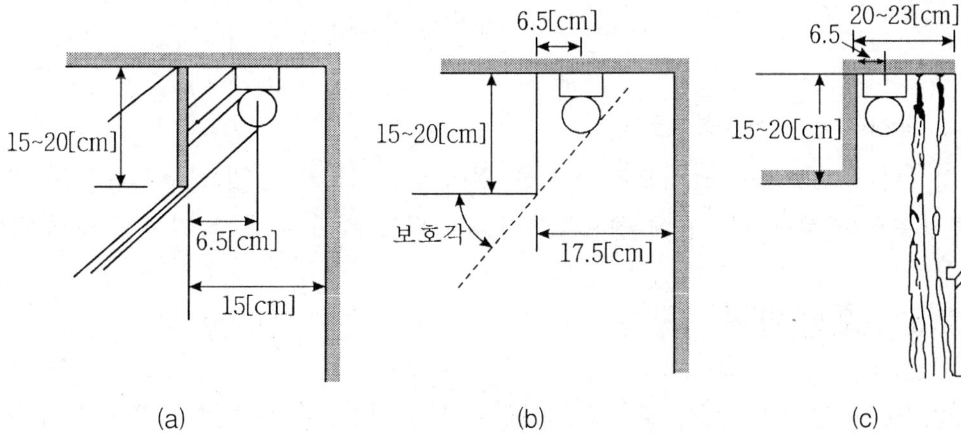

그림 4-13 코오니스 조명

(다) Valance(밸런스) 조명

그림 4-14와 같이 벽면의 상부쪽에 실치하며 광원의 전면에 목재 또는 금속판 등 투과율이 낮은 밸런스판을 설치하여 상향광속은 천장면을, 하향광속은 하향벽면 또는 커튼을 조명하므로 분위기 조성에 효과적인 조명방법이다. 사용 램프로는 형광등이 가장 적합하다.

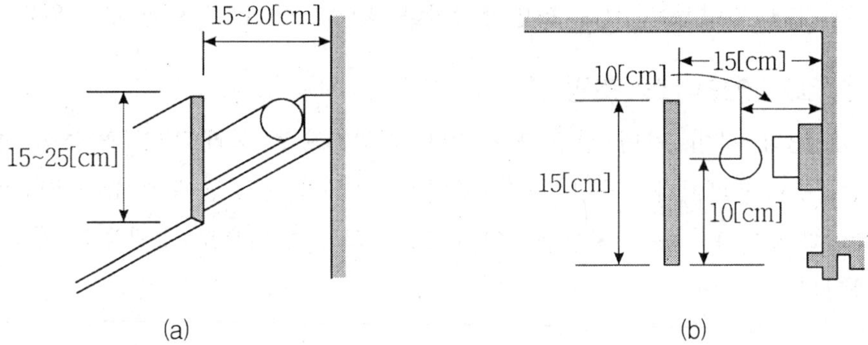

그림 4-14 밸런스 조명

(라) Light window(광벽) 조명

지하실이나 자연광이 들어오지 못하는 실내에 조명하는 방법으로 인공창의 뒷면에 형광등을 배치하여 주간에 창으로부터 채광하는 것과 같은 느낌을 주게 한다.

4.2.6 조명기구

조명기구는 전기적 부분, 광학적 부분, 기계적 부분 및 장식적 부분으로 구성된다. 광학적 부분은 광을 제어하는 부분으로 반사면, 투과면에 어떤 재료를 사용하는가는 조명의 목적에 부합하는 배광과 눈부심을 줄일 수 있도록 해야 하고, 또한 실내공간(室內空間)과 조화를 이루어 미적효과도 갖추어야 한다. 이러한 조명기구의 사용 목적은 다음과 같다.

① 광원의 복사 광속을 피조면에 집중시켜 광속의 손실을 감소시켜야 한다.
② 광원의 휘도를 완화시켜 눈부심을 적게 한다.
③ 광원의 빛을 필요한 방향으로 집중시켜 유효적절한 배광으로 변형시킨다.
④ 실내공간과 조화를 이루어 시감과 미적 효과를 높인다.

조명기구에 가장 일반적으로 사용되고 있는 조명기구와 배광곡선을 표 4-6에 나타내었다.

표 4-6 조명기구와 배광곡선

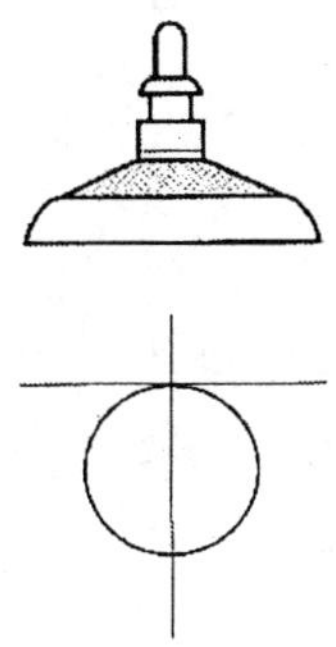	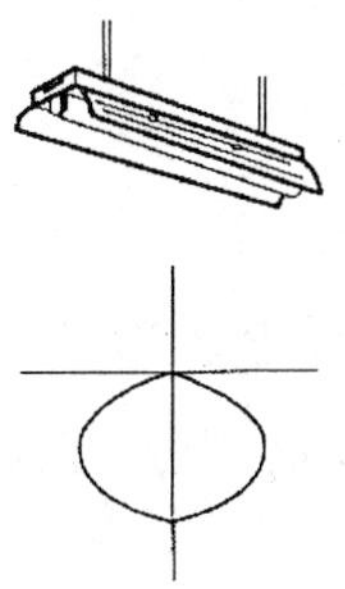	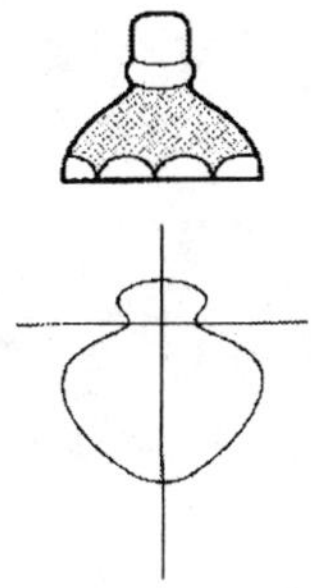	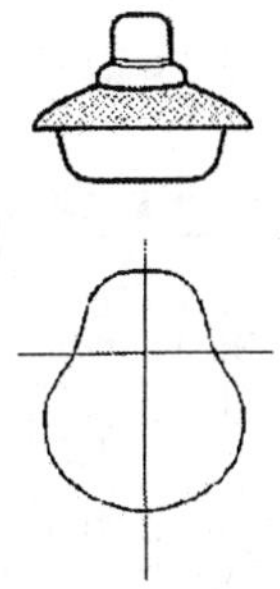
백열등용 반사갓(금속)	형광등용 반사갓	갓(유리)	글로브(유리)
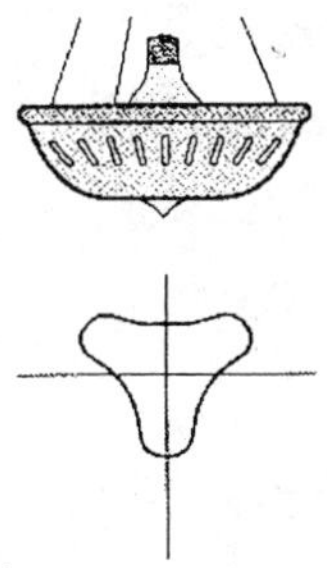	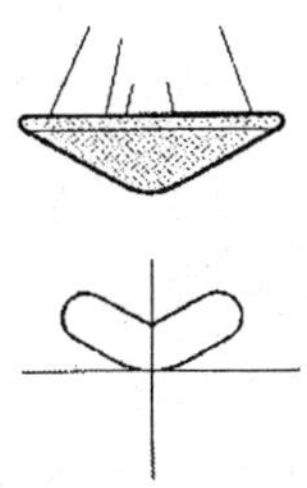	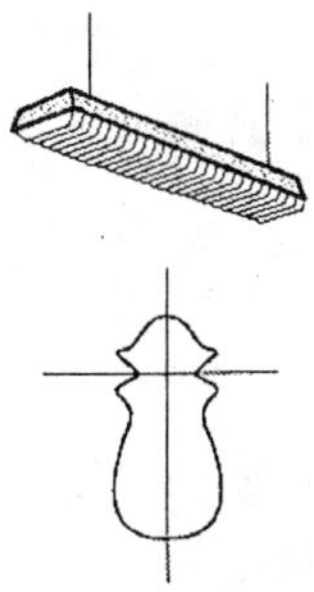	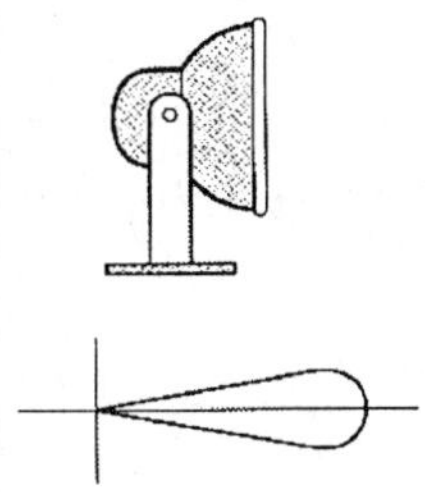
반사접시(유리)	반사접시(금속)	형광등용 루버	투광기

(1) 반사갓(Reflector)

직접조명에 사용하는 것으로 철판과 같은 불투명 재료를 사용한다. 주로 공장조명용으로 사용되며, 내면은 백색 에나멜 알루미늄 페인트를 칠하거나 전해연마(알루미늄 판인 경우에만)를 한다.

(2) 갓(Shade)

반직접조명에 사용되며, 우유빛 유리와 같은 반투명 재료로 되어 있어 광원에서 방사되는 빛의 일부는 윗 방향으로 나간다. 주로 주택이나 옥외조명용으로 이용된다.

(3) 글로브(Globe)

광원의 전부 또는 대부분을 둘러쌓는 조명기구로서 일반적으로 확산성 유백색 유리로 되어 있다. 외구내면에서는 일종의 상호반사가 있으므로 효율은 재료의 투과율 외에 반사율에도 영향을 받는다. 분부심이 적어 사무실용으로도 사용되며, 투명유리에 작은 프리즘을 넣어서 만든 것은 굴절(屈折)에 의하여 배광이 조절되므로 가로조명용으로 사용되고 있다.

(4) 반사보울(Bowl)

유리에 금속으로 무늬를 붙인 것은 아랫방향으로도 빛이 다소 나오는 반간접조명용의 기구이고, 금속제의 것은 간접조명용이다. 이것은 반사갓을 반대로 한 것이라 생각하면 된다.

(5) 루버(Louver)

루버는 그림 4-15와 같이 직접조명용의 기구로서 날개판이 광원을 차단하여 눈부심을 방지하고, 빛을 아랫방향으로 확산 반사시키는 기구이다. 글로브에 비하여 빛의 흡수가 적고 효율이 높다.

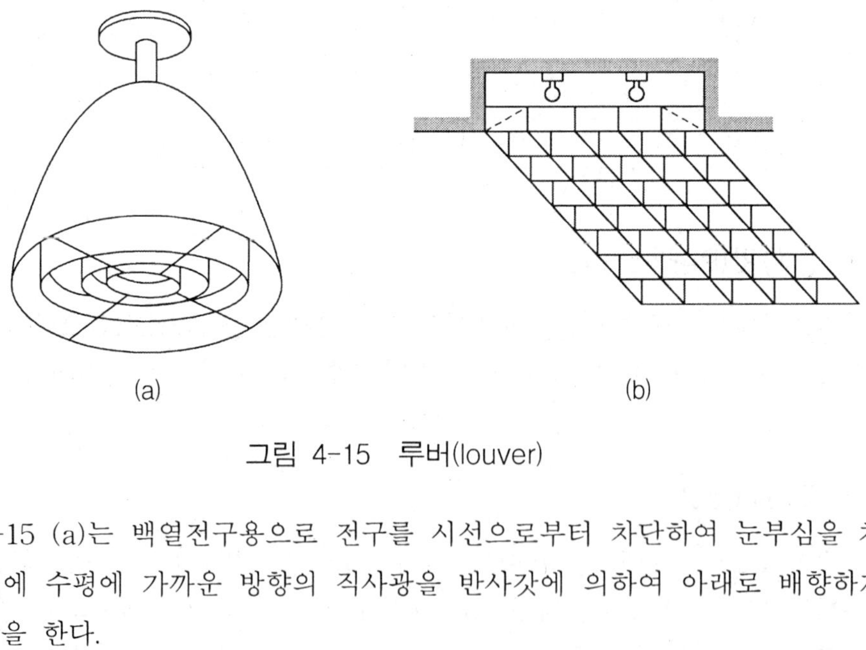

(a) (b)

그림 4-15 루버(louver)

그림 4-15 (a)는 백열전구용으로 전구를 시선으로부터 차단하여 눈부심을 차단함과 동시에 수평에 가까운 방향의 직사광을 반사갓에 의하여 아래로 배향하게끔 하는 역할을 한다.

그림 4-15 (b)는 형광등용의 것으로 그림 (a)와 같은 역할을 하지만, 특히 형광등과 같이 가늘고 긴 조명기구에서는 확산성 유리를 사용하기가 어려우므로 루버를 이용하여 사용하고 있다.

(6) 투광기(Projector)

투광기는 그림 4-16과 같이 좁은 범위로만 빛을 투사하는 조명기구로서 굴절에 의한 것과 반사에 의한 것이 있다. 반사에 의한 것은 주로 포물면경을 사용하며, 전면에 유리가 붙어 있는 것이 밀폐형이고, 없는 것이 개방형이다. 굴절에 의한 것은 블록렌즈 또는 프리즘을 조합한 것으로 소형은 전구, 대형은 아크램프를 광원으로 사용한다. 투광기, 전조등 등은 반사(反射)에 의한 것이고, 스포트라이트는 굴절(屈折)을 이용한 것이다.

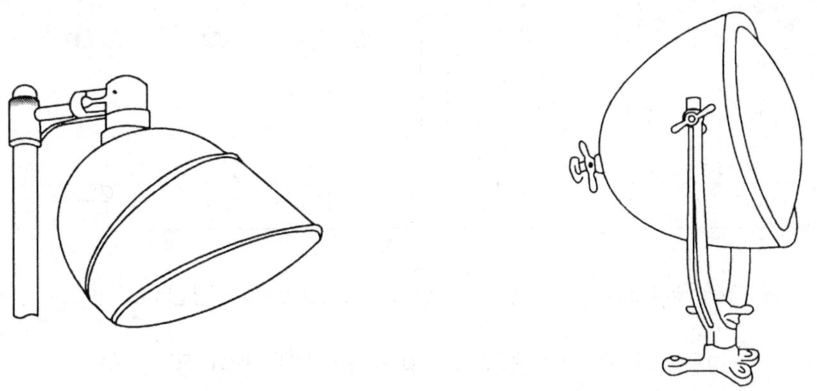

(a) 개방형 (b) 밀폐형

그림 4-16 투광기의 종류

4.3 조명설계의 기초

4.3.1 조명기구 간격 및 배치

전등(電燈)의 용량과 설치 간격 및 등수에 따라 조도의 불균일이 일어날 수 있다. 조도의 불균일을 적게 하려면 조명기구간 거리를 그림 4-17에 나타낸 것과 같이 하여야 한다.

직접조명의 경우에는 그림 4-17 (a)와 같이 작업면상에서 등기구까지의 높이 H를 작업면에서 천장(天障)까지 높이의 2/3정도로 하고, 등기구의 간격을 S라 하면 S를 식 (4-7)과 같이 잡으면 된다.

$$S \leq 1.5H \tag{4-7}$$

또한 벽과 등기구 사이의 간격 S_0는 식 (4-8)과 식 (4-9)로 나타낼 수 있다.

$$S_0 \leqq \frac{H}{2} \text{(벽측을 사용하지 않는 경우)} \tag{4-8}$$

$$S_0 \leqq \frac{H}{3} \text{(벽측을 사용하는 경우)} \tag{4-9}$$

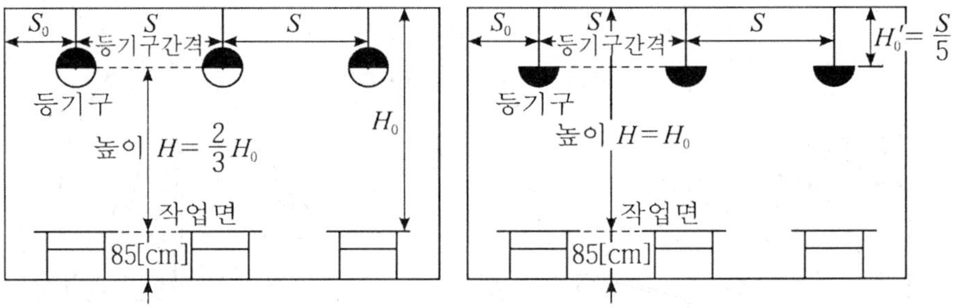

(a) 직접조명 (b) 간접 · 반간접조명

그림 4-17 조명방식에 따른 광원의 높이 및 간격

간접 또는 반간접조명인 경우에는 그림 4-17 (b)와 같이 작업면에서 천장까지의 높이가 H일 때, 등기구 간격 S를 1.5 이하로 하고, 천장과 등기구와의 거리를 등기구 간격 S의 1/5 정도로 하면 천장의 휘도는 거의 균일하게 된다.

4.3.2 실지수(K)의 결정

방의 면적이 같은 방에 같은 수의 광원을 설치하여도 방의 모양에 따라 작업면상의 조도는 달라진다. 즉, 천장, 벽 및 바닥의 마감 재료나 거리에 따라 동일한 광원을 사용하더라도 조도가 다르게 된다. 그래서 실지수(room index)라는 것을 도입하여 광속의 이용에 따른 방의 형태를 몇 가지 모델로 결정하는데 사용되고 있다.

그림 4-18에 방에 따른 실지수를 계산하는 그림을 나타냈으며, 계산은 식 (4-10)를 이용하여 계산한다.

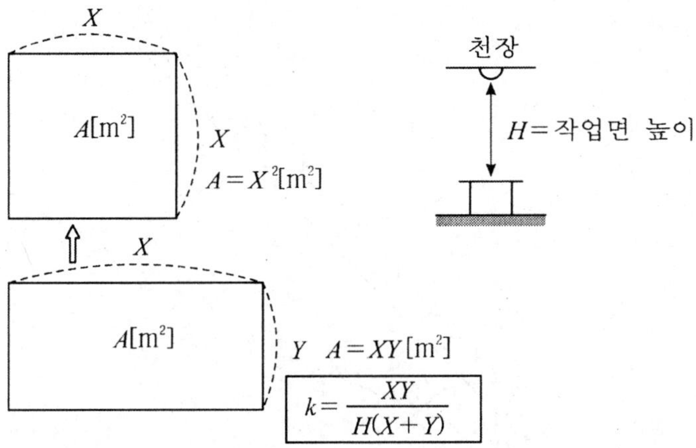

그림 4-18 실지수 계산

$$실지수(k)=\frac{XY}{H(X+Y)} \qquad (4\text{-}10)$$

여기서, X : 방의 가로길이[m], Y : 방의 세로길이[m]

H : 피조면(작업면)에서 광원까지의 높이[m](일반사무실에서는 바닥 위 85[cm], 복도, 로비 등에서는 바닥면을 피조면으로 한다.)

식 (4-10)에서 광원의 높이가 너무 높으면 조명률이 나쁘고, 너무 낮으면 조도의 분포가 불균일하게 되므로 천장 높이에 따라 적정한 높이를 결정하여야 한다.

실지수는 방의 가로길이 X, 방의 세로길이 Y, 작업면에서 광원까지의 높이를 H라 하면, X/H와 Y/H의 값을 계산하여 그림 4-19의 실지수 도표에 적용하여 결정한다.

예로, $X/H=6$, $Y/H=4$이면 실지수는 D가 된다.

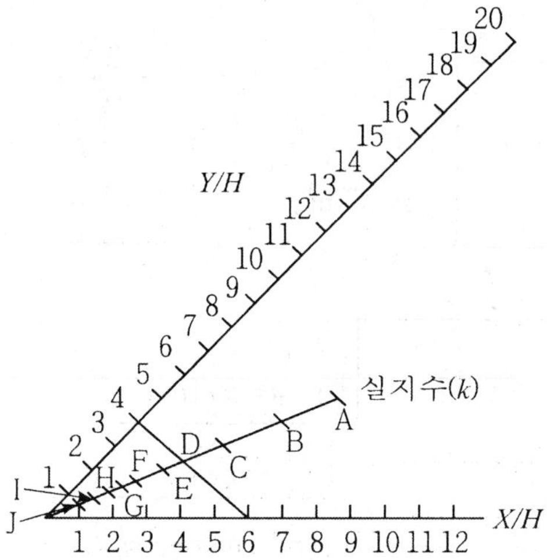

그림 4-19 실지수(k) 도표

실지수는 표 4-7을 사용하여 나타낼 수 있다.

표 4-7 실지수(k)와 분류기호표

실지수(k) (범위)	5.0 (4.5 이상)	4.0 (4.5 ~3.5)	3.0 (3.5 ~2.75)	2.5 (2.75 ~2.25)	2 (2.25 ~1.75)	1.5 (1.75 ~1.38)	1.25 (1.38 ~1.12)	1.0 (1.12 ~0.9)	0.8 (0.9 ~0.7)	0.6 (0.7 이하)
기호	A	B	C	D	E	F	G	H	I	J

4.3.3 조명률(U)의 결정

조명률(照明率)은 광원이 그림 4-20과 같을 때, 전광속 F_0에 대해 작업면에 입사하는 광속 F의 비율로 나타내는 것으로 식 (4-11)로 표현할 수 있다. 이것은 방의 크기, 모양 즉 실지수, 조명기구의 종류 및 감광보상률(感光補償率) 등에 의해 결정되며, 조명기구의 손실과 천장, 벽면의 흡수 등에 의해 빛이 모두 작업 면에 도달하지는 않는다.

$$U = \frac{F}{F_0} \times 100[\%] \tag{4-11}$$

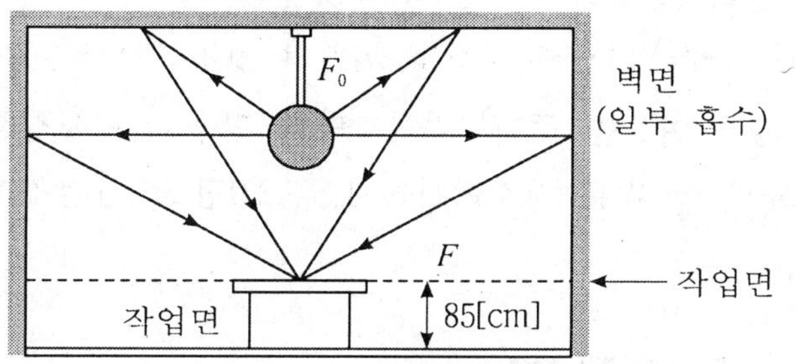

그림 4-20 조명률

이 값은 조명기구의 종류, 실지수(방 크기) 및 실내(천장, 벽)의 반사율 등에 의해서 표 4-8에서 구할 수 있다.

표 4-8 실내 반사면의 반사율

재 료	반사율[%]	재 료	반사율[%]
백색 모르타르 벽	60~80	회색 택스	40
백색 벽	60	콘크리트	25
담색 벽	50~60	백색 타일	60~80
목재(노송)	50~60	리노륨	15
목재(베니어판)	30~40	백색 페인트	65~75
창호지	40~50	흑색 페인트	5~10
적색벽돌	10~30	연분홍색 페인트	30~60

4.3.4 감광보상률(D)의 결정

조명기구들은 사용함에 따라 작업면의 조도가 감소되어 간다. 그 원인은 광원의 노화로 인한 광속의 감소, 유리구 내면의 흑화현상, 조명기구, 천장, 벽과 바닥의 먼지 부착, 색상변화 등의 화학적 변질에 의해 광속의 흡수율 증가, 필라멘트 열화 등을 들 수 있다.

이와 같은 원인에 의해 광속의 감소가 발생되므로 조명설계시 이러한 감소를 예상하여 소요광속에 여유를 두어야 하는데, 그 정도를 **감광보상률**(感光補償率, depreciation factor : D)이라 하며, 그 역수를 **보수율**(maintenance factor ;

$M=1/D$)이라 한다.

백열전구를 사용하는 경우에는 보통 깨끗한 장소에서는 30[%], 먼지가 많은 장소에서는 100[%]의 여유를 둔다. 직접조명인 경우 감광보상률은 일반장소에서는 1.3, 먼지나 오물 등이 많은 장소에서는 1.5~2.0정도, 간접조명인 경우는 1.5~2.0 정도를 둔다.

4.3.5 보수율(유지율)

조명의 시설을 장기간 사용하면 램프의 광속이 감소한다. 이 원인은 기구에 부착된 먼지라든가 광원의 광속감소 등에 의한다. 형광등은 특히 먼지의 부착이 현저하다. 낮아진 조도와 초기 조도와의 비를 보수율(M)이라 하며, 표 4-9에 보수율의 기준을 나타내었다.

표 4-9 보수율의 기준

구 분	전 구	형광등	보수상태	예
일반 조명	0.75	0.7	좋음	백화점, 은행
먼지가 많은 경우 또는 청소가 어려운 기구	0.7	0.65	보통	사무실
간접 조명	0.6	0.55	나쁨	현관, 학교

표 4-10에는 조명률과 감광보상률 및 등의 설치 간격에 관하여 나타내었다.

표 4-10 감광보상률[D], 조명률[U] 및 등의 설치 간격

<table>
<tr><th>배 광</th><th rowspan="3">등기의 예</th><th colspan="3" rowspan="2">감광보상률
[D]
보수상태</th><th rowspan="2">반사율</th><th>천정</th><th colspan="3">0.75</th><th colspan="3">0.50</th><th colspan="2">0.30</th></tr>
<tr><th rowspan="2">가설 간격</th><th>벽</th><th>0.5</th><th>0.3</th><th>0.1</th><th>0.5</th><th>0.3</th><th>0.1</th><th>0.3</th><th>0.1</th></tr>
<tr><th>상</th><th>중</th><th>하</th><th colspan="2">실지수</th><th colspan="8">조명률 U[%]</th></tr>
<tr><td rowspan="10">간접
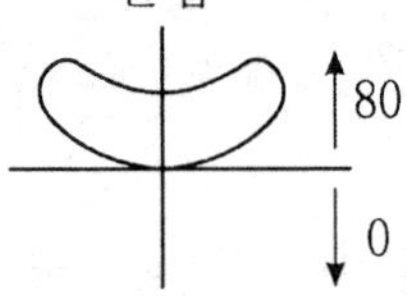
$S \leq 1.2H$</td><td rowspan="10">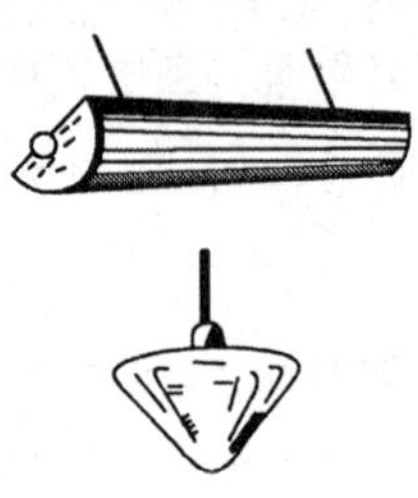</td><td colspan="3" rowspan="2">전 구</td><td colspan="2">J</td><td>16</td><td>13</td><td>11</td><td>12</td><td>10</td><td>08</td><td>06</td><td>05</td></tr>
<tr><td colspan="2">I</td><td>20</td><td>16</td><td>15</td><td>15</td><td>13</td><td>11</td><td>08</td><td>07</td></tr>
<tr><td rowspan="3">1.5</td><td rowspan="3">1.8</td><td rowspan="3">2.0</td><td colspan="2">H</td><td>23</td><td>20</td><td>17</td><td>17</td><td>14</td><td>13</td><td>10</td><td>08</td></tr>
<tr><td colspan="2">G</td><td>28</td><td>23</td><td>20</td><td>20</td><td>17</td><td>15</td><td>11</td><td>10</td></tr>
<tr><td colspan="2">F</td><td>29</td><td>26</td><td>22</td><td>22</td><td>19</td><td>17</td><td>12</td><td>11</td></tr>
<tr><td colspan="3" rowspan="2">형광등</td><td colspan="2">E</td><td>32</td><td>29</td><td>26</td><td>25</td><td>21</td><td>19</td><td>13</td><td>12</td></tr>
<tr><td colspan="2">D</td><td>36</td><td>32</td><td>30</td><td>26</td><td>24</td><td>22</td><td>15</td><td>14</td></tr>
<tr><td rowspan="3">1.9</td><td rowspan="3">2.0</td><td rowspan="3">2.4</td><td colspan="2">C</td><td>38</td><td>35</td><td>32</td><td>28</td><td>25</td><td>24</td><td>16</td><td>15</td></tr>
<tr><td colspan="2">B</td><td>42</td><td>39</td><td>36</td><td>30</td><td>29</td><td>27</td><td>18</td><td>17</td></tr>
<tr><td colspan="2">A</td><td>44</td><td>41</td><td>39</td><td>33</td><td>30</td><td>29</td><td>19</td><td>18</td></tr>
</table>

배광 가설 간격	등기의 예	감광보상률 [D] 보수상태			반사율 천정	0.75			0.50			0.30	
					벽	0.5	0.3	0.1	0.5	0.3	0.1	0.3	0.1
		상	중	하	실지수	조명률 U[%]							
반간접	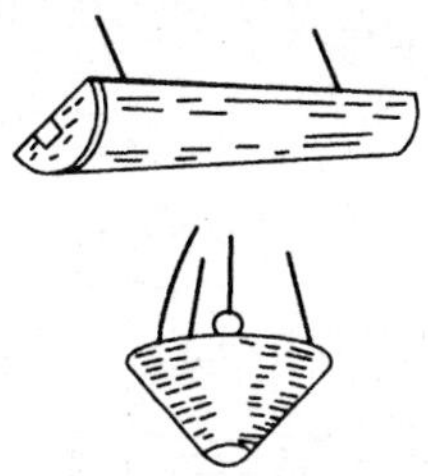	전 구			J	18	14	12	14	11	09	08	07
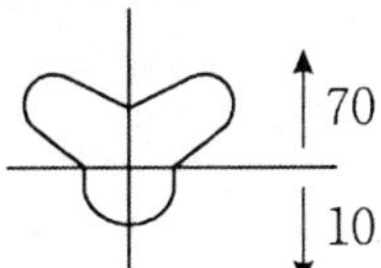					I	22	19	17	17	15	13	10	09
					H	26	22	19	20	17	15	12	10
		1.4	1.5	1.8	G	29	25	22	22	19	17	14	21
					F	32	28	25	24	21	19	15	14
		형광등			E	35	32	29	27	24	21	17	15
					D	39	35	32	29	26	24	19	18
					C	42	38	35	31	28	27	20	19
$S \leqq 1.2H$		1.9	1.8	2.0	B	46	42	39	34	31	29	22	21
					A	48	44	42	36	33	31	23	22
전반확산	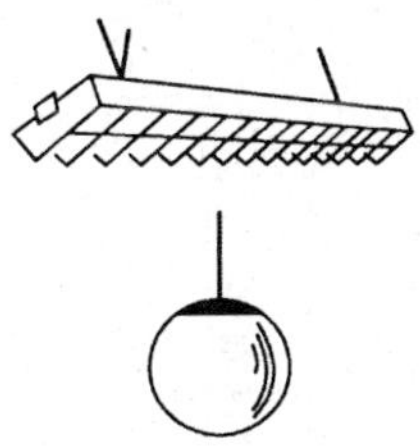	전 구			J	24	19	16	22	18	15	16	14
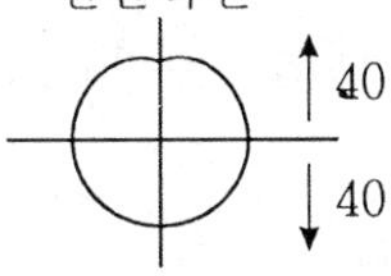					I	27	25	22	27	23	50	21	19
					H	33	28	26	30	26	24	24	21
		1.4	1.5	1.7	G	37	32	26	33	29	26	26	24
					F	40	36	31	36	32	29	29	26
		형광등			E	45	40	36	40	36	33	32	29
					D	48	43	39	43	39	36	34	33
$S \leqq 1.2H$					C	51	46	42	41	41	38	37	34
		1.4	1.5	1.7	B	55	50	47	49	42	42	40	33
					A	57	53	49	51	47	44	41	40
반직접	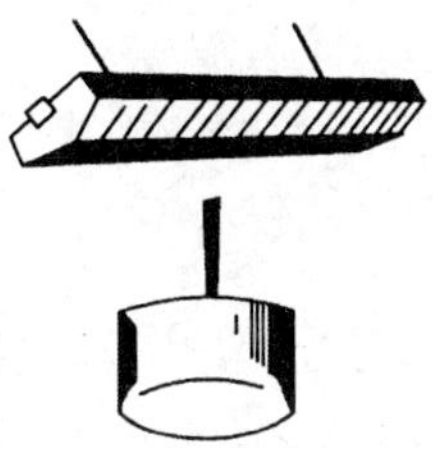	전 구			J	26	22	19	24	21	18	19	17
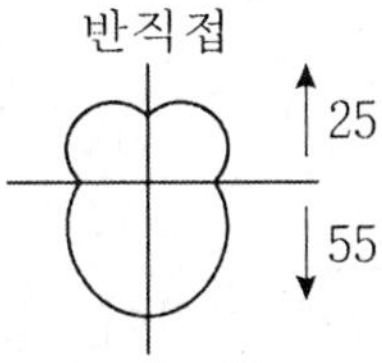					I	33	38	26	30	29	24	25	23
					H	36	32	20	33	30	28	28	26
		1.5	1.6	1.7	G	40	36	33	36	33	30	30	29
					F	43	39	35	39	35	33	33	31
		형광등			E	47	44	40	43	39	36	36	34
					D	51	47	43	46	42	40	37	37
					C	54	49	45	48	44	42	42	38
$S \leqq H$		1.3	1.5	1.8	B	57	53	50	51	47	45	43	41
					A	59	55	52	53	49	47	47	43
직접	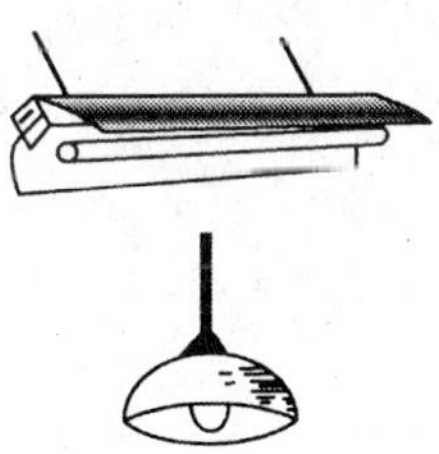	전 구			J	34	29	26	32	29	26	29	26
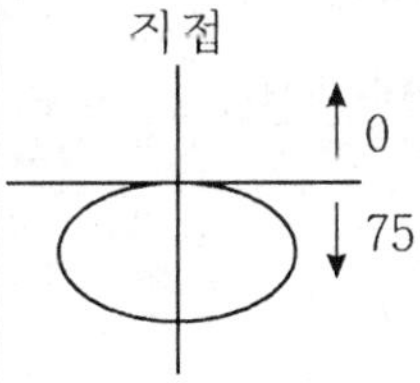					I	43	38	35	46	37	35	37	34
					H	47	43	40	49	43	40	42	40
		1.3	1.5	1.7	G	47	44	44	46	43	45	43	43
					F	52	50	47	51	49	46	48	46
		형광등			E	58	55	52	57	54	51	53	51
					D	62	58	56	60	59	56	57	56
					C	64	61	58	62	60	58	59	58
$S \leqq 1.3H$		1.5	1.7	2.0	B	67	64	62	65	63	61	62	60
					A	68	66	64	66	64	66	64	63
직접	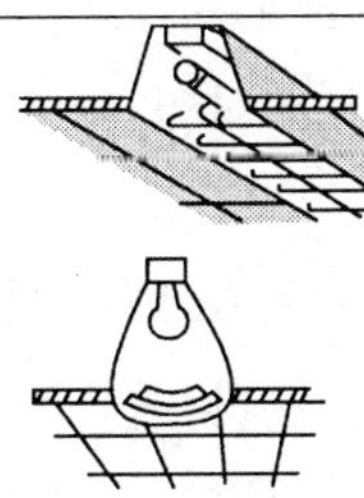	전 구			J	32	29	27	32	29	27	29	27
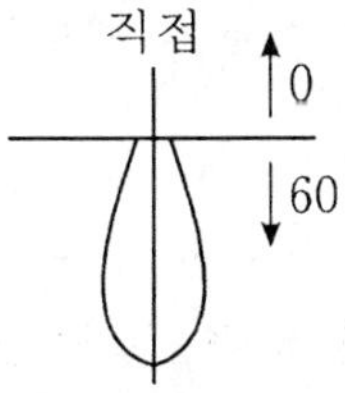					I	39	37	35	39	36	35	36	34
					H	42	40	39	41	40	38	40	38
		1.4	1.5	1.7	G	45	44	42	44	43	41	42	41
					F	48	46	44	46	44	43	44	43
		형광등			E	50	49	47	49	48	46	47	46
					D	54	51	50	52	51	49	50	49
					C	55	53	51	54	52	51	51	50
$S \leqq 0.9H$		1.4	1.6	1.8	B	56	54	54	55	53	52	52	52
					A	58	55	54	56	54	53	54	52

4.3.6 소요광속(NF)의 결정

광속법에 따라서 식 (4-12)와 같이 소요되는 총광속을 구할 수 있다.

$$NF = \frac{AED}{U} = \frac{AE}{UM}\,[\mathrm{lm}] \tag{4-12}$$

여기서, F : 광원의 광속[lm], N : 광원의 수[개], U : 조명률

A : 방의 면적[m^2], E : 작업면상의 평균조도[lx]

D : 감광보상률, M : 유지율

또한 식 (4-12)를 이용하여 광원의 광속 F, 광원의 수 N, 작업면상의 평균조도 E 등을 구할 수 있다.

4.4 옥내 조명설계

4.4.1 사무실 조명

사무실은 에너지 효율 외에도 질이 높은 조명을 사용하여 쾌적한 공간이 되도록 실내 인테리어와의 조화 및 천장이나 벽에 대한 조명의 밸런스를 고려해야 한다. 사무실 조명은 일반적으로 형광등을 많이 사용하기 때문에, 비교적 높은 조도가 요구되므로 직접조명방식을 사용하며, 현관홀이나 회의실은 전반확산조명 또는 간접조명방식을 사용하고 있다.

(1) 일반 사무실에 대한 조명기준

세밀한 작업이나 휘도대비가 낮은 작업의 경우에는 현재 조도보다 약 1.5배 높은 것을 사용하는 것이 좋고, 단순작업으로 작업시간이 짧은 경우에는 작업면 조도의 0.7배 정도까지 감소시켜도 된다.

인접한 작업장과 작업장간, 작업장과 통로의 전등조명에 의한 조도는 조도가 낮은 쪽의 평균조도가 높은 쪽보다 약 20[%]으로 높게 하는 것이 좋다. 일반적으로 전반조명이며 광원의 색온도는 3500~6000[K]의 범위, 연색평가지수(R_a)는 60이상으로 하며, 연색성을 요구하는 곳에는 R_a를 80이상으로 하고 조도는 500[lx] 이

상으로 하는 것이 좋다.

(2) VDT 작업면에 대한 조도기준

일반적으로 조도는 500~1000[lx]로 하며, 조도 균제도(최소조도/평균조도)는 0.7이상이 좋다. CRT 화면에 조명기구의 영상 맺음을 피하기 위해 OA용 조명기구를 사용하고, 천장이나 벽 등을 밝은색으로 하고 확산광을 많게 하여 방 전체를 밝게하는 것이 좋다.

4.4.2 상점(백화점) 조명

상점 조명은 빛으로 상품과 공간을 아름답게 보이게 하여 상점의 업종이나 특징을 효과적으로 연출하여 고객으로 하여금 쾌적하고 만족스러운 상품을 구입토록 하는 것이 목적이다. 그러므로 인테리어 디자인의 변화가 빠르며, 그 디자인의 변화에 맞는 새로운 광원과 조명기구를 재빨리 사용하는 것이 이 업종의 특징이다. 즉 다른 상점과 차별화를 조명의 구현으로 실현하는 경향이 높다. 그림 4-21은 상점 조명의 한 예를 나타내었다.

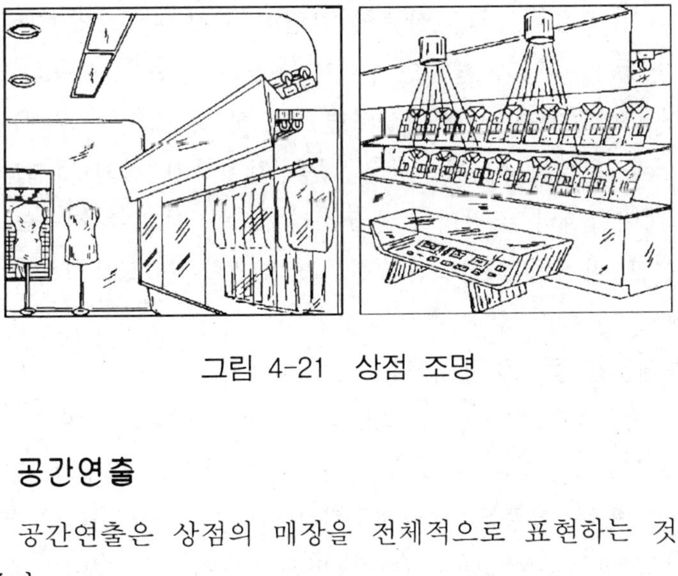

그림 4-21 상점 조명

(1) 상점 내 공간연출

조명에 의한 공간연출은 상점의 매장을 전체적으로 표현하는 것이므로 다음과 같은 표현이 좋다.

① 천장, 벽 및 바닥의 강조는 광원의 밝음으로 표현한다.

② 매장 내 밝음의 리듬을 갖도록 한다. 즉 고객의 구매의욕을 일으키도록 일정한 밝기보다는 리듬을 갖는 조명이 효과적이다.
③ 상점 내 도입부는 전반보다 밝게 하는 것이 좋다.
④ 쇼 윈도우가 있는 경우는 상점 내 조명보다 5배 이상의 밝기로 하는 것이 좋다.
⑤ 통로는 상품조명 보다 조도를 낮게 하는 것이 좋다.
⑥ 진열대는 주위보다 3배 이상 밝게 하고, 특별히 강조해야 할 상품은 5배 이상의 밝기로 하는 것이 좋다.
⑦ 같은 조도라도 내장을 마감한 색, 진열된 상품의 색에 따라 어둡거나 밝게 느낄 수 있으므로 너무 빛을 집중시키지 말고 반사율이 높은 것을 이용하는 것도 좋다.

(2) 상품연출

상품조명은 상품을 위한 조명으로 상품에 대한 올바른 정보를 제공하고, 고객으로 하여금 구매 욕구를 높이도록 하기 위해 다음과 같이 한다.

① 상품의 색체와 형태를 아름답게 보이도록 한다.

상품은 광원의 종류에 따라 상품의 보임이 달라질 수 있으므로 색체 정보를 올바르게 전달하기 위해 평균연색지수가 높은 광원을 사용하는 것이다. 점포의 경우 평균연색지수가 80 이상이면 양호하고, 조도는 500[lx] 이상의 밝음이 좋다. 예로 육류나 어류는 붉은 빛을 강조하기 위해 효과연색용 형광등을 사용하고, 케이스내의 조명이나 스포트라이트를 사용할 경우는 주변의 전반조명과 분광분포 차이에 의한 색채 변화가 발생할 수 있으므로 서로간의 색채의 균형을 이루도록 해야 한다.

② 상품의 재질감을 돋보이게 한다.

상품은 귀금속, 유리, 가죽, 도자기, 나무, 직포 및 기타 야채, 육류 등 다양한 재질이 있으므로 상품의 재질에 따라 빛의 재질도 다르게 연출하여야 한다. 광택을 내고 있는 상품은 백열전구와 같이 지향성이 높은 광원을 이용하고, 가죽제품의 경우 너무 높은 지향성 빛은 그 질감을 떨어지게 할 수 있으며, 귀금속의 경우 광원이 작고 지향성이 높은 빛이 좋으나, 종류에 따라 알맞은 광원과 배광을 고려하는 것이 좋다.

③ 불쾌한 눈부심을 제거해야 한다.

눈부심은 상품을 바르게 보지 못하게 한다. 그러므로 적당한 휘도로서 상점에 활기를 주어서 고객의 관심도를 높이게 하는 것이 좋다. 전반조명이나 국부조명에서는 눈부심을 제어한 조명기구를 사용하는 것이 좋다. 또한 유리 케이스의 경우 유리에 의한 반사 눈부심에도 주의하여 기구의 가설위치나 조명각도를 충분히 고려해야 한다.

④ 적외선 또는 자외선에 의한 영향을 방지해야 한다.

상품 중에는 적외선이나 자외선의 영향으로 상품의 질을 변화시킬 수 있으므로, 적외선을 적게 하는 기구로는 적외선을 80[%] 이상 후방으로 투과시키면 피조사체의 온도상승을 약 1/4로 감소시키는 다이크로익 미러가 붙은 할로겐 전구를 많이 사용하며, 생선이나 식료품의 중점조명에도 사용한다. 의류점의 경우 집중조명을 하는 경우 주의해야 하며 자외선 차단유리 등을 사용하는 것이 좋다. 최근 점포에서는 소전력의 메탈핼라이드 램프를 많이 사용하고 있다.

(3) 조도 선정

진열대의 상품의 색상이나 주위 환경에 따라 조도의 밝기를 조절함으로써 상품의 특징을 잘 살려야 한다. 표 4-11에 상점(백화점)의 조도기준(KS A 3011)을 나타내었다.

표 4-11 백화점의 분야별 조도기준

구 분	조도 범위[lx]	기준 조도[lx]
상담 및 안내코너	600~1500	1000
일반부 전반, 점포내 진열, 중점부 전반, 특매장 전반	600~1500	1000
장식창 중점, 점포내 중점 진열	1500~3000	2000
전시	1500~3000	2000
계산대, 포장대, 엘리베이터, 에스컬레이터	600~1500	1000
상담실, 응접실, 세면장, 화장실	150~300	200

주] 1. 일반부 전반과 중점부 전반 조명을 제외한 모든 조도는 국부조명을 하여 기준 조도를 맞추어도 된다.
2. 계산대, 포장대의 경우 국부조명을 병용하여 기준 조도를 맞추어도 된다.

4.4.3 공장조명

(1) 공장조명의 목적

공장조명은 조명을 통한 생산성 향상, 안전성 확보 및 쾌적한 시각 환경의 조성 등을 목적으로 작업능률을 향상시켜 생산원가를 낮추고 생산성 향상에 기여하는 것이 목적이다. 일반적으로 작업 중에 눈부심을 느끼지 않는 범위에서 조도가 높을수록 작업능률이 높아진다. 즉 작업장의 조명 개선효과는 작업자의 시각기능의 향상과 더불어 심리적인 활동의 용이성, 의욕향상의 결과를 보이고 있다. 표 4-12에 조도증가에 따른 생산성 증가의 예를 나타내었다.

균등하게 밝은 실내의 시력은 조도와 더불어 상승하지만, 보고자하는 대상물체만 밝게 하고 주변조명은 심하게 어두운 경우는 시력의 상승을 저감시키고 조도가 약 1,000[lx] 이상에서는 시력이 다시 떨어진다.

또한 공장조명은 기계설비나 위험개소를 조명함으로써 재해 사고를 미연에 예방하고, 긴급시에는 비상조명에 의한 안전한 피난유도를 담당하게 된다.

표 4-12 조도증가에 따른 생산성 증가

<table>
<tr><th>작업 종류</th><th>구조도[lx]</th><th>신조도[lx]</th><th colspan="2">생산성 증가[%]</th><th>조명비 증가[%]</th></tr>
<tr><td rowspan="4">철제조차</td><td rowspan="4">26</td><td rowspan="4">58</td><td>선반</td><td>35</td><td rowspan="4">5.5</td></tr>
<tr><td>볼반</td><td>16</td></tr>
<tr><td>나사파기반</td><td>6</td></tr>
<tr><td>홈파기반</td><td>22</td></tr>
<tr><td>용접</td><td>84</td><td>116</td><td colspan="2">12</td><td>2.5</td></tr>
<tr><td>편물공장</td><td>78</td><td>200</td><td colspan="2">10.8</td><td>-</td></tr>
<tr><td>양말공장</td><td>78</td><td>250</td><td colspan="2">13</td><td>-</td></tr>
<tr><td>복지직포</td><td>21</td><td>118</td><td colspan="2">25</td><td>-</td></tr>
</table>

(2) 공장조명 방식

일반적으로 전반조명방식을 채용하고 있으며, 건축물의 천장높이에 따라 다음 3 종류로 분류되고 있다. 표 4-13에 천장높이에 따라 적합한 광원을 나타내었다.

① 천장고가 5[m] 이하인 경우

기계공장, 섬유공장, 검사공정 등의 낮은 천장인 곳은 비교적 작업에 따른 높은 조도가 요구되므로 보통 40[W] 이상의 형광등 기구에 의한 전반조명을 하고 있다. 눈부심을 고려하여 반사갓, 역삼각형 등이나 확산성 커버 또는 루버를 부착한 조명기구를 사용하는 것이 좋다.

② 천장고가 6~10[m] 사이인 경우

기계공장, 화학공장 등의 경우로 고천장용 반사갓 외에 반사형 고압형광수은등을 천장 트러스를 이용하여 직부 또는 파이프 펜던트로 하는 방식이나 등주를 이용한다. 근래에는 고연색성의 메탈핼라이드램프나 경제성을 고려한 고압나트륨 램프가 많이 사용되고 있다.

③ 천장고가 10[m] 이상인 경우

중공업공장과 같이 천장고가 높은 곳은 250[W] 이상의 HID 램프가 사용되며, 색의 보임의 필요성에 따라 메탈핼라이드램프, 고압수은램프, 고압 나트륨 램트 등이 단독 또는 혼합하여 사용된다. 일반적으로 바닥면의 면적에 대하여 천장이 높고, 높은 조도가 필요한 경우는 협조형이, 바닥면이 넓은 경우에는 광조형이 적당하다.

천장높이가 20~30[m]에 이르는 제철공장 등에서는 고천장용 반사갓보다는 투광기에 의한 전반조명을 하는 것이 좋다.

표 4-13 천장고에 따른 적합한 광원

광원 \ 천장고	5[m] 이하	6~10[m] 사이	10[m] 이상
형광등	◎	○	×
고출력형광램프	○	◎	×
메탈핼라이드램프	×	○	◎
전구	×	○	◎

주] ◎ 아주좋다., ○ 적합하다., × 부적합하다.

표 4-14에 광원의 종류별 특징과 설치장소에 대하여 나타냈으며, 그림 4-22는 공장용 국부조명 기구의 예를 나타내었다.

표 4-14 광원별 특징과 적용 장소

광원 종류		특 징	적용 장소
백열 전구	일반전구	염가이며 취급용이	국부조명, 보안용
	반사형전구	고광도, 취급용이	국부조명, 먼지가 많은 곳
	할로겐전구	소형, 고효율	전반, 국부조명
형광 램프	일반 형광등	고효율, 저휘도, 장수명	전반(저천장), 국부조명
	고연색 형광등	고연색성, 고효율	연색성을 요구하는 곳
	고출력 형광등	고효율, 장수명, 내진성	내진용
HID 램프	수은등	큰광속, 장소명	전반(중·고천장)
	나트륨등	고효율, 광속크고 소형	연색성을 고려하지 않는 곳
	메탈핼라이드등	고효율, 고연색성	전반(중, 고천장)

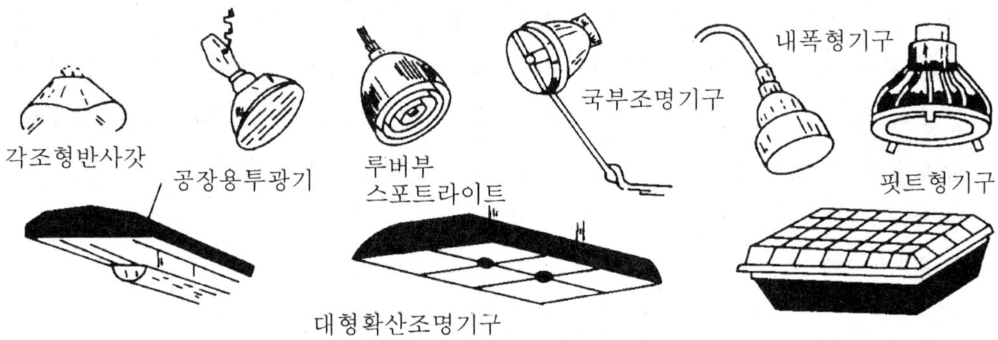

그림 4-22 공장용 국부조명 기구

4.4.4 병원 조명

병원 조명은 환자, 진료자 등이 각각 다른 입장이므로 종합적인 조명계획이 필요하며, 조도, 빛의 질, 눈부심, 연색성 등을 충분히 고려해야 한다. 특히 정전시 환자의 생명에 직접적인 영향을 미치는 수술실, 중환자실 등은 비상전원에 의한 조명확보가 필수이다.

(1) 조 도

병원의 조도는 표 4-15에 나타낸 KS A 3011의 조도 기준을 따르며, 높은 조도를 필요로 하는 곳에는 스탠드 형식의 국부조명이 필요하다. 또한 시간대별, 낮, 밤, 심야에서의 밝기 제어와 비상등, 유도등의 방화 조명 설비도 필요하다.

표 4-15 조도 기준표(KS A 3011)

장 소	조도 [lx]
시기능 검사실	1500
수술실	1000
진료실, 구급실, 분만실	500
육아실, 기록실	200
회복실	100
암실, 비상계단	50

(2) 광 원

병원 내부는 일반적으로 형광등을 사용하는 것이 효율, 수명, 조도분포, 밝기의 느낌이 좋으며 경제적인 조명이 된다. 그러나 각 방에 적합한 광원을 선택하여 광원의 종류나 와트수를 가급적 통일하는 것이 좋다. 표 4-16은 사용 장소와 광원의 사용을 구분하여 나타내었다.

표 4-16 광원의 사용 구분

광 원	사용 장소
형광램프 백색 형광램프 주광색 형광램프	일반사무실, 보일러실, 전기실 기계실, 각종 창고
고연색 형광램프	진료실, 병실, 수술실, 약국, 검사실, 접수실, 대합실, 식당, 기타 환자가 출입하는 장소
전구	병실 심야등, 환자의 베개밑등, 암실
고연색 할로겐전구	현관홀, 대합실, 계단
형광 수은램프	정원, 옥상, 병원 광장

(3) 조명기구

일반적으로 매입 개방형의 형광램프를 사용하지만, 천장이 높으면 반사갓을 사용해도 좋고, 전구는 커버가 없는 백색전구가 좋다. 또한 병실 등 환자에게 눈부심을 주기 쉬운 곳에는 확산성 커버 또는 글로버를 사용하거나 루버를 사용하여 차광할 필요가 있다. 병실의 침대등은 백열전구에 의한 벽부형으로 조광이 가능한 것으로 설치한다. 비상시의 비상등도 설치를 고려해야 한다.

조광을 고려해야 할 곳은 수술실, 병실(주간, 야간에는 제어함), 기능 검사실, X선 투시실, 내시경 검사실, 신생아실, 진찰실 등으로 표 4-17에 병원내의 실별 조명 포인트를 나타내었다.

표 4-17 병원내의 실별 조명 포인트

광 원	사용 장소	조명 기구
현 관 대합실 접수실	· 밝고 청결감이 넘치며 침착과 안정을 주도록 한다. · 접수실은 현관과 대합실보다 밝게하고 창구에는 보조조명을 병용한다. · 건물 외부와 주광과 밸런스를 고려한다.	FL 확산 커버붙이
복 도	· 병동, 벽도는 눈부심에 주의하고 심야에는 절전을 위한 조광을 한다.	FL 확산 커버붙이
진찰실	· 부드럽고 안정된 분위기를 만든다. · 연색성에 주의한다. · 환자가 상향으로 되는 장소에서는 기구의 위치에 주의해야 한다. · 칸막이, 키튼에 의해 실내가 구획되는 경우가 있다.	FL 확산 커버붙이(매입 개방형)
병 실	· 환자의 안정, 독서, 간호, 치료 등 다목적으로 사용된다. · 전반조명은 통로 위에 확산성 커버가 있는 조명을 설치한다. · 배개밑등은 독서에 충분한 조도가 되도록 하며, 옆에 있는 환자의 배려 및 점멸이 가능한 구조여야 한다. · 심야조명은 출입구, 베트콘솔에서 제어가 가능하도록 설치한다.	FL · IL 확산 커버붙이 (FL, IL의 스탠드)

광 원	사용 장소	조명 기구
수술실	· 그늘을 적게 하고 밝게 하여 밸런스를 고르게 한다. · 연색성을 고려한다. · 조광이 가능해야 한다. · 인화성물질, 가스 등을 사용하는 경우에 방폭 구조를 고려해야 한다. · 무영등을 설치한다. (조도 10,000[lx], 지름 30[cm] 범위를 집중시킨다.) · 수술용 조명으로 전원공급을 UPS 또는 밧데리로 하여야 한다.	FL 확산 커버붙이
검사실	· 조광을 한다. · 정전유도, 전자유도가 있는 장소는 실드기구를 사용한다. · 공기 중 세균을 살균하기 위해 필요한 장소에는 살균램프를 설치한다.	FL 확산 커버붙이
중환자실	· 치료 및 감시를 목적으로 한다. · 커튼이 있는 경우 커튼 외부로 기구를 배치하여 필요시 빛 차단이 가능하게 한다. · 베드상부는 처치용으로 국부조명 한다. · 베트별로 조광이 가능해야 한다.	FL 확산 커버붙이
방사선실	· 병동, 복도는 눈부심에 주의하고, 심야에는 절전을 위한 조광을 한다.	
MRI실	· 부드럽고 안정된 환경을 만든다. · 연색성을 고려한다. · 환자가 상향으로 되는 장소에서는 기구의 위치에 주의한다. · 칸막이, 커튼에 의해 실내가 구획되는 경우가 있다.	젖빛 유리 글로브 등

4.5 옥외 조명설계

4.5.1 도로조명

도로조명(道路照明)을 하는 목적은 야간에 자동차 운전자나 보행자 등 도로를 이용하는 사람들에게 적절한 시환경을 제공하여, 안전하고 원활한 통행환경을 제공해 주는 것이다. 그러므로 야간에 물체가 잘 보이도록 하기 위해서는 노면(路面)에 충분한 조도와 눈부심이 없는 광원을 선택하는 것이 중요하다.

근래에는 시가지 상업지역에서는 사람들이 모이기 쉬운 환경을 조성하고 도시의 아름다운 야경을 만드는데 이용되고 있다. 조명에 사용되는 광원은 광원의 효율, 광속, 수명, 광색, 배광제어의 난이도, 유지보수 및 관리의 용이성, 사용 환경 조건 등에 대하여 종합적으로 검토 후에 선택하여야 할 것이다. 표 4-18에 도로조명에 주로 사용되는 광원을 나타내었다.

표 4-18 사용 장소에 따라 사용되는 광원

사용 장소	광원의 종류
도 로	저압 나트륨등 고압 나트륨등 메탈핼라이드등
터 널	저압 나트륨등 고압 나트륨등 메탈핼라이드등 형광등
광 장	고압 나트륨등 메탈핼라이드등 제논등 형광 수은등

도로조명시설 설치기준에 있어서 자동차도로의 기준조도는 표 4-19와 같고, 야간 보행자(步行者)에 대한 도로조명의 기준(KS A 3701)은 표 4-20에 준하여 설치한다.

표 4-19 자동차도로의 기준 조도표

도로의 중요성	조도 [lx]
Ⅰ : 평균교통량 15,000대/일 이상	15
Ⅱ : 평균교통량 7,000~15,000대/일	10
Ⅲ : 평균교통량 7,000대/일 이하	7

[주] 단, 극히 중요도가 높은 도로에 대해서는 30[lx]까지 증대할 수 있다.

표 4-20 야간 보행자에 대한 도로조명의 조도표

보행자 교통량	지역	조도 [lx]	
		수평면 조도	연직면 조도
교통량이 많은 도로	주택지역	5	1
	상업지역	20	4
교통량이 적은 도로	주택지역	3	0.5
	상업지역	10	2

[주] 1. 수평면조도는 보도의 노면상 평균조도.
2. 수직면조도는 보도의 중심선 상에서 노면으로부터 1.5[m] 높이의 도로축과 직각인 수직면상의 최소 조도.

(1) 도로조명기구의 배치

(가) 직선도로

도로의 직선부분에서의 조명기구의 설치는 그림 4-23과 같다. 조명기구는 한쪽 배열(편측식), 지그재그배열, 마주보기 배열(대칭식), 중앙일렬식 배열 등이 있고, 도로 폭이나 등기구의 설치 높이 등을 고려하여 선정하여야 한다. 여기서 조명기구간 거리는 S, 도로 폭은 B이다.

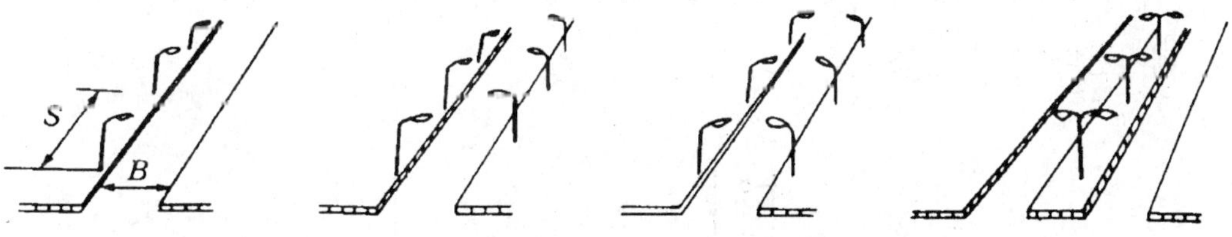

(a) 한쪽배열 (b) 지그재그배열 (c) 마주보기배열 (d) 중앙일렬배열

그림 4-23 직선도로의 조명기구의 배치

① 한쪽 배열 : 도로의 폭이 등주(燈住)와 높이가 같거나 좁을 경우.

② 지그재그 배열 : 도로의 폭이 등주의 높이에 비해 1~1.5배의 경우.

③ 마주보기 배열 : 도로의 폭이 등주의 높이보다 1.5배 이상일 경우.

④ 중앙일렬 배열 : 각각의 도로에서 보면 한쪽으로 배열된 것으로 본다.

(나) 곡선도로

곡선도로에서는 원거리에서도 커브 모양을 알 수 있도록 그림 4-24와 같이 양측배치일 경우에는 대칭식으로 설치하고, 비대칭일 경우에는 곡선의 바깥측에만 배치한다. 또한 곡선의 곡률 반경이 적을수록 조명기구의 간격을 짧게 한다.

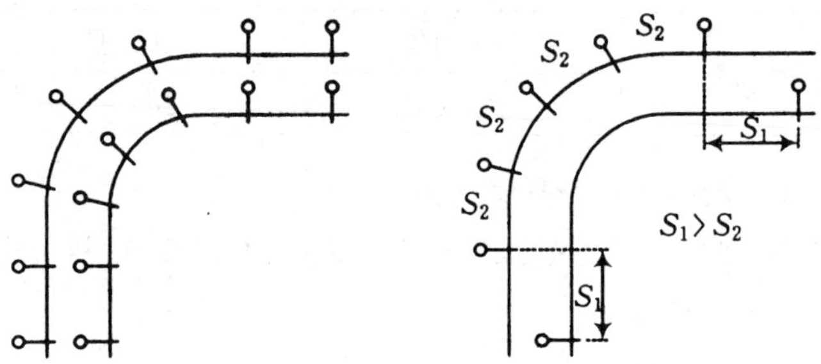

(a) 대칭식 (b) 비대칭식

그림 4-24 곡선도로에서의 조명기구의 배치

(다) 교차로

그림 4-25와 같이 교차로는 사고가 일어나기 쉬운 장소이므로 교차로(交叉路)를 구성하는 각각의 조도를 합계한 것보다 많은 조도가 필요하며, 횡단보행자를 확인할 필요가 있으므로 십자로에서는 십자로가 끝난 왼쪽에 배치한다. 또한 3방향 교차로에서는 맞부딪치는 일이 있을 수 있기 때문에 맞부딪치는 곳에 한 개의 등을 더 배치한다.

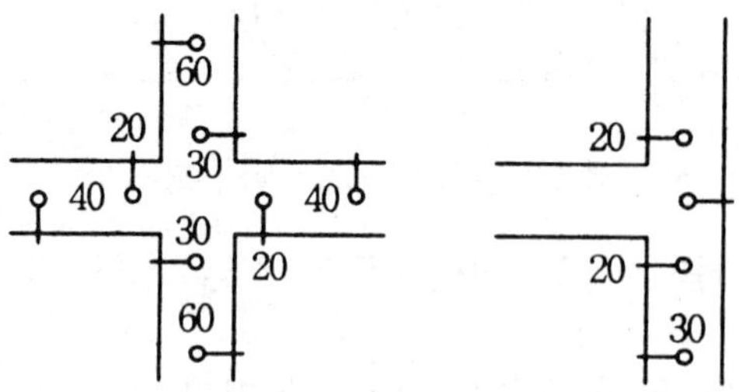

(a) 십자로 (b) 3방향 교차로

그림 4-25 교차로에서의 조명기구의 배치

(2) 조명방식 및 기구

도로에 사용하는 조명기구는 배광제어 및 광원을 보호하는 것이 목적이다. 도로에 사용하는 조명기구의 배광은 사용 장소의 명암 및 노면휘도의 균제도, 눈부심을 고려하여 결정해야 한다.

도로조명방식에는 폴(pole)방식, 하이마스트(high mast)방식, 구조물 설치조명방식 및 커티너리 조명방식 등이 있다. 기구의 모양에 따라 하이웨이형과 현수형 및 주두형으로 구분하고 있다. 사용되는 등기구로는 배광 형식에 따라 컷오프형, 세미컷오프형 및 넌컷오프형이 있으며 표 4-21에 나타내었다.

① 컷오프형(cut off) : 눈부심을 어느 정도 제한하는 등기구로 눈부심을 적게 할 중요한 도로에 적당하다.

② 세미컷오프 A형(semi-cut off) : 눈부심을 어느 정도 제한하는 등기구로 주위가 밝은 일반도로(시가지도로)에 적합하다.

③ 세미컷오프 B형 : 눈부심을 적게 하는 등기구로 상기 ①, ②의 조건에 사용할 필요가 없는 도로에 적당하다.

④ 넌컷오프형(non cut off) : 눈부심을 제한하지 않는 등기구로 특수한 장소에 사용한다.

표 4-21 배광방식에 따른 등기구의 특징

배광 방식	배광 곡선	등기구 보형	특 징
컷오프형	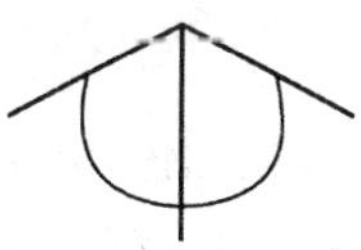	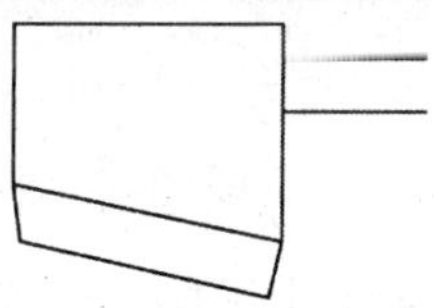	주행하는 차량의 운진자에 대한 눈부심을 엄격히 제한한 배광으로서 아주 중요한 도로에 적용한다.
세미컷오프형		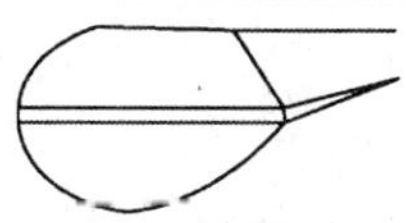	눈부심을 어느 정도 제한한 배광으로서 비교적 주변이 밝은 도로에 적용한나.
넌컷오프형	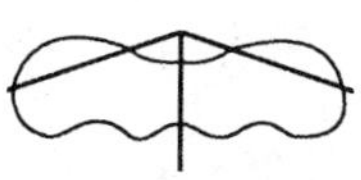	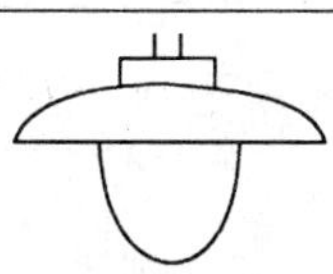	눈부심에 대한 고려를 적게 한 배광을 말한다.

(3) 도로 조명의 계산

도로의 조명계산은 광속법에 의해 식 (4-13)를 이용하여 계산한다.

$$F = \frac{BSED}{N} \tag{4-13}$$

단, F : 광원 1개당 광속[lm], B : 도로의 폭[m]

S : 등기구의 간격[m], E : 도로의 평균조도[lx]

D : 감광보상률, N : 광원의 수, U : 조명률

식 (4-13)에서 요구되는 조도 E가 결정되면 B, D, N, U는 상수이므로 광속 F와 등기구 간격 S만 구하면 된다. 여기서 광원을 크게 하면, 등기구 간격 S도 커져서 기구의 수가 감소되어 건설비는 절약되지만 조도가 떨어진다.

또한 광원을 작게 하면 조도는 균일하고 높으나, 기구수가 증가하여 건설비가 높아지게 된다. 일반적으로 가설높이는 5.5~7[m], 설치간격은 40[m] 전후(前後)로 하는 것이 보통이다.

(4) 노면평균휘도 계산법

도로조명에 널리 사용되는 노면의 평균휘도 L[cd/m²](또는 B)의 계산법은 식 (4-14)와 같이 나타낸다.

$$L = \frac{FNUM}{KWS} \, [\mathrm{cd/m^2}] \tag{4-14}$$

여기서, F : 램프광속[lm], N : 기구배열에 의한 개수, W : 도로 폭[m]

S : 조명기구 설치간격[m], M : 보수율, U : 조명률

K : 평균조도 환산계수

기구배열에 의한 계수 N은 편측 배열에서는 1, 마주보기 배열, 지그재그 배열에서는 2로 한다. 조명률 U는 차도폭원에 입사하는 광속 F_i, 램프광속 F라면 식 (4-15)로 구할 수 있다.

$$U = \frac{F_i}{F} \tag{4-15}$$

이것은 램프로부터 발산하는 광속 중 차도폭원에 도달하는 광속에 대한 비율이며, 조명기구의 배광, 도로단면에 대한 조명기구의 가설위치에 따라 결정된다. 보수율 M은 표 4-22와 같고 평균조도 환산계수 K는 표 4-23과 같다.

표 4-22 도로조명에서 사용하는 보수율(M)

교통량 1,000 대/일	시가부	지방부
7 미만	0.70	0.75
7~15 미만	0.65	0.70
15 이상	0.60	0.65

표 4-23 평균조도 환산계수(K)

노면의 종류	평균조도 환산계수[lx/cd/m²]
아스팔트	15
콘크리트	10

노면의 평균조도를 구하려면 노면평균휘도 L에 평균조도 환산계수 K를 곱하여 구한다. 도로조명용 기구의 조명률은 표 4-24와 같다. 여기서, 도로의 폭 B, 광원의 가설높이 H인 경우이다.

표 4-24 도로조명용 기구의 조명률

형 식	하이웨이형	현수식	주두식	주두식	현수식
도로폭(B) 광원높이(H)		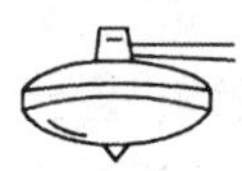			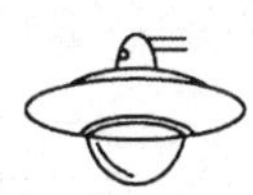
사용장소 / B/H	자동차 도로	상점가	공원/주택가	공원/주택가	상점가
0.5	.16	.10	.07	.05	.10
1.0	.27	.16	.12	.09	.16
1.5	.33	.19	.15	.12	.22
2.0	.36	.20	.17	.14	.26
2.5	.37	.21	.18	.16	.28
3.0	.39	.22	.19	.17	.29
4.0	.40	.22	.21	.18	.30
5.0	.41	.23	.21	.19	.30

4.5.2 터널 조명

터널조명은 일반도로 조명과 달리 눈의 명순응, 암순응 등의 현상을 중시하여 터널 내에 설치하는 것과 입·출구 전후에 설치하는 조명으로 구분된다. 터널 내에 설치하는 조명은 그 기능에 따라 그림 4-26과 같이 기본부 조명, 입구·출구조명으로 구성된다.

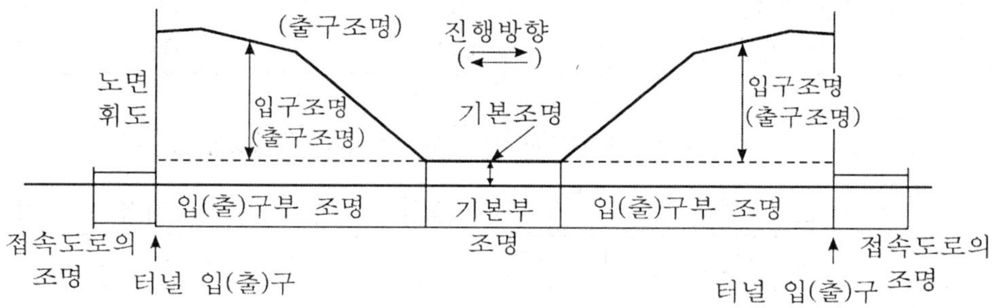

그림 4-26 터널조명의 구성

(1) 기본부 조명

기본조명은 주야간에 터널내로 진입하는 자동차 운전자의 시각 인지성을 확보하기 위하여 터널 전체에 걸쳐서 거의 균일한 휘도를 확보하는 조명을 말한다. 기본부 조명의 노면평균휘도는 자동차속도에 따라 표 4-25와 같이 유지되어야 한다. 터널 벽면의 휘도는 노면휘도의 1.5 이상의 값이면 바람직하다.

표 4-25 터널 기본조명의 평균 노면휘도

설계속도[km/h]	평균 노면휘도[cd/m²]
100	9.0
80	4.5
60	2.3
40 이하	1.5

(2) 입구·출구 조명

입구조명은 주간에 터널 입구 부근에서 운전자의 시각적 문제를 해결하기 위하여 기본조명에 부가하여 설치하는 조명이다. 주간 야외 휘도가 높을 경우 운전자가 터널에 진입된 직후, 터널 내 휘도에 적응하는데 약간의 시간이 걸리므로 과도적인 조명을 필요하게 된다.

출구조명은 주간에 터널 내에서 터널출구를 통해 보이는 야외의 높은 휘도에 의한 눈부심을 일으킬 수 있는 시각적인 문제를 해결하기 위해 기본조명에 부가하여 설치하는 조명을 말한다.

그래서 그림 4-27과 같이 터널 내를 경계부, 이행부, 완화부로 구성되는 입구부의 완화 조명을 설정한다. 야외휘도, 차량주행의 설계속도, 터널의 길이에 따라 각각 다르게 설정한다.

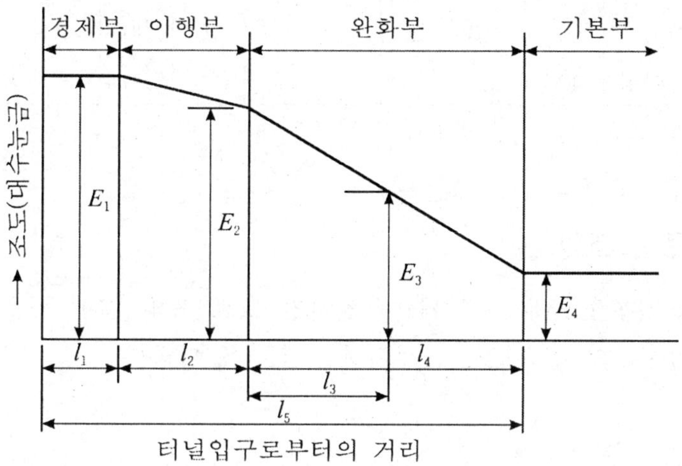

그림 4-27 긴 터널의 입구 조명곡선의 모양

표 4-26은 그림 4-27의 경계면에 기인한 터널내의 조도와 조명구간을 나타낸 것이다.

표 4-28 터널입구 조명의 조도와 조명구간

설계속도 [km/h]	터널길이 [m]	소요조도[lx]					조명구간[m]					
		E_1	E_2	E_3	E_4	E_5	l_1	l_2	l_3	l_4	l_5	l_6
100	300	1,250	600	350	-	-	55	150	45	-	250	
	400 이상	1,250	600	-	120	30	55	150	-	135	340	180
80	300	1,100	600	150	-		40	100	100	-	240	
	400 이상	1,100	600	-	60	15	40	100	-	155	295	130
60	200	750	450	150	-		25	65	55	-	145	
	300 이상	750	450	-	30	15	25	65	-	135	225	95
40	200	400	250	25	-		15	30	80	-	125	
	250 이상	400	250	-	20	7	15	30	-	85	130	60

* E_5 : 출구부의 조도　　l_6 : 출구부의 길이

(3) 접속도로의 조명

야간에 터널 입·출구에 접근하는 운전자가 도로 폭의 변화 등을 인지할 수 있도록 터널 입출구부의 접속도로에 설치하는 조명을 말한다.

연습문제

1. 시감도가 가장 좋은 광색은?

① 적색 ② 등색 ③ 청색 ④ 황록색

2. 다음 중 휘도의 단위는 어느 것인가?

① [lx] ② [rlx] ③ [cd] ④ [sb]

3. 완전 확산면의 광속발산도가 2000[rlx]일 때, 휘도는 약 몇 [cd/cm^2]인가?

① 0.2 ② 0.064 ③ 0.682 ④ 637

4. 반사율 80[%]의 완전 확산성의 종이를 100[lx]의 조도로 비쳤을 때 종이의 휘도[cd/cm^2]를 구하면?

① 25 ② 30 ③ 37 ④ 45

5. 지름 40[cm]인 완전 확산성 구형 글로브의 중심에 모든 방향의 광도가 균일하게 120[cd] 되는 전구를 넣고 탁상 2[m]의 높이에 점등하였다. 탁상 위의 조도[lx]는? 단, 글로브 내면의 반사율은 40[%], 투과율은 50[%]이다.

① 30 ② 25 ③ 20 ④ 15

6. 점광원 150[cd]에서 5[m] 떨어신 거리에서 그 방향과 직각인 면과 기울기 60°로 설치된 간판의 조도[lx]는?

① 1 ② 2 ③ 3 ④ 4

7. 그림과 같이 반구형 천장이 있다. 반지름 r이 30[cm], 반구 내의 휘도 B는 4487[cd/m^2]로 균일하다. 이때 $a=2.5$[m] 거리에 있는 바닥의 P점의 조도는 몇 [lx]인가?

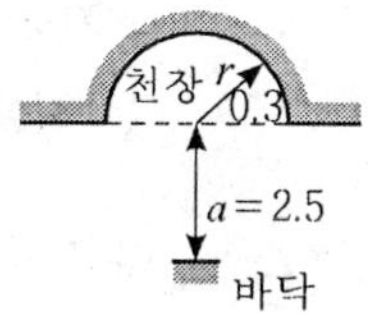

① 100 ② 200

③ 300 ④ 400

8. 평면구면 광도는 200[cd], 주변 확산율이 0.8일 때 백열전구의 전광속[lm]은?

① 2260 ② 2009 ③ 2060 ④ 3060

9. 지름 3[cm], 길이 1.2[m]인 관형 광원의 직각 방향의 광도를 504[cd]라고 하면 이 광원 표면 위의 휘도[sb]는?

① 5.6 ② 4.4 ③ 2.6 ④ 1.4

10. 전등효율이 14[lm/W]인 100[W] 백열전구의 구면 광도는 몇[cd]인가?

① 119 ② 111 ③ 109 ④ 101

11. 루소선도가 그림과 같은 광원의 배광곡선의 식을 구하여라.

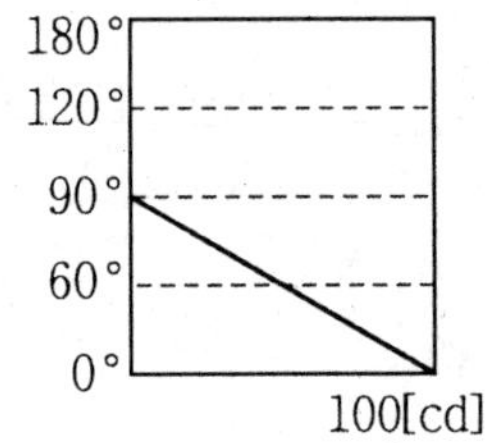

① $I_\theta = 100\cos\theta$ ② $I_\theta = 50(1-\cos\theta)$

③ $I_\theta = \dfrac{2\theta}{\pi}100$ ④ $I_\theta = \dfrac{\pi - 2\theta}{\pi}100$

12. 반사율 40[%], 흡수율 10[%]를 가지는 켄트지에 1500[lm]의 광을 비쳤을 때 투과광속[lm]은?

① 500 ② 750 ③ 850 ④ 900

13. 전극부의 봉합부 도입선으로 쓰이는 재료는?

① 구리선 ② 몰리브덴

③ 구리에 니켈강을 피복한 것 ④ 니켈강에 구리를 피복한 것

14. 진공전구에 적린 게터를 사용하는 이유는?

① 광속을 많게 한다. ② 전력을 적게 한다.

③ 효율을 좋게 한다. ④ 수명을 길게 한다.

15. 복사 루미네선스 중 자극을 주는 조사가 계속되는 동안만 발광 현상을 일으키는 것은?

① 형광 ② 마찰 ③ 인광 ④ 파이로

16. 다음의 법칙은 어느 법칙에 해당되는지 문자를 잘 읽고 골라라. 평등 전계하에서 방전 개시 전압은 기체의 압력과 전극 거리와의 곱의 함수가 된다.

① 스토크스의 법칙 ② 스테판-볼츠만의 법칙

③ 파센의 법칙 ④ 플랑크의 법칙

17. 녹색 형광램프의 형광제는?

① 규산아연 ② 텅스텐 칼슘 ③ 규소 카드뮴 ④ 붕산 카드뮴

18. 방전등의 일종으로서 효율이 대단히 좋으며, 광색은 순황색이고 연기나 안개 속을 잘 투과하며 대비성이 좋은 램프는?

① 수은등　② 형광등　③ 나트륨등　④ 옥소전구

19. 다음 등 중에서 방전등이 아닌 것은?

① 나트륨등　② 크세논등　③ 형광등　④ EL등

20. 조명률의 결정에 관계가 없는 것은?

① 실지수　② 조명기구의 종류

③ 감광보상률　④ 실내의 반사면의 반사율

21. 가로 20[m], 세로 30[m] 되는 실내 작업장에 광속이 2800[lm]인 형광등 20개를 점등하였을 때, 이 작업장의 평균조도[lx]는 약 얼마인가? 단 조명률은 0.4이고 감광보상률은 1.5이다.

① 350　② 156　③ 65　④ 25

22. 폭 20[m]의 도로 중앙에 6[m]의 높이로 간격 24[m]마다 400[W]의 수은전구를 가설할 때, 조명률 0.25, 감광보상률을 1.3이라 하면 도로면의 평균조도[lx]는 얼마인가? 단 400[W] 수은 전구의 전광속은 23,000[lm]이다.

① 18.4　② 9.2　③ 4.6　④ 46

23. 빛을 아래쪽에 확산, 복사시키며 또 눈부심을 적게 하는 조명기구는?

① 루버　② 반사볼　③ 투광기　④ 글로브

24. 길이 2[m]인 장형 광도계로 10[cd]의 표준등에서 90[cm]인 곳에 광도계 두부가 있을 때 측광 평형이 얻어졌다면 피측전구의 광도[cd]는?

① 7　② 8　③ 12　④ 15

25. 흑체란 무엇인가?

26. 백열전구를 점등할 때 전압이 정격 전압보다 3[%] 감소하였다면 광속의 변화는 대략 어떻게 되는가?

27. 전구에 게터를 사용하는 목적은 무엇인가?

28. 에이징이란 무엇인가?

29. 적외선전구의 용도와 특징을 설명하시오.

30. 파센 법칙에 대하여 설명하시오.

31. 할로겐전구의 할로겐 사이클에 대하여 설명하시오.

32. 스토크스의 법칙에 대하여 설명하시오.

33. 나트륨등의 특징에 대하여 설명하시오.

34. 형광등에 수은가스 외에 아르곤가스를 봉입하는 이유는?

35. 네온전구의 특징에 대하여 설명하시오.

36. 형광등에서 광속이 감소하는 원인은 무엇인가?

37. 형광등의 발광원리를 설명하시오.

제2편

전열공학

제 1 장

전열의 기초

1.1 전열의 특징

전열(電熱)이란 물체를 전기적으로 가열하는 전기가열(電氣加熱, electric heat-ing)을 약칭한 말이다. 전열의 사용은 시대에 따른 경제적 배경이나 전력공급사정 등에 따라 다르지만, 다른 열원에 비하여 다음과 같은 장점들 때문에 여러 방면으로 사용이 증가하고 있으며, 새로운 응용범위가 개발되고 있다.

(1) 매우 높은 온도를 얻을 수 있다.

석유, 가스, 석탄 등과 같은 화석연료로 사용하는 일반적인 열원(熱源)의 온도는 공업적으로 약 1,500[℃]정도가 한도이지만, 아크주나 아크가열 또는 직접 피열물에 전류를 통하여 발열하는 저항가열(抵抗加熱)의 경우에는 2,000~3,000[℃] 이상의 높은 온도를 쉽게 얻을 수 있다.

(2) 열효율이 좋다.

일반적인 화석연료를 이용한 가열에서는 가열 중 발생하는 연소가스, 과잉공기가 배기구로 사라질 때 유실되는 열과 불완전 연소가스에 함유되어 있는 함유 열량 등에 의한 손실이 많다. 그러나 전기를 이용하여 직접 또는 간접식으로 이용할 경우에는 열에서 발생하는 가스가 없고 또 밀폐보온이 가능하므로 일반적인 연료를 사용할 때 보다 열효율이 30[%] 정도 높다.

(3) 내부가열을 할 수 있다.

일반적인 연료를 사용할 경우에는 물체의 표면만 가열하기 때문에 열원과 피열물(被熱物) 사이의 열저항에 의한 온도차가 생겨 피열물에는 가열온도보다 높은 온도가 필요하기 때문에 열효율이 저하하고 피열물의 내부를 균일하게 가열하기가 어렵다.

이에 반해 전기가열에서는 피열물에 직접 통전(通電)하여 가열하거나, 유도가열 또는 유전가열을 통하여 피열물의 내부에 직접 열을 발생시키므로 열전달 매체가 필요 없으며, 열절연이 잘되어 열효율이 좋고, 급속가열과 균일가열이 용이하다.

(4) 노기제어가 쉽다.

일반 연료를 사용할 때에는 연소(燃燒) 중 발생하는 매연, 가스 및 연료 중의 불순물이 피열물에 나쁜 영향을 주지만, 전기가열에서는 연소할 때 오염 물질이나 가스의 발생이 없기 때문에 충분히 밀폐시키면 진공 중에서 가열하거나 아르곤 또는 질소와 같은 불활성 가스를 봉입한 상태에서도 가열을 용이하게 할 수 있다.

(5) 온도 및 가열시간의 제어가 용이하다.

연료를 사용하는 경우에는 연료량, 공기투입량 등의 연소조건을 조절해서 가열온도를 조절하므로 가열온도를 균일하게 유지하기 힘들고 가열시간을 정밀하게 제어하기가 어렵다.

그러나 전기가열에서는 열원도 전기적 부하로서 전기회로의 일부를 구성하기 때문에 공급전력의 조정이 용이하고 또한 발열체의 배치를 적절히 함으로써 온도 분포의 균일성, 가열온도, 가열시간 등의 조절이 일반적인 연료에 비하여 매우 간단하다.

(6) 복사열의 이용이 효율적이다.

일반 연료를 사용하는 노(爐)의 경우에는 복사열을 아래쪽으로 집중시키기 어렵지만, 전기가열에서는 복사열(輻射熱)을 임의의 방향으로 향하도록 조정하는 것이 가능하다.

(7) 제품의 품질이 균일하다.

일반 연료를 사용할 경우, 연소 중에 노 내부에서 발생하는 가스, 먼지 등의 이물질에 의해 제품이 오손되거나 변질되어 품질(品質)을 저하시킬 수 있다. 그러나 전기가열의 경우에는 연소할 때 노 내부에서 가스나 먼지 등과 같은 이물질의 발생이 없고, 온도분포를 균일하게 할 수 있으며, 온도제어도 용이하기 때문에 제품의 품질을 균일화 할 수 있다.

(8) 환경오염 물질이 없어 작업환경이 좋다.

전기가열은 가열장치의 소형화 및 자동제어나 원격제어에 의한 조작법의 발달로 운용이 간소화되고 있다. 또한 연료를 사용하는 경우에 노에서 발생할 수 있는 폭발, 냄새, 먼지, 연기, 고온 등으로 인해 분위기(雰圍氣)가 나빠지지만, 전기가열은 그해 비해 매우 위생적인 환경을 갖춘다.

1.2 전열계산

1.2.1 열량의 단위

열량(熱量)이란 물 1[kg]의 물을 14.5[℃]에서 15.5[℃]까지 1[℃] 가열하는데 필요한 열에너지의 양을 말하며, 기본 단위는 킬로칼로리[kcal]를 사용한다.

MKS 단위계에서는 열량의 단위로 줄(J : joule)을 사용하는데, 1[J]은 저항 1[Ω]에 전류 1[A]를 1[sec]동안 통했을 때 발생하는 열량을 말하며, 전력(電力)으로 환산하면 1[W · s]와 같다. 전력의 기본 단위는 [kWh]를 사용한다. 열량의 기본단위인 줄과 칼로리의 관계는 식 (1-1)~(1-3)과 같다.

$$1[\text{kcal}] = 4186.05[\text{J}] = 3.968[\text{BTU}] \qquad (1\text{-}1)$$

$$1[\text{cal}] = 4.186[\text{J}] \qquad (1\text{-}2)$$

$$1[\text{J}] = 0.2389 \times 10^{-3}[\text{kcal}] = 0.2389[\text{cal}] \qquad (1\text{-}3)$$

전력량과 열량의 관계는 식 (1-4)와 같다.

$$\begin{aligned} 1[\text{kWh}] &= 1{,}000[\text{W}] \times 3{,}600[\text{s}] = 3.6 \times 10^{6}[\text{J}] \\ &= (1/4{,}186) \times 3.6 \times 10^{6}[\text{kcal}] \fallingdotseq 860[\text{kcal}] \qquad (1\text{-}4) \end{aligned}$$

1[BUT]는 물 1[lb]를 1[F] 높이는데 필요한 열량의 단위로 British Thermal Unit의 약칭이다.

1.2.2 열회로와 전기회로

열은 온도가 높은 쪽에서 낮은 쪽으로 흐른다. 그림 1-1과 같이 단면적이 S인 막대를 예로 보면 한쪽의 온도가 다른 쪽보다 높은 경우에 막대에 단위시간 동안 흐르는 열량, 즉 열류(熱流)는 막대의 양쪽의 온도차가 클수록 크며, 막대의 단면적이 클수록 많이 흐르고, 막대가 길수록 적게 흐른다. 또한 막대의 재질에 따라서 다르게 된다.

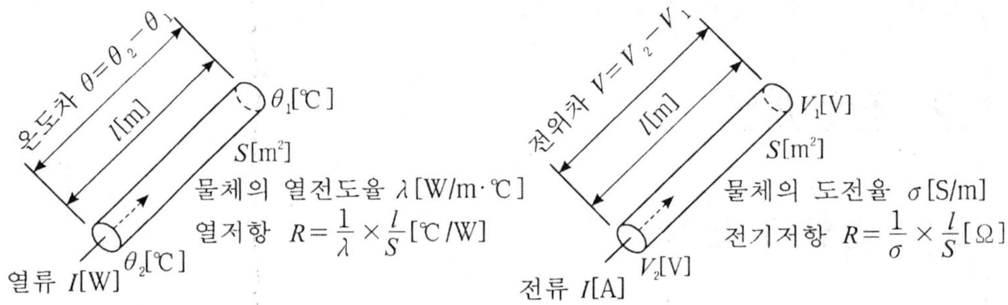

(a) 열저항 (b) 전기저항

그림 1-1 열저항과 전기저항의 관계

열의 이동을 생각할 때 열의 흐름과 전류의 흐름은 매우 유사하며, 열류는 식 (1-5)로 나타낼 수 있다.

$$I = \lambda \frac{S}{l}\theta = \frac{\lambda S \theta}{l} \text{[W]} \qquad (1\text{-}5)$$

여기서, I : 열류[W], S : 단면적[m²], l : 길이[m], θ : 온도차[℃], λ : 비례상수이다.

열류의 단위는 [J/S]=[W]이며, 비례상수 λ는 재질에 따라서 정해지는 상수로서 열전도율(熱傳導率)이라 하며 단위는 [W/m · ℃]이다.

λ는 물체의 크기와 재료에 따라 결정되는 값으로 열저항(熱抵抗) R은 식 (1-6)으로 나타낼 수 있다.

$$R = \frac{1}{\lambda} \times \frac{l}{S} \text{[℃/W]} \qquad (1\text{-}6)$$

식 (1-6)을 식 (1-5)에 대입하면, 식 (1-5)는 $I=\dfrac{\theta}{R}$ 로서 식 (1-7)로 다시 나타낼 수 있다.

$$\theta = IR[℃] \tag{1-7}$$

이 식은 그림 1-2와 같이 열회로(熱回路)에 있어서 오옴의 법칙을 나타내고 있다. 여기서, R을 열저항이라 하고, 단위는 [℃/W]이다. 즉 열류 I와 열저항 R의 곱이 온도차가 된다. 이 식을 열의 오옴의 법칙이라 한다.

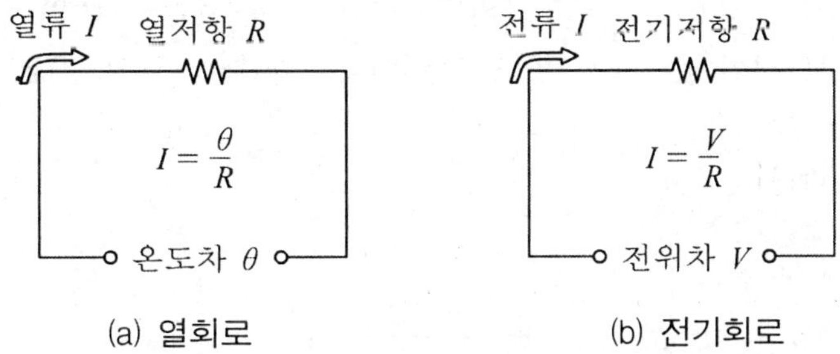

그림 1-2 열회로와 전기회로의 오옴의 법칙 비교

열회로와 전기회로(電氣回路)의 대응관계를 표 1-1에 나타내었다.

표 1-1 열회로와 전기회로의 대응관계

열회로		전기회로
열량 Q[J]		전기량 Q[C]
온도차 θ[deg]		전압(전위차) E[V]
열류 I[W]		전류 I[A]
열저항 R[deg/W]	⇔	저항 R[Ω]
열용량 C[J/deg]		정전용량 C[F]
열전도율 λ[W/m · deg]		도전율 σ[℧/m]
열저항율 ρ[m · deg/W]		저항율 ρ[Ω · m]

【참고】 deg는 ℃와 같음.

1.2.3 열 량

물질의 무게 m[kg]을 θ[℃] 정도의 온도로 상승시키는 경우, 물질의 비열(比熱)을 c[J/kg · ℃]라 하면 이에 소요되는 열량 Q[J]는 식 (1-8)로 나타낼 수 있다.

$$Q = mc\theta[\mathrm{J}] \qquad (1\text{-}8)$$

식 (1-8)에서 mc는 어떤 물질을 온도 1[℃] 상승시키기 위한 열량(thermal capacity) Q[J]로서 물질의 열용량이며, 단위는 [J/℃]를 사용한다. 그림 1-3과 같은 전기회로에서 시간 t초간에 발생하는 열량 Q[J]는 식 (1-9)로 나타낼 수 있다.

$$Q = I^2Rt[\mathrm{J}] \qquad (1\text{-}9)$$

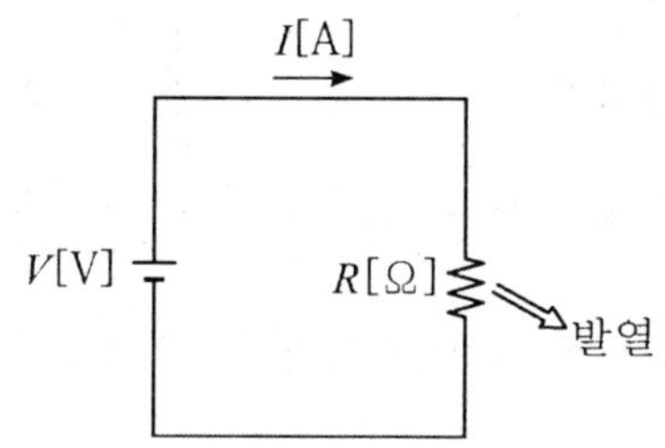

그림 1-3 주울의 법칙

식 (1-9)에서 I^2R은 그림 1-3의 저항(抵抗) R에서 소비되는 전력 P[W]이기 때문에 식 (1-9)을 식 (1-10)으로 변환시킬 수 있다.

$$Q = Pt[\mathrm{W \cdot s}] \qquad (1\text{-}10)$$

전력용 단위는 [kW · h]이므로 전력과 용량의 관계는 식 (1-11)로 변환할 수 있다.

$$1[\mathrm{kW \cdot h}] = 3{,}600[\mathrm{kW \cdot s}] = 3{,}600[\mathrm{kJ}] \qquad (1\text{-}11)$$

또한 열의 단위는 주로 SI 단위계로 표시되지만, kcal계를 사용하는 경우가 많으므로 열의 작업당량은 식 (1-12)로 변환할 수 있다.

$$1[\text{cal}]=4.186[\text{J}] \tag{1-12}$$

식 (1-11)을 kcal로 변환시키면, 식 (1-13)으로 나타낼 수 있다.

$$1[\text{kW}\cdot\text{h}]=3,600[\text{kW}\cdot\text{s}]=3,600[\text{kJ}]\fallingdotseq 860[\text{kcal}] \tag{1-13}$$

비열 c는 식 (1-12)에 의해 식 (1-14)와 같이 구할 수 있다.

$$1[\text{kcal/kg}\cdot℃]=4.186[\text{kJ/kg}\cdot℃] \tag{1-14}$$

표 1-2는 SI계와 kcal계의 열단위 환산표를 나타내었다.

표 1-2 열단위 환산표

단위계 / 항목	SI계	kcal계
열 량	4.186 [kJ] 1	1 [kcal] 0.24
열 류	1.163 [W] 1	1 [kcal/h] 0.86
열전도율	1.163 [W/m · ℃] 1	1[kcal/m · h · ℃] 0.86
열 용 량	4.186 [kJ/℃] 1	1 [kcal/℃] 0.24
비 열	4.186 [kJ/kg · ℃] 1	1 [kcal/kg · ℃] 0.24
열 저 항	0.86 [℃/W] 1	1 [℃ · h/kcal] 1.163
체적비열	4.186 [kJ/℃ · m^3] 1	1 [kcal/℃ · cm^3] 0.24

1.2.4 물체의 가열과 냉각

(1) 비열과 열용량

비열(比熱)이란 물체 1[kg]을 온도 1[℃] 상승시키는데 필요한 열량 Q[J]이며 기호는 c, 단위는 [J/kg · ℃]를 사용한다.

어떤 물체의 무게가 m[kg]일 때 이 물체를 온도 θ[℃]만큼 상승시킬 경우에 필요한 열량 Q[J]는 식 (1-15)로 나타낼 수 있다.

$$Q = mc\theta\,[\mathrm{J}] \tag{1-15}$$

여기서 mc는 물체 1[kg]을 온도 1[℃] 상승시키는 필요한 열량이므로 열용량(熱容量) C[J/℃]로 나타낸다. 열용량은 표 1-2의 전기계에서 정전용량과 비슷한 것이다.

물체의 밀도 ρ[kg/m^3], 체적을 V[m^3]일 때, 중량 m은 $m = \rho V$[kg]이므로 열용량 C는 식 (1-16)과 같다.

$$C = mc = \rho Vc\,[\mathrm{J/℃}] \tag{1-16}$$

그러므로 열량 Q는 열용량 C와 온도차 θ의 곱이므로 식 (1-16)은 식 (1-17)로 나타낼 수 있다.

$$Q = C\theta = c\rho V\theta\,[\mathrm{J}] \tag{1-17}$$

$c\rho$는 비열 c[J/kg · ℃]와 밀도 ρ[kg/m^3]를 곱한 것으로 이것은 단위체적당의 열용량으로 이것을 체적비열이라 한다.

또한 열량 Q는 전력 P[kW], 시간 t[h], 효율 η와는 식 (1-18)과 같은 관계를 가지고 있다.

$$Q = mc\theta = 860Pt\eta\,[\mathrm{J}] \tag{1-18}$$

(2) 물체의 가열

식 (1-17)에서 온도차 θ는 식 (1-19)와 같이 변환하여 나타낼 수 있다.

$$\theta = \frac{Q}{C}\,[℃] \tag{1-19}$$

이 식에서 물체의 온도상승은 열량 Q에 비례하고 열용량 C에 반비례한다. 이것은 전기회로에서 커패시터를 충전하는 것과 같다.

열용량 C, 열류를 I라 할 경우 온도상승분 θ는 식 (1-20)으로 나타낼 수 있다.

$$\theta = \frac{1}{C}\int I dt [℃] \tag{1-20}$$

식 (1-20)에서 정전용량 C[F]를 전류 I[A]로 충전(充電)하는 경우의 전위(電位)상승과 거의 같다. 그림 1-4 (a)와 같이 물체가 순수한 열용량만 가지고 있고 외부로 누설이 없다고 생각했을 경우이지만, 실제로는 열량 누설이 존재한다. 이러한 누설열량은 온도가 높을수록 많아지지만, 온도상승은 가해진 열량에 비례하지는 않는다.

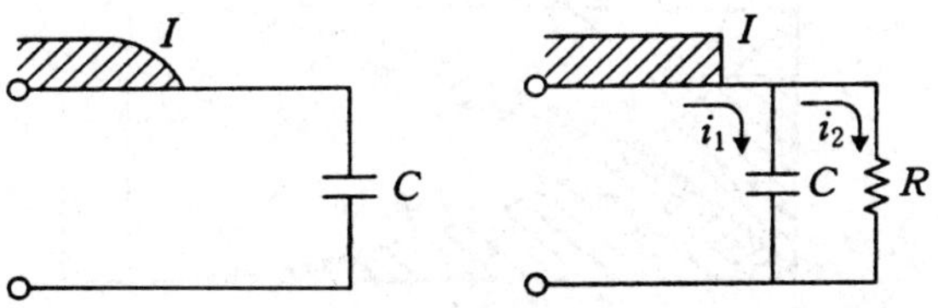

(a) 누설이 없는 경우　　(b) 누설이 있는 경우

그림 1-4 물체 가열의 등가회로

그림 1-4 (b)와 같은 전기회로에서도 커패시터 C에 누설이 발생하면 커패시터 C에 병렬로 누설저항 R을 고려하여 이 R을 열저항이라 하면, 열회로의 경우도 전기회로와 똑같이 적용할 수 있다.

일정한 열류 I로 가열하는 경우 온도상승은 그림 1-4로부터 다음 식으로 나타낼 수 있으며, 이것이 일정한 열류 I로 가열하는 경우 온도상승을 표시하는 식이다. 이것을 그림으로 표현하면 그림 1-5와 같고, 그림에서 알 수 있듯이 다음과 같이 식 (1-21)과 식 (1-22)가 성립한다.

$$\left.\begin{aligned} I &= i_1 + i_2 \\ \theta &= \frac{1}{C}\int i_1 dt = R i_2 \end{aligned}\right\} \tag{1-21}$$

$$\theta = R \cdot I \left(1 - \varepsilon^{-\frac{t}{RC}}\right) \tag{1-22}$$

이식은 일정한 열류로 가열할 때의 온도상승을 나타내는 기본식이다. 그림 1-5

에서 열류 I가 가해지는 가운데 i_1은 열용량에 흡수되는 열류이고, 온도상승이 커짐에 따라 외부에 대한 누설열류 i_2는 점차 커지고 반대로 i_1은 점점 작아진다.

즉 온도상승이 커지면 가해진 열류의 전부가 외부로 누설되어 온도상승이 멈추게 되고 이 온도가 최종온도로서 포화 열온도라고 한다. 즉 식 (1-22)에서 시간 $t \to \infty$일 때 포화(飽和)되고 이때 포화온도 $\theta = I \cdot R$이 되며, 식 (1-22)에서 RC는 시정수로서 온도상승이 빠르고 늦음을 결정하게 된다.

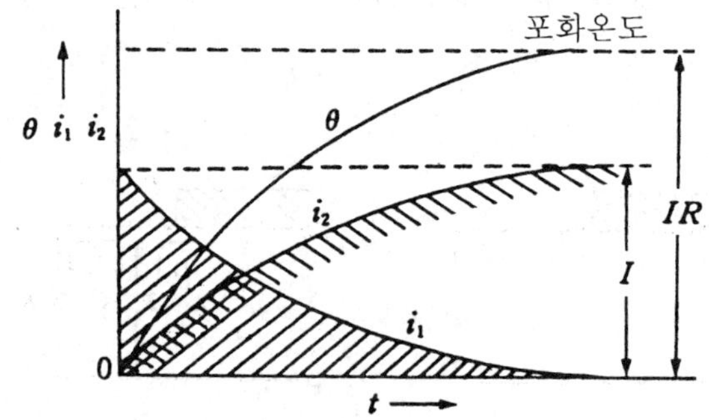

그림 1-5 일정한 열류로 가열시의 온도상승 곡선

(3) 물체의 냉각

물체가 일정한 온도로 가열된 후 냉각(冷却)되는 과정을 알아보자. 현재 물체의 열용량을 C[J/℃], 저장되어 있는 열량을 Q[J]라 하면, 현재 물체의 온도 θ_0는 식 (1-23)으로 나타낼 수 있다.

$$\theta_0 = \frac{Q}{C} \, [℃] \tag{1-23}$$

만약, 물체에서 열의 누설이 없다면 물체는 항상 이 온도를 유지하겠지만, 실제로는 열류의 누설이 생기므로 차츰 온도가 낮아져 외부온도에 가까워지게 된다. 이것은 그림 1-6의 전기회로와 같이 정전용량(電氣容量) C에 저장된 전기에너지가 차츰 저항 R을 통하여 방전할 때 전위가 저하되는 것과 같은 현상이다. 이것은 열의 경우에 적용하면, 열의 온도 강하는 식 (1-24)와 같이 나타낼 수 있다.

$$\theta = \theta_0 \varepsilon^{-\frac{t}{RC}} \, [℃] \tag{1-24}$$

식 (1-24)를 그림으로 나타내면, 그림 1-7과 같은 곡선을 나타낸다. 이것은 온도 상승 때의 곡선과 반대 현상을 보이고 있다.

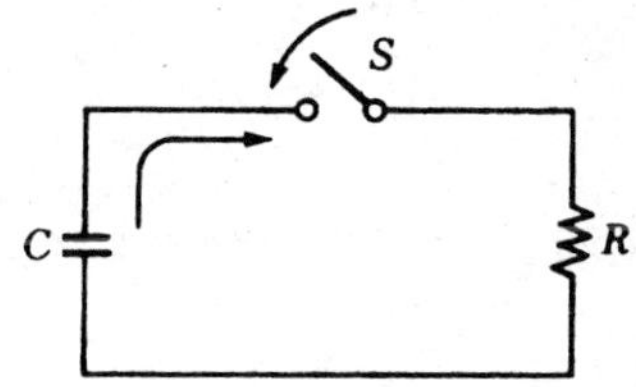

그림 1-6 물체 냉각의 등가회로

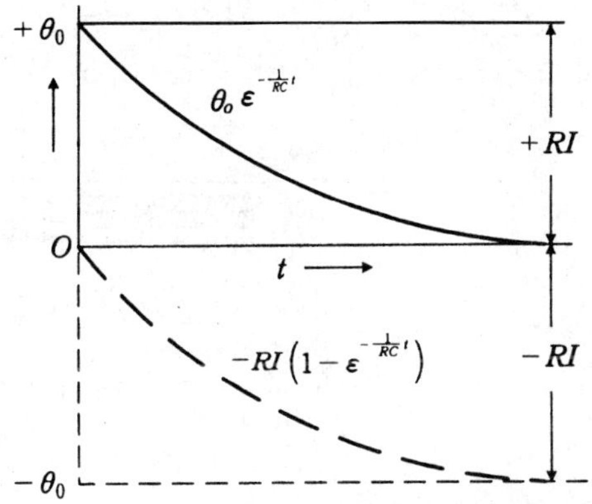

그림 1-7 물체 냉각의 온도변화 곡선

1.3 온도측정 및 제어

온도계(溫度計)의 주요 구성은 온도를 감지하는 측온부, 측온부에서 감지한 온도를 직접 또는 간접으로 수신하여 표시하는 표시부 및 측온부와 표시부를 연결시켜 주는 전선(電線) 또는 배관(配管)으로 구성되어 있다.

온도 검출방식에는 측온부를 측정하고자하는 대상물의 내부 또는 표면에 접촉시켜 검출단의 온도가 측정대상인 물체의 온도와 동일하게 하는 접촉식과 검출단을 측정대상물에 직접 접촉시키지 않고 측정대상물로부터 나오는 복사에너지를 검출하여 온도를 알아내는 비접촉식이 있다.

1.3.1 온도계의 종류

(1) 저항 온도계

저항 온도계(抵抗溫度計)는 순수한 금속의 저항률이 온도변화에 비례하여 규칙적으로 변화하는 원리를 이용한 것이다. 즉 측온점에서 측온 저항의 변화량을 측정함으로써 측온점의 저항을 구할 수 있는 온도계이다.

저항 온도계에 사용하는 금속 저항체로는 백금(−260~630[℃]), 동(0~150[℃]), 니켈(−50~300[℃])과 같은 금속선이나 반도체로서는 서미스터가 사용된다. 서미스터는 금속선과 반대로 온도가 증가됨에 따라 저항이 감소되지만 금속선에 비해서 온도에 따른 저항의 변화가 크고 소형으로 만들 수 있는 장점이 있다. 저항 온도계는 그림 1-8과 같이 측온체, 보호관 및 지시계기로 구성되어 있다.

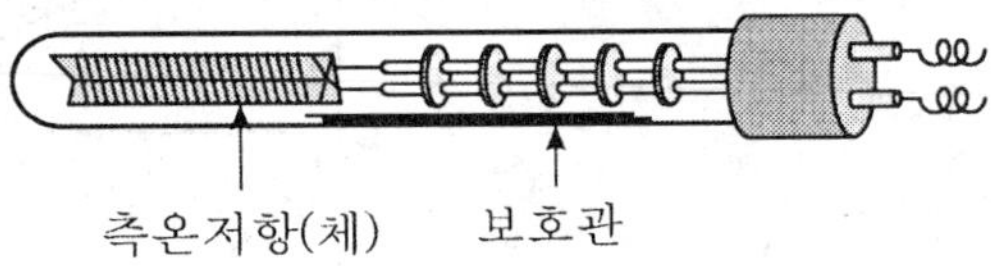

그림 1-8 저항 온도계

(2) 열전 온도계

열전온도계(熱電溫度計)는 그림 1-9와 같이 서로 다른 두 종류의 금속선의 한끝을 용접하여 개회로를 만들고, 그 접합부의 접속단인 열접점(측온 접점)을 금속 또는 자기재의 보호관으로 싸며, 계기와 접속단인 냉접점(기준접점)을 0[℃]로 유지한 열전대에 열을 가하면 열기전력(熱起電力)이 발생한다. 이것을 제벡 효과라 하며, 이 열기전력으로 피측온점의 온도를 알 수 있도록 한 온도계이다.

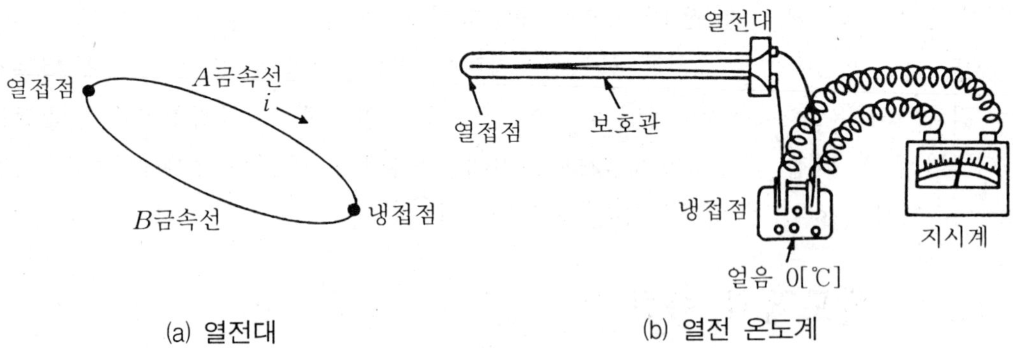

그림 1-9 열전대와 열전 온도계

열기전쌍(熱電氣雙)에는 백금로듐-백금, 크로멜-알루멜, 구리-콘스탄탄 등의 조합으로 사용된다.

(3) 복사(방사) 고온계

물체는 발광하는 온도(약 600[℃])보다 낮은 온도에서도 복사를 한다. 복사 고온계(輻射高溫計)는 피측온체로부터의 전 방사에너지를 렌즈 또는 반사경의 수열판에 모아서, 수열판의 온도를 열전대(熱電對)에 흡수시켜 상승되는 값으로 피측온물의 온도를 구하는 방법이다. 이것은 열전 온도계에 의한 측온법을 간접적으로 이용한 것으로 매우 낮은 온도도 측정가능하며, 측정범위가 넓고, 지시계기는 밀리볼트계기를 사용한다. 그림 1-10은 방사 고온계의 원리도를 나타낸 것이다.

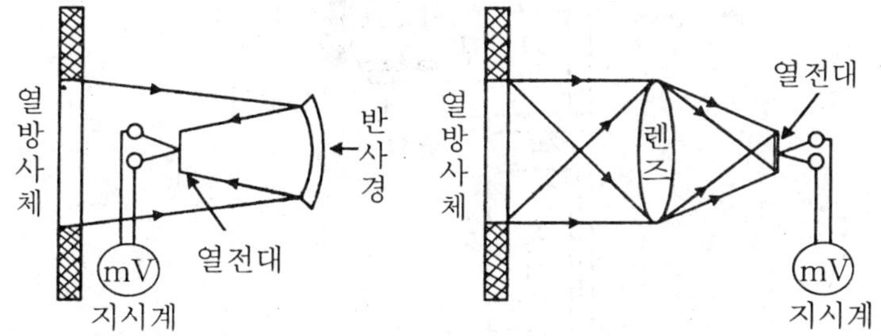

(a) (b)

그림 1-10 방사 고온도계의 원리

일반적으로 방사 온도계는 피측온체의 좁은 영역에 대한 온도를 측정한다. 측정방식은 거울에 의해 기계적으로 피측온체의 어떤 영역을 주사하는 기계주사방식과 고체촬영소자(CCD 카메라, 리니어 어레이 등)을 검출부에 사용하여 전기적으로 주사하는 전기주사방식이 있다. 전기주사방식은 고속이며 분해능이 크고 컴퓨터를 이용하여 온도분포를 그래프와 색상의 구별로 표시하는 기능을 가진 것도 있다.

(4) 광 고온계

광 고온계(光高溫計)는 가시부분의 단색광만을 이용하는 온도계로서 약 700[℃] 이상의 온도 측정에 사용되는 고온계이다. 그림 1-11은 광고온계의 구조를 나타내고 있다.

그림 1-11에서 보는 것과 같이 고온계내의 전구 필라멘트와 피측온체의 휘도를 필라멘트 전류의 가감에 따라 일치시켜 눈으로 보기에 필라멘트가 소실된 것과 같은 상태로 되었을 때 필라멘트 전류 또는 브리지회로에 흐르는 전류의 값을 측정

하여 피측온체의 온도를 측정하는 방법이다. 광 고온계는 관측자의 눈을 대신하여 광전 셀을 사용하거나, 적절한 전자회로(電子回路)를 사용하여 측정하는 것도 있다.

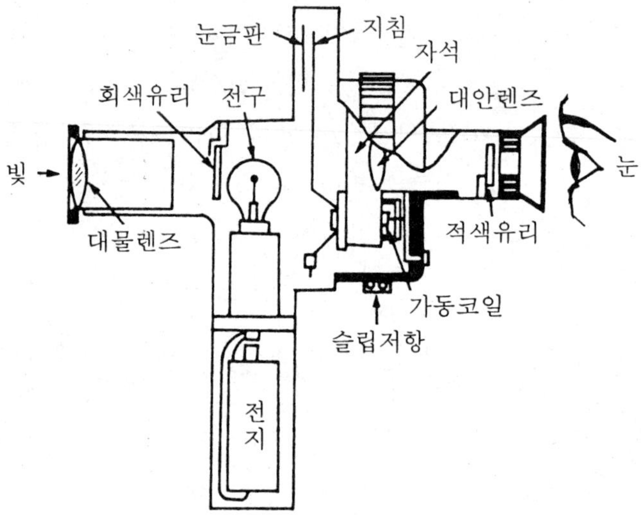

그림 1-11 광 고온계 구조

(5) 적외선 고온계

일반적인 고온계(高溫計)는 측온체로부터 복사되는 650[nm]의 적색 단색광과 표준전구의 필라멘트로부터 나오는 것과 휘도를 맞추어 온도를 측정하는 것으로 적열온도(약 600[℃])이상의 것이 아니면 측정할 수 없다. 그러나 온도가 300~700[℃]에서 측정해야할 경우에는 저항 온도계나 열전 온도계를 이용하여 측온 물체에 접촉시켜 사용하든가 또는 복사 고온계를 사용해야 하지만, 측온 물체의 열용량이 적든지 또는 측온 물체의 형상이 작으면 위의 고온계를 사용할 때 오차 발생이 크므로 이때는 적외선 고온계를 사용하여 측정하는 것이 바람직하다.

(6) 기 타

전기식 온도계는 비교적 고온의 측정에 사용하지만, 상온(常溫)에서 400[℃] 정도까지의 측정에는 저항 온도계 외에도 수은 온도계, 바이메탈식 온도계, 액체팽창식 압력 온도계, 증기압식 압력 온도계 등도 사용된다. 또한 측온 물체의 온도를 손쉽게 알아 볼 수 있도록 대상물에 페인트식 또는 첩부식 온도계가 있다. 이것은 측정물에 페인트를 바르고 라벨을 붙여 라벨이 변색되는 정도로 온도를 측정한 방식이다.

표 1-3에는 대표적으로 사용되는 온도계와 온도의 측정범위에 대하여 나타냈다.

표 1-3 온도계의 종류 및 온도 측정범위

온도계 종류		사용가능온도1)		상용온도2)	
		하한	상한3)	하한	상한3)
접촉식	[액체봉입 유리 온도계]				
	수은 온도계	−55	650	−35	350
	유기액체 온도계	−100	200	−100	100
	바이메탈 온도계	−50	500	−20	300
	[압력 온도계]				
	액체 팽창식 압력 온도계	−40	500	−40	400
	증기압식 압력 온도계	−20	200	40	180
	[저항 온도계]				
	백금저항 온도계	−200	500	−180	500
	니켈저항 온도계	−50	150	−50	120
	동(구리)저항 온도계	0	120	0	120
	서미스터 온도계	−50	300	−50	200
	[열전 온도계]				
	PR(백금로듐-백금) 온도계	0	1,600	200	1,400
	CA(크로멜-알루멜) 온도계	−200	1,200	0	1,000
	IC(철-콘스탄탄) 온도계	−200	800	0	600
	CC(구리-콘스탄탄) 온도계	−200	350	−180	300
비접촉식	광고 온도계	700	2,000	900	2,000
	방사(복사) 고온도계	50	2,000	100	2,000

[주] 1) 사용 가능 온도란 온도계에 보통 눈금으로 매겨져 있는 온도를 말함.
2) 상용 온도란 보통 사용하고 있는 온도를 말함. 이 온도범위로는 표의 정도로 장시간에 걸쳐 사용할 수 있다.
3) 검출부가 손상될 것 같은 분위기, 액체 등의 온도를 측정하는 경우에는 해당되지 않는다.

1.3.2 온도 제어

가정(家庭)에서 사용하는 전열기구는 아주 간단한 열전대를 제외하고는 일반적으로 프로세서와 시스템으로 온도를 제어한다. 그러나 자동온도조절기에 의해 운전하는 간단한 소형 간접저항제어 가열방식에는 ON-OFF제어가 많이 사용되며, 정밀한 온도제어를 필요로 하는 곳에서는 PID(비례 적분 미분)제어 또는 PI(비례 적분)제어가 사용된다.

저항로(抵抗爐) 등으로 물질을 가열 처리하는 경우에는 시간의 경과와 함께 가열온도를 변화시킬 수 있도록 온도조절 프로그램을 이용하여 자동 제어할 수 있다.

1.4 전열 재료

전열재료(電熱材料)로서는 고온도에서 열을 발생시키는데 사용하는 재료, 즉 발열체와 열을 전도시키는데 사용하는 재료 및 열을 절연시키는데 사용하는 재료 즉 보온재 또는 열절연물로 나눌 수 있다. 이밖에 고온도(高溫度)에서 이와 같은 것을 지지 및 구축하는 재료 즉 내화물 또는 내화금속과 같은 내열재료 등이 있다.

1.4.1 발열체

간접식 저항가열에는 발열체(發熱體)가 필요한데, 발열체의 온도는 피열물의 온도보다 높아야 하기 때문에 발열체의 최고 사용온도는 반드시 가열온도보다 높아야 하므로 고온도에서도 안정성이 매우 커야 한다. 그러므로 발열체는 다음과 같은 구비조건을 갖추어야 한다.

① 내열성이 커야 한다. 즉 용융·연화·산화하는 온도가 높고, 산화막이 견고해야 한다.
② 내식성이 커야 한다. 즉 보온재, 내화물에 부식되지 않아야 한다.
③ 적당한 저항값을 가져야 한다. 즉, 저항율이 비교적 크고 온도계수가 작아야 한다.
④ 가공하기 쉬워야 한다.
⑤ 가격이 저렴해야 한다.

발열체는 금속 발열체와 비금속 발열체로 나누어지며, 이들의 중간에 속하는 규소화 몰리브텐 발열체로 분류된다.

(1) 금속 발열체

금속 발열체(金屬 發熱體, 또는 합금 발열체)로서는 니켈, 크롬계 합금과 철과 알루미늄을 사용한 철크롬계의 합금 발열체가 있다. 합금 발열체의 성분구성 및 사용온도는 표 1-4에 나타내었다.

표 1-4 합금 발열체의 구성성분 및 사용온도

구성	Ni [%]	Cr [%]	Al [%]	Mn [%]	C [%]	Fe [%]	기타 [%]	최고사용 온도[℃]
니크롬 1종	77~81	17~21	-	2.0이하	0.15이하	1.50이하	2.0이하	1,100
니크롬 2종	63~67	15~18	-	2.5이하	0.20이하	나머지	2.0이하	900
철크롬 1종	-	23~25	4~6	1.0이하	0.10이하	나머지	3.0이하	1,200
철크롬 2종	-	18~20	2~4	1.0이하	0.10이하	나머지	3.0이하	1,100

① **니크롬 1종** : 니크롬 1종은 고온도에서 연화되지 않고 강도가 크며 냉간가공이 쉬우며, 고온가열 후에도 강도가 변하지 않는다. 또한 황화성 가스를 제외한 어떤 가스에 대해서도 거의 침해받지 않기 때문에 고온용 발열체 재료로서 많이 사용되고 있다.

② **니크롬 2종** : 니크롬 2종은 니크롬 1종에 비하여 내산화성과 고온도에서 강도는 떨어지지만, 온도 950[℃] 이하의 발열체용이나 고온용 저항으로 적합하다.

③ **철크롬 1종** : 철크롬 1종은 주로 고온도 사용을 목적으로 한 것으로 내산화성이 크며, 니크롬에 비해 고온도에서 연화되므로 주의해야 하며, 냉간가공을 필요로 할 때가 있다. 고온도로 사용 후에는 가공이 어려우나 공업용 고온전기로의 발열체로서 사용하기 적합하다.

④ **철크롬 2종** : 철크롬 1종보다 냉간가공이 용이하지만 고온 사용 후에는 가공이 어렵고, 고온도에 의해서 연화되기 쉽기 때문에 주의가 필요하다.

(2) 순금속 발열체

순금속 발열체는 금속 발열체 이외의 금속 발열체로서 대개 용융온도가 높은 백금, 몰리브덴, 텅스텐, 탄탈 등이 주로 사용되며, 백금 이외의 금속은 보호 가스 또는 진공 중에서 사용한다. 표 1-5에 순금속 발열체의 특성에 관하여 나타내었다.

표 1-5 순금속 발열체의 종류 및 온도 특성

종류	용융온도 [℃]	저항율 [μΩ · cm]	보호가스 또는 진공에서 용융온도
백금	1,768	10.6(20[℃])	대기 중에선 용융온도 가까이 까지 안정
몰리브텐	2,610	5.0(0[℃])	수소, 아르곤, 헬륨 중에선 용융온도 근처까지 안정. 진공 중에서는 1,700[℃]까지 안정.
텅스텐	3,380	5.5(0[℃])	수소, 아르곤, 헬륨 중에선 용융온도 근처까지 안정. 진공 중에서는 2,000[℃]까지 안정.
탄탈	2,886	12.5(20[℃])	아르곤, 헬륨 중에선 용융온도 근처까지 안정.

(3) 비금속 발열체

① **탄화규소 발열체** : 탄화규소 발열체는 탄화규소(SiC)를 주성분으로 한 발열체로서 합금 발열체보다 높은 약 1,400~1,600[℃]정도의 고온에서 사용할 수 있으며, 전열선에 비하여 소형으로 될 수 있는 장점이 있다. 그러나 저항값이 낮은 것을 얻기 곤란하고, 연약하다는 것이 단점이다. 저항률은 0.1~0.25[Ω · cm]정도이다.

② **탄소질 발열체** : 탄소질 발열체는 탄소입자(krypton) 또는 인조흑연을 가공하여 사용한다. 탄소입자는 노에서 구운 탄소 또는 인조흑연 입자로서 지름이 약 2~8[mm]정도이다. 전기저항은 접촉저항에 의해 주로 결정되며, 그 외에 온도, 접촉압, 가스압 등에 의해 변화되지만 저항률은 약 0.5~6.0[Ω · cm]정도이다.

③ **산화물 발열체** : 산화물 발열체는 금속산화물로 내열성이 높고, 고온도에서 비교적 도전성이 좋은 것을 사용한다. 주로 주성분인 2산화지르코늄(ZrO_2)에 산화칼슘(CaO), 산화마그네슘(MgO) 및 산화이트륨(Y_2O_2)를 첨가하여 사용하고 있다. 이 발열체는 저항의 온도계수가 크고, 부특성이라 상온에서 저항이 크기 때문에 통전이 곤란한 점이 있으나, 통전의 불안정을 방지하기 위해 직렬 리액터를 사용하면 최고 2,000[℃]까지 사용할 수 있다.

④ **염욕 발열체** : 염욕 발열체(鹽浴 發熱體)는 염류를 이용하여 낮은 온도에서 용융하며, 높은 도전율을 나타내는 액체발열체로 사용하고 있다. 염류에 의해 피열물이나 노벽(爐壁)이 침식되지 않도록 해야 한다. 노내의 온도를 균일하게 할 수 있어서 금속의 열처리 등 균일하게 급속한 가열이 필요한 곳에 사용된

다. 발열체의 저항 온도계수가 부(−)특성이므로 통전할 경우 미리 염류를 용융하고 직렬 리액터를 사용하여 통전해야 한다.

(4) 규화 몰리브덴 발열체

규화 몰리브덴 발열체는 규화 몰리브덴($MoSi_2$)을 주성분으로 한 규화 몰리브덴 또는 몰리브덴(Mo)과 규소(Si)의 분말을 불활성 기체 중에서 소결(燒結)하여 만든다. 대기 중에서 비금속 발열체인 탄화규소 발열체보다 고온인 약 1,700[℃]에서 사용할 수 있다. 이 발열체는 내식성은 크지만, 상온에서는 충격에 약해 부서지기 쉽고, 고온에서는 연화되기 쉬운 단점이 있다.

1.4.2 절연 재료

(1) 단열재

단열재(斷熱材)는 열사용 효율을 높이기 위해 가능한 열전달을 잘하고, 동시에 열용량도 적당한 크기의 값을 가져야 한다. 즉, 급냉 또는 급열을 할 경우에는 열용량이 적은 것이 좋지만, 장시간 일정온도를 유지해야할 경우에는 열용량이 큰 것이 오히려 좋다. 이와 같이 열 절연에 사용하는 재료를 단열재, 열절연물 또는 보온재라고 한다.

절연체(絶緣體)의 절연저항은 보통 온도 상승과 더불어 감소하는 경향이 있지만, 좋은 절연체일수록 열을 많이 축적하여 온도가 상승하더라도 절연저항(絶緣抵抗)은 많이 감소되므로 전열에 사용되는 절연체의 종류는 한정되어 있다.

(2) 내화물

내화물(耐火物)이란 가열장치에서 열원과 열절연물 이외의 열원의 지지, 피열물의 지지, 용기 및 노체(爐體)의 구축에 필요한 것을 말하며, 내화물의 구비조건은 다음과 같다.

① 사용온도와 열간 하중에 충분히 견딜 수 있는 것.
② 내식성이 클 것.
③ 급열이나 급냉에 견딜 수 있는 것.
④ 열전도율, 체적비열이 작을 것.
⑤ 쉽게 구할 수 있고, 가격이 저렴할 것.

사용하는 내화물이 사용온도에 충분히 견딜 수 있으려면, 용해 연화온도가 높아야 하고 또한 내화벽돌과 피열물간의 화학작용이 생기지 않도록 주의해야 한다.

(3) 내열금속

노(爐)에 사용되는 내열금속은 고온에서도 기계적 강도가 커야 하며, 공기 및 각종 가스 중에서 산화, 부식 등에 강한 재료를 필요로 한다.

(4) 서 멧

서멧(cermet)은 금속과 비금속을 혼합하여 만든 내열재료로 세라믹스(ceramics)와 금속(metal)의 합성 용어이다. 서멧의 재료에 사용되는 세라믹스로는 화학주기율표의 Ⅳ, Ⅴ, Ⅵ족의 금속산화물, 탄화물, 규소화물, 붕화물 및 질화물 등의 분말에 코발트, 니켈, 철 등의 금속 분말을 넣어 혼합하여 수소, 진공 또는 적당한 보호가스 중에서 소결한 것이다.

세라믹스의 특징은 내열성, 내식성과 금속의 가소성, 기계적 강도를 동시에 가지고 있다는 것이다.

1.4.3 전극 재료

전기로(電氣爐)가 고온으로 될 경우 전류를 공급하는데는 내열성이 우수한 전극이 필요하며, 일반적으로 사용되는 전기로용 전극은 탄소질인 것을 사용하고 있다. 제강용 아크로와 같은 전류를 조절하기 위해 속도가 빠른 가동전극을 사용하는 곳에는 기계적 강도가 크고, 도전성이 우수한 인조 흑연(黑煙)전극을 사용한다. 일반적으로 전기로에 사용되는 전극의 구비조건은 다음과 같다.

① 전기 전도율이 클 것.
② 열의 전도율이 적을 것.
③ 고온에서 기계적 강도가 클 것.
④ 피열물과 화학작용이 일어나지 않고 침식되지 않을 것.
⑤ 가공이 용이하고 가격이 저렴할 것.

전극재료로서는 열손실을 적게 하기 위해 열저항은 크고, 전기저항이 적은 것이 좋으며, 일반적으로 흑연이 널리 사용되고 있다.

제 2 장

전기가열

전기로(電氣爐)의 가열방식에는 저항가열, 아크가열, 유도가열, 유전가열 방식이 널리 사용되고 있고, 그 외에 적외선 가열, 전자빔 가열, 레이저 가열, 초음파 가열 등이 있다. 표 2-1은 전기가열방식의 분류 및 원리와 용도를 나타낸 것이다.

표 2-1 전기가열방식의 분류

분류	원 리	용 도
저항 가열	· 주울 열 : 가열물에 직접 전류를 흘리는 직접통전식과 발열체로부터의 열전도에 의해 가열하는 간접식이 있다.	- 직접식 : 흑연화로, 저항용접 - 간접식 : 저항로, 염욕로
아크 가열	· 아크 열 : 전극사이에 공간에 전류가 흐를 때에 발생하는 높은 열에 의한 주울 열	아크로, 아크용접기
유도 가열	· 와전류손 : 도체에 자속이 발생하면 도체 속에 전압이 발생하여 유도되는 전류에 의한 주울 열	용접, 용해, 담금질, 열처리 가열
유전 가열	· 유전체손 : 전기적 절연물에 교번전계를 가할 때 물체 내부의 전기쌍극자의 회전에 의한 발열	비금속의 건조, 용접
적외선 가열	· 빛 : 적외선램프에서 발생하는 적외선 광에 의해 에너지를 전달	도료 건조
전자빔 가열	· 전자 충돌에 의한 가열 : 전계 속에서 전자가 가속되는 것을 이용하여 가속된 전자를 가열물에 충돌시켜 에너지를 전달	용해, 절단, 용접, 열처리

분류	원 리	용 도
레이저 가열	· 단일파장의 빛 : 유도방사에 의해 얻어진 단일파장의 빛을 렌즈를 이용하여 아주 작은 면적에 접합시키는 것.	절단, 담금질

전기로에 사용하는 전극은 아크를 발생시키거나 대전류를 통하도록 해야 하기 때문에 다음과 같은 조건을 만족하는 재료를 사용해야 한다.

① 열전도율이 높고, 도전율이 양호하며 전류밀도를 크게 얻을 수 있어야 한다.
② 고온에서도 기계적강도가 커야하며 열팽창계수가 작아야 한다.
③ 피열물에 의한 화학작용을 일으키지 않고 침식되지 않아야 한다.
④ 불순물이 낮아 산화나 소모가 적어야 한다.
⑤ 성형이 쉽고 가격이 저렴해야 한다.

이상과 같은 조건에 따라 현재 탄소전극과 흑연전극이 주로 사용되고 있다.

2.1 저항가열

2.1.1 저항가열의 원리

저항가열(resistance heating)은 피가열물(전기로 가열되지 않은 피열물)에 직접 전류를 흘려 피가열물 저항에 의해 내부에서 발생하는 주울 열을 이용하여 가열하는 방식이다. 그림 2-1과 같이 직접식과 간접식 저항가열 방식이 있다.

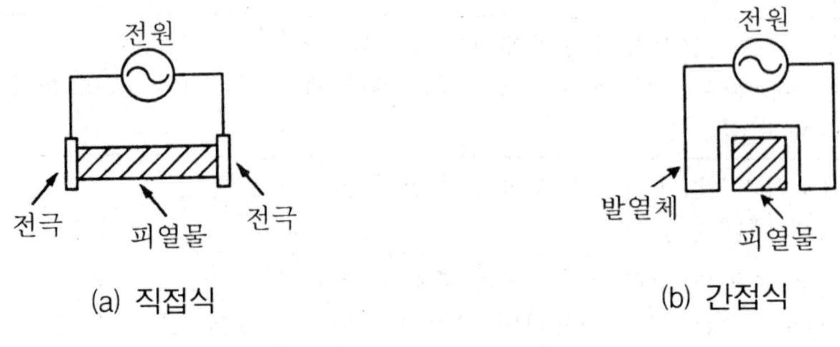

그림 2-1 저항 가열

직접식 저항가열(抵抗加熱)은 그림 2-1 (a)와 같이 니크롬선과 같은 발열체를 이용하여 피가열물에 직접 전류를 통전시켜, 그 내부에 주울 열을 발생시켜서 가열하는 방식이며, 간접식 저항가열방식은 그림 2-1 (b)와 같이 니크롬선과 같은 발열체에 주울 열을 발생시켜서 피가열물을 가열시키는 방식이며, 피열물에 열을 전달하는 방법으로는 전도, 대류, 복사가 있다.

2.1.2 전기로

(1) 직접식 저항로

직접식 저항로는 피가열물 자체에 직접 전류(電流)를 흘려서 가열하는 방식이다. 흑연화로(爐), 카보런덤로와 같이 횡형의 노(爐)와 지로식 전기로와 같이 종형의 노가 있다.

(가) 흑연화로

그림 2-2와 같이 무정형 탄소전극을 2,500[℃] 정도의 고온으로 가열하여 이를 흑연화 시키는데 이용되는 노(爐)이다. 그림과 같이 무정형 탄소전극의 주위에 코크스(탄소립)을 끼워 넣으면서 쌓아올리고 산화방지를 위해 윗부분은 코크스 입자로 덮는다.

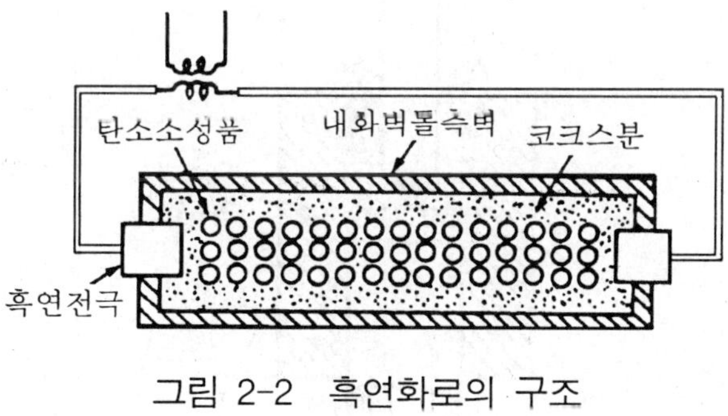

그림 2-2 흑연화로의 구조

(나) 카보런덤로

카보런덤로는 그림 2-3과 같이 노 중앙에 탄소립의 축심을 넣어서 이것을 줄 발열재로 사용하지만, 전류의 일부는 주위에 있는 원료측에도 흐른다. 모래와 코크스를 혼합하여 전류를 흘려 2,000[℃] 이상 가열하여 카보런덤(탄화규소)을 만든다.

$$SiO_2(\text{모래})+3C(\text{코크스})\rightarrow SiO(\text{카보런덤})+2CO$$

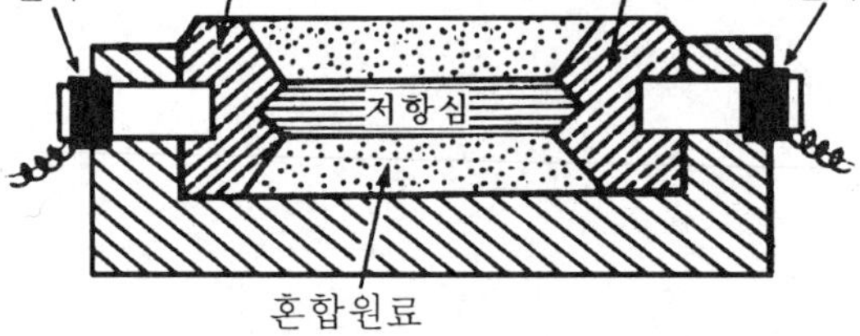

그림 2-3 카보런덤로의 구조

(다) 지로식로

지로식로는 노(爐) 바닥에 하나의 전극을 둔 단상 직접 가열식 저항로이다. 그림 2-4와 같이 B는 내화벽돌, C는 노 바닥전극으로 탄소 덩어리이다. 장진물 S는 점차 용융 정련되어 M에 모이게 되면, 출구 T로 유출하게 된다.

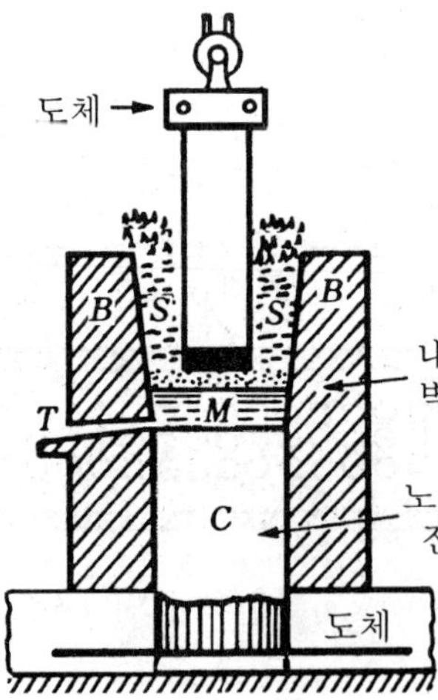

그림 2-4 지로식로의 구조

(라) 카바이드로

카바이드로는 그림 2-5와 같이 3개의 전극을 노의 상부에서 삽입하고, 용융 피가열물 속에 전극 끝을 담가 3상 교류를 피가열물에 통전하여 줄열에 의하여 가열하는 방법이다. 카바이드는 생석회와 석탄을 혼합하여 온도를 2,200[℃]까지 가열시키면 다음과 같은 반응으로 카바이드가 제조된다.

CaO(생석회+3C(코크스))→CaC_2(카바이드)+CO

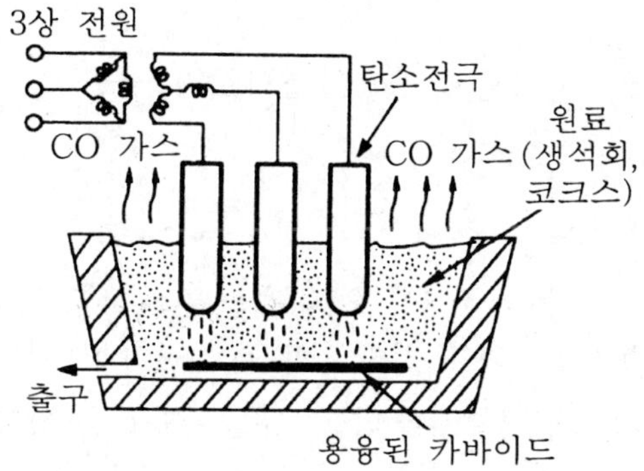

그림 2-5 카바이드로의 구조

(2) 간접식 저항로

금속 또는 비금속의 발열체에서 발생하는 열을 피열물(被熱物)에 전달하는 것으로 열은 주로 전도와 복사에 의해 전달된다. 저항로에는 철 크롬선, 니켈 크롬선 등의 저열선을 노안에 설치하고, 이것에 전류를 흘려 피가열물을 가열하는 방법이다.

(가) 발열체로

발열체로(發熱體爐)는 그림 2-6과 같이 발열체를 노벽에 설치하고, 열의 전도, 복사, 대류에 의해 피열물을 가열하는 방식이다. 발열체에는 금속발열체와 비금속발열체가 있다. 금속 발열체는 니크롬선, 철크롬선을 사용하여 약 1,000[℃]정도까지 가열되며, 비금속 발열체는 탄화규소를 사용하여 약 1,500[℃]정도까지 가열할 수 있다.

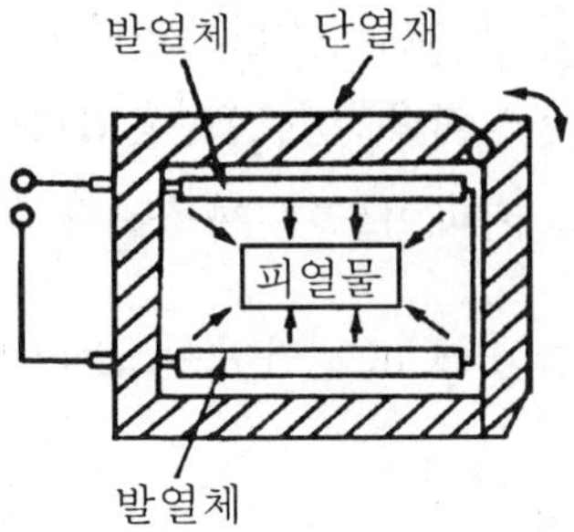

그림 2-6 발열체로의 구조

(나) 크리프톨(탄소립)로

크리프톨로는 그림 2-7과 같이 탄소와 점토를 혼합한 입상(粒狀), 즉 크리프톨을 전로(電路)의 일부분으로 하고 입자간의 접촉저항을 이용하여 고온을 얻는다.

탄소입자에 묻어 있는 전극으로부터 전류를 흐르게 하고 탄소입자에서 발생한 열의 전도나 복사에 의하여 시료(試料)를 가열하는 것으로서 약 1,000~2,000[℃] 범위의 온도까지 얻을 수 있다. 피열물은 탄소입자 중에 묻어 소성(燒成)하거나, 도가니 속에 넣어 용융하기도 한다.

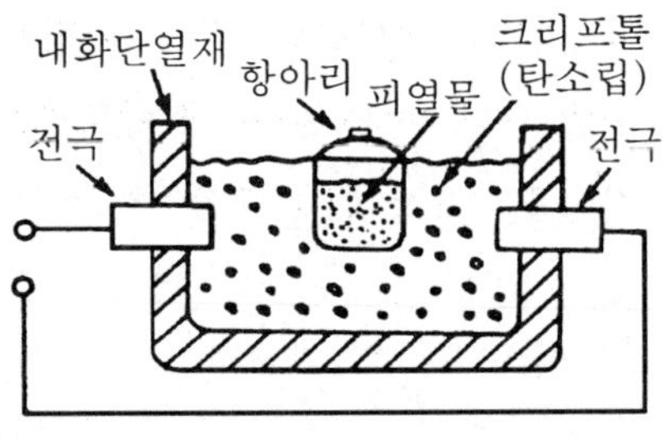

그림 2-7 크리프톨(탄소립)로의 구조

(다) 염욕로

염욕로는 그림 2-8에 나타낸 것과 같이 전극 사이에 설치한 용융염을 저항발열체로 하고 피가열물을 용융염 속에 잠기게 하여 가열하는 방식의 노이다.

이 노는 용융염 중의 가열이므로 온도가 균일하며, 급속(急速)가열을 할 수 있다. 또한 가열 중에는 공기와 접촉하지 않기 때문에 강이나 경합금의 담금질, 뜨임, 가열, 항온, 급열, 급냉 등에 사용된다.

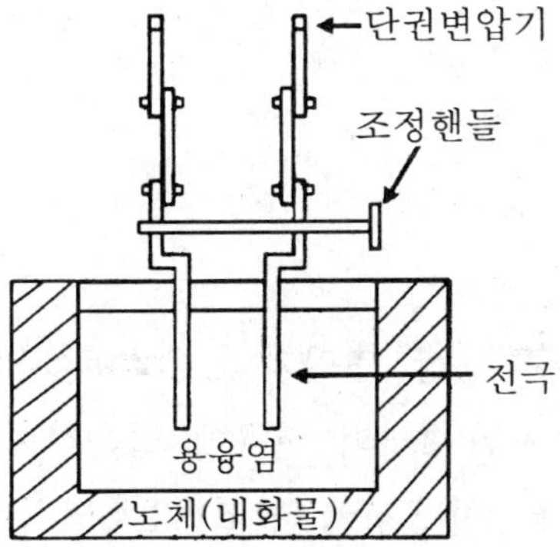

그림 2-8 염욕로의 구조

2.2 아크가열

2.2.1 아크가열의 원리

아크가열(arc heating)은 두 전극 사이에서 발생하는 고온의 아크열을 이용하여 피열물을 가열하는 방법으로 그림 2-9와 같이 직접식과 간접식으로 구분할 수 있다.

직접식 아크가열은 그림 2-9 (a)와 같이 전극의 한쪽이 피열물이고, 다른쪽이 노용 전극으로 구성되어 가열되는 아크열이 직접 피열물을 가열하는 방식이다. 간접식 아크가열은 그림 2-9 (b)와 같이 아크용 전극 두개로 구성되어, 전극 사이에서 발생하는 아크열을 이용하여 피열물을 가열하는 방식이다.

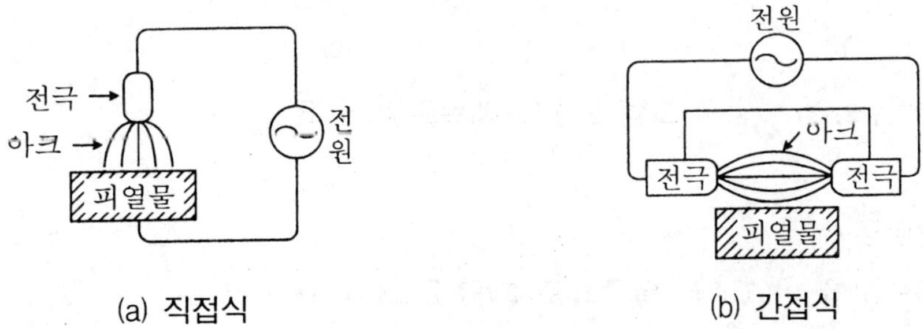

그림 2-9 아크 가열

2.2.2 아크로

(1) 직접식 아크로

(가) 에르로

에르로는 그림 2-10과 같이 3상 변압기의 2차 단자를 도체(導體)로부터 노의 뚜껑을 관통해서 노 내에 설치된 3개의 전극에 접속하여 전력을 공급하면, 전극에서 피가열물을 향하여 아크를 발생시켜 발열하는 방식이다. 주로 재료의 용해나 정련에 사용된다.

원료(原料)는 노의 뚜껑을 열고 넣으며, 용탕은 노 전체를 기울려 취출구로 꺼낸다. 통전 개시 직후는 스크랩 등의 원료에 아크를 날려 용해하기 때문에 단락(短絡)을 일으키기 쉬우므로 전극을 상하로 오르내림에 의해 전력을 조정한다. 원료가 용해하면 비교적 전류 변화 등은 안정되며, 전극의 오르내림은 완만해진다.

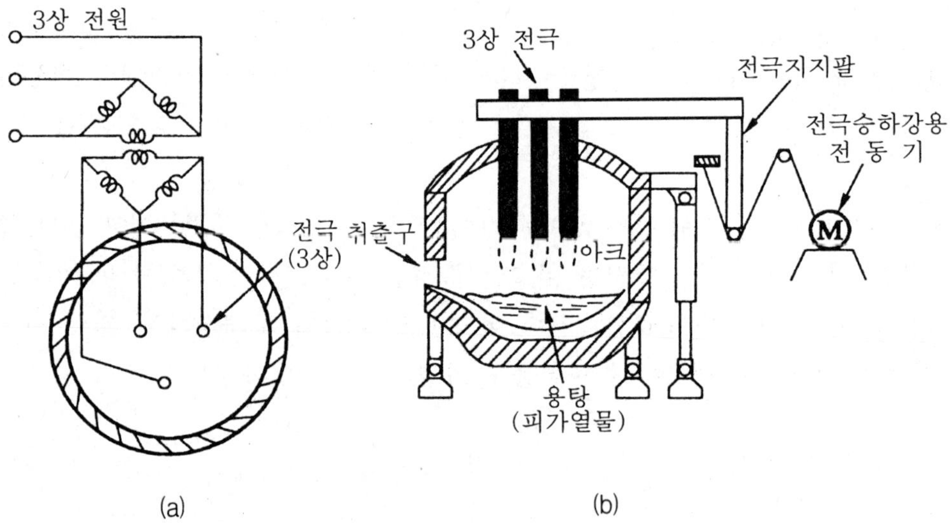

그림 2-10 에르로의 구조

(나) 쉔헤르로

쉔헤르로는 고압 아크로의 일종으로 그림 2-11과 같다.

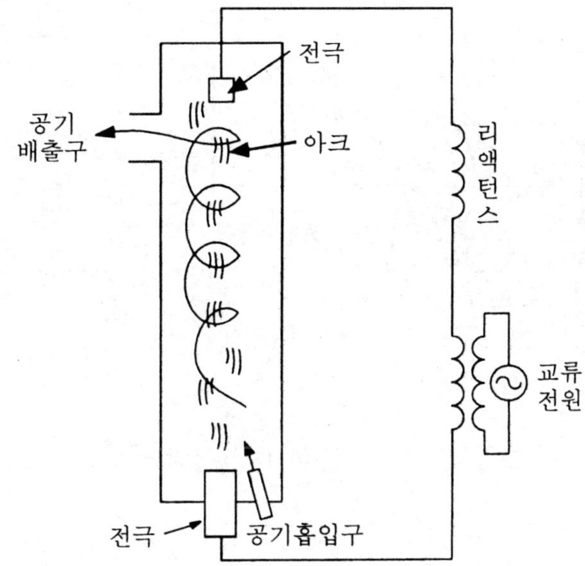

그림 2-11 쉔헤르로의 구조

그림에서 나선상으로 불어 올려가는 공기 중을 약 10[m]에 가까운 길이의 아크를 발생시키는 방식의 노(爐)이다. 이 노는 공기 중의 질소를 고정시켜서 초산을 제조하기 위해 사용된다. 산소와 질소의 혼합기체를 고온으로 가열하면 NO를 얻을 수 있으며, 산화한 NO 즉 NO_2를 물에 흡수시켜서 초산을 만든다.

(2) 간접식 아크로

요동식 아크로는 그림 2-12와 같이 노실이 거의 수평 원통모양으로 되어 있다. 노 중심에 전극을 서로 마주보게 설치하여 전극 간에 발생하는 아크열에 의하여 간접적으로 피가열물을 가열 용해(溶解)하는 방식이다. 원료는 원통면의 취출구로 넣으며, 용탕의 성분, 온도를 균일하게 하기 위하여 원통형의 노체는 전극을 중심으로 왕복 회전운동을 한다.

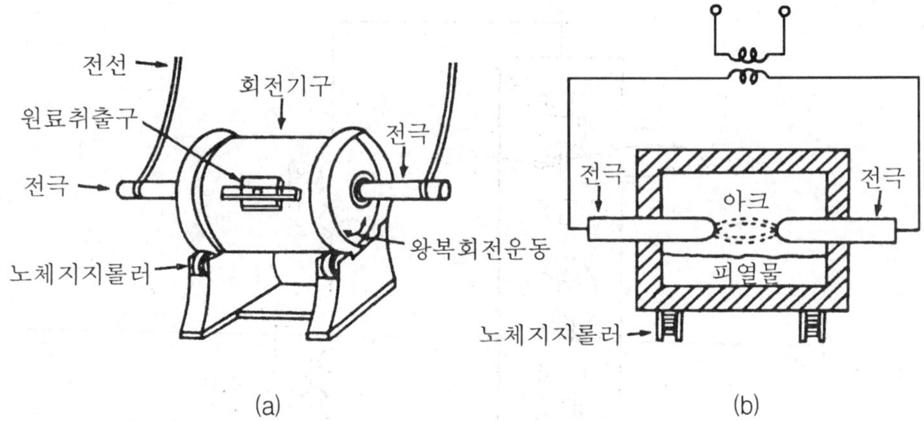

그림 2-12 요동식 아크로의 구조

2.3 유도가열

2.3.1 유도가열의 원리

유도가열(誘導加熱, induction heating)은 그림 2-13과 같이 코일 내에 도전성 피열물을 넣고 교류전압을 가하면, 코일에 흐르는 전류에 의해 도체 내에 교번자계(交番磁界)가 발생한다. 이 자속(磁束)의 변화에 따라 피열물 내에 와전류가 발생한다. 피열물은 와전류(渦電流)에 의한 주울 열 때문에 가열된다.

직접 유도가열은 그림 2-14 (a)와 같이 코일 내에 넣은 피열물 자체에 직접 유도 가열하는 방식으로 피열물은 반드시 도전성(導電性)을 가진 도체이여야 한다. 간접 유도가열은 그림 2-14 (b)와 같이 도전성인 용기 내에 피열물을 넣고, 용기를 유도 가열하여 그 열을 피열물에 가열하는 방식이다.

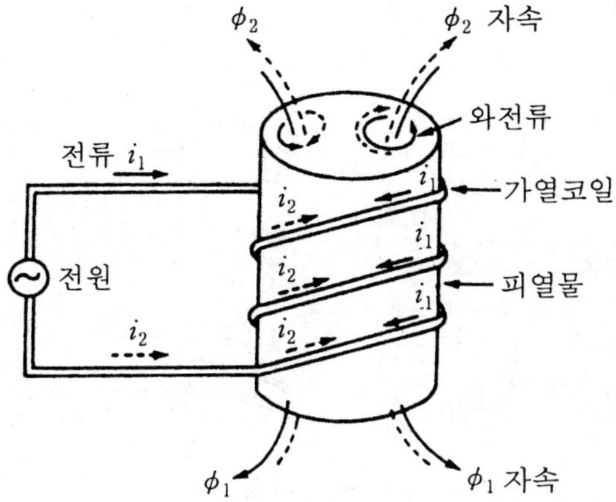

그림 2-13 유도가열의 원리

유도가열은 코일에 수 [kHz]에서 수 [MHz]의 고주파 전압을 가하는 경우가 많다. 일반적으로 60[Hz] 상용주파수의 전압을 사용하는 경우를 **저주파 유도가열**이라 하며, 상용주파수보다 높은 주파수의 전압을 사용하여 유도 가열하는 경우를 **고주파 유도가열**이라 한다.

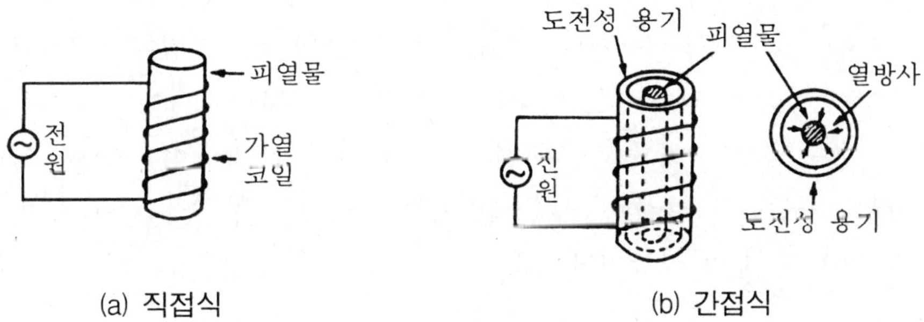

그림 2-14 유도 가열

유도가열은 전기로에 의한 금속의 열처리 및 용융, 금속변형에 의한 가열과 고강도 기계부품의 가공, 특수 포장분야, 인쇄공업, 섬유공업 등 산업현장에 많이 이용되고 있다.

(1) 금속표면의 담금질

기계부품 등에서는 그림 2-15와 같이 강재표면 근방의 박층막을 온도 800[℃] 정도로 상승시킨 후에 이것을 급랭시켜서 박층부의 경도를 증가시키는데 이것을 표면 담금질이라 한다.

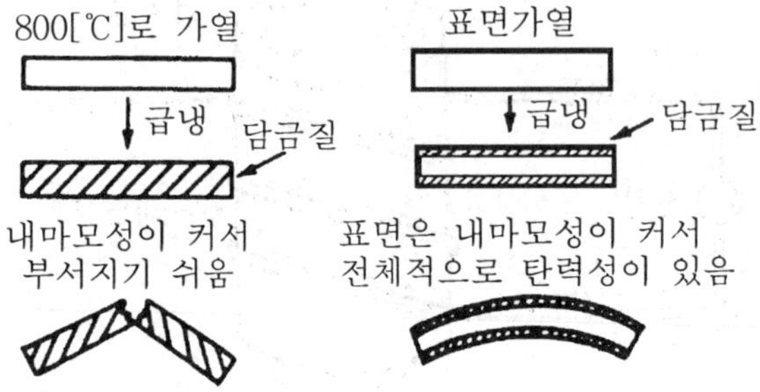

그림 2-15 금속의 담금질

표면 담금질에 고주파 유도가열이 이용되고 표면 담금질 경화층의 깊이는 주파수, 전력밀도, 가열시간에 의해 변화시킬 수 있으며, 주파수는 10[kHz]~3[MHz] 대역이 사용한다. 이중에서 50[kHz]~400[kHz] 전후의 주파수가 많이 이용되고 있다.

(2) 가전제품에 응용

가전제품(家電製品)에 대표적으로 응용되고 있는 것이 그림 2-16과 같이 전자조리기와 전기취사기를 들 수 있다. 그림 2-16을 보면 가열코일에는 20~50[kHz]의 고주파 전원이 공급되어, 톱 플레이트 위에 설치된 냄비 바닥에 맴돌이 전류가 유기되도록 하여 냄비 자체를 가열하게 된다. 또한 누설자속이 외부로 유출되는 것을 방지하기 위해 가열코일 하부에 페라이트 코어가 설치되어 있다. 냄비는 철, 스테인레스, 법랑제 등이 사용된다.

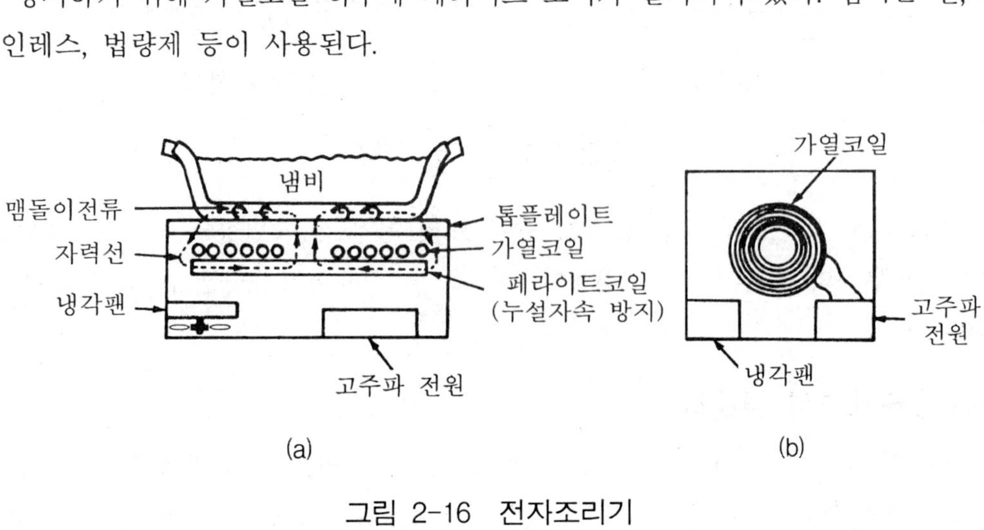

그림 2-16 전자조리기

2.3.2 유도로

(1) 도가니형 유도로

도가니형 유도로는 그림 2-17과 같이 도가니 속의 용해 금속은 유도전류(誘導電流)와 자계(磁界)의 전자력에 의해 용탕이 잘 교반된다. 유도코일 주위의 철심은 누설 자속을 작게 하기 위하여 사용하고 있다. 피가열물이 비도전성 재료일 때는 도가니 자신을 도전성의 흑연으로 만들지만, 일반적으로 도가니는 내화재료로 만들고 그 바깥측에 빙랭식 코일을 에워싼다.

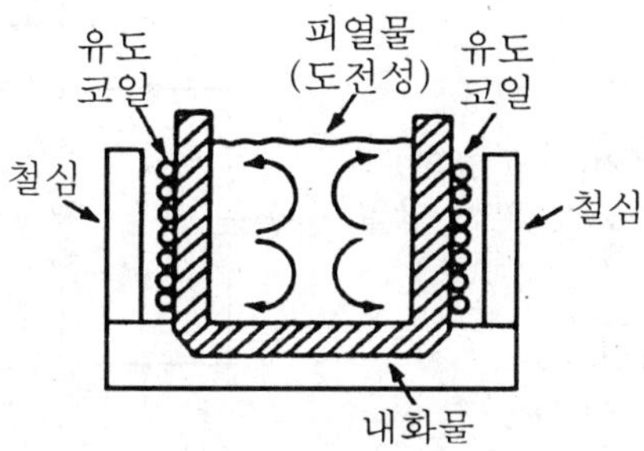

그림 2-17 도가니형 유도로

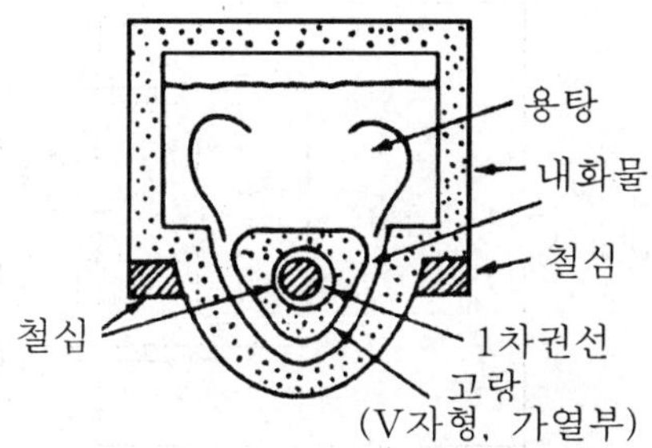

그림 2-18 고랑형 유도로

(2) 고랑형 유도로

고랑형 유도로는 그림 2-18과 같이 폐로 철심에 1차 코일을 감고, 2차 단락회로를 용탕 자체로서 변압기(變壓器)와 같은 모양의 원리로 용탕에 전류를 흘려 가열하는 방식이다. 철심을 둘러싸는 내화물에는 V자형의 홈이 있고, 이 중에서 용탕이 교반되면서 가열되는 것으로 효율이 좋고 역률도 비교적 좋은 편이다.

고랑형 유도로는 기동시 용탕이 필요하며, 항상 잔탕이 필요하기 때문에 노를 비워두면 안 된다. 고랑 내부는 용탕으로 가득 채울 필요가 있으며, 간헐 운전과 용해 때마다 피열재료가 변화하는 운전에는 적당하지 않다. 그러나 고랑이 언제나 용탕으로 가득 차 있기 때문에 전기적으로 일정한 임피던스 역할을 한다. 또한 전기효율이 높아 용해온도가 낮은 비철금속(황동, 아연 등)의 용해, 주철의 보온에 이용되고 있다.

2.4 유전가열

유전가열(誘電加熱)은 그림 2-19와 같이 평형평판 전극사이에 고무나 목재와 같은 유전체(절연체)를 삽입하고 고주파전압을 인가하면 그 내부에 유전체손이 생긴다. 이것은 유전체 중의 분자가 전기적으로 +, −의 전기쌍극자로 구성되어 있으므로 교번 전계 안에서 이 유전체내에 존재하는 전기쌍극자가 회전운동을 일으키기 때문에 분자 간의 마찰로 유전체내에서 발열작용이 발생한다. 이때 발생하는 열이 피열물을 가열하는데 사용하는 것이 유전가열이다.

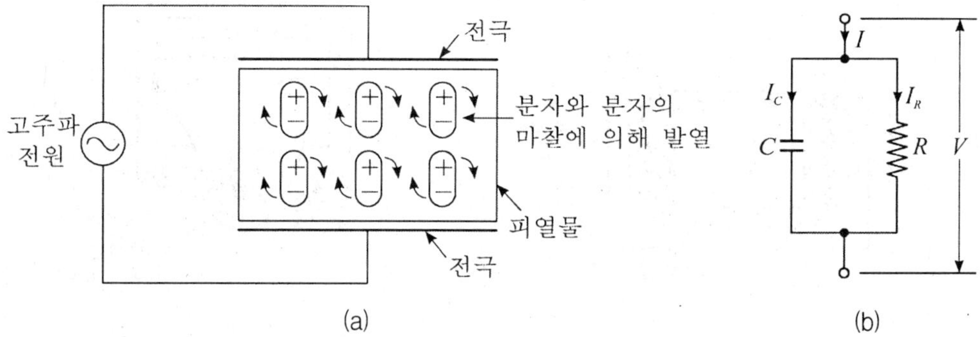

그림 2-19 유전가열의 원리와 등가회로

유전가열의 발열량은 유전체(誘電體)의 비유전율, 주파수에 비례하고, 전계세기의 제곱에 비례한다. 유전가열에는 1~200[MHz]의 주파수를 사용하는 고주파가열(高周波加熱)로 이것을 일반적인 유전가열이라 하며, 주파수 300[MHz]~30[GHz]의 대역을 사용하는 것을 마이크로파 가열이라 한다. 전자레인지는 주파수 2,450[MHz]를 사용한다.

유전가열의 특징을 살펴보면 다음과 같다.

① 열이 피열물 내에서 발열하므로 균일한 가열이 가능하고, 표면 가열의 우려가 없다.

② 전계세기, 주파수의 적절한 선택에 의해 단시간에 가열 및 피열물의 특정 부분을 선택하여 가열할 수 있다.

③ 온도상승이 신속하고 온도제어도 쉽다.

④ 전파의 누설에 의해 통신장해가 발생할 수 있다.

(1) 목제공업에 응용

유전가열은 내열가열과 선택가열 작용을 이용하여 목제의 건조(乾燥)와 접착(接着)에 응용되고 있다. 그림 2-20은 합판의 건조 접착에 유전가열을 이용하는 일례를 나타내었다. 유전가열에 사용하는 주파수는 4~27[MHz]이며, 출력은 3~30[kW]가 사용된다.

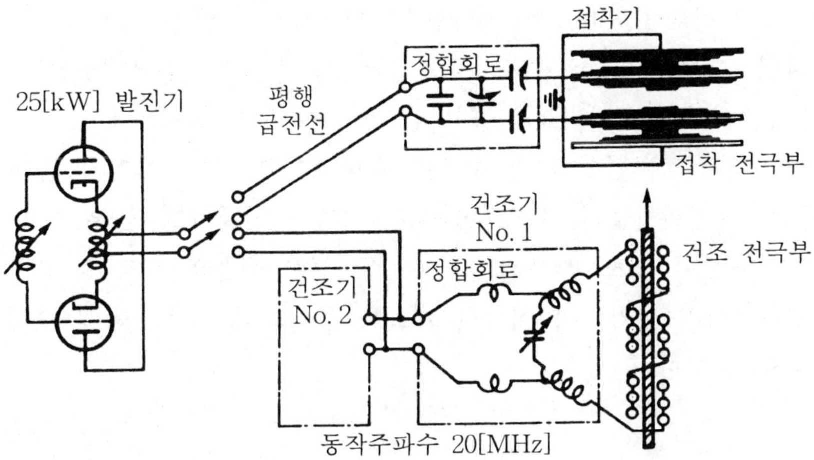

그림 2-20 합판의 건조 접착을 위한 유전가열 계통도의 일례

(2) 합성 수지류의 열처리

열변화성 플라스틱의 성형가공과 염화비닐의 봉합, 접착 등에 이용되고 있다. 고주파 재봉틀과 고주파 용섭기는 모두 열가소성이 있는 염화비닐 등의 박막을 2매 이상 포개서 접합부를 연화점 이상으로 가열하면서 압력을 주면 그 부분이 융착된다.

(3) 식품에 응용

대표적으로 이용하는 것이 냉동품의 해동(解凍)으로 2,450[MHz]의 마이크로파를 사용하는 전자레인지를 이용하여 그 속에서 식품을 가열 및 해동한다. 그 외에 고무의 가황, 주물의 사형소성, 약품, 농수산물의 건조가공, 변압기 등의 절연물의 건조 처리 등에 이용되고 있다.

2.5 적외선 가열

2.5.1 적외선 가열의 원리

적외선 가열(赤外線 加熱)이란 그림 2-21과 같이 적외선전구를 이용하여 가열된 에너지를 복사(방사)만으로 가열물에 전달하는 방식이다. 적외선(赤外線)도 전자파의 일종으로 파장이 0.75[μm]~1[mm] 범위의 광선을 말한다. 적외선을 파장에 따라 분류하면, 파장이 4[μm] 이하는 근적외선(近赤外線), 4~25[μm]는 적외선, 파장이 25[μm] 이상을 원적외선(遠赤外線)으로 구분하고 있다.

근래에 들어 원적외선에 대한 이용이 활발해지고 있다. 이것은 플라스틱, 식품, 유기용제 등 유기화합물의 흡수율이 높은 파장과 일치하고, 높은 가열 효율을 얻을 수 있기 때문이다. 또한 건조, 가공, 살균 등은 식품의 색과 향기, 맛을 손상시키지 않는다. 적외선 가열에 적합한 재료는 플라스틱, 도료, 목재 등의 유기재료, 세라믹, 식품 등이다.

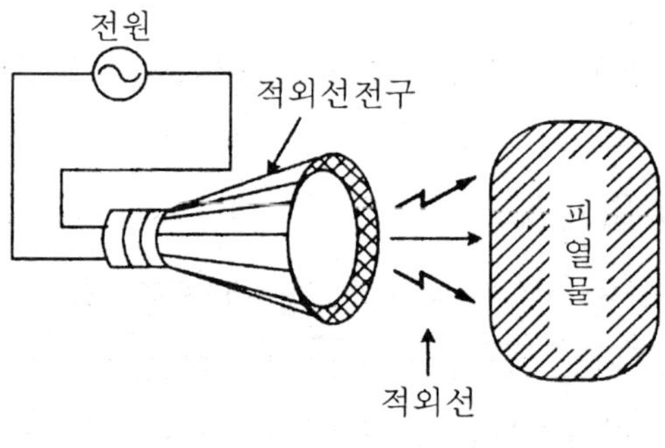

그림 2-21 적외선 가열

2.5.2 전외선 건조

적외선 건조(赤外線 乾燥)는 열원으로 적외선 전구를 이용한다. 이 적외선 전구의 복사에너지에 의하여 피건조물을 가열, 건조하는 방법이다. 용도로는 공업용 건조기, 페인트 도장 건조기, 인쇄용 건조기, 난방용 등의 있다. 적외선 건조는 두께가 얇은 재료에 적합하며, 주로 섬유, 도장 관계에 사용되는 제지, 피혁, 약품, 식품 등의 건조에 사용된다.

(1) 적외선 전구

적외선 전구(赤外線 電球)는 복사에너지를 피가열물에 집중시키기 위해 유리구를 특수형으로 제작하고, 전구의 배면에 알루미늄을 진공 증착하여 반사면으로 사용한 것이다.

전구의 필라멘트 온도는 2,200~3,200[K] 정도이며, 건조에 유효한 파장은 1~4[μm](이파장 이상은 원적외선으로 유리구에 의해 흡수), 수명은 5,000~10,000[h] 정도이다. 그림 2-22는 R형과 관형 적외선 전구의 구조를 나타낸 것이다.

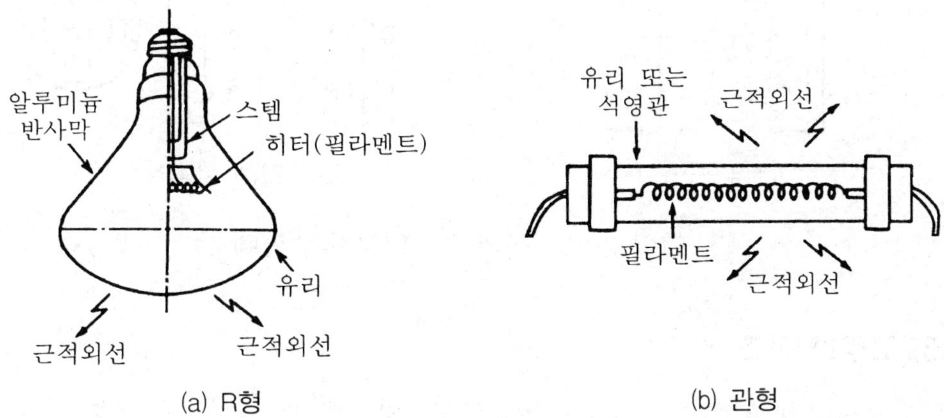

그림 2-22 적외선 전구

(2) 적외선 건조로

적외선 건조에 사용되는 적외선 전구를 유닛이라 하며, 이것을 단독으로 사용하는 경우도 있지만, 몇 개의 유닛을 합쳐 한 개의 블록으로 사용한다. 그림 2-23과 같이 유닛으로 건조로 또는 가열로의 면을 형성하는 것을 뱅크(bank)라 한다. 뱅크는 사용에 따라 그림 2-23과 같이 여러 종류가 있다.

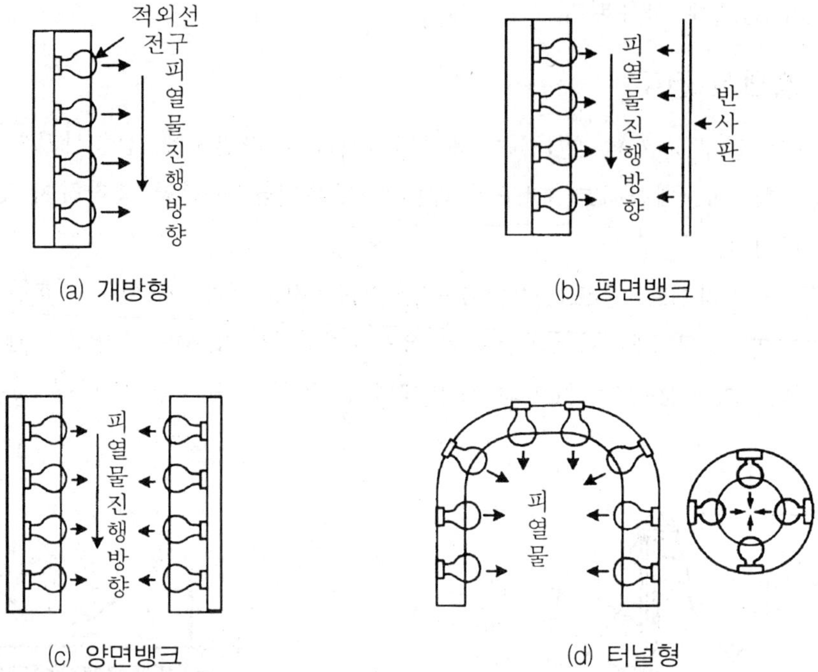

그림 2-23 적외선 가열장치의 형태

(3) 고주파 건조

고주파 건조(高周波 乾燥)는 고주파 유전가열을 이용한 것으로 주로 목재 건조, 합판의 접착 건조, 약품의 건조 등에 많이 이용된다. 그 외에 고무의 가황이나 비닐용품의 복합 또는 접착 등에 사용되기도 한다.

2.6 전자빔 가열

전자(電子)가 외부의 전계에 의해 에너지를 받으면 이동속도가 빨라지고, 이동속도가 큰 전자는 큰 에너지를 가지고 있다. 이러한 큰 에너지를 가진 전자가 피열물에 충돌시키면 전자가 보유하고 있던 에너지를 피열물에 방출한다. 이와 같이 전자적으로 전자를 집중시킨 것을 전자빔이라고 하고, 보다 높은 전자빔을 이용한 것을 전자빔 가열이라 한다. 그림 2-24는 전자빔을 이용한 용접의 일례를 나타내었다.

전자빔 가열은 진공도가 $10^{-4} \sim 10^{-5}$[mmHg] 정도의 진공 중에서 밀도가 높고,

방향성이 좋은 전자빔을 시료에 조사하는 것으로 섬유, 용접, 용해 및 증발, 가열가공에 사용하는 것이다. 또한 지름이 10[μm] 이하의 작은 구멍을 뚫을 수 있어, 시계나 계기용 보석 베어링가공, 전자부품의 가공, 원자로용 연료피복의 용접, 텅스텐 및 몰리브덴 등의 진공용해 또는 진공증발 등에 사용되고 있다.

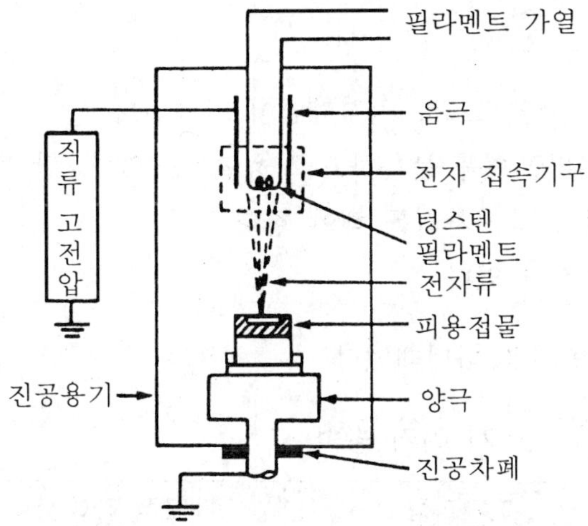

그림 2-24 전자빔 가열

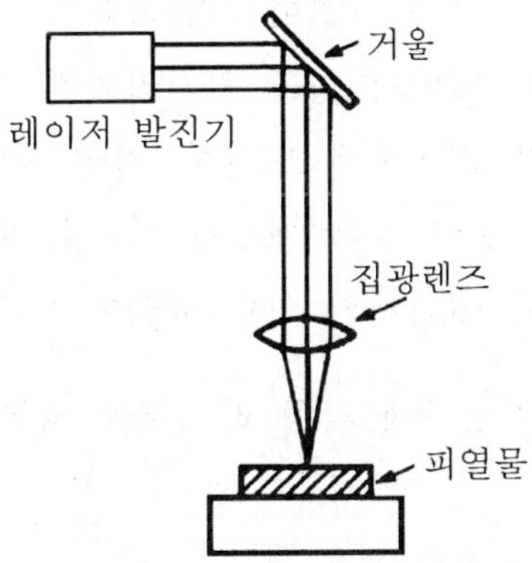

그림 2-25 레이저 가열

2.7 레이저 가열

레이저(laser)는 유도방출에 의한 광을 발진(發振) 혹은 증폭(增幅)시키는 장치를 말하는 것으로 단일 파장의 적외선을 말한다. 레이저는 여러 파장을 가진 빛을 어떤 물질에 쏘이면, 그 물질에서 단일(單一) 파장의 빛이 발생한다. 레이저는 단일파장이기 때문에 그림 2-25와 같이 광을 렌즈로 집속하면 10^{12}[W/cm^2] 정도의 전력밀도를 얻을 수 있으며, 집속직경은 약 2~3[μm] 정도이다.

레이저 가열을 열원으로 이용하는 기계분야에서는 절삭, 용접, 용단, 표면처리 등에 사용되고 있으며, 의료분야에서는 전기메스로 수술에 응용하고 있다. 그 외에 통신, 계측분야에 응용이 추진되고 있다. 레이저 가열의 특징을 살펴보면 다음과 같다.

① 레이저는 단색광이므로 자연광에 비해 집광을 작게 할 수 있으며, 높은 에너지 밀도를 얻을 수 있다.
② 일반 대기 중에서 가열하므로 전자빔과 같이 진공이 필요하지 않다.
③ 레이저의 전력밀도와 조사 범위를 광범위하게 제어할 수 있다.
④ 미소 부분에도 집광이 가능하므로 열의 변질이 적은 가공이나 미세가공을 할 수 있다.
⑤ 고속 가열이 가능하다.
⑥ 레이저 빔을 원거리까지 전반할 수 있으므로 원격가공이 가능하다.
⑦ 피열물은 도전성, 자성, 금속 및 비금속을 불문하고 사용할 수 있다. 단 반사율이 높은 재료를 사용할 때는 반사 방지처리를 해야 한다.
⑧ 에너지의 변환 효율이 낮다는 결점이 있다.

표 2-2에 각종 레이저에 따른 여기방법을 나타내었다.

표 2-2 각종 레이저 여기 방법

종류	여기방법	여기과정	대표적 레이저
고체 레이저	광 레이저	광의 흡수	루비레이저 Nd : Yag 레이저 Nd : Class 레이저 Ti : Sapphire 레이저
기체 레이저	방전	전자와의 충돌	He^{-}Ne 레이저
중성원자		여기원자와의 충돌	Ar^{+} 레이저
이온원자		전자와의 충돌	Kr^{+} 레이저
	전자빔	분자, 원자와의 공명충돌	N^2 레이저
분자		전자와의 충돌	CO^2 레이저
	기체운동 역학	열에너지	엑시머 레이저
액체 레이저	광 레이저	광의 흡수	색소 레이저
반도체 레이저	전류	전자, 정공 주입	GaAs 레이저
화학 레이저	광화학반응 방전	광해리, 열분해	HF 레이저

제 3 장

전기용접

용접(鎔接, welding)이란 분리되어 있는 금속과 금속의 일부 혹은 전체를 가열 혹은 가압하든가 또는 이들 조작을 동시에 행하여 금속류를 단단히 접속시키는 공작법을 말한다.

전기용접(電氣鎔接)이란 전기 에너지를 이용하여 접합부를 가열하는 방식을 말한다. 용접법은 형태별로 용접, 압접, 납접의 세 종류로 분류되며, 가열 방식에 따라 저항용접, 유도용접, 아크용접 등으로 나눌 수 있다.

3.1 저항용접

저항용접(抵抗鎔接, resistance welding)이란 용접하고자 하는 금속면에 전류를 흘려보내면 접촉저항(接觸抵抗)에 의해 발생하는 줄열을 이용하여 용접에 적당한 온도로 가열하고, 접촉면을 가압(加壓)해서 용접하는 방법이다.

3.1.1 중첩 저항용접

(1) 스폿 용접(spot welding)

그림 3-1과 같이 두 용접물을 겹쳐놓고 봉상 전극으로 가압하면서 전류를 흘려 점상(點狀)으로 용접하는 방법이다. 점용접(點鎔接)이라고도 불리며, 주로 얇은 판을 용접할 때 많이 사용한다.

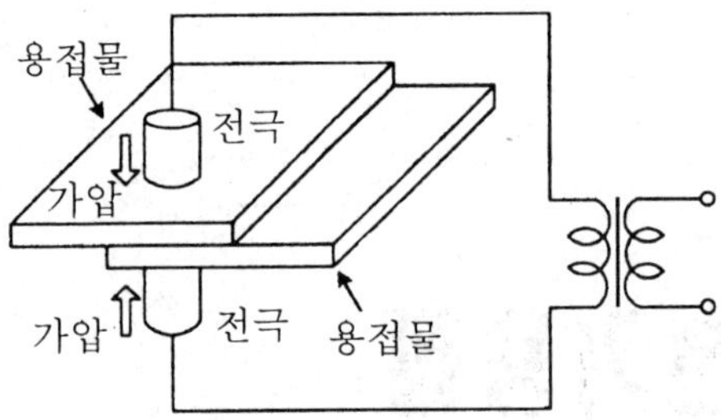

그림 3-1 스폿 용접

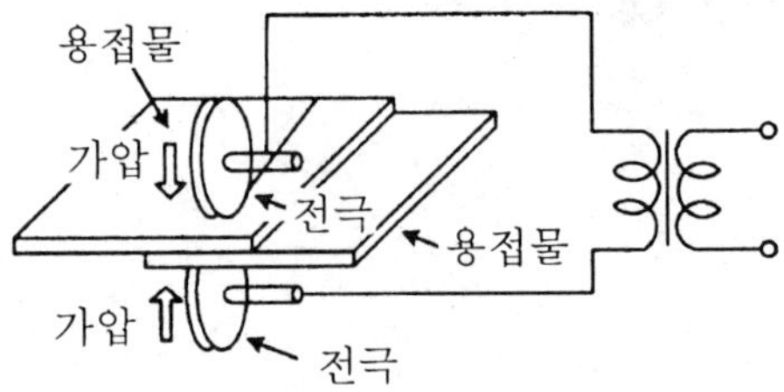

그림 3-2 심 용접

(2) 심 용접(seam welding)

그림 3-2와 같이 용접물 용접에 한 쌍의 회전원판 전극을 사용하여 연속적으로 스폿트 용접하는 방법이다. 접합부를 통해 액체 또는 기체 등이 새어나오면 곤란한 기밀용접에 많이 사용되고 있다. 이음매용접이라고도 한다.

(3) 프로젝션 용접(projection welding)

프로젝션이란 돌기(突起)를 말하는데, 그림 3-3과 같이 용접물에 돌기를 만들거나, 가공시에 만들어지는 울퉁불퉁한 부분과 에지에 전류를 집중시켜 용접하는 방법이다. 사용되는 전극은 평판대평판 전극을 사용하며, 다점 동시 용접이 가능하며 왜곡을 작게 할 수 있다.

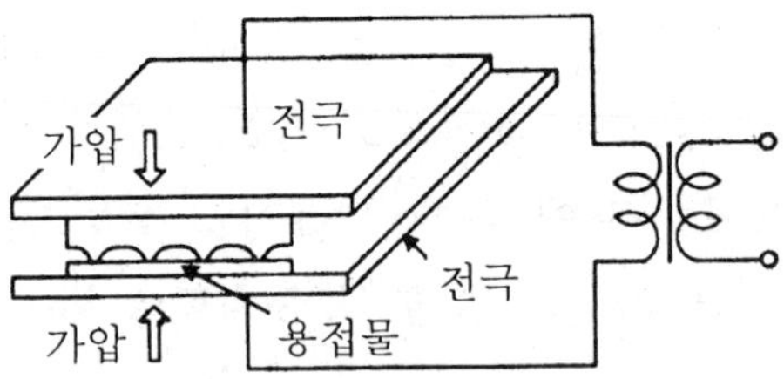

그림 3-3 프로젝션 용접

3.1.2 맞대기 저항용접

(1) 버트 용접(butt welding)

그림 3-4와 같이 두개의 용접물을 맞대어 가압하면서 동시에 전극으로 전류를

흘려 발생하는 줄열과 가압에 의해 용접하는 방법이다. 전선공장에서 강선과 동선 등과 같은 연속선의 가공에 많이 사용되고 있다.

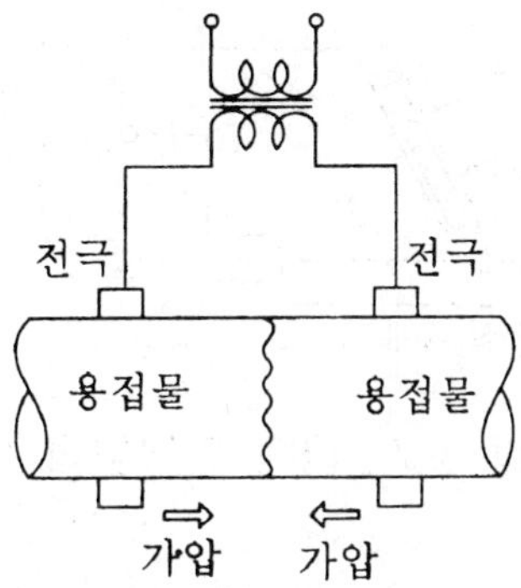

그림 3-4 버트 용접

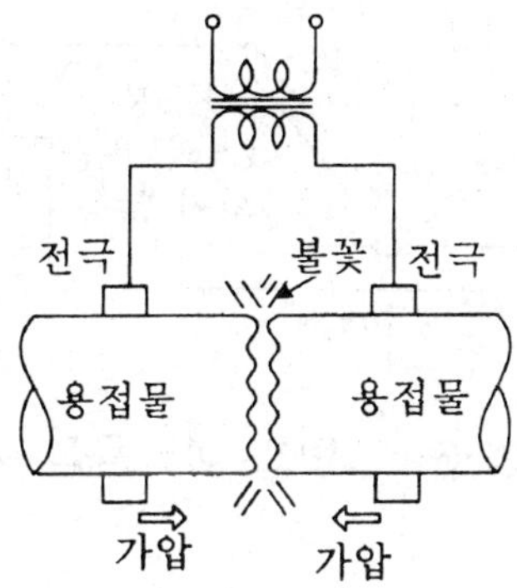

그림 3-5 플래시 용접

(2) 플래시 용접(flash welding)

그림 3-5와 같이 버트 용접하는 두 금속면 사이에 불꽃을 발생시켜 용접하는 방법이다. 용접의 강도와 신뢰성이 높아 레일의 장대화, 자동차에서의 스티어링, 샤프트 등의 용접에 많이 이용되고 있다.

3.2 아크용접

아크용접은 용접해야 할 금속 모재(母材)와 용접봉인 전극 사이에서 발생하는 아크열에 의해 금속을 가열하여 용융 접합하는 것으로 아크발생 형태, 즉 용접봉 전극이 탄소나 텅스텐과 같이 대부분 녹지 않고 모재만 녹는 탄소 아크용접과 용접봉 전극이 녹아서 모재 쪽으로 흘러가서 용착되는 금속 아크용접이 있다.

탄소 아크용접은 그림 3-6과 같이 용접모재와 탄소 전극 사이에 아크를 발생시켜 모재의 용접부를 용융시킴과 동시에 모재와 동종(同種)의 용접봉을 용입하는 방법이다. 주로 주물의 수리와 금속의 절단에 많이 이용된다.

금속 아크용접은 그림 3-7과 같이 용접봉 전극과 용접모재 사이에 아크를 발생시켜 용접을 시행하는 방법으로 가장 많이 사용하고 있다. 금속 아크용접의 용접봉에는 피복제(被覆劑)가 도포되어 있다. 이것은 아크열로 분해하여 아크를 안정시키고, 발생되는 가스 또는 슬래그에 의해 용융금속을 대기로부터 차폐하여 산화(酸化)와 질화(窒化)를 방지하기 위해서이다.

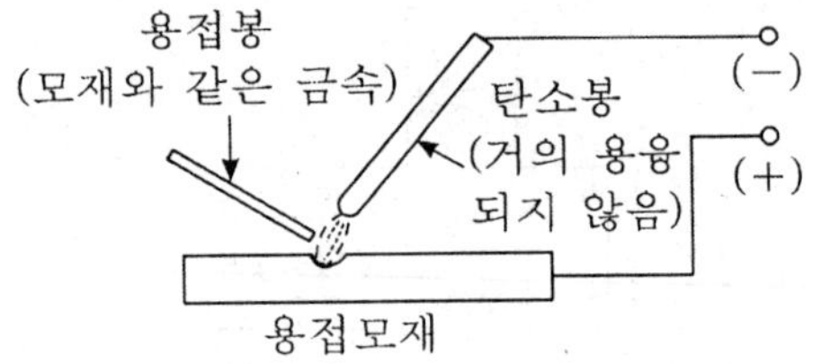

그림 3-6 탄소 아크용접

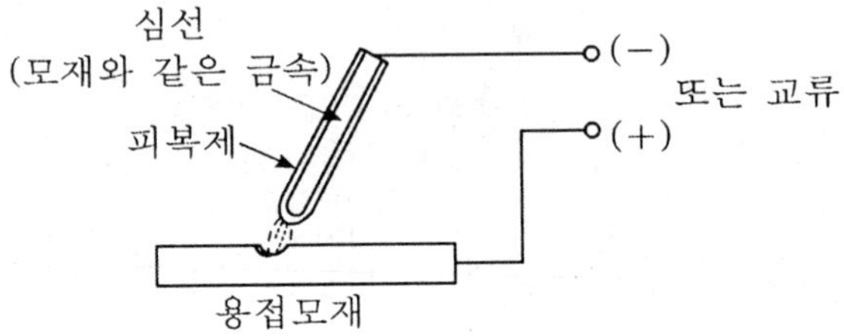

그림 3-7 금속 아크용접

사용 전원은 탄소 아크용접인 경우는 직류를, 금속 아크용접의 경우에는 직류와 교류 모두 사용한다. 단, 직류전원을 사용할 경우에는 전극측을 마이너스(−)로 하여 사용해야 한다. 용접전원의 전류(電流)와 전압(電壓)의 관계를 그림 3-8에 나타내었다.

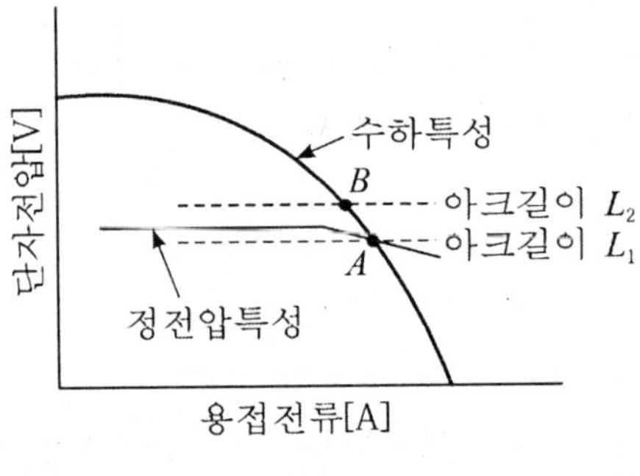

그림 3-8 용접전원의 수하 특성

그림 3-8에서 아크용접에 있어서 아크길이가 작업자의 손 흔들림 등에 의해 L_1에서 L_2로 변했을 때, 동작점은 A점에서 B점으로 이동하고, 작은 전류의 변화에 의해서도 아크를 지속할 수 있다. 만일 정전압(定電壓) 특성의 전원이라면 아크 유지에 필요로 하는 전압이 공급되지 않으므로 소멸해 버린다.

아크용접은 고열과 강한 자외선 및 적외선을 동반하여 방사하기 때문에 용접용 보호면과 보호 장갑, 앞치마(에이프론), 안전구두 등의 보호 장구로 보호하고 배기에 주의해야 한다.

3.3 초음파 용접

3.3.1 초음파 용접의 특징

초음파 용접(超音波 鎔接)은 그림 3-9에서 보듯이 팁과 앤빌 사이에 용접하고자 하는 두 장의 금속을 넣고, 적당한 압력을 가하면서 평행하게 초음파 진동(振動)을 주면 두 장의 금속은 접합하게 된다. 이때 외부에서의 가열이나 금속에 전류를 흐르게 할 필요는 없지만, 이 과정에서 접합부의 온도는 융점(절대온도)의 30~50[%] 정도까지 상승된다고 한다. 그러므로 고체상태 그대로 접합이 일어나며, 이 온도는 표면확산이나 표면층의 융해가 일어나는 온도와 거의 같게 된다.

초음파 용접의 특징을 살펴보면 다음과 같다.

① 초음파 진동에 의하여 표면의 산화피막 또는 흡착층이 파괴될 수 있으므로 냉간압접이나 전기 저항용접에 비해 표면의 전처리는 간단해서 좋다.
② 냉간압접 등에 비해 가압 하중이 적어 변형이 적다.
③ 외부 가열이 필요하지 않다.
④ 고체상태에서 용접하므로 열적 영향이 적다.
⑤ 서로 다른 금속의 용접도 가능하다.

3.3.2 초음파 금속 용접

초음파 금속 용접장치는 그림 3-9에 나타낸 것과 같이 스폿용접, 심용접 및 링 용접의 세 종류가 있다. 어느 방법이나 초음파 발진기, 초음파 진동계, 팁(tip), 앤빌 및 가압장치로 구성되어 있다.

초음파 발진기에서 발생한 전기 진동에너지는 자기력(磁氣力) 또는 전기력(電氣力) 진동자에 의하여 기계적 진동에너지로 변환되어 코온(콘) 또는 호온(혼)에 의하여 부하와의 기계 임피던스 정합이 이루어진다. 횡진동봉(팁 포함), 원판 팁, 나사형 진동봉도 각각 공진하도록 크게 설계되어 있다.

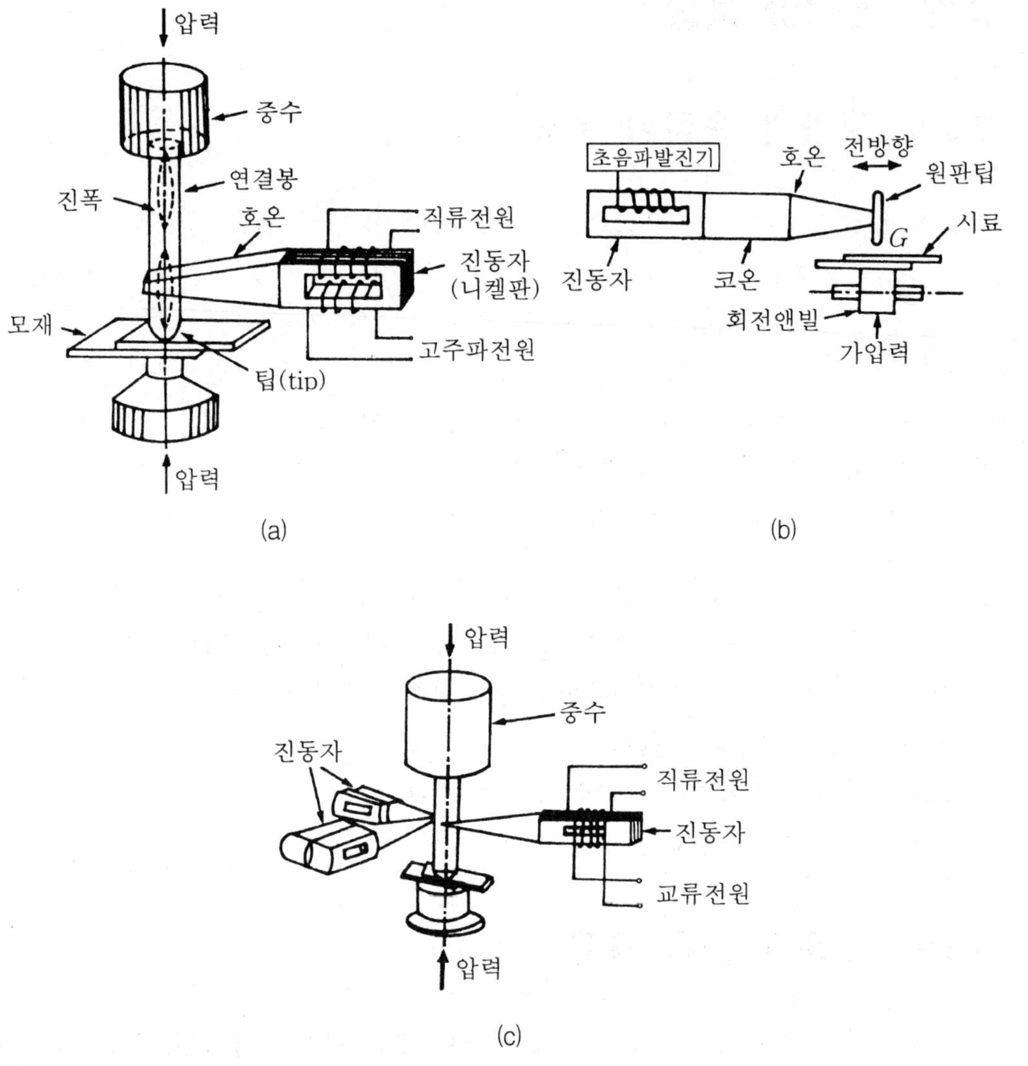

그림 3-9 초음파 용접기

초음파 출력 및 가압력은 피용접물의 재질, 두께 및 강도 등에 의하여 결정되며, 판 두께가 두껍고 단단한 재질일수록 커야 한다.

초음파 진동자의 효율을 좋게 하기 위해서는 그 단면적이 1/4파장 이상으로 크게 할 수 없기 때문에 판 두께가 두껍고, 크기가 큰 피용접물에 대해서는 초음파 주파수를 낮게 설정하여 사용한다. 그러나 접합부의 가압 흔적을 작게 하기 위해서는 허용되는 주파수 범위에서 높은 쪽을 선택하여 사용하는 것이 좋다.

3.3.3 초음파 플라스틱 용접

초음파 플라스틱 용접기는 그림 3-10에 나타낸 것과 같이 공구 혼의 선단(先端)을 수 [kg]에서 수 십[kg] 정도의 정압력으로 시료를 눌러 두고 초음파 진동을 시킨다. 공구혼 선단의 플라스틱 시료 중에 전달되는 초음파 진동에너지는 초음파 진동에 의하여 접합면에 융용 해리의 상호충돌로 인한 마찰 마열효과 및 접합면에 인가되는 교번정현 응력에 의한 발열효과 등의 작용으로 시료 경계면에서 대부분 열에너지로 변하며, 이 부분이 선택적으로 가열되어 접합 경계면이 순간적으로 용접된다.

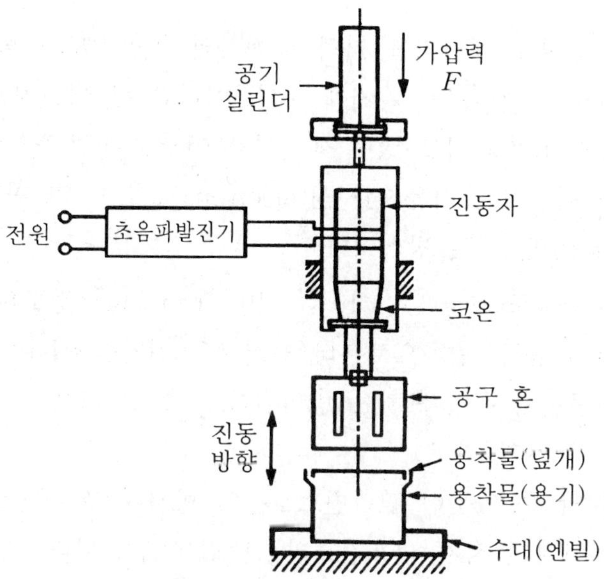

그림 3-10 초음파 플라스틱 용접기

고주파 용착법은 유전손이 큰 일부 플라스틱에만 적용되나, 초음파 진동에 의한 내부 발열을 이용하기 때문에 두꺼운 물질이나 얇은 물질에도 적용이 된다. 끝맺음의 용착에는 차이가 있지만, 불소 수지계를 제외하고 모든 열가소성 플라스틱에 대하여 용착이 가능하다. 현재 많이 사용되고 있는 플라스틱 용접기의 초음파 출력은 30[W]~3[kW], 주파수는 15~40[kHz] 범위 정도이다.

초음파를 이용한 플라스틱 용접은 다음과 같은 특징이 있다.

① 접합면에 물, 기름, 가루 및 인쇄잉크 등의 이물질이 개재하여도 초음파 진동

으로 녹여 용착시킴으로 용착가공의 전처리는 필요가 없다.

② 초음파 작용으로 접합 경계면만을 용융, 용착시키므로 제품의 변형이나 내용물의 변질에 대한 염려가 없고, 외관상 아무런 이상이 발생하지 않는다.

③ 성형품의 형상이나 공구혼의 선택에 의해 완전 기밀 용착이 가능하다.

④ 통상 1초 전후의 짧은 시간으로 완전하게 용착이 가능하며, 건조나 냉각시간이 필요 없다.

⑤ 용착작업은 매우 간단하다.

3.4 전자빔 용접

전계에 의하여 전자에 에너지를 가하면 전자의 이동속도가 빨라지고, 이동속도가 큰 전자는 보다 큰 에너지를 가지게 된다. 이러한 큰 에너지를 가진 전자를 가열물에 충돌시켜 전자가 가지고 있던 에너지를 가열물에 방출시킨다. 이러한 방향성이 좋은 전자를 집중시킨 것을 **전자빔**(electron beam)이라 한다. 전자빔 가열은 이러한 전자빔을 이용한 가열 방식이다.

전자빔 용접은 진공도(眞空度)가 $10^{-4} \sim 10^{-5}$[mmHg] 정도의 진공 중에서 가열된 텅스텐 합금의 음극(陰極)으로부터 튀어나온 전자를 직류 고전압으로 가속하여 피용접물에 집중시켜 용접을 하는 방법이다. 그림 3-11에 그 기본 원리도를 나타내었다.

그림 3-11에서 알 수 있듯이 필라멘트로부터 방사된 전자는 고전압으로 가속되어 전자렌즈에 의하여 좁혀져 피용접물의 한 점에 집중된다. 기존 장치는 인가전압(印加電壓)이 10,000~150,000[V], 전자전류는 10~1,000[mA] 정도이다. 빔의 지름은 전자렌즈를 사용하면 0.1[mm] 정도까지 좁힐 수 있다. 전자빔 용접의 특징은 다음과 같다.

① 진공 중에서 작업이 이루어지므로 활성금속, 실리콘 및 티탄이나 몰리브덴 등의 용접이 가능하다.

② 베릴륨, 우라늄과 같은 유해가스를 방출하는 특수금속의 용접도 가능하다.

③ 전력, 열 입력의 조정이 쉬우며, 미소 정밀용접도 가능하다.

④ 용접금속은 깨끗하고 산화물을 포함하지 않는다.

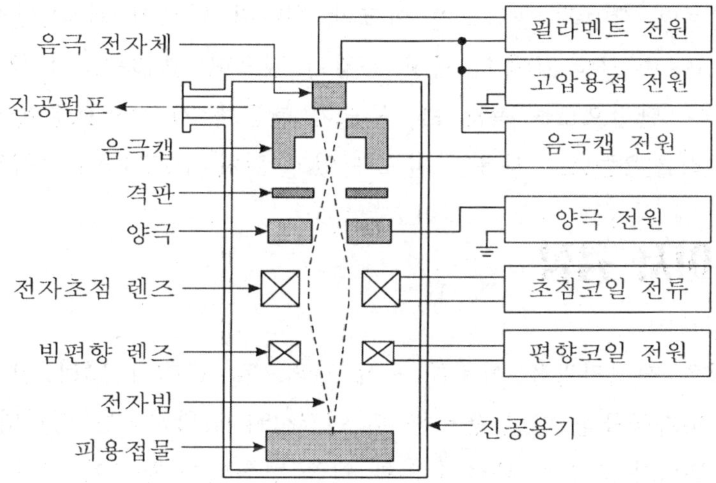

그림 3-11 전자빔 용접의 원리

3.5 플라즈마 플레임 용접

플라즈마 플레임 용접은 그림 3-12에 나타낸 것과 같이 노즐에서 분출하는 아르곤, 수소, 질소 등의 불활성 가스 중에 직류전압(直流電壓) 또는 고주파전계(高周波電界)를 가하여 플라즈마를 발생시키면, 불꽃 모양으로 분출하는 플라즈마의 고온을 이용하여 가열 용접하는 것이다. 이때 약 3,000~17,000[K]의 고온을 얻을 수 있다. 이와 같이 얻어진 높은 열원을 용접, 절단 및 용해 등에 이용하는 새로운 방식의 열원을 플라즈마 프레임 또는 플라즈마 제트라고 한다.

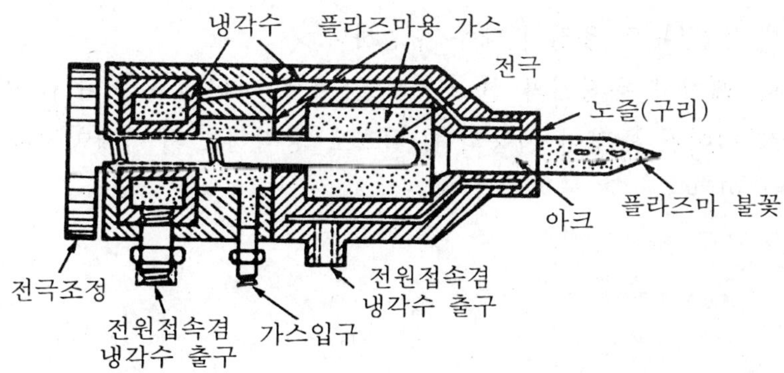

그림 3-12 플라즈마 플레임 용접의 원리

플라즈마 제트의 장점은 플라즈마 아크의 에너지 밀도가 커서 안정도가 높고, 보유열량이 크고, 비드(bead)폭이 좁고 용입이 깊으며, 용접속도가 빠르고 균일한 용접이 가능하다. 단점으로는 용접속도가 크기 때문에 가스의 보호가 불충분할 수 있으며, 피포가스를 2중으로 사용할 필요가 있고 토치 구조가 매우 복잡하다.

3.6 레이저 용접

레이저 용접은 레이저광을 이용한 용접 방법으로 근래에 널리 이용되고 있다. 용접은 2개의 피가공물을 가열 용접한 후 냉각시켜 접합시키는 것이다. 종래의 용접방법은 용접부위가 커지고 용접에 의한 왜곡 변형되는 부분이 커서 정밀도를 높이기가 매우 어렵고, 또한 용접속도가 느려 작업을 자동화(自動化)하기가 어려울 뿐만 아니라, 작업부위에 많은 열이 가해지므로 재료의 성질을 변화시키는 단점도 있다.

레이저 이외에도 높은 강도를 얻을 수 있는 열원으로 전자빔을 사용하는 방법도 있지만, 이것은 진공 중에서 행하여야 하는 단점이 있다. 그러므로 레이저 용접방식과 전자빔 용접방식은 적용분야가 서로 다르다. 즉 레이저방식은 용접부위가 얇거나 미세한 경우에 유리하며, 전자빔 방식은 두께가 두꺼운 경우에 유리한다.

레이저 용접시에는 레이저광의 에너지가 재료를 녹이기에 충분해야 하지만, 증발되지 않도록 광 출력을 적절히 조절해야 한다. 그러므로 일반적으로 레이저 용접은 재료를 증발시켜 날려 보내는 절단이나 구멍 뚫기보다 어렵다고 할 수 있다. 특히 용융점과 비등점의 온도 차이가 작은 크로뮴이나 탄탈륨의 경우에는 광 출력 조절에 세심한 주의가 필요하다. 그러나 금, 동, 니켈 등과 같이 용융점과 비등점의 온도차이가 큰 금속은 용접이 매우 수월하다.

그림 3-13에 레이저 용접기의 한 시스템을 예로 나타낸 것이다. 레이저 용접은 흔히 탄산가스 레이저가 많이 사용되며, 펄스로 동작하는 루비레이저나 야그 레이저도 사용되고 있다.

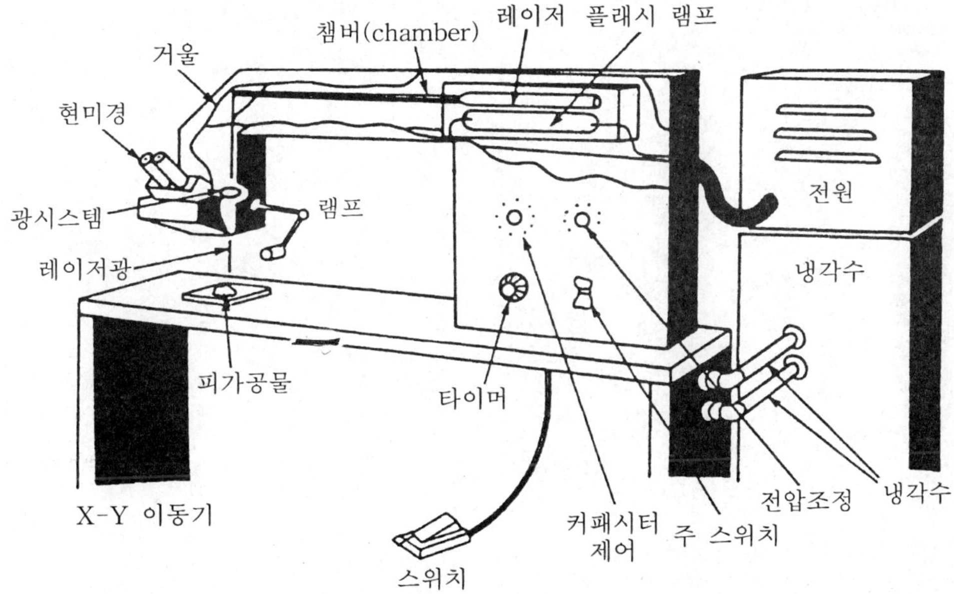

그림 3-13 레이저 용접 시스템

제 4 장

열펌프

4.1 열펌프의 원리

열펌프(heat pump)는 저온 물체가 갖는 열에너지를 외부에서 기계적 열에너지를 공급하여, 고온의 열에너지로 변환하는 장치를 말한다. 전기식 열펌프는 증기압축식 냉동기와 같은 동작원리를 갖는 내온 열원기기로, 저온(低溫)측과 고온측이 열역학 사이클에서 냉동기는 저온측 열을 흡수(냉각)하는데 비하여 열펌프는 고온(高溫)측에서 열을 방출(가열)한다. 냉각 및 가열을 동시에 하는 것을 열펌프 또는 히터펌프라 한다. 히터펌프의 저온측 열원으로는 공기열원, 물열원(온천, 우물, 각종 배수 등), 기타 배기가스 등이 있다.

그림 4-1은 열펌프 사이클의 원리도를 나타낸 것이다.

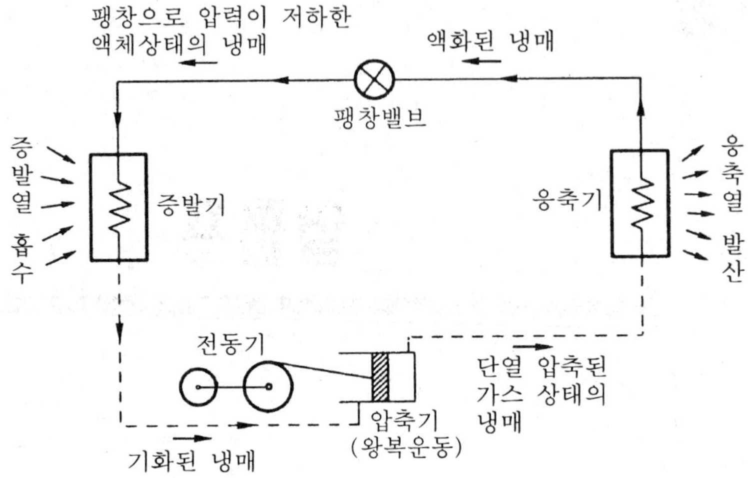

그림 4-1 열펌프 사이클의 흐름도

그림 4-1의 사이클에서 열의 운반을 이루는 매체인 냉매는 프레온가스, 암모니아 등이 사용되며, 냉매(冷媒)의 증기는 압축기에서 단열압축을 받고, 응축기에서 응축되어 액체로 된다. 이 액체상태가 팽창밸브를 지날 때에 압력이 저하되어 증발기에 들어가면, 외부에서 증발열을 흡수하여 증발한 다음 다시 압축기로 되돌아 들어가면 사이클이 종료된다.

증발기(蒸發器)가 외부에서 열을 흡수하는 작용을 응용한 것이 냉동기이며, 응축기가 외부에 열을 발산하는 것을 응용한 것이 난방기가 된다. 이 두 가지 기능을 조합하여 사용하는 것이 열펌프이다.

4.2 열펌프의 응용

4.2.1 온천수 가열

물의 온도가 약 30[℃]의 온천수를 사용하기에 적합하지 않다면, 사용하기가 적당한 온도로 가열을 해야 한다. 그림 4-2와 같이 열펌프를 이용하여 적당한 고온으로 가열하거나 적당한 저온으로 만든다. 이 장치에는 5마력(馬力)의 모터를 사용하고, 20[kW]의 전열로써 가열한 것과 같은 효과를 얻을 수 있다.

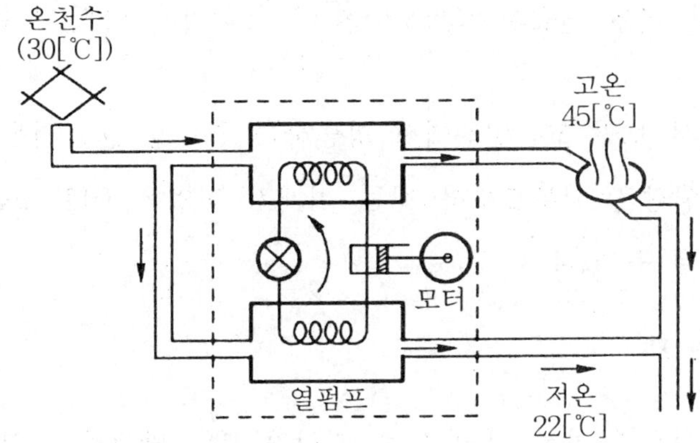

그림 4-2 냉온천수의 가열

4.2.2 열압축기

열압축기(熱壓縮機)는 물을 매개체로 하여 그림 4-3과 같이 응축기는 증발기내로 들어간다. 액화된 액체는 팽창밸브를 통하지 않고, 단지 새롭게 유입해온 원액에 열을 준 후에 버려진다. 따라서 열원이 필요하지 않고 매개체로 물을 사용하므로 고온이 되는 점은 다르지만 원리는 열펌프와 같다.

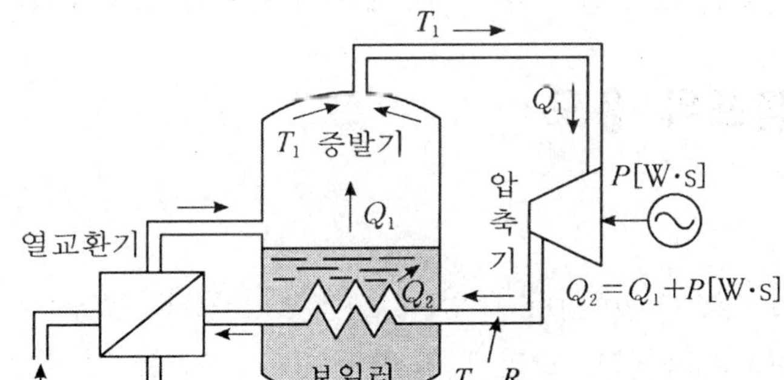

그림 4-3 열 압축기

열압축기의 동작원리는 증발 보일러에 온도 T_1인 증기가 있을 때, 이것을 응축기에서 압축하여 온도 T_2로 증발 보일러 통내에 있는 응축기에 넣는다. 응축기에서 $T_2 - T_1$의 온도차가 있으므로 증발하려고 하는 수용액에 열을 주고 액화되어 버려진다. 액화된 것은 열교환기(熱交換器)에 들어가서 유입 원액과 열 교환 후 버려지게 된다.

열량의 측면에서 보면 고온열원에서 방출하는 열량을 Q_2, 저온열원에서 흡수하는 열량을 Q_1, 열량을 외부로부터 받는 기계적 작업을 P[J 또는 W·s]이라면, 식 (4-1)로 나타낼 수 있다.

$$Q_2 = Q_1 + P \tag{4-1}$$

이때, 전열의 경우에 가한 작업 또는 전력량 P를 발생하는 열량 Q_2와는 1 : 1이지만, 열펌프의 경우에 Q_2는 P와 Q_1과의 합으로 나타나고, Q_2/P는 항상 1보다 큰 값을 가진다.

고온과 저온의 열온 온도를 각각 T_2, T_1[K]라 하면, 성적계수의 이론상 얻어질 수 있는 최고값은 $T_2/(T_2 - T_1)$이며, 양 열원의 온도 차이가 작을수록 크다.

열펌프는 고온열원을 가열에 이용하는 경우, 저온열원을 냉각에 이용하는 경우와 양자를 병용하는 경우가 있다.

이와 같은 원리에 의해 증발 보일러 내에 들어간 액체를 농축(濃縮)하거나 어떤 결정체를 얻을 수가 있다. 이러한 방법에 의한 제염(製鹽)장치는 식염을 톤당 2,500[kWh]의 전력으로 생산할 수 있어 매우 고효율의 장치가 된다.

4.2.3 열펌프의 용도

(1) 가 열

주로 동절기의 냉방(冷房)이나 급탕(給湯)에 사용된다. 이 경우 저온열원으로는 공기가 가장 많이 사용되고, 조건에 따라 온천수, 우물물 등이 사용된다. 공조에 사용되는 경우 열펌프의 온수온도는 약 40~45[℃]인 경우가 많다. 식품, 섬유, 사진공업, 축산업 및 수산업 등과 같이 온수를 대량으로 필요로 하는 분야에 온수의 가열을 목적으로 사용되고 있다.

(2) 가열과 냉각

도금공업이나 자동차 공업 등의 분야에서 약 50~80[℃]의 고온수와 동시에 10~20[℃]정도의 저온수를 필요로 한다. 이때 저온열원을 냉각측에 접속하면 가열 또는 냉각을 동시에 행할 수 있다.

(3) 탈습 건조

식품공업, 경공업 및 시설농업 등에서 탈습(脫濕), 건조는 비교적 저온에서 행해야 품질을 좋게 할 수 있기 때문에 열펌프의 냉각, 가열 기능을 탈습이나 건조에 응용되고 있다.

(4) 간접 증발

약품 및 식품공업에서 증발에 의한 온도관리가 제품의 품질 향상에 매우 중요한 경우에 열펌프를 이용한 간접 증발방식이 사용되고 있다.

(5) 증기 재압축

증류(蒸溜)나 농축과정에서 배출되는 저압 수증기를 압축기를 통해 고온, 고압의 수증기로 만들어 열원으로 재사용하는 것이다. 증기의 품질에 따라 증기를 가압하여 증류나 농축장치에 직접 공급하는 방식이다.

4.3 냉동기

냉동기(冷凍機)는 액체가 증발할 때 기화열을 흡수하는 원리를 이용한 것으로 크게 증기압축식, 흡수식, 증기분사식, 공기냉동사이클, 전자식의 5종류가 있다. 그림 4-4는 전기 냉동기의 원리를 나타낸 것으로 다음 순서에 의해 냉각 조작이 일어난나.

① 프레온과 같은 냉매를 압축기에서 압축한다.
② 압축된 냉매 가스는 냉각관에서 냉각되어 액화된다.
③ 액화된 냉매를 냉동실로 보내어 거기에 있는 밸브(팽창밸브)를 통하여 증발실(냉동실에 있는 냉각 코일)에서 급팽창시키면, 기화되어 증발열을 냉동실에서 빼앗는다.
④ 기화된 냉매를 다시 압축기로 보내 압축한다.

위와 같은 조작이 되풀이되면 냉동실의 열은 냉매에 흡수되어, 압축된 냉매를 냉각시키고 있는 수조(水槽)에 방출하여 냉동실을 냉각시킨다.

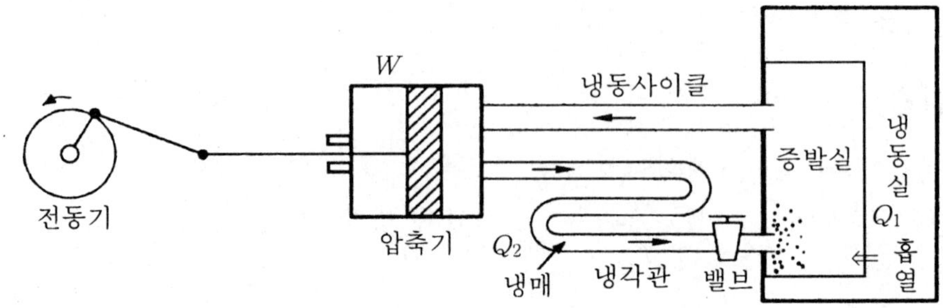

그림 4-4 전기냉동기의 원리

냉동실(冷凍室)에서 열의 흐름을 양적으로 검토하면 흡수한 열을 Q_1, 압축기가 행한 일 W, 일의 열당량을 A라 하면 고온으로 방출한 열 Q_2는 식 (4-2)와 같이 나타낼 수 있다.

$$Q_2 = Q_1 + AW \tag{4-2}$$

열펌프에서는 주어진 열량 Q_2가 클수록, 냉동기에서는 같은 일의 양 W에 대해 흡수하는 열량 Q_1이 클수록 장치의 경제성이 높다고 할 수 있다. 열펌프와 냉동기의 동작계수 COP(coefficient of performance)는 식 (4-3), (4-4)와 같이 나타낼 수 있다.

$$\text{열펌프 C.O.P : } \eta_h = \frac{Q_2}{AW} \tag{4-3}$$

$$\text{냉동기 C.O.P : } \eta_r = \frac{Q_1}{AW} \tag{4-4}$$

냉매(冷媒)의 구비조건은 다음과 같다

① 온도가 낮아도 대기압 이상의 압력에서 증발하고 상온에서는 비교적 저압에서 액화되어야 한다.
② 임계온도가 높고 응고온도가 낮아야 한다.
③ 증발열이 크고, 액체의 비열이 작으며 증발열에 대한 액체비열의 비율이 작아야 한다.
④ 화학적으로 안정적일 것.
⑤ 점성도가 작고, 열전도율이 좋아야한다.

⑥ 인화성 폭발성이 없어야 하며, 인체에 해롭지 않고 악취가 나지 않아야 한다.
⑦ 누출시 발견하기 쉬워야 하며, 가격이 저렴해야 한다.

가정용 냉장고의 냉매는 프레온 가스를 사용하지만, 공업용 냉장고의 냉매는 암모니아 가스를 많이 사용한다. 또한 냉동기용 압축기, 송풍기, 냉각용 펌프 등에는 전동기가 필요하므로 압축기용 전동기는 기동토크가 큰 것을 사용하고, 소형 냉동기는 반발기동형 단상 유도전동기를 주로 사용한다.

4.4 전자냉동(電子冷凍, electronic freezer)

펠티에 효과(Peltier effect)를 이용하여 냉동하는 방법이다. 펠티에 효과란 2가지 도체를 접속시켜 전류를 흘리는 경우, 전류의 방향에 따라 접합부에 발열과 흡열이 생기는 현상이다. 이 효과를 이용한 소자를 펠티에소자, 전자냉각소자라고도 한다.

펠티에소자는 그림 4-5와 같이 n형과 p형의 반도체를 동판으로 연결하고, 전류를 n형→동판→p형 방향으로 흘리면 동판과의 접점에서 흡열(냉동)이 생긴다. 발열은 전류의 입력·출력부에 있는 구리와의 접점에서 생긴다. 사용하는 p형 반도체에는 비스무트·안티몬·텔루르의 합금이 쓰이고, n형 반도체에는 비스무트·텔루르·셀렌의 합금이 쓰이고 있다.

특성은 합금에 첨가하는 불순물의 종류나 양에 의해 변동시킬 수 있으며, 합금을 적당히 조합하여 겹쳐서 최고 60~70[℃]의 온도 강하를 얻을 수 있다. 펠티에 소자는 보통 냉동장치와 달라서 모터나 프레온 가스도 필요 없고 잡음이 적고 수명이 길며, 전류방향을 반대로 하면 발열소자도 되므로 냉·온 양용장치로 쓸 수 있는 장점이 있다. 그러나 효율이 나쁘고 소자도 값이 비싸고 온도급변에 대해 약하다는 결점도 있다.

현재 소형이면서 그다지 흡열량이 요구되지 않는 냉·온 양용의 항온조(恒溫槽), 휴대용 냉각상자, 사진현상용 냉각배트 외에 국소 냉각에도 적합하다는 이점을 이용하여 현미경 시료 냉각장치, 이슬점식 습도계의 피검(被檢)가스 냉각부 등이 제품화되고 있지만, 대규모의 설비로는 이용되고 있지 않다.

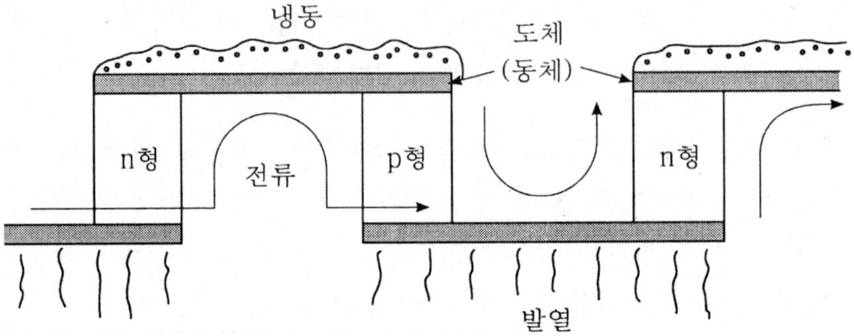

그림 4-5 전자냉동의 원리

연습문제

1. 1[BUT]는 몇 [cal]인가?

① 860 ② 420 ③ 250 ④ 100

2. 200[W]는 약 몇 [cal/s]인가?

① 0.8621 ② 47.78 ③ 0.2389 ④ 71.67

3. 다음 중 열용량의 단위를 나타내는 것은?

① J/℃kg ② J/℃ ③ J/cm^2℃ ④ J/cm^2℃

4. 100[V], 500[W]의 전열기를 90[V]에서 사용할 때의 전력 [W]은?

① 405 ② 425 ③ 450 ④ 500

5. 10[Ω]의 저항에 10[A]를 10분간 흘렸을 때의 발열량은 얼마인가?

① 125[kcal] ② 130[kcal] ③ 144[kcal] ④ 165[kcal]

6. 다음 발열체 중 최고 사용 온도가 가장 높은 것은?

① 니크롬 제1종 ② 니크롬 제2종

③ 철-크롬 제1종 ④ 탄화규소 발열체

7. 저항 발열체의 구비 조건이 아닌 것은?

① 팽창 계수가 클 것 ② 적당한 저항값을 가질 것

③ 내식성이 클 것 ④ 내열성이 클 것

8. 니크롬 제2종의 최고 사용 온도[℃]는?

① 700 ② 900 ③ 1100 ④ 1400

9. 보통 사용되는 열전대의 조합은?

① 구리-콘스탄탄 ② 크롬-콘스탄탄

③ 비스무스-백금 ④ 백금-스테인리스강

10. 제품 제조 과정에서의 화학반응식이 다음과 같은 전기로는 다음 중 어떤 가열 방식인가?

$$CaO + 3C = CaC_2(제품) + CO$$

① 유전가열 ② 유도가열
③ 간접 저항가열 ④ 직접 저항가열

11. 흑연화로, 카보런덤로, 카바이드의 가열 방식은?
① 아크로 ② 유전가열
③ 간접가열 저항로 ④ 직접가열 저항로

12. 형태가 복잡하게 생긴 금속 제품을 균일하게 가열하는데 가장 적합한 가열 방식은?
① 적외선 가열 ② 염욕로
③ 직접 저항가열 ④ 유도가열

13. 아크 용접에 쓰이는 가스는?
① 산소 ② 질소 ③ 수소 ④ 아르곤

14. 용접부의 비파괴 검사에 필요없는 것은?
① 고주파 검사 ② X선 검사 ③ 자기 검사 ④ 초음파 검사

15. 흑연 전극을 사용한 전기로의 가열 방식은?
① 아크가열 ② 저주파 유도가열
③ 유전가열 ④ 고주파 유도가열

16. 전류에 의한 옴손을 이용하여 가열하는 것은?
① 복사가열 ② 유전가열 ③ 유도가열 ④ 저항가열

17. 다음 중 고주파 유전가열에 부적당한 것은?
① 목재의 건조 ② 목재의 접착
③ 비닐막의 접착 ④ 금속 표면 처리

18. 비닐막의 접착에 주로 사용되는 가열 방법은?
① 저항가열 ② 적외선가열 ③ 유도가열 ④ 유전가열

19. 강철의 표면 열처리에 가장 적합한 가열 방법은?
① 간접 저항가열 ② 직접 아크가열
③ 고주파 유도가열 ④ 유전가열

20. 유도 가열과 유전 가열의 성질이 같은 것은?

① 도체만을 가열한다. ② 선택 가열이 가능하다.

③ 직류를 사용할 수 없다. ④ 절연체만을 가열한다.

21. 내부 가열에 적당한 전기 건조 방식은?

① 전열건조 ② 고주파건조 ③ 적외선건조 ④ 자외선건조

22. 자동차 기타 차량공업, 기계 및 전기 기계 기구, 기타의 금속 제품의 도장을 건조하는데 이용되는 가열은?

① 저항가열 ② 고주파가열 ③ 유도가열 ④ 적외선가열

23. 도체에 고주파 전류를 통하면 전류가 표면에 집중하는 현상이고, 금속의 표면 열처리에 이용하는 효과는?

① 표피효과 ② 톰슨효과 ③ 핀치효과 ④ 제벡효과

24. 열전온도계의 원리는?

① 핀치효과 ② 제에만효과 ③ 제벡효과 ④ 홀효과

25. 아크 용접에서 전극간 30[V], 전류 200[A]이면 매초 발생하는 열량[kcal/s]은?

① 1.44 ② 24.4 ③ 14.4 ④ 2.40

26. 1기압 하에서 20[℃]의 물 6[l]를 4시간 동안에 증발시키려면 몇 [kW]의 전열기가 필요한가? 단, 전열기의 효율은 80[%]이다.

① 1.34 ② 15.4 ③ 154 ④ 134

27. 1.2[l]의 물을 15[℃]로부터 75[℃]까지 10분간에 가열시키고자 한다면 전열기의 용량[W]은? 단, 효율은 70[%]이다.

① 520 ② 620 ③ 720 ④ 1028

28. 1[kW]의 전열기를 이용하여 20[℃]의 물 5[l]를 70[℃]까지 올리는데 요하는 시간[min]은 약 얼마나 되겠는가?

① 14.6 ② 12.1 ③ 17.4 ④ 25.6

29. 전기가열의 특징을 나열하시오.

30. 유도가열과 유전가열의 공통점을 설명하시오.

31. 전기건조의 종류를 들고 그 특징을 설명하시오.

32. 발열체의 구비조건을 나열하시오.

33. 비닐 등의 접착에 사용하는 가열방식은 무엇인가?

34. 내부 가열에 알맞은 전기건조 방식은 무엇인가?

35. 전기용접의 종류와 가열방식을 분류하고 그 원리를 설명하시오.

36. 탄소 아크용접에서 탄소봉과 모재에는 전원의 무슨 극을 접속하는가?

37. 저항용접의 종류와 방식에 대하여 설명하시오.

38. 흑연화로의 가열방식은 무엇인가?

39. 유도로에 대하여 설명하시오.

40. 카바이드 제조방식에 알맞은 가열방식은?

41. 전기건조의 종류와 가열방식에 대하여 설명하시오.

42. 적외선 건조의 특징을 나열하시오.

43. 적외선전구의 분광복사 발산도의 최대 파장은?

44. 열펌프에 대하여 설명하시오.

45. 냉매의 구비조건을 설명하시오.

46. 펠티에 효과에 대하여 설명하시오.

제3편

전동기 응용

제 1 장

전동기 기초

1.1 전동기 응용

산업의 발전에 따라 생산 공정의 자동화, 고속화, 고정도화, 대용량화 등 그 규모와 종류가 모두 증대, 다양화되어 왔지만, 이러한 모든 것들이 전동력 장치가 큰 역할을 하였다. 즉 전력전자공학을 바탕으로 하여 새로운 자동제어 기술에 의한 구동방식, 생산방식에 잘 대응할 수 있었던 것이 전동기이다.

전동기(電動機)에 의해 변환된 동력 에너지는 수력(水力), 석탄(石炭), 석유(石油) 등을 직접 또는 간접적으로 사용하여 얻어지는 것으로서, 이 중 수력은 수력발전소의 수차(水車)와 같이 일정한 장소에서 발생되는 고정 동력원이며, 석탄과 석유는 증기기관(蒸氣機關) 및 내연기관(內燃機關)에 의해 동력 에너지를 발생하여 기차, 선박 등을 움직일 수 있는 가반동력원이 될 수 있다. 그러나 이와 같은 동력원을 직접 기계적으로 이용하는 일은 점차 감소하고, 일단 전력으로 변환하여 이것을 다시 동력으로 변환하는 간접적 이용법, 즉 전동력 응용(또는 전동기 응용)의 형태로 변화되어 오고 있다.

전동력 응용분야는 표 1-1에 나타낸 것과 같이 각종 광공업, 화학공업, 섬유공업, 운수교통을 비롯하여 사무실, 가정에 이르기까지 광범위로 사용되고 있다. 최근에는 동력원의 원활한 제어를 위한 기술인 마이크로프로세서, 전력용 반도체소자, 고성능 영구자석 및 각종 센서기술 등과 구동제어 기술의 개선과 발전에 힘입어 전동력 기술의 진보를 크게 향상됨에 따라 전동력 응용의 기술은 더욱 더 발전하고 있다.

전동기 응용의 장점을 살펴보면 다음과 같다.

① 전동력의 집중과 분배가 용이하고 경제적이다.
② 동력의 전달기구가 간단하고 효율적이다.
③ 전동기의 종류가 많기 때문에 부하에 맞는 특성, 구조 등의 선택이 자유롭다.
④ 전동기의 설치 위치를 임의로 선택할 수 있고, 취급 조작이 간단하다.
⑤ 개별, 집단운전 및 복식개별운전 등이 용이하다.
⑥ 제어가 간단하고, 확실성이 있어서 자동제어, 집중제어 등의 총괄제어 운전이 용이하다.
⑦ 계기나 기록장치에 의한 작업 상태의 감시가 용이하고, 이것을 사용하여 작업 상태를 개선할 수 있다.
⑧ 전동기의 작업 능률이 좋고, 신뢰도와 안전도가 높다.
⑨ 효율이 좋으며, 경부하시에도 효율의 저하가 적다.
⑩ 연료가 필요 없기 때문에 연료의 운반, 저장 등의 노력이 필요없다.

표 1-1 전동력 응용의 범위

분 야		기 계
산 업	광 산	권상기, 운반기, 선광장치, 송풍기, 펌프, 기중기
	탄 갱	권상기, 운반기, 선탄장치, 송풍기, 펌프, 기중기
	유 전	보링기계, 펌프, 기중기
	제 철	권상기, 송풍기, 펌프, 압연기, 절단기, 기중기
	기 계	기중기, 운반기, 송풍기, 펌프, 엘리베이터, 기계운전
	화 학	운반기, 펌프, 송풍기, 기계운전
	섬 유	방직기, 염색기, 송풍기, 펌프, 공기조절장치
	시멘트	기동기, 운반기, 송풍기, 펌프
	펄 프	제지기계, 분쇄기, 운반기, 교반기, 기동기, 펌프
	농 업	경운기, 탈곡기, 펌프
운수교통		전기기관차, 전차, 케이블카, 자동차, 선박, 항공기
가 정		세탁기, 선풍기, 청소기, 믹서, 우물펌프, 재봉기
기 타		전설기계, 인쇄기계, 이화학기계, 계산기, 식품공업용 기계

전동기 응용의 단점을 살펴보면 다음과 같다.

① 외관상만으로는 고장 난 곳을 발견하기가 어렵다.
② 단락사고 등에 의한 영향이 광범위하게 미치기 쉽다.
③ 이동용 동력기구에서는 전선이 부식되기 때문에 불편하다.
④ 전동력을 운용하는 고도의 제어운전을 할 때는 상당한 전문 지식을 가진 기술자가 필요하다.
⑤ 전원전압과 주파수 변동에 의한 영향을 받기 쉽다.
⑥ 정전시에는 자가용 예비 전원설비가 없는 경우에는 운전을 할 수 없다.

1.2 전동력 방식

1.2.1 전원 방식

(1) 직류 방식

직류전동기(直流電動機)와 같은 전동기는 전원으로 직류를 필요로 하며 그 사용전압은 100, 200[V]이고, 전차(電車)용은 750(500, 600), 1,500(1,200), 3,000(2,400)[V]가 사용된다. 실험용, 과학기계, 자동차, 항공기용 등은 50[V] 이하의 2, 4, 6, 12, 24[V]등이 사용되기도 한다.

직류전동기는 제어가 용이하고, 정밀하게 효율을 좋게 할 수 있는 이점을 가지고 있다. 그러나 일반적으로 공급받는 전력은 교류(交流)이므로 직류(直流)로 다시 변환하여야 하고 전동기 값도 비싼 단점이 있다. 최근에는 자동제어의 발전과 진보에 따라 직류전동기의 사용이 많아지고 있다.

(2) 교류 방식

유노전농기(誘導電動機)의 보급이 현재와 같은 교류방식의 발전을 가져왔다고 할 수 있으며, 그 사용전압은 110, 220, 380, 3,300[V]가 많이 사용되고, 특별한 경우에는 11,000[V]가 사용되기도 한다. 교류도 직류와 같이 50[V] 이하의 것도 사용된다. 주파수(周波數)는 60[Hz]이지만, 특수한 용도로서 주파수 100~500[Hz]가 사용되기도 한다.

교류전동기(交流電動機)는 직류전동기(直流電動機)에 비하여 튼튼하고 값이 싸지만, 정밀한 제어나 부하에 대한 적응성이 떨어지는 것이 단점이다. 그러나 제어방식의 발전과 반도체소자에 의한 제어방식의 발전으로 기존의 직류전동기 응용 분야에 교류전동기를 사용하는 경우도 많아지고 있다.

1.2.2 운전 방식과 조작 방식

(1) 집단 운전

하나의 동력원으로 여러 개의 기계를 동시에 운전(運轉)하는 방식을 말한다. 이 방식은 큰 전동기로 주축을 운전하고, 벨트를 통해서 중간축을 거쳐 각종 기계에 동력을 전달하기 때문에 베어링 등의 마찰에 의한 동력 손실이 크다는 단점이 있다. 또한 부하기계의 배치도 주축의 위치에 따라 결정되고, 경부하일 때도 전동기를 정지시킬 수가 없기 때문에 전동기의 효율이 매우 떨어지는 단점도 있다. 오늘날에는 공장(工場) 전체를 한 단위로 하는 것은 적어졌고, 한 공장을 몇 부분으로 구분해서 집단 운전을 하고 있다.

(2) 개별 운전

1대의 기계를 1대 또는 여러 대의 전동기로 운전하는 방식을 말한다. 개별운전은 집단운전에 비해 주축이나 중간축이 필요 없기 때문에 동력손실이 적고, 기계배치가 자유로우며, 또한 각 전동기에 알맞은 속도제어와 자동제어로 전동기의 특성을 살릴 수 있다는 장점이 있다. 그러나 전동기의 대수가 전체적으로 많아지고 총설비 용량도 집단운전에 비해 커지는 것이 단점이다.

(3) 복식 개별운전

1대의 기계를 몇 개의 부분으로 나누어 각 부분마다 1대의 전동기로 개별운전하는 방식이다. 개별운전에서는 주전동기라고 할 수 있는 1대의 전동기에서 동력전달장치에 의해서 여러 개의 동작기구를 구동하지만, 복식으로 하면 전달 장치가 필요 없게 되므로 기구가 간단해진다. 특히 작업을 자동적으로 제어하고자 할 경우에는 각 동작을 따로 제어할 수 있는 장점도 있고, 작업능률과 일의 정밀도가 요구될수록 복식 개별운전 방식이 유리하다.

(4) 수동조작

전동기의 기동, 정지, 속도제어 등의 조작을 수동하는 하는 것을 말하며, 먼저 기동, 정지는 수동개폐기로 하고, 기동저항기나 속도제어용의 제어기도 손으로 조작하는 것이다.

(5) 자동제어

자동제어(自動制御)는 회전 속도를 일정하게 유지할 필요가 있는 경우에는 속도발전기 등으로 회전 속도를 검출하고, 이것을 피드백해서 전원 전압을 제어하여 자동적으로 속도를 일정하게 하거나 또는 2대 이상의 전동기의 속도를 맞추도록 하는 자동제어기를 설치한다. 권상기나 엘리베이터는 프로그램제어나 추치제어가 응용되어진 것이다.

(6) 집중제어(총괄제어)

집중제어 또는 총괄제어는 공장, 빌딩 등의 전기 제어실에서 여러 대의 기계 운전용 전동기를 한 개의 제어반에서 원격 제어할 수 있도록 한 방법을 말한다.

1.3 부하운전에 필요한 동력

1.3.1 일과 동력

어떤 물체에 작용하는 힘 F[N], 이동 거리를 x[m]라면, 이때 이 물체가 한 일 W[J]는 식 (1-1)과 같이 된다.

$$W = F \cdot x [\mathrm{N \cdot m = J}] \tag{1-1}$$

이 때 그림 1-1 (a)와 같이 물체가 이동하는데 필요한 시간 t[s], 속도 v[m/s]라 할 경우에 동력 P[W]는 식 (1-2)로 나타내며, 이것을 전동기 출력 또는 소요동력이라 한다.

$$P = \frac{W}{t} = F \cdot v [\mathrm{W = J/s}] \tag{1-2}$$

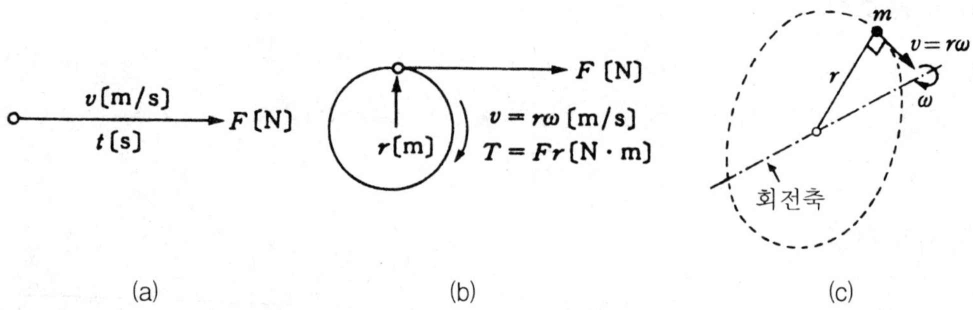

그림 1-1 힘과 운동

그림 1-1 (b)와 같이 매초 n[rps]으로 회전하는 반지름 r[m]인 회전체의 경우 각속도 ω[rad/s]는 식 (1-3)으로 나타낼 수 있다.

$$\omega = 2\pi n \text{[rad/s]} \tag{1-3}$$

이때 반지름 r[m]인 회전체의 회전력(토크) T[N·m]는 식 (1-4)로 나타낼 수 있다.

$$T = F \cdot r \text{[N·m]} \tag{1-4}$$

이때 동력(動力) P[W]를 토크와 각속도로 표현할 경우에 식 (1-5)와 같다.

$$P = F \cdot v = (F \cdot r) \cdot \omega = T \cdot \omega \text{[W]} \tag{1-5}$$

그림 1-1 (c)와 같이 하나의 회전축을 생각하여 질량 m[kg]의 질점이 이 회전축에서 r[m] 떨어져서 각속도 ω[rad/s]로 이 축 둘레를 회전할 때 주변속도 $v = r\omega$가 된다. 이때 질점이 갖는 운동에너지 W[J]는 식 (1-6)이 된다.

$$W = \frac{1}{2} mv^2 = \frac{1}{2} mr^2\omega^2 = \frac{1}{2} J\omega^2 \text{[J]} \tag{1-6}$$

단, $J = mr^2$[kg·m²]을 관성모멘트로, 즉 J를 m의 축에 대한 관성 모멘트가 된다. 이때 각속도(角速度)는 $\omega = 2\pi n = \frac{2\pi N}{60}$ [rad/s]이다.

1.3.2 중력부하인 경우 동력

그림 1-2와 같이 중량(重量) M[kg]의 물체를 속도(速度) v[m/s]로 수직으로 끌어올리는 중력부하의 경우에 힘 F[N]와 동력 P[W]는 식 (1-7)과 (1-8)로 나타낼 수 있다.

$$F = 9.8M[\mathrm{N}] \tag{1-7}$$

$$P = F \cdot v = 9.8Mv[\mathrm{W}] \tag{1-8}$$

이런 종류의 부하는 천장주행 크레인용 권상기나 엘리베이터 등의 경우에 해당된다. 이들 부하의 경우에 기계장치의 동력손실이 있기 때문에 동력의 전달효율을 생각할 필요가 있다.

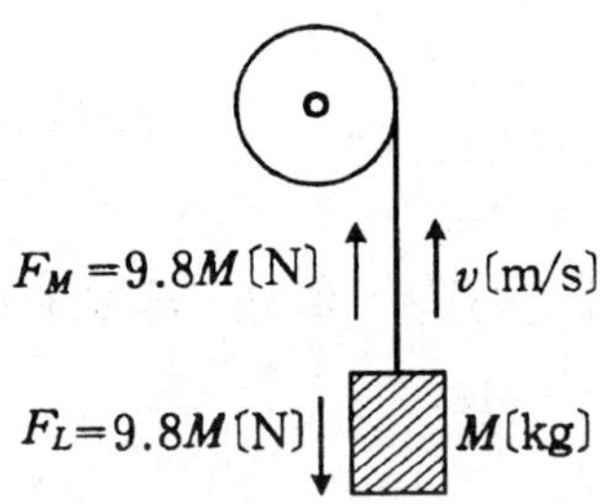

그림 1-2 중력부하

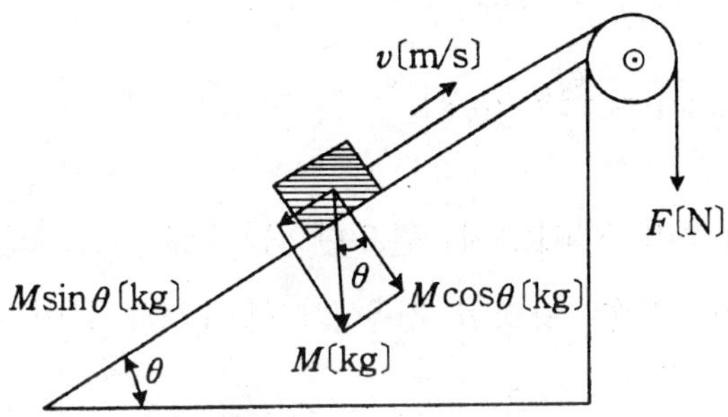

그림 1-3 마찰부하

1.3.3 마찰부하인 경우 동력

그림 1-3과 같이 각 θ만큼의 경사각(傾斜角)과 마찰계수(摩擦係數) μ_s인 경사면에 중량 M[kg]을 속도 v[m/s]로 끌어올릴 경우에 소요되는 힘 F[N]와 소요동력 P[W]를 각각 식 (1-9)와 (1-10)으로 나타낼 수 있다.

$$F = 9.8M(\sin\theta + \mu_s \cos\theta)[\mathrm{N}] \tag{1-9}$$

$$P = F \cdot v = 9.8Mv(\sin\theta + \mu_s \cos\theta)[\mathrm{W}] \tag{1-10}$$

이와 같은 경사면을 승강하는 부하는 콘베이어, 에스컬레이터, 스킵권상기 등의 경우가 이에 해당되고, 수평면($\theta=0$인 경우)을 이동하는 부하는 천장주행 크레인의 주행대차가 여기에 해당한다. 실제로 이들 장치를 운전하기 위한 동력은 장치의 동력전달기구에서의 손실도 고려하여야 한다.

1.3.4 유체부하인 경우 동력

(1) 송풍기의 경우

그림 1-4와 같이 단면적 S[m^2], 풍압(風壓) H[kg/m^2], 풍량 Q_w[m^3/s]일 경우에 단면적에 부딪치는 전압력 F_w는 식 (1-11)이 되며, 이때 속도 v는 식 (1-12)가 된다.

$$F_w = 9.8H \cdot S[\text{N}] \tag{1-11}$$

$$v = \frac{Q_w}{S}[\text{m/s}] \tag{1-12}$$

송풍기(送風機)에 필요한 동력 P_w는 송풍기 효율 n(0.4~0.8), 보상계수 K_w(1.2~1.5)를 고려할 경우 식 (1-13)과 같이 나타낼 수 있다.

$$P_w = F \cdot v = \frac{9.8K_wHQ_w}{n_f} \times 10^{-3}[\text{kW}] \tag{1-13}$$

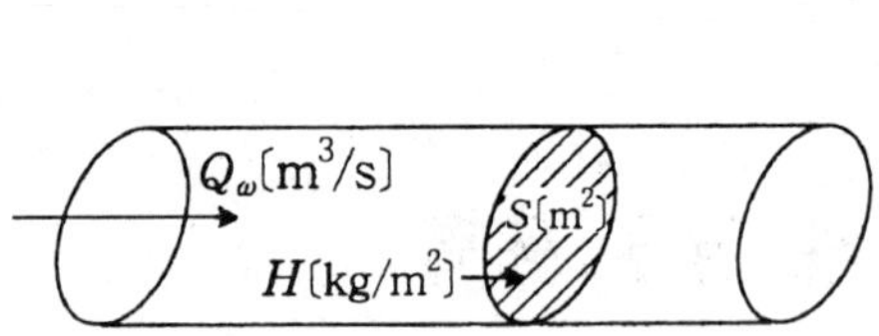

그림 1-4 송풍기

(2) 액체펌프의 경우

그림 1-5와 같이 단면적 S[m^2], 유량 Q_f[m^3/s], 비중 ρ인 유체(流體)를 경사각 θ인 관을 통해 높이 H[m]까지 올리고자 할 경우, 단면적 $S \cdot \text{cosec}\,\theta$[m^2]인 관을 수직으로 H[m]만큼 높인 경우와 같다. 이 경우에 펌프로 퍼 올리기 위한 힘

F_f는 식 (1-14)와 같으며, 이때 수직방향의 속도 v는 식 (1-15)와 같이 나타낸다.

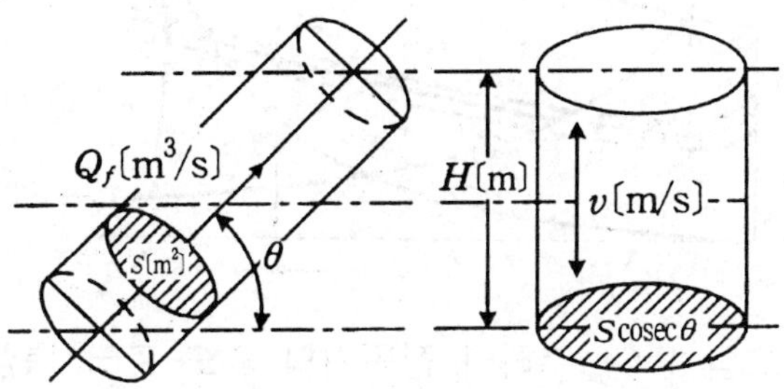

그림 1-5 액체펌프

$$F_f = 9.8\rho H \cdot \mathrm{cosec}\,\theta \times 10^3 [\mathrm{N}] \tag{1-14}$$

$$v = \frac{Q_f}{S \cdot \mathrm{cosec}\,\theta} [\mathrm{m/s}] \tag{1-15}$$

이때 소요동력 P_f는 펌프효율 n 및 보정계수 K_p(1.1~1.3)를 고려할 경우 식 (1-16)이 된다.

$$P_f = F \cdot v = \frac{9.8K_f \rho H Q_f}{n_f} [\mathrm{kW}] \tag{1-16}$$

1.4 부하와 전동기의 운전

1.4.1 부하토크와 전동기토크

전동기로 부하기계를 운전하기 위해 필요한 것이 토크이다. 일반적으로 전동기 속도에 대한 토크의 변화로 나타내며, 이것을 전동기와 부하의 속도-토크 특성이라 한다. 그림 1-6과 같이 전동기의 속도-토크 특성은 전압, 주파수 및 제어방식에 따라 여러 가지 곡선으로 표시된다.

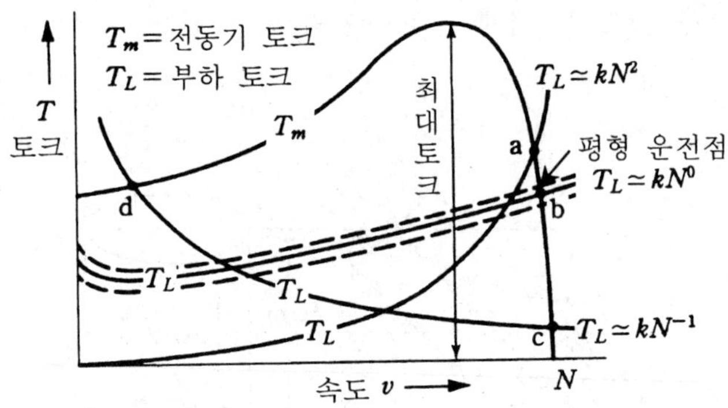

그림 1-6 부하와 전동기의 속도-토크 특성

(1) 부하의 속도-토크 특성

(가) 정토크 부하 특성

정토크 부하는 그림 1-7과 같이 전동기의 회전속도(回轉速度)가 변해도 토크가 거의 변하지 않는 부하를 말한다. 마찰부하나 중력부하가 여기에 속한다. 이 부하는 일정한 힘 F[N](또는 토크 T)에 대해 속도 v[m/s] 또는 각속도 ω[rad/s]로 일을 하며, 이때 동력 P[W]는 식 (1-17)로 나타낸다.

$$P = Fv = T\omega[\mathrm{W}] \tag{1-17}$$

즉, 전동기 출력은 속도 v 또는 각속도 ω에 비례하는 것이다. 정토크 부하로서는 권상기, 기중기, 압연기, 각종 롤러, 압축기, 인쇄기, 목공기 등이 있다.

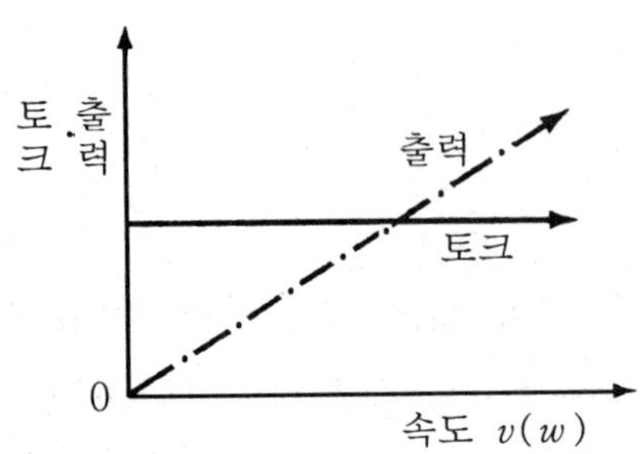

그림 1-7 정토크 부하

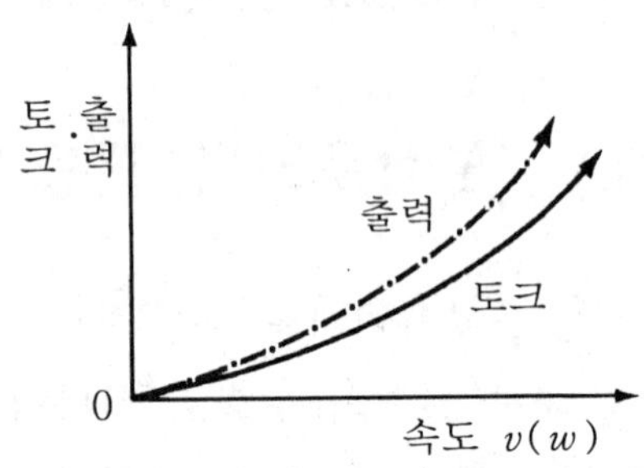

그림 1-8 제곱토크 부하

(나) 제곱토크 부하

제곱토크 부하는 그림 1-8과 같이 토크가 속도의 제곱에 비례하여 변화하는 부하를 말한다. 주로 유체부하가 여기에 속한다. 송풍기를 예로 들면 팬이 돌기 시작할 때는 큰 토크가 필요하지 않지만, 속도가 커질수록 필요한 토크는 점점 증가한다. 그러나 정지에 가까운 저속(低速)인 경우에는 축받이의 마찰저항 등으로 인해 토크가 다소 커지게 되는 경우도 있다. 주로 펌프, 송풍기, 배의 스크루 등이 이에 속한다.

(다) 정동력 부하

정동력 부하는 그림 1-9와 같이 전동기의 회전속도가 변화하여도 출력이 거의 변하지 않는 부하 특성을 말한다. 이것은 고속(高速)의 경우에는 토크가 작고, 저속의 경우에는 큰 토크를 요구하는 부하를 말한다. 따라서 토크는 속도에 반비례하는 관계를 갖는 부하로서 다음과 같은 경우이다.

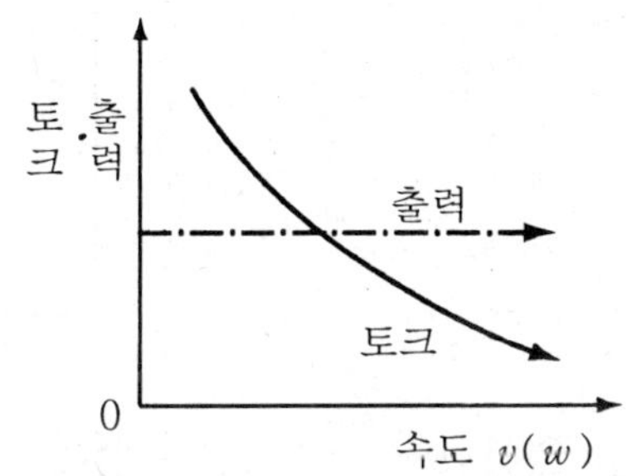

그림 1-9 정동력 부하

① 하역기계에서 무거운 물건은 저속으로, 가벼운 물건은 고속으로 작업하여, 고속이나 저속에서 똑같이 동일한 동력이 요구되는 작업의 경우.

② 선반에서 공작물을 절삭 가공할 때 지름이 작은 것은 작은 토크로 고속 작업을 하고, 지름이 큰 것은 큰 토크로 저속 운전하는 작업의 경우.

③ 권상기를 사용하여 같은 속도로 나오고 있는 물체를 동일한 장력으로 권상하는 경우, 즉 처음에는 권동의 지름이 작으므로 작은 토크로 고속, 권상이 진행됨에 따라 로프가 감기는 직경이 크게 되어 큰 토크로 저속 작업을 하는 경우.

④ 동일한 압연기를 가지고 작은 토크가 요구되는 소형물체를 압연할 때는 고

속, 토크가 요구되는 대형 물체를 압연할 경우에는 저속으로 구동하는 경우.

(2) 전동기의 속도-토크 특성

(가) 정속도 특성

정속도 특성은 그림 1-10과 같이 부하 토크가 변해도 속도는 거의 변하지 않는 특성을 말한다. 이것을 **분권특성**이라고도 한다. 여기에 속하는 전동기는 동기전동기, 유도전동기, 교류분권 정류자 전동기, 직류분권 전동기, 직류차동복권 전동기 등이 있다. 정속도 특성은 운전 속도가 매우 안정적이기 때문에 팬, 송풍기, 펌프, 압축기 등의 구동용 및 제철, 제지, 방적, 공작기계 등의 생산기계용으로 널리 사용된다.

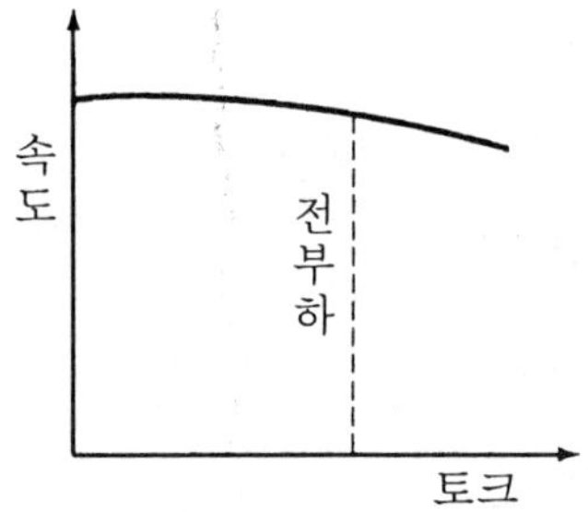

그림 1-10 정속도 특성

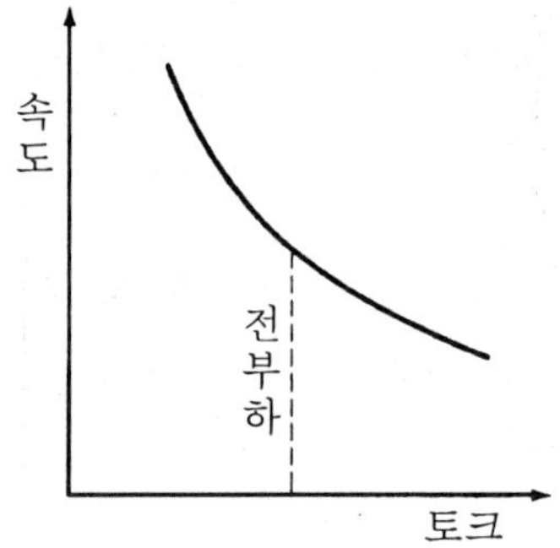

그림 1-11 변속도 특성

(나) 변속도 특성

변속도 특성은 그림 1-11과 같이 부하 토크가 증가할수록 속도가 심하게 떨어지는 특성을 말한다. 이것을 **직권특성**이라고도 한다. 여기에는 2차 저항이 큰 유도전동기, 교류직권정류자 전동기, 직류직권 전동기, 직류가동복권 전동기 등이 속한다. 변속도 특성은 기동토크가 크며, 부하가 커질수록 자연적으로 속도가 떨어지고, 부하가 가벼우면 속도가 커지게 되므로 전원에 대하여 비교적 정출력을 필요로 하는 전차, 기중기 등의 하역기계에 널리 사용된다.

1.4.2 기동과 가속

전동기로 부하기계를 운전하는 경우에 부하 토크에 의하여 회전운동이 규제를 받게 된다. 현재 전동기 축에서 환산한 관성모멘트를 J[kg · m^2], 마찰토크 T_u [N · m], 풍압토크 T_w[N · m], 작업토크 T_f[N · m]라 하고 전동기축의 각 각속도를 ω라 하면, 이 전동기의 총 토크 T_m[N · m]은 식 (1-18)과 같이 된다.

$$T_m = wJ + T_u + T_w + T_f \qquad (1\text{-}18)$$

부하의 변동에 따라 전동기의 속도가 변경될 경우에도 식 (1-18)의 토크 외에 운동에너지의 과부족에 따른 토크가 필요하게 된다. 이것을 가속토크나 감속토크라 하며 ωJ에 해당된다.

전동기의 회전수가 N_1[rpm]에서 N_2[rpm]으로 변화되었을 경우의 운동에너지 변화량 $\varDelta W$[J]는 식 (1-19)와 같이 된다.

$$\varDelta W = \frac{J}{2}({w_1}^2 - {w_2}^2) = \frac{GD^2}{730}({N_1}^2 - {N_2}^2)[\mathrm{J}] \qquad (1\text{-}19)$$

여기서, GD^2 : 플라이휠 효과[kg · m^2], G : 회전부의 총 질량[kg]
D : 회전부의 지름 [m], w_1, w_2 : N_1, N_2의 각 각속도 [rad/s]

1.4.3 전동기의 안정운전 조건

전동기로 부하를 안정적으로 운전하기 위해서는 전동기와 부하의 속도-토크 특성이 그림 1-12와 같은 특성을 갖는다. 전동기는 가속(加速)하는 토크를 발생하고 부하는 제동하는 토크로 작용하게 되므로, 이 토크의 차 $T_M - T_L = \varLambda$가 정(+)일 때는 가속하고, 부(−)일 때는 감속하게 된다.

그림 1-12 (a)와 같은 특성인 경우에는 점 P에서 어떤 요인으로 인해 속도가 상승해도 부하가 요구하는 토크는 증대하나, 전동기 토크는 역으로 감소하여 토크가 부족해져 감속하여 점 P로 돌아온다. 어떤 원인으로 인해 속도가 저하한 경우는 그 역이 된다. 따라서 어느 경우에도 전동기 토크와 기계적 부하 토크가 평형

하여 안정운전이 된다.

그림 1-12 (b)와 같은 특성을 가진 경우는 어떤 원인으로 속도가 상승하면 전동기 토크는 기계적 부하 토크 이상으로 증가해서 더욱 속도가 상승한다. 역으로 어떤 원인으로 속도가 떨어지면 전동기 토크가 기계적 부하 토크 이상으로 감속해서 속도가 저하하여 안정된 운전을 할 수 없게 된다.

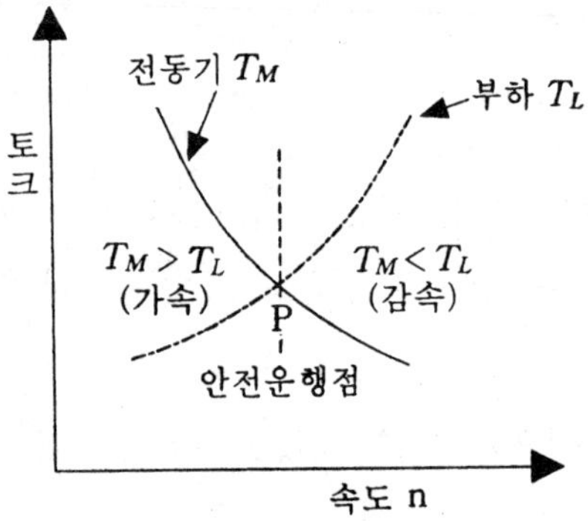

(a) 안정된 경우

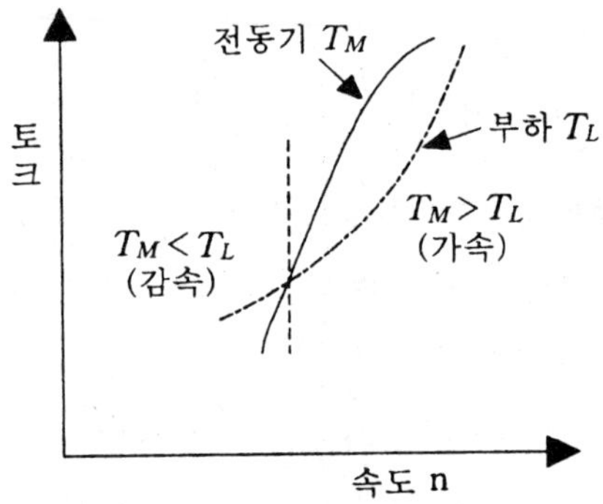

(b) 불안정한 경우

그림 1-12 전동기의 안정운전 조건

1.5 전동기 정격의 선정

전동기를 선정하는데 있어서 가능한 한 전동력을 합리적으로 사용하기 위해 가장 알맞은 용도에 맞는 전동기를 선정하여야 한다. 일반적인 선정방법은 다음과 같다.

① 부하의 토크-속도 특성에 맞는 특성의 것을 선정한다.
② 용도에 적당한 기계적 형식의 것을 선정한다.
③ 운전형식에 알맞은 정격 및 사용과 냉각방식에 따라 선정한다.
④ 사용 장소의 상황에 맞는 보호방식의 것을 선정한다.
⑤ 고장이 적고, 신뢰도가 높으며 운전비가 싼 것을 선정한다.
⑥ 다른 부품과 호환성 좋고, 표준출력의 제품을 선정한다.

1.5.1 부하의 토크-속도 특성으로 선정

전동기 토크-속도 특성과 부하의 토크-속도 특성이 가까울수록 전동기의 용량은 작아도 되고, 속도제어도 효율 좋게 할 수 있다. 속도에 관계없이 일정한 토크가 필요한 부하를 정토크 부하라 하며, 송풍기, 회전기, 펌프, 인쇄기 등과 같은 기계가 여기에 속한다. 정토크 부하는 속도가 거의 일정한 것이 많으며, 직류분권전동기, 레오너드 방식, 권선형 유도전동기(2차저항 제어형), 분권정류자 전동기 등이 있다.

부하 토크에 관계없이 거의 일정한 속도를 요하는 부하를 정속도 부하라 하며, 동기전동기, 직류 타여자 전동기, 3상유도전동기 등이 여기에 속한다.

속도와 관계없이 일정한 출력을 요하는 부하를 정출력 부하라 하며, 부하 토크가 증가하면 속도가 떨어지는 토크-속도 특성을 가지고 있다. 여기에는 직류직권전동기, 단상 및 3상 정류자전동기, 반발전동기 등이 있다.

기동 토크는 마찰부하나 관성이 큰 부하에서는 가속도를 크게 하고자 할 때 그 값이 어느 정도 커야 하고, 또 압연기와 같이 충격 토크가 필요할 경우에는 플라이 휠 효과로 관성모멘트를 증가시켜 보충하는 일이 많다. 또한 크레인의 권하 작업과 같이 부하토크가 부(−)일 경우에는 제동특성도 고려해야 한다.

1.5.2 사용 장소에 따른 형식

① 옥외형 : 방수형.
② 연안 지대용 : 방식형.
③ 습기가 많은 장소용 : 방침형.
④ 광산, 갱내용 : 방침형, 방적형, 방수형, 방폭형, 방식형.
⑤ 수적이 많은 장소용 : 방적형, 방말형.
⑥ 화학공장 등의 부식성 가스가 많은 장소용 : 방식형.
⑦ 암진이나 먼지가 있는 장소용 : 방진형.
⑧ 선내 용 : 방수형, 방적형, 수중형.

1.5.3 전기적·기계적 특성으로 선정

(1) 입 력

① 직류전동기

$$P = E_s I\,[\mathrm{W}] \tag{1-20}$$

② 단상 교류전동기

$$P = E_s I \cdot \cos\theta\,[\mathrm{W}] \tag{1-21}$$

③ 3상 교류전동기

$$P = \sqrt{3} E_s I \cdot \cos\theta\,[\mathrm{W}] \tag{1-22}$$

여기서, P : 입력전력, E_s : 공급전압, I : 선간전류, $\cos\theta$: 역률

(2) 출 력

전동기가 발생하는 기계적 동력을 출력 P_m[W]이라 하면 식 (1-23)으로 나타내고, 토크 T(단위 주의)는 식 (1-24)로 나타낸다.

$$P_m = \sqrt{3} E_s I \cdot \cos\theta\,[\mathrm{W}] \tag{1-23}$$

$$\left.\begin{aligned} T &= \frac{P_m}{2\pi n}\,[\mathrm{N \cdot m}] \\ \text{또는}\quad T &= \frac{P_m}{1.027n} = 0.975\frac{P_m}{n}\,[\mathrm{kg \cdot m}] \end{aligned}\right\} \tag{1-24}$$

(3) 전동기 효율 및 속도 변동률

전동기의 효율(效率)은 출력(出力)과 입력(入力)과의 비로 나타내며, 식 (1-25)와 같다.

$$\eta = \frac{P_m}{P} \times 100\,[\%] \tag{1-25}$$

또한 규약효율 η'는 전동기의 총손실을 P_L이라 하면 식 (1-26)과 같다. 규약효율은 권선온도 75[℃]로 환산한 경우에는 P_L을 사용한다.

$$\eta' = \frac{P - P_L}{P} \times 100[\%] \tag{1-26}$$

속도변동률은 부하 변동에 의한 속도 변동의 정도를 나타내는 것으로 식 (1-27)로 나타낸다.

$$\varepsilon_s = \frac{N_0 - N_1}{N_1} \times 100[\%] \tag{1-27}$$

여기서, N_0 : 무부하 속도, N_1 : 정격부하에서의 속도

N_0, N_1은 정격전압 및 정격주파수(교류의 경우)에서의 값이다.

유도전동기의 슬립 s는 식 (1-28)로 나타낸다.

$$s = \frac{N_0 - N}{N_0} \times 100[\%] \tag{1-28}$$

여기서, N_0 : 동기속도(또는 무부하 속도), N : 임의의 부하에서의 속도

제 2 장

전동기 운전

2.1 직류전동기

2.1.1 구조와 원리

직류전동기(直流電動機)는 그림 2-1과 같은 원리와 구조로 되어 있다. 구조는 계자철심과 전기자 철심, 정류자 및 베어링 등으로 구성되어 있다. 정류자는 직류 입력전류를 회전과 동기된 교류로 변환해서 전기자에 공급해 주는 역할을 한다.

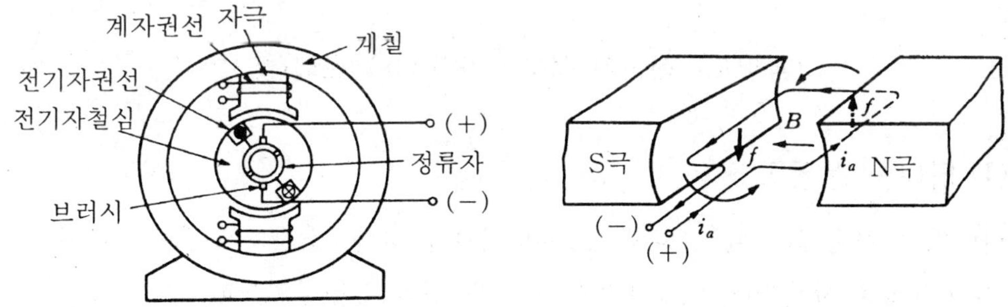

(a) 구조 (b) 원리

그림 2-1 직류전동기

자계(磁界) 내에 전류가 흐르는 도체를 놓으면 이 도체는 플레밍의 왼손법칙에 의해 힘이 작용하는 원리를 이용하여, 직류발전기를 다른 전원에 연결하고 여기에 전압을 가하여 그림 2-1 (b)와 같이 전류 i_a를 흘리면 원동기(原動機)를 제거하여도 전기자는 f 방향으로 힘을 받아 계속 회전한다. 이것이 직류전동기이며 구조는 발전기와 같다.

2.1.2 종 류

전동기는 접속방법에 따라 그림 2-2와 같이 4종류로 분류할 수 있다.

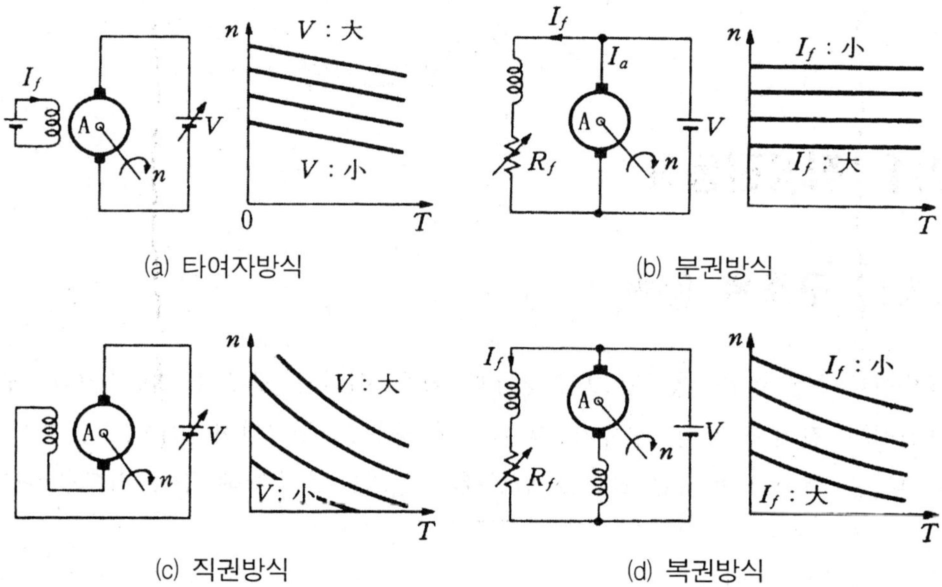

그림 2-2 전동기 접속과 속도(n)-토크(T)특성

(1) 타여자 전동기

타여자 방식은 독립된 전원에 의하여 여자를 한다. 소형기에서는 계자권선 대신에 영구자석을 사용한다. 속도변동률이 작은 정속도 전동기이다.

(2) 분권형 전동기

분권전동기는 자여자 전동기의 대표형으로 타여자 전동기와 같은 정속도 전동기이다.

(3) 직권형 전동기

직권전동기는 저속도에서 큰 토크(T)를 발생한다. 주로 전동차용 전동기로 사용한다.

(4) 복권형 전동기

복권전동기는 분권계자와 직권계자를 모두 가지고 있는 전동기로 양 계자를 조정하는 것에 의해 필요로 하는 특성을 얻을 수 있다. 주로 엘리베이터나 분쇄기와 같이 부하의 변동이 심한 곳에 사용한다.

2.1.3 기동방식

직류전동기는 대부분 속도제어를 목적으로 사용하는데, 중부하 또는 기동이 빈번하거나 급속운전 등의 기동이 요구되는 경우에 사용하며 교류전동기보다 좋다.

(1) 전전압 기동법

정격전압을 인가하여 기동하는 방법이다. 제어가 간단하고 안정된 방법이지만, 시동전류(始動電流)가 커서 정류작용에 지장을 주거나 전원의 전압 변동에 의해 다른 부하에 영향을 끼칠 수 있어 소용량기 이외에는 적용하지 않는다.

(2) 저항 기동법

전기자 회로에 시동저항을 삽입하여 시동전류를 억제하고 속도상승과 함께 저항을 자즘 줄여나가면서 정격상태로 하는 방법이다. 보통 기동 전류의 최대값은 정격전류의 1.5배 정도가 되도록 기동 저항값을 결정한다.

(3) 전압 기동법

전원전압(電源電壓)을 낮은 전압에 붙여 가속과 함께 인가전압을 높여나가는 방법으로 식병렬제어나 레오너드 방식이 여기에 해당되며 주로 대형기(大型機)에 많이 이용하고 있다.

2.1.4 속도제어

직류전동기의 속도 n[rpm]은 식 (2-1)과 같으므로 속도제어방식에는 계자전류를 바꾸는 계자제어방식, 전기자회로에 저항을 바꾸는 저항제어방식, 인가전압을 바꾸는 전압제어방식이 있다. 계자제어는 주로 분권 또는 복권전동기(複捲電動機)에 사용되고, 저항제어는 경부하가 되면 손실이 커진다. 전압제어방식에는 레오너드 방식과 초퍼제어 방식 등이 있다.

$$n = k\frac{E}{\Phi} = k\frac{V - I_a R_a}{\Phi} \qquad (2\text{-}1)$$

속도 n을 제어하는 데는 V, R_a, Φ 중 하나를 변화시키면 된다.

(1) 계자제어

계자제어(界磁制御)는 식 (2-1)에서 자속 Φ를 변화시키는 방법이다. Φ를 변화시키기 위해서는 그림 2-3과 같이 계자전류를 가감하면 되므로 분권전동기(分捲電動機)나 타여자 전동기에서는 계자저항기를 조정하면 된다. 이 방법은 전기자전류에 거의 관계없이 비교적 넓은 속도조정이 이루어지므로 정출력 특성에 적합하며, 일반적으로 속도를 상승시킬 때 사용된다.

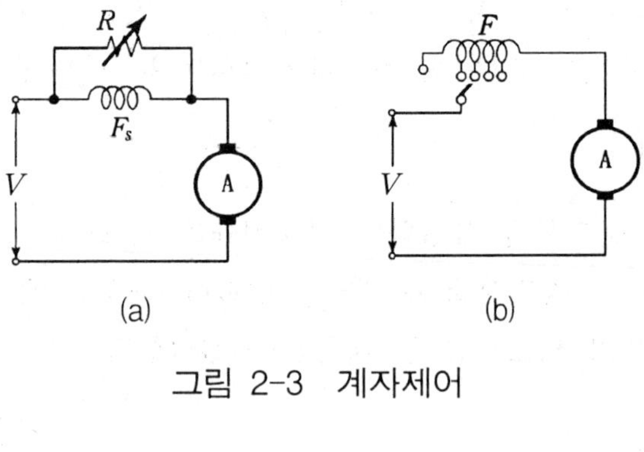

그림 2-3 계자제어

(2) 저항제어

저항제어(抵抗制御)는 그림 2-4와 같이 전기자회로에 직렬로 저항(R)을 접속하고 이 저항을 가감하여 속도를 제어하는 방법으로 주전류 I가 직렬저항 R에 흐르므로 전력손실이 커서 효율이 나쁘다. 속도제어용의 저항을 가감하는 장치를 제어기라 하고, 기동기에 겸용하는 것이 일반적이며 주로 속도를 저하시킬 때 사용된다.

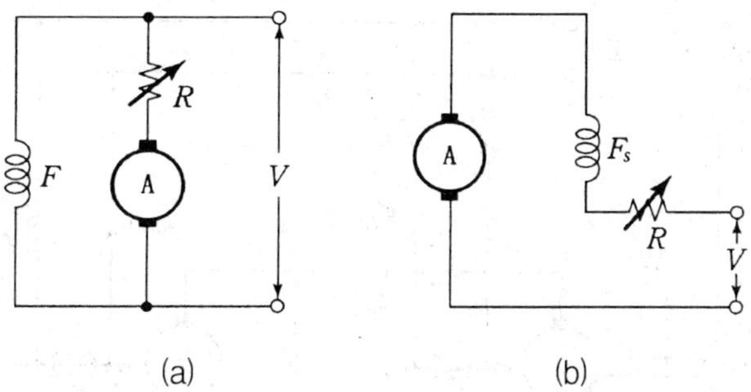

그림 2-4 저항제어

(3) 전압제어

전압제어는 전기자에 가해지는 단자전압(端子電壓)을 변화시켜 속도를 제어하는 방법으로 정토크 특성에 적합하다. 이 방법에는 2대 이상의 전동기를 사용하여 제어하는 직병렬제어 방식(그림 2-5)과 직류발전기를 사용하여 그 계자를 제어하는 워드 레오너드 방식, 수은정류기, 사이리스터 등을 사용하여 제어부를 조절하는 것을 정지 레오너드 방식(그림 2-6), 직류전원과 전동기 사이에 승압기를 삽입하여 제어하는 승압기(昇壓器) 방식(그림 2-7), 사이리스터를 이용한 초퍼회로에 의하여 전압을 조절하는 직류초퍼 방식(그림 2-8)이 있다.

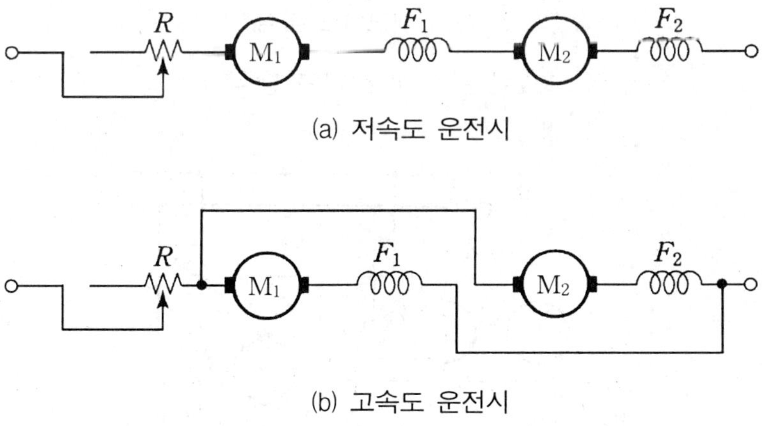

그림 2-5 직병렬 제어방식

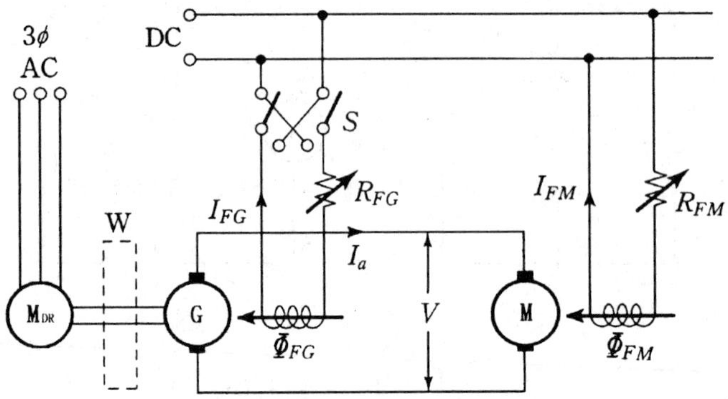

(a) 워드 레오너드 방식

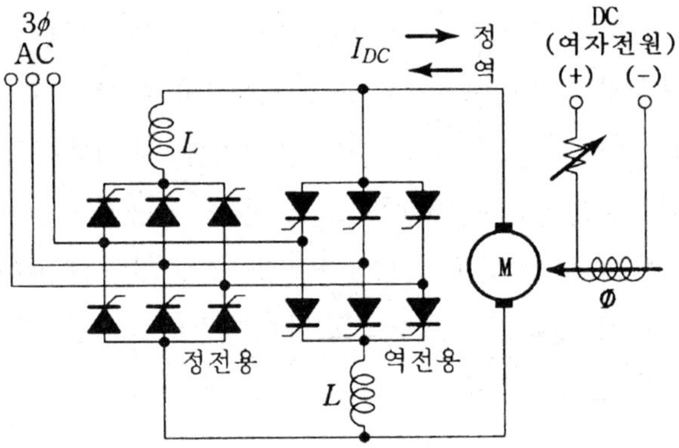

(b) 정지 레오너드 방식

그림 2-6 레오너드 방식

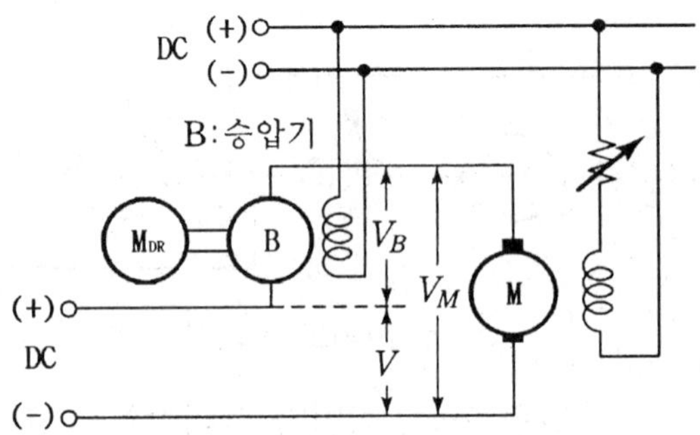

그림 2-7 승압기 방식

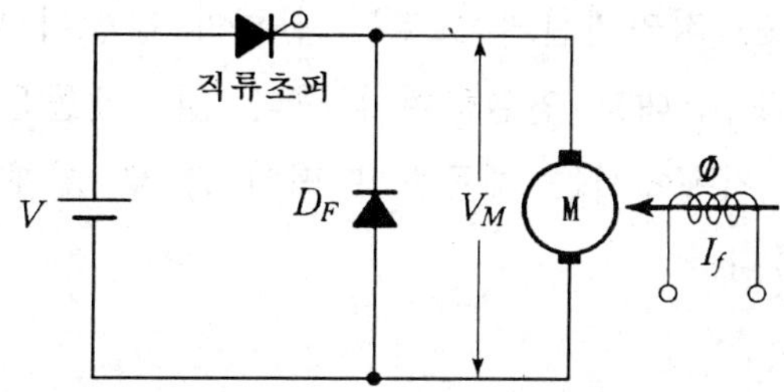

그림 2-8 직류 초퍼방식

2.1.5 역전과 제동

(1) 역 전

직류전동기를 역전시키려면 계자 또는 전기자 회로 중에서 어느 한쪽의 극성을 반대로 접속하면 된다. 보통 전기자 회로의 접속단자를 바꾸어서 단자전압의 방향을 반대로 한다. 혹시 보극이나 보상권선이 있으면 전기자 권선의 접속을 바꿀 때 보극과 보상권선의 접속도 같이 바꾸어야 한다.

(2) 제 동

제동(制動)이란 것은 부하측에서 에너지를 흡수하면서 운전하는 상태를 말한다. 제동은 사용목적에 따라 분류할 경우에 감속제동과 운전제동으로 분류할 수 있다. 감속제동이란 급히 감속하거나 정지시키기 위해 거는 제동으로 부하나 전동기가 가지고 있는 운동 에너지를 흡수하는 것을 말한다. 운전제동은 제동하면서 일정한 속도로 운전을 계속하는 상태를 말한다.

에너지 흡수 방법에 따라 제동방법을 분류하면 기계적 제동과 전기적 제동으로 나눌 수 있다. 기계적 제동에는 수동, 압축공기 등으로 제동기를 작동시키는 것이고, 전기적 제동은 발전제동, 회생제동, 역전제동으로 나눌 수 있다.

(가) 발전제동

직류전동기가 운전 중인 경우에는 전동기를 전원으로부터 분리하고, 단자 사이에 저항 R을 연결하여 전동기의 전기자에서 발생하는 전력을 줄열로 소비시키면서 전기적으로 제동하는 것을 발전제동이라 한다.

분권전동기에서는 운전 중인 그 자체 회로상태에서 저항을 접속하면 되지만, 직권 및 복권전동기에서는 직권권선에 흐르는 전류의 방향이 바뀌므로 그림 2-9와 같이 직권권선의 접속도 반대로 연결하여야 한다. 발전제동은 고속에서는 큰 제동력을 얻을 수 있지만, 저속에서는 제동력이 떨어지므로 기계적 제동을 함께 병행하여 사용하는 것이 좋다.

(a) 운전상태 (b) 발전제동 상태

그림 2-9 분권전동기의 발전제동

(a) 운전상태 (b) 발전제동 상태

그림 2-10 직권전동기의 발전제동

(나) 회생제동

전동기가 가지고 있는 운동에너지를 전기에너지로 바꾸어 이것을 다시 전원으로 변환하여 제동을 행하는 방법이다. 이 방법은 전기자에 가해진 전압 이상으로 역기전력이 증가되면, 전동기가 발전기로서 부하를 부담하게 되므로 계자저항기의 저항을 줄여서 자속을 증가시키면 회생전류가 얻어진다. 전기 기관차가 언덕을 내려갈 때 이 방법을 응용한다.

분권전동기의 경우에는 접속 상태에서 계자전류를 증가시키면 발전기가 되나, 직권전동기의 경우에는 계자권선을 끊어서 타여자로 하던지, 또는 계자권선이 전원과 병렬이 되게 접속을 바꾼다. 이와 같은 경우 모두 다 같은 방향으로 계자전류가 흐르게 하여야 한다.

그러나 정류기를 전원으로 사용하는 직류전동기, 정지 클레이머 방식, 정지 셀비어스 방식 등 정류기가 사용되는 회로에서는 역류가 저지되므로 정류기가 접속된 상태에서는 회생제동이 되지 않는다.

(다) 역전제동

직류전동기를 급속하게 정지시키는 방법으로 한 방향으로 운전하는 중에 역방향으로 접속을 바꾸어서 속도를 급격히 감소시키고, 역방향으로 회전하기 전에 전동기를 전원으로부터 분리하여 제동하는 방법이다.

2.2 유도전동기

2.2.1 구조와 원리

그림 2-11과 같이 농형을 한 도체의 외측에 회전 가능한 구조의 자극을 배치하고, 이것을 시계방향으로 회전시키면 플레밍의 오른손법칙에 의해 N극 부근에 있는 도체에는 ⊙방향으로 S극 부근의 도체는 ⊗방향으로 기전력이 유기된다.

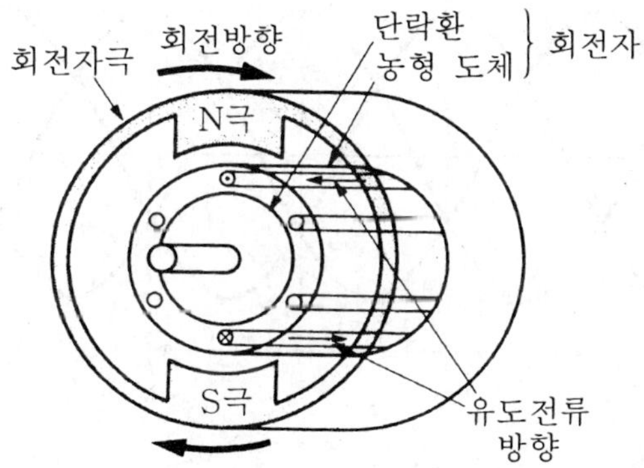

그림 2-11 유도전동기의 구조와 원리

이 기전력에 의해 단락환으로 단락된 농형 도체에 유도전류(誘導電流)가 흐르게 되지만, 농형 도체는 자극에 의한 자계 속에 있으므로 플레밍의 왼손법칙에 의해 이것이 자극의 회전방향과 같은 방향으로 전자력 즉 토크가 작용하여 회전자는 회전하게 된다. 그러나 이 상태로만 전동기가 될 수 없다. 그 이유는 회전자(回轉子)를 회전시키기 위해서는 자극도 회전시키지 않으면 안 되기 때문이다. 그래서 3상 교류를 이용하여 회전하는 자극 회전자계를 전기적으로 발생시킬 수 있는 방법이 개발되었다.

그림 2-12는 3상 교류에 의한 회전자계의 발생원리를 나타낸 것이다. 그림 (a)와 같이 고정자 철심에 *a*, *b*, *c*상의 3권선(1차 권선)을 각각 120°씩 위상이 어긋나게 감고, 여기에 그림 (b)의 3상 교류전류(交流電流)를 흐르게 하면, 그림 (c)와 같이 각 상에서 기자력이 발생하게 된다. 이와 같이 3상 권선에 3상 교류전류를 흐르게 하는 것에 의해 회전자계가 발생한다. 유도전동기는 3상 농형, 3상 권선형, 단상 농형 등이 있으며, 가장 많이 사용되고 있는 것이 3상 농형이고, 교류전동기가 많이 사용되고 있다.

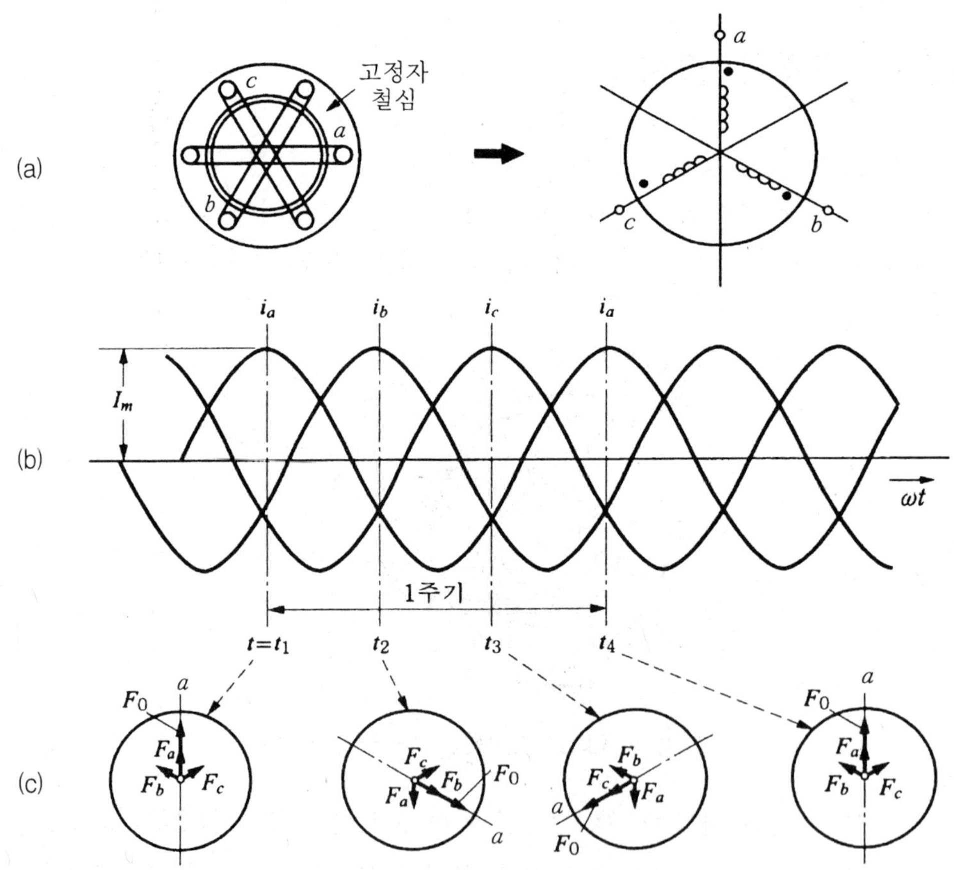

그림 2-12 회전자계의 발생

농형(籠型)과 권선형(捲線型)의 차이는 일반적으로 기동법과 속도제어법의 차이라고 볼 수 있다. 농형의 기동법은 전전압기동과 감전압기동(Y-△기동, 리액터 기동, 1차 저항기 기동 등), 속도 제어법으로는 1차 주파수 제어, 극수변환, 1차 전압 제어, 2차 여자제어가 있으며, 권선형의 기동법으로 2차 저항기동과 속도 제어법으로는 비례추이의 원리를 이용한 2차 저항제어가 이용되고 있다.

2.2.2 기동법

(1) 전전압 기동법(직입기동)

전동기 단자에 직접 전전압(全電壓)을 인가하여 기동하는 방법으로 직입기동이라고도 한다. 정격출력(定格出力) 3.7[kW] 이하의 소용량의 전동기에 사용한다. 특수 농형 유도진동기인 경우에는 11[kW] 이하에서 사용할 수 있다.

(2) Y-△ 기동법

Y-△ 기동법은 그림 2-13과 같이 고정자 권선이 △결선의 전동기를 기동시에만 Y결선으로 기동하여 운전상태까지 가속한 뒤에 다시 권선을 △결선으로 변환하는 방법이다. 이때에 기동전류, 기동토크는 모두 전전압 기동일 때의 1/3배 감소한다.

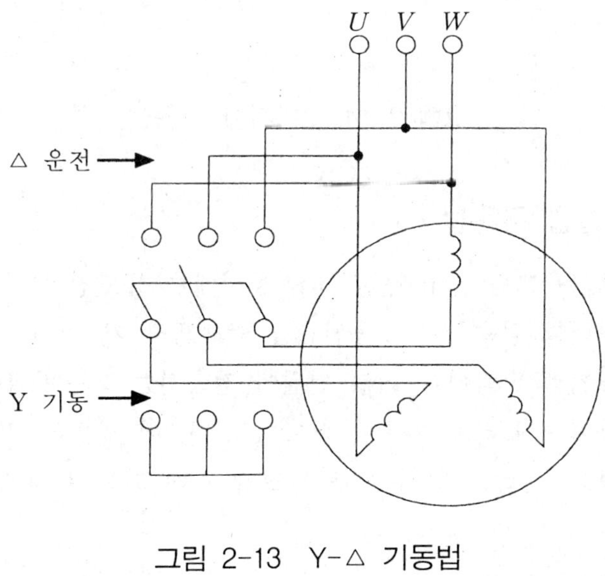

그림 2-13 Y-△ 기동법

(3) 기동보상기에 의한 기동법

기동보상기(起動補償器)라고 하는 3상 단권변압기(單券變壓器)를 사용해서 이것을 Y결선으로 접속하여 전동기 단자에 걸리는 전압을 내려서 기동하는 방법으로 탭 전압은 보통 50, 65, 80[%]를 표준으로 하고 있다. 기동보상기의 1차 전압과 2차 전압의 비를 $1/a$하면, 기동전류 및 기동토크는 $1/a^2$배가 된다.

(4) 2차저항 기동법

그림 2-14와 같이 시동시에 2차 회로에 슬립링을 삽입하여 저항을 접속해서 토크 비례추이 원리에 의해 기동토크를 크게 하고, 가속과 함께 저항값을 서서히 감소시켜 시동전류를 거의 일정하게 유지하도록 한다.

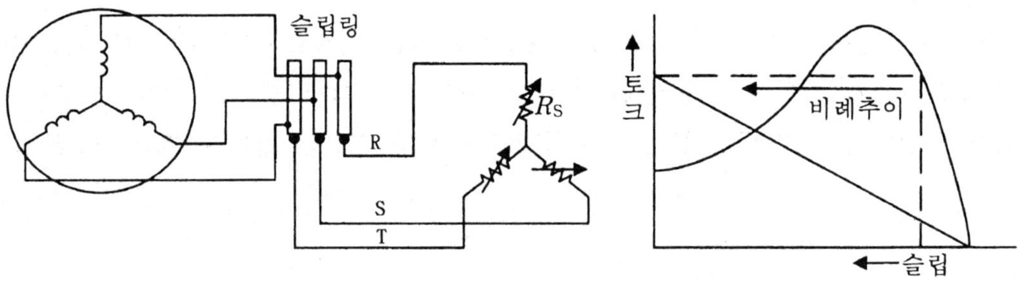

(a) (b)

그림 2-14 2차저항 기동법

(5) 임피던스 삽입 기동법

임피던스 기동법은 그림 2-15와 같이 기동시에는 유도전동기의 1차 직렬권선과 전원 사이에 리액터를 접속하여 기동전류를 억제해서 기동하고, 기동이 끝난 후에는 리액터를 개폐기로 단락하여 직접 전원에 접속하는 기동방법이다. 리액터에 적당한 탭을 설치하여 원활하게 기동이 되도록 한다. 이 방법은 펌프나 송풍기와 같이 기동토크가 작고, 가속과 함께 요구 토크가 크게 되는 부하에 사용하기 적당하다.

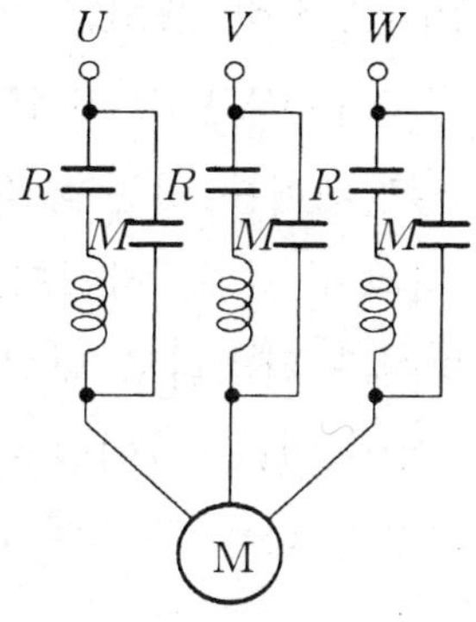

	R	M
기동	ON	OFF
운전	ON	ON

그림 2-15 직렬임피던스 기동법

2.2.3 속도제어

유도전동기의 회전속도 n[rpm]은 슬립(slip)을 s, 동기속도(同期速度)를 n_s라 하면 식 (2-2)와 같이 나타낼 수 있다.

$$n = (1-s)n_s = (1-s)\frac{120f}{p}\,[\text{rpm}] \tag{2-2}$$

유도전동기의 속도제어는 슬립 s와 동기속도 n_s의 변환에 의해 제어할 수 있다.

(1) 극수변환 제어방식

유도전동기의 극수를 변환시키면 극수에 반비례하여 동기속도가 변화하므로 회전속도도 바꿀 수 있다. 이 경우 속도의 변화는 연속적인 속도제어는 할 수 없고, 단계적으로 변화된다.

농형인 경우에는 고정자 권선의 극수만을 바꾸면 농형 회전자의 전류는 자연히 그 극수에 맞게 분포가 된다. 그러나 권선형의 경우에는 고정자 권선과 동시에 회전자 권선의 극수도 바꾸어야 한다. 이 방법은 비교적 소형의 농형 유도전동기 또는 특수 농형전동기에 많이 사용하고 있다.

(2) 주파수 제어방식

유도전동기의 동기속도는 주파수에 비례하므로 주파수를 변환시켜 속도를 제어할 수 있다. 인가전압(印加電壓)을 일정하게 하고 주파수만을 변화시키면, 자속이 주파수에 반비례(反比例)하여 자기포화 또는 자속부족이 생기는 것으로서 정지형 전력변환장치에 의해 만들어진 가변전압 가변주파수(VVVF) 전원을 사용해서 주파수 f에 비례하여 전압 V를 조정하는 V/f 일정제어를 하는 것이 일반적이다.

정지형 변환장치에는 사이크로 컨버터와 인버터가 있다. 사이크로 컨버터로 직접 별도의 주파수를 가지는 교류로 변환하는 방식과 컨버터로 한번 직류로 변환한 후 인버터로 다시 교류로 변환하는 간접변환방식이 있다. 사이크로 컨버터를 사이리스터와 응용하여 교류입력으로부터 직접 주파수가 다른 주파수의 교류출력을 얻는 장치이다.

인버터는 직류로부터 교류로 변환하는 역변환(逆變換)장치이다. 직류전원으로부터 직접 임피던스를 통하여 교류전력을 얻는 방법이지만, 교류전력의 주파수 변환 때문에 일단 정류하여 직류로 변환한 것을 다시 주파수가 다른 교류전력으로 변환하기 위하여 응용되고 있다.

(3) 2차 저항 제어방식

권선형 유도전동기에 한하여 많이 이용하는 방법으로 2차측에 슬립링을 부착하고 속도제어용 가변저항(可變抵抗)을 넣어서 비례추이에 의해 토크의 기울기를 조정하여 부하 토크와의 교점을 변화시켜 속도를 제어하는 방식이다. 저속도 영역일수록 손실이 증대하고 효율이 저하하지만, 장치가 간단하고 기동특성이 우수하여 펌프, 권상기에 사용하고 있다.

(4) 2차 여자 제어방식

권선형 유도전동기의 2차 저항 제어법에서 감속시에 효율 저하의 원인인 2차 저항기에서 발생하는 손실을 회수하여 이용하는 방법이 2차 여자 제어방식이다. 이 방법은 2차 저항기에서 생기는 전압강하와 동일한 전압을 외부에서 가하여 주고, 그 전압을 조정함으로써 속도제어를 한다. 2차 여자 제어방식에는 그림 2-16과 같이 감속시에 회수한 전력을 다시 기계적 동력으로 바꾸어 이용하는 크래머 방식과 회수한 전력을 전원에 다시 되돌려 보내는 셀비어스 방식이 있다.

2차 권선의 유도전압(誘導電壓)의 주파수는 외부에서 인가한 전압의 주파수와도 같아야 한다. 이 때문에 회전변류기(回轉變流機), 교류정류자가 사용되어지지만, 구조가 복잡하고 가격이 비싸고, 보수도 용이하지 않기 때문에 근래에는 그림 2-16과 같이 2차 전압을 실리콘 정류기로 정류해서 직류측의 전압을 조정하여 속도제어를 하는 방법이 사용되고 있다.

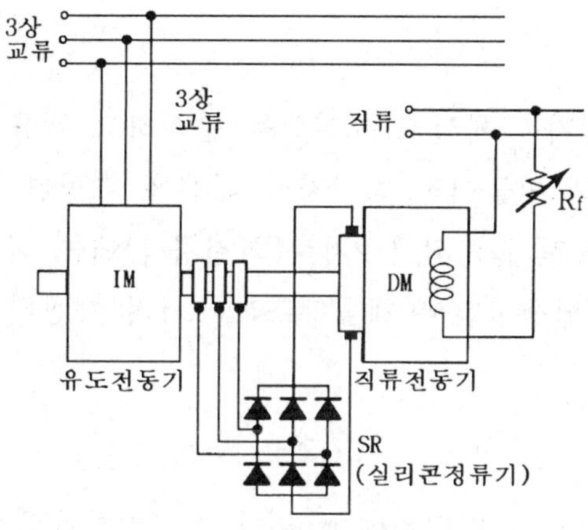

(a) 크레머 방식

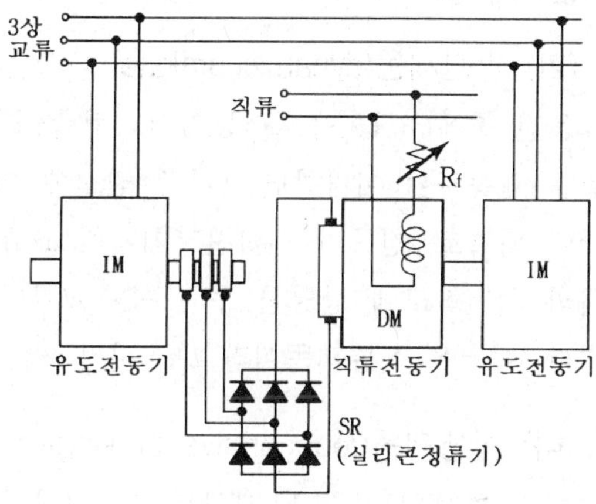

(b) 셀비우스 방식

그림 2-16 2차 여자 제어장치

(5) 전압 제어법

유도전동기의 토크는 1차 전압의 제곱 승에 비례하므로 단자전압을 조정하여 속도제어를 하는 방법이다. 전압은 사이리스터의 점호위상제어로 이루어지며 장치는 간단하지만, 저속영역에서 손실이 커서 정밀, 고속응답의 제어에 사용하기에는 적합하지 않다.

2.2.4 역전과 제동

(1) 역 전

유도전동기가 3상인 경우에는 3상의 3선 중에서 2선의 접속을 서로 바꾸어 접속하면 상의 순이 바뀌어져 회전자장의 회전 방향도 역전하게 된다. 이러한 방법을 플러깅(plugging)이라고도 한다. 단상 유도전동기인 경우에는 보조권선의 양단을 서로 바꾸어 접속하면 주권선의 자극보다 앞서 있던 보조권선의 자극이 뒤떨어지게 되어서 역전하게 된다.

반발 기동형 유도전동기는 브러쉬의 위치를 전기각으로 180[°] 돌려놓거나, 고정자 권선의 단자 접속을 바꾸어주면 회전방향이 역전된다. 하지만 셰이딩 코일형 단상 유도전동기는 역전을 시킬 수 없다.

(2) 제 동

(가) 발전제동(dynamic braking)

운전 중에 있는 유도전동기의 1차측(고정자측)에서 교류전원을 분리하고 직류전원을 접속하여 여자하면, 1차측 권선에 의해 만들어진 회전자장 대신에 고정된 자극이 되므로, 전동기는 회전전기자형 교류발전기가 되어 2차측(회전자측)에는 회전자의 회전속도에 상당한 주파수의 교류가 발생하면서 제동 토크가 생겨 제동하게 된다. 이것을 직류제동이라고도 한다.

(나) 회생제동(regenerative braking)

이 제동법은 기중기, 케이블 카, 권상기 및 긴 언덕길에 사용되는 전기기관차(電氣機關車) 등과 같이 물건을 높은 곳에서 아래로 내릴 경우, 부하의 위치 에너지를 원동력으로 하여 유도전동기를 전원에 접속한 상태에서 유도발전기로 동작시켜 발생한 전력(電力)을 전원으로 변환하면서 제동하는 방법이다. 이 방법은 기계적 제동과 같이 마모나 발열이 없고 제동할 때 손실이 매우 적으며 전력이 회수되므로 매우 경제적인 제동방법이다.

(다) 역전제동(plugging)

이 방법은 전동기의 회전을 급속하게 정지시키고지 할 경우에 사용된다. 회전 중에 전동기의 1차 권선의 3단자 중에서 임의의 2단자의 접속을 바꾸면, 회전자에 작용하는 토크의 방향이 반대로 되어 전동기는 제동되어 급속히 감속하기 때문에 정지하기 전에 전원을 끊는다. 전원의 접속을 바꿀 때는 전원으로부터 흘러 들어가는 과대한 전류에 의해 농형 유도전동기에서는 2차 회로가 과열(過熱)될 우려가 있으며, 권선형인 경우에는 2차측 회로에 큰 저항을 넣으면 비례추이의 원리에 의해 큰 제동토크가 발생하여 정지시간이 단축된다.

2.3 단상 유도전동기의 기동법

단상유도기에서 문제는 단상 교류 자계가 회전하고 있는 회전자에는 회전토크를 발생시킬 수 있지만, 정지하고 있는 회전자를 기동시킬 수는 없다. 따라서 인덕턴스나 콘덴서에 의해 1차 전류를 분상시켜 2상으로 하여, 이 2상 전류에 의해 회전자계로 기동시킨다. 기동장치(起動裝置)의 종류에 의해 콘덴서 기동형, 분상 기동형, 반발 기동형이 있다.

단상 유도전동기는 세탁기(洗濯機)나 냉장고(冷藏庫)가 그 대표적인 예이지만, 그 외에 펌프, 건조기, 재봉틀, 송풍기, 에어컨 등 많은 가전제품에 이용되고 있다.

단상전동기는 회전자계를 가진 3상 전동기와는 달리 교번자계로 회전하므로 자체적으로 기동토크가 없어 기동이 되지 않는다. 정지된 단상 유도전동기는 스스로 회전자계를 발생시킬 수가 없기 때문에 회전하지 못하지만, 외부에서 한쪽 방향으로 회전시키면 그 방향으로 토크가 생기고 전동기는 회전하게 된다.

2.3.1 분상 기동형

분상기동(split phase start)에서 1차 권선은 그림 2-17과 같이 고정자 철심에 감겨진 주권선 M과 보조권선 A를 전기각이 $\pi/2$가 되도록 배치한다. 이때 보조권선은 주권선보다 가는 코일을 사용하며, 권선수는 약 절반으로 하여 권선저항은 크고 임피던스는 적게 한다.

따라서 주권선 전류의 역률각보다 보조권선의 역률각이 작기 때문에 이들의 위상차 α(20~30[°])만큼 보조권선의 위상(位相)이 주권선보다 앞선다. 그러므로 보조권선에서 주권선 쪽으로 이동자계(移動磁界)가 생겨 회전자에 토크가 발생되므로 기동하고, 기동한 후에는 기동속도의 75~80[%]에 도달하면 원심력 스위치 S에 의하여 보조권선은 전원을 개방한다.

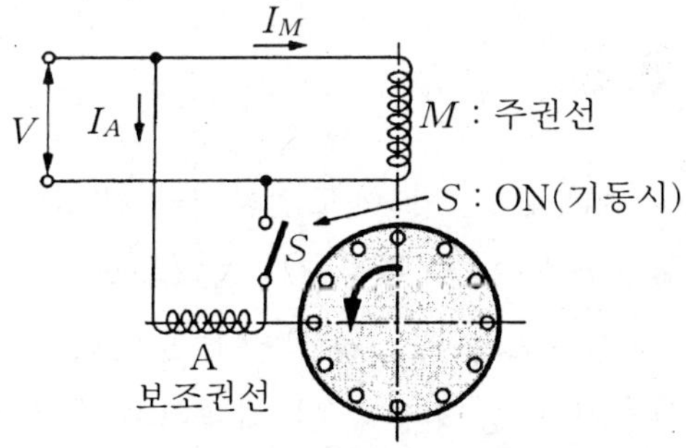

그림 2-17 분상 기동형

2.3.2 콘덴서 기동형

콘덴서 기동법(capacitor start)은 그림 2-18과 같이 보조권선 A와 직렬로 콘덴서를 접속하여 분상(分相)하는 방법으로 분상 기동법과 비슷하지만, 큰 기동토크가 필요한 단상 유도전동기에 많이 이용되고 있다.

보조권선 A의 권수를 주권선의 1~1.5배로 감고 여기에 콘덴서 C를 직렬로 접속하여 기동시에만 전류를 흘리는데, 이때 전류는 보조권선 쪽이 주권선보다 앞서기 때문에 위상차로 인한 이동자계가 생기며 분상 기동형보다 큰 기동토크를 얻는다. 동기속도의 75~80[%]에 도달하면 원심력 스위치 S에 의해 보조권선을 전원에서 개방시킨다. 콘덴서는 기동시에만 사용되며, 용량은 20~700[μF] 정도의 콘덴서를 사용하고 있다.

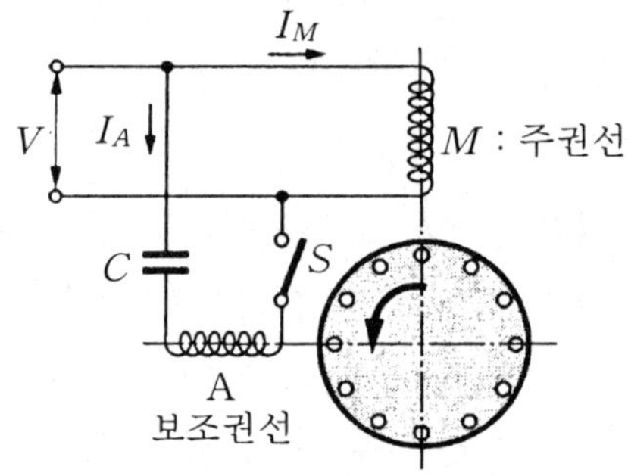

그림 2-18 콘덴서 기동형

2.3.3 반발 기동형

반발 기동형(repulsion start) 단상 유도전동기는 단상 직권정류자 전동기의 한 종류인 반발전동기(反撥電動機)의 기동토크가 큰 특징을 이용하여 기동시에는 반발전동기로 기동하고, 동기속도의 75~80[%]에 도달하면, 원심력 스위치에 의해 정류자편을 단락시켜 회전자를 농형과 같이 접속하여 운전시에는 단상 농형유도전동기로 동작시킨다.

반발 기동형 단상 유도전동기의 회전자는 권선형이고, 직류전동기의 전기자(電機子)와 거의 같은 권선과 정류자(整流子)를 갖고 있다. 회전자는 그림 2-19 (a)와 같이 전기각 180[°]의 위상을 갖는 브러시 2개를 굵은 도선으로 단락되어 있다. 회전방향을 바꾸기 위해서는 고정자 권선축에 대해서 브러시 위치 b_1, b_2에서 b_1', b_2'로 이동시키거나, 그림 2-19 (b)와 같이 고정자 권선의 4단자 결선(結線)을 바꾸어서 회전방향을 반대로 하여 운전하기도 한다.

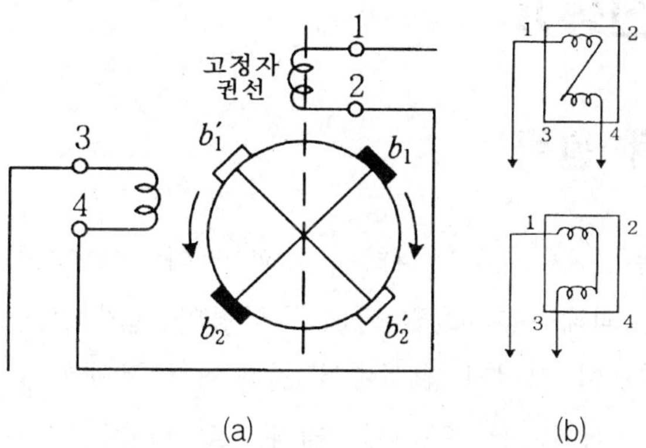

그림 2-19 반발 기동형

2.3.4 셰이딩 코일형 기동형

셰이딩 코일형 기동(shading coil type start)은 그림 2-20과 같이 고정자의 각 자극의 한쪽 끝에 홈을 파서 돌출극(突出極)을 만들고, 이 돌출극에 셰이딩 코일(B)이라는 저항이 큰 동대로 만든 단락고리를 끼워놓은 것이다.

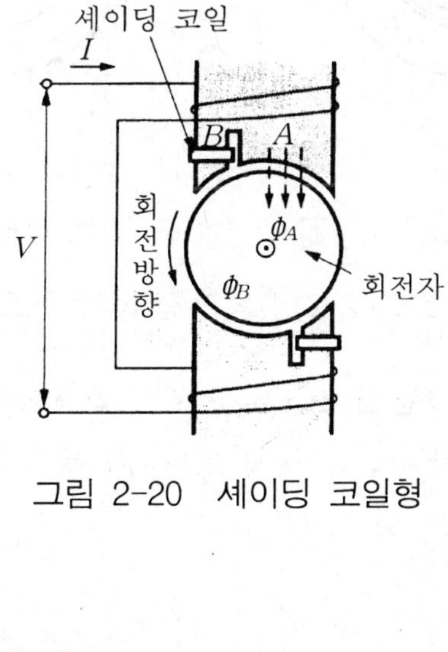

그림 2-20 셰이딩 코일형

셰이딩 코일이 있는 부분의 자속변화가 코일이 없는 A 부분보다 시간적으로 늦어지므로 셰이딩 코일이 없는 부분으로부터 셰이딩 코일이 있는 부분으로 이동자계가 발생하여 그 방향으로 토크가 발생하게 된다. 이 기동법은 기동토크가 작고, 효율과 역률이 떨어지므로 낮은 출력의 가정용 설비에 적합하다.

2.4 동기 전동기

2.4.1 구조와 원리

동기전동기는 그림 2-21 (a)에 나타낸 것과 같이 3상 권선을 설치한 고정자(固定子)와 외부전원에 의해 여자(勵磁)되는 돌극형의 전자석(電磁石)이 회전하는 것으로 구성되어 있다. 이 고정자 권선에서 발생한 회전자계가 회전자의 자극을 잡아당겨 동기속도로 회전자를 돌리게 된다. 회전자계의 동기속도 $n_s = 120f/p$ [rpm](p는 극수)로 주어지므로 전원 주파수가 일정하면 전동기는 일정한 속도로 회전을 계속하게 된다. 그러나 기동시에 있어서는 회전자는 자기 관성 때문에 회전자계에 따라 회전할 수가 없으므로 기동토크는 거의 영(0)이다.

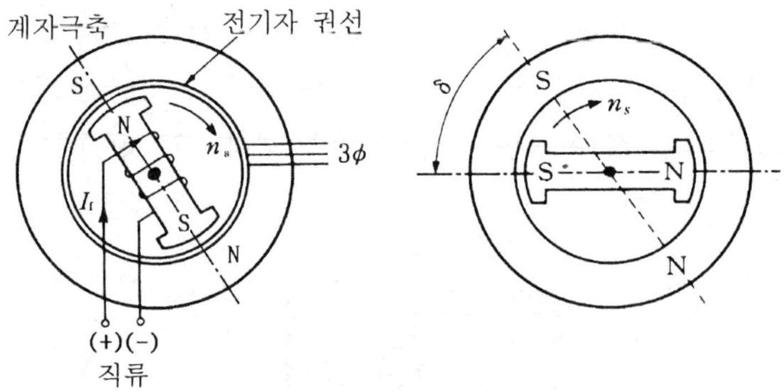

(a) 구조 (b) 부하각 δ

그림 2-21 동기 전동기 구조

부하가 있는 경우에는 그림 2-21 (b)와 같이 회전자는 부하에 끌려서 회전자계의 기자력 방향보다 부하각 δ만큼 늦게 된다. 이 부하각은 부하의 크기에 따라 변한다. 만약 부하가 급격히 변화하는 경우에는 부하각 δ의 변화로 전동기가 난조(亂調)를 일으켜 결국엔 정지하게 된다.

동기전동기는 대형으로 비교적 저속인 것은 시멘트 공장의 분쇄기나 제지공장의 쇄목기에 많이 이용된다. 소형이면서 고속도의 것은 tape recoder에 사용되는 히스테리시스 전동기(hysteresis motor)이다.

2.4.2 기동방식

동기전동기는 회전자가 동기속도로 회전하고 있는 경우에 한하여 전동기로서 토크를 발생하는 것이므로 동기전동기 자체로서는 기동토크는 "0"이다. 그러므로 어떠한 방법을 사용하여 동기속도에 가깝게 가속시켜 기동토크를 발생하도록 해야 한다.

(1) 자기 기동법

자기 기동법은 제동권선에 의해 기동토크를 얻는 방법으로 계자권선을 열어두고 전기자권선(電氣子捲線)에 기동용 변압기, 기동 보상기, 직렬 리액터 또는 변압기의 탭 등으로 정격전압의 30~50[%] 정도의 낮은 전압을 인가하면, 제동권선이 농형 유도전동기의 회전자권선의 역할을 하여 유도전동기로서 기동하게 된다.

기동 후 동기속도에 가까워졌을 때, 계자권선을 접속하여 여자하면 인입토크에 의해 동기속도로 인입된다. 그 후에 전기자 진입을 전전압으로 선환하여 운전상태로 한다.

(2) 기동전동기 기동법

기동전동기(起動電動機) 기동법은 다른 기동용 전동기(유도전동기, 직류전동기 등)로 기동해서 동기속도 부근까지 가속시킨 후에 동기전동기를 전원에 접속하는 방법이다. 유도전동기에 의한 경우에는 그 극수는 동기전동기보다 2극이 작은 것을 선정하고, 일단 동기전동기의 동기속도 이상의 속도까지 가속해서 기동용 전동기를 전원에서 분리하여 감속에 의해 동기속도 부근이 된 시점에서 동기 전동기를 전원에 접속한다.

제 3 장

전동기 응용분야

3.1 기중기

3.1.1 천장 기중기

천장 기중기(travelling crane)는 공장, 발전소 등의 옥내에 설치되어 자재, 제품 운반, 기계의 설치 및 분해 등에 사용된다.

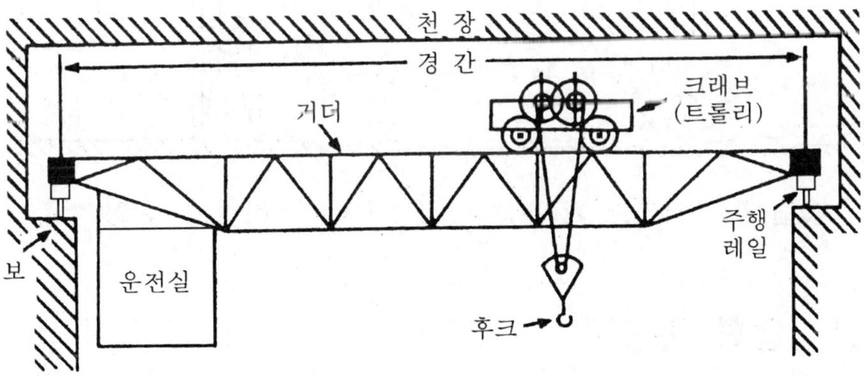

그림 3-1 천장 기중기

그림 3-1과 같이 천장 밑과 양쪽 벽면에 설치된 기중기(起重機)용 보(beam) 위에 주행레일을 설치하고, 거더(girder : 교형)가 차륜으로 이 레일 위를 주행할 수 있게 되어 있다. 거더 위에도 레일을 부설하여 그 위를 크래브(crab) 또는 트롤리

라고 하는 권상기를 설비한 차가 횡행할 수 있게 하였다.

주행, 가로주행, 권상에는 각각의 전동기를 사용하며, 거더의 한쪽 끝에 매달려 있는 운전실에서 기중기를 운전 제어한다. 전원은 건물에 설치된 트롤리 와이어에서 습동 접촉자 또는 회전 접촉자를 사용해서 집전한다.

3.1.2 지부 기중기

지부 기중기(jib crane)는 항만의 하역용 및 토목 건축공사 등에서 사용되는 것으로 기중기 본체, 선회부에서 지부 또는 붐(boom)이라고 하는 팔(arm)이 돌출되어 있고, 그 끝에 로프로 후크(hook)를 매달아 놓은 구조이다. 일반적으로 360° 선회가 가능한 모든 기중기를 말한다. 지주의 지지방법에 따라 그림 3-2와 같은 데리크형과 가이 데리크형이 있다.

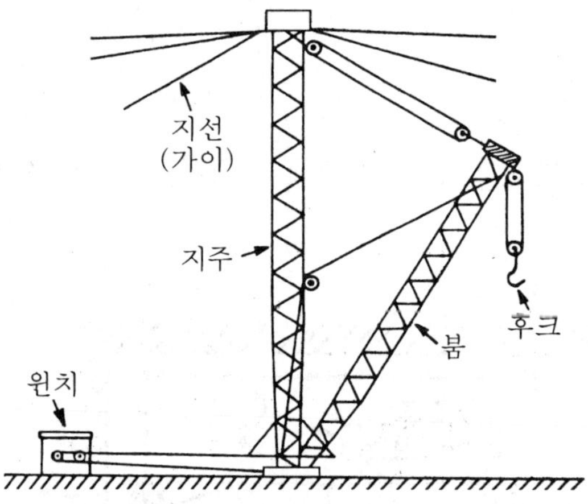

그림 3-2 데리크 기중기

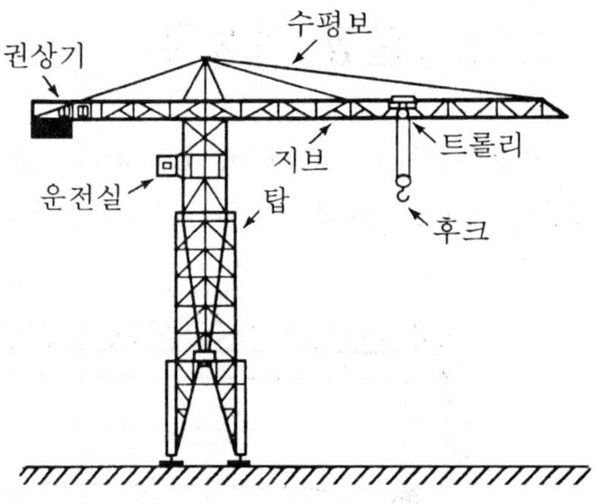

그림 3-3 탑형 기중기

3.1.3 탑형 기중기

이 기중기는 그림 3-3과 같이 탑과 같은 수직 기둥위에 선회할 수 있는 수평보를 설치하고, 그 수평보 위를 트롤리가 주행할 수 있도록 한 것이다.

조선소 또는 부두에서 하역작업에 많이 사용되며, 건축물의 고소(高所)작업에 자재운반용으로 많이 사용되고 있다. 용도와 모양에 따라 탑형 지브 기중기, 해머 헤드형 기중기, 데리크 포스트형 지브 기중기 등이 있다.

3.1.4 캔트리 기중기

캔트리 기중기는 그림 3-4와 같이 옥외에 설치한 천장 기중기로 옥외(屋外)에는 기중기용 보가 없어 강철제의 교각(橋脚)을 만들어 지상에 시설한 레일 위를 주행하도록 되어 있다. 트롤리 양식에 따라 크래브 트롤리식, 로프 트롤리식, 맨(man) 트롤리식 등이 있다.

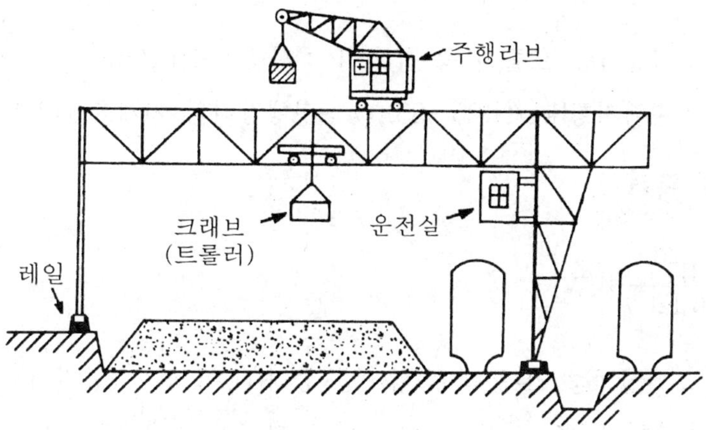

그림 3-4 캔트리 기중기

3.1.5 전동기와 동력 용량 산정

교류전동기로는 3상 권선형 유도전동기가 많이 사용되고 있으며, 기동과 정지 및 역전을 자주해야 하기 때문에 진동과 충격에 견딜 수 있는 특성을 가진 것이 좋다.

직류전동기는 직권전동기(直捲電動機)만 사용된다. 직류전원만 있다면 교류 전동기보다 특성이 우수하므로 전전압 방식의 천장 기중기의 전동기로 많이 이용되고 있다.

캔트리 및 지브 등의 기중기와 같은 대형의 것은 신속하고 원활한 속도제어가 필요하므로 워드-레오너드 방식을 사용하고 있다.

(1) 권상용 동력

$$P = 9.8W \times 1,000 \times \frac{V}{60} \times \frac{1}{\eta} \times 10^{-3} = \frac{WV}{6.12\eta}\,[\mathrm{kW}] \tag{3-1}$$

여기서, W : 권상하중[t], V : 권상속도[m/min], η : 기중기 효율[%](60~80)

(2) 횡행용 동력

$$P = \frac{WVC}{6,120\eta}\,[\mathrm{kW}] \tag{3-2}$$

여기서, W : 권상하중+트롤리 중량[t], V : 횡행속도[m/min]
C : 횡행저항[kg/t](25~35), η : 횡행장치의 기계효율[%](70~80)

(3) 주행용 동력

$$P = \frac{WVC}{6,120\eta}\,[\mathrm{kW}] \tag{3-3}$$

여기서, W : 권상하중+트롤리 중량+빔 중량[t], V : 주행속도[m/min]
C : 횡행저항[kg/t](23~33), η : 횡행장치의 기계효율[%](65~70)

3.2 권상기

3.2.1 원리와 구조

권상기(捲上機, winder)는 그림 3-5와 같이 기중기, 권상장치와 같이 와이어로프를 이용하여 화물을 권상하는 장치로 주로 탄갱, 광산, 토목, 건축, 교통 등에서 많이 사용되며, 그림 3-6과 같이 권동(drum)에 로프를 감는 방식과 활차(pulley)에 감는 방식이 있다. 권동(卷胴)의 종류를 그림 3-6에 나타내었다.

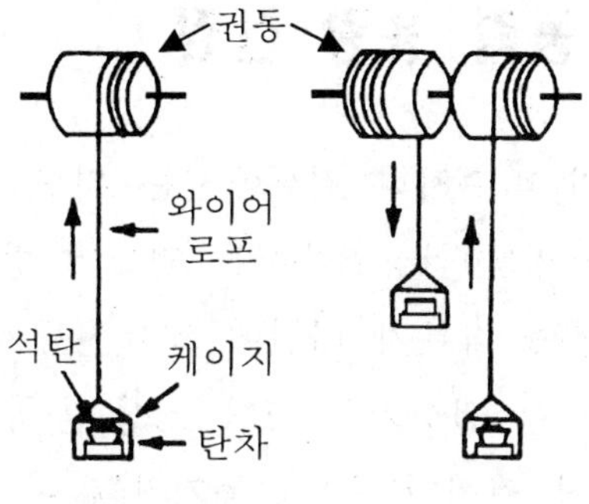

(a) 단동식 (b) 복동식

그림 3-5 권상기

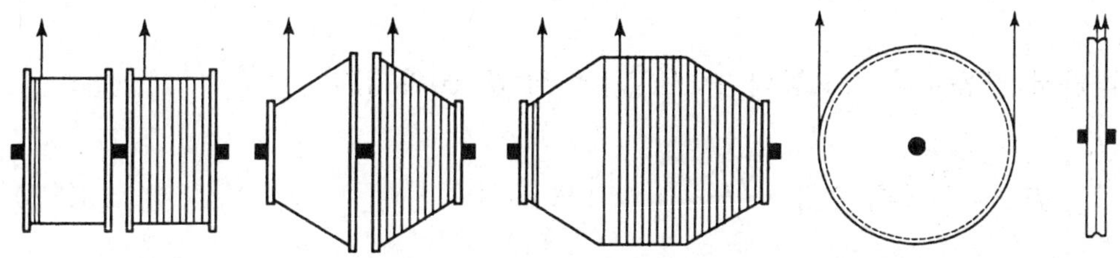

(a) 원통형 (b) 원추형 (c) 원추 원통형 (d) 케페 활차형

그림 3-6 권동과 활차

원통형은 가장 간단한 구조로 와이어로프를 몇 단으로 감을 수 있기 때문에 소형기나 대형기 등에 사용된다. 다만 처음 가속이 필요할 때에도 권동의 지름이 같기 때문에 축 토크가 큰 값이 된다. 원추형(圓錐形)은 와이어로프를 여러 단으로 감을 수 없는 대신에 감기 시작할 때에는 지름이 작은 부분에서 감기 시작하고, 감아질수록 지름이 점점 커지는 구조로 되어 있어 처음 감을 때는 축 토크가 그다지 크지 않아도 된다.

원추 원통형은 원통형(圓筒形)과 원추형의 두 장점을 가지고 있어 토크의 평균화, 와이어로프를 길게 감을 수 있는 장점을 가지고 있다. 그러나 제작비가 비싸고, 와이어로프가 쉽게 상하며, 로프가 미끄러질 위험이 있어 근래에는 대형권상기에 거의 사용하지 않고 있다.

케페 활차형은 V자형의 홈이 있는 지름이 큰 활차에 와이어로프를 걸어 활차와 와이어로프 사이의 마찰력만으로 권상을 하는 것을 말한다. 이것은 깊은 입갱에 많이 사용하고 있다.

3.2.2 전동기와 동력 용량 산정

기중기용 전동기와 거의 비슷하나 직류에서는 워드 레오너드 방식이 많이 사용되고 있지만, 대형의 입갱(入坑)권상기에서는 일그너 방식이나 정지 레오너드 방식도 사용되고 있다. 근래에는 직류기 대신에 교류전동기가 많이 사용되는 예가 많아졌다. 교류전동기에는 소형 권상기용으로는 3상 농형 유도전동기가, 중용량(中容量) 이상의 권상기에는 3상 권선형 유도전동기가 많이 사용되고 있다.

권상에 요하는 동력 P[kW]는 식 (3-4)와 같다.

$$P = 9.8T \times \frac{2\pi N}{60} \times 10^{-3} = 1.026NT \times 10^{-3}[\mathrm{kW}] \tag{3-4}$$

따라서 전동기의 소요동력 P_m[kW]은 식 (3-5)와 같다.

$$P_m = \frac{P}{\eta} = 1.026 \times \frac{NT}{\eta} \times 10^{-3}[\mathrm{kW}] \tag{3-5}$$

여기서, T : 소요토크[kg · m], N : 회전속도[rpm]

η : 권상장치의 기계효율[%], (직결 0.8~0.9, 치차 1단마다 0.9~0.95)

3.3 엘리베이터

엘리베이터는 일종의 케폐식 권상기로서 그림 3-7과 같이 트랙션 시이브(traction sheave : 구동 망차)에 케이지(cage : 승강실)와 평형추를 와이어 로프로 두레박식으로 걸고, 전동기로 트랙션 시이브를 구동하여 와이어로프와 도르래 사이의 마찰에 의해서 동력을 전달하여 상하(上下)로 이동시키는 것이다.

엘리베이터의 용도에 따라 사람을 운반하는 승용, 화물을 운반하는 화물용, 사람과 화물을 운반하는 인하용, 병원에서 환자를 운반하는 환자용, 요리나 서류 등을 운반하는 덤 웨이터, 침대용, 자동차용 등으로 나눌 수 있다. 또한 승강속도에 의하여 저속(15~45[m/min]), 중속(60~105[m/min]), 고속(200~300[m/min])으로 구분된다.

전원에 따라 분류하면 교류전원을 사용하는 3상 유도전동기에 의해서 운전되고,

승강속도 75[m/min] 이하에서 사용되는 교류 엘리베이터와 엘리베이터 1대마다 전동발전기(電動發電機)를 설치하여 발전기에서 발생하는 직류전압을 변화시켜서 구동용 직류전동기를 운전하는 승강속도 75[m/min] 이상의 직류 가변전압 엘리베이터의 2종류로 나눌 수 있다.

구동방식에 따라서 로프식과 유압식으로 나누어지며, 현재의 엘리베이터는 로프식이 대부분이다. 로프식은 다시 로프와 로프차 사이의 마찰력에 의해서 승강시키는 트랙숀 타입과 로프를 감은 권동을 회전시켜 승강(昇降)시키는 드럼 타입으로 나눌 수 있지만, 드럼타입은 현재 거의 사용하지 않는다.

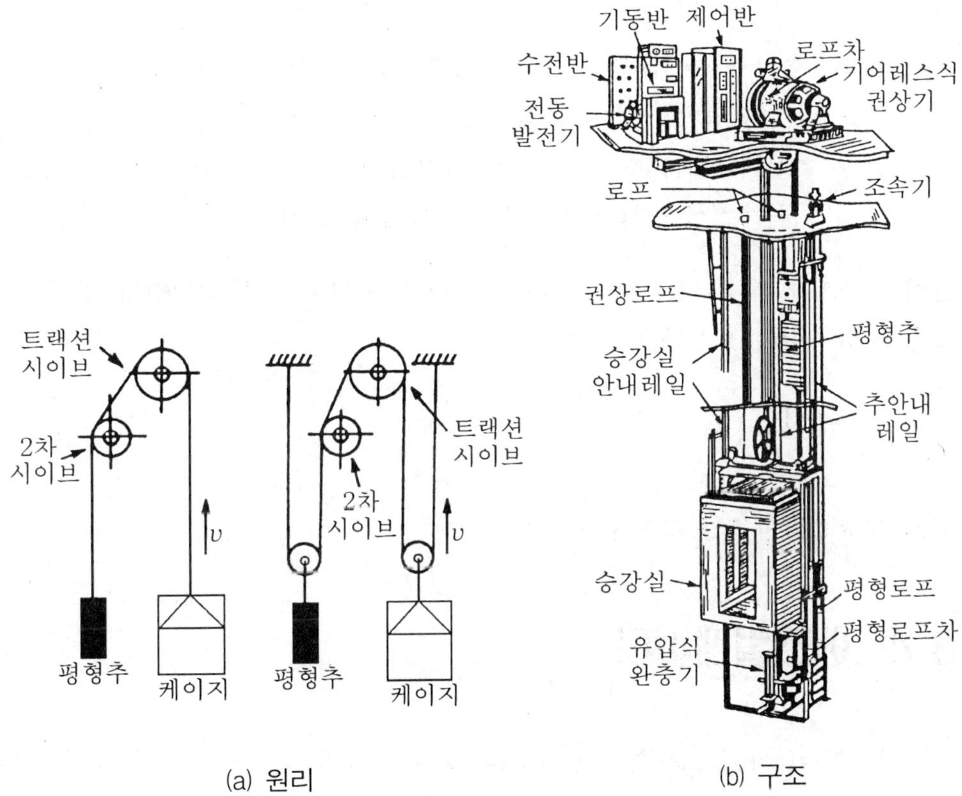

(a) 원리 (b) 구조

그림 3-7 엘리베이터 원리와 구조

구동용 전동기와 트랙션 시이브와의 연결 방법에 따라 저속 또는 중속 엘리베이터에 사용되는 감속비 1 : 20~1 : 60 정도의 워엄 기어 감속장치를 가진 기어드형과 워엄 기어 감속장치를 사용하지 않고 저속도의 직류전동기와 시이브를 직결한 기어레스형으로 분류할 수 있다. 기어레스형은 직류가변전압은 고속 엘리베이터에만 사용된다.

최근에는 농형 유도전동기에 의한 VVVF(variable voltage variable frequen-cy) 인버터방식으로 적용되고 있으며, 소형 엘리베이터도 에너지 절약, 승차감 향상, 보수관리 등의 이점을 고려하여 VVVF 인버터 방식이 많이 사용되고 있는 추세에 있다.

엘리베이터용 전동기의 용량 산정은 정격속도와 부하로 운전되는 경우에는 권상용 전동기와 같이 식 (3-6)으로 계산을 할 수 있다.

$$P = W \times 1,000 \times 9.8 \times \frac{V}{60} \times \frac{1}{\eta} = \frac{WV}{6.1\eta}\,[\mathrm{kW}] \tag{3-6}$$

여기서, P : 전동기 용량[kW], W : 적재중량[t], V : 승강속도[m/min]

η : 권상장치의 기계적 효율

- 기어식(1대1로핑 : 0.5~0.6, 2대1로핑 : 0.45~0.55)
- 기어레스식(1대1로핑 : 0.85, 2대1로핑 : 0.8)

평형추(平衡錘)를 가지고 있는 엘리베이터를 고려하면 식 (3-6)에 평형추의 평형률을 곱하여 식 (3-7)과 같이 나타낸다.

$$P = k\frac{WV}{6.1\eta}\,[\mathrm{W}] \tag{3-7}$$

여기서, k : 평형추의 평형률(0.4~0.6)

3.4 에스컬레이터

에스컬레이터(escalator)는 그림 3-8과 같이 철골구조의 트러스를 통상 두 대를 상하층에 걸쳐 놓은 형태로 설치하여 연속적으로 스텝체인에 일정간격을 갖춘 발판을 설치하고 스텝체인을 구동시켜 발판을 순환시켜 승객을 운반하는 설비이다. 또한 발판체인 기어와 같은 축의 다른 기어에 의해 동력이 난간 상단부의 이동손잡이에 전달되어 발판과 같은 속도 및 같은 방향으로 이동하도록 되어 있다. 에스컬레이터는 엘리베이터에 비하여 수송능력이 몇 배 뛰어나므로 백화점, 지하철, 고가 역, 은행, 호텔 및 일반 사무실 빌딩 등에서 많이 사용되고 있다.

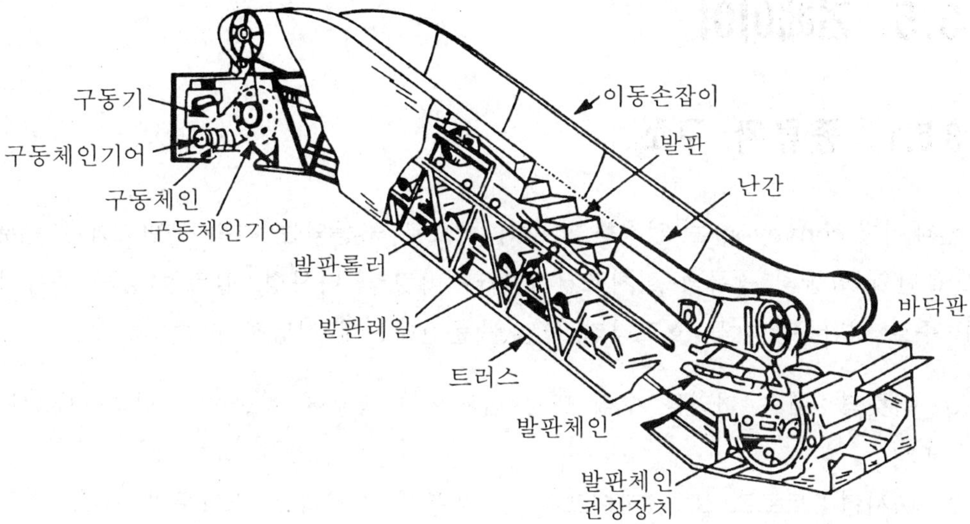

그림 3-8 에스컬레이터의 구조

에스컬레이터의 경사각은 보통 수평에 대하여 30[°]로 하고 있으며, 발판의 정격 속도는 30[m/min], 양정(연직 높이)은 3~6[m]인 것이 가장 많지만, 양정이 20 [m]까지 이르는 것도 있다. 난간의 유효 폭은 보통 800[mm]와 1,200[mm]의 두 종류가 있다.

에스컬레이터용 전동기는 7.5[kW]와 11[kW]의 두 종류가 많이 사용되고 있으며, 구동용 전동기는 권선형 또는 고(高)토크의 농형 유도전동기가 사용되고 있다. 전동기의 소요동력은 식 (3 8)로 구할 수 있다.

$$P = \frac{H}{\eta}\left(\frac{270\sqrt{3}}{6,120\times 2}\right)SV + p\,[\mathrm{kW}] \tag{3-8}$$

여기서, H : 양정[m], η : 구동기의 효율(0.7~0.8), V : 발판속도[m/s](25~30),

S : 발판의 폭

- 난간 유효 폭이 1,200[m] : 1.0[m]
- 난간 유효 폭이 800[m] : 0.6[m]

p : 무부하시 운전 동력(양정 1[m]에 대해서 약 0.15[kW])

3.5 컨베이어

3.5.1 종류와 구조

컨베이어(conveyor)는 일정한 방향과 속도로 구동되는 연속 운반기계(運搬機械)로 운반할 화물의 종류와 설치조건에 따라 버킷형, 나사형, 벨트형 등의 종류가 있다. 주로 석탄, 광석 등 흐트러진 물건을 운반하는데 적당하다.

① 버킷형 : 짧은 거리를 수직 또는 급경사의 장소에 화물을 운반하는데 사용한다.

② 나사형 : 트로프 또는 파이프와 그 내부에 회전하는 스크루가 있어 곡물, 분말, 시멘트 및 비료 등의 입상 화물 수송에 많이 사용된다.

③ 벨트형 : 폴리에 감겨있는 벨트가 움직여서 화물을 운반하는데 사용된다.

그 외에 에프런(apron), 체인(chain), 요동(shaking), 공기(air) 컨베이어 등이 있다. 이 중에서 벨트 컨베이어가 가장 많이 사용되고 있다.

컨베이어의 설치 경사에 따라 수평형, 경사형으로 나누어지며, 설치 방법에 따라 고정형과 이동형이 있다. 일반적으로는 고정형이 사용되지만, 창고 내에서 화물의 하적이나 옥외에서 석탁 적재, 토사 운반 등에는 이동형이 사용되기도 한다.

벨트 컨베이어의 구조를 그림 3-9에 나타내었다. 그림에 나타낸 것과 같이 벨트는 진행방향에 대하여 뒤진 쪽과 전방에 있는 테일 폴리와 헤드 폴리 사이에 루프상으로 걸려 있다. 상부(上部)에는 약 1[m] 간격으로 캐리어 롤러를 놓아 하적에 의한 늘어짐을 방지하고, 하부(下部)에는 약 3[m] 간격으로 귀환 롤러 캐리어를 놓아 벨트의 무게를 지지하도록 되어 있다. 폴리와 벨트 사이의 슬립을 방지하기 위해 벨트에 적당한 장력(張力)을 가할 필요가 있기 때문에 테이크 업(긴장 장치 : 장력을 가함)을 사용하였다.

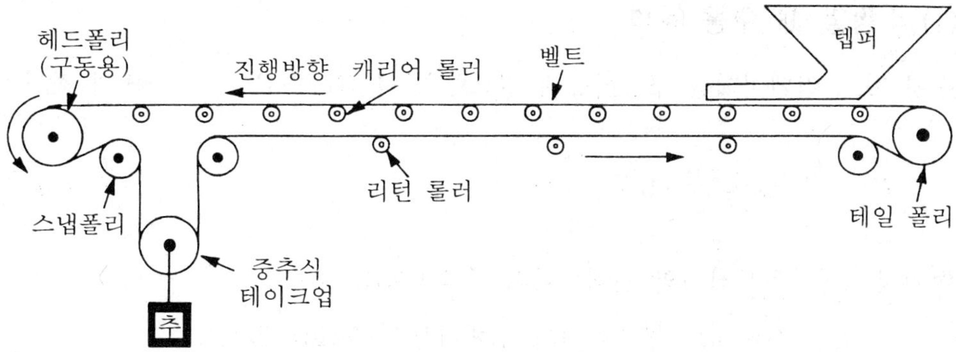

그림 3-9 벨트 컨베이어의 구조

벨트는 고무벨트와 강벨트가 사용되고, 고무벨트는 범포(돛을 만드는 피륙) 여러 겹을 점착성 고무로 붙여 만든 것으로 운반물의 충격이나 마찰로부터 포부를 보호하고 습기의 침입을 막기 위해 표면에 고무 피복을 하였다.

강벨트는 고급 탄소강을 냉간압연 후 열처리를 하여 제작하는데 고무벨트에 비해 가볍고, 표면이 매끄러운 장점이 있지만, 값이 비싸고 화학약품에 약한 단점이 있어 특수용도 이외에는 많이 사용하지 않고 있다.

전동기에 접속하는 구동폴리는 일반적으로 헤드폴리를 사용하지만, 경우에 따라 테일 폴리를 사용하거나 구동폴리를 놓을 수도 있다. 구동폴리는 보통 주철제는 래깅(lagging)이라고 하여 표면에 고무 또는 나무를 입혀서 마찰을 크게 하였다.

3.5.2 전동기와 동력 용량 산정

벨트 컨베이어는 연속 운전을 하지만, 기동이나 정지의 빈도가 낮아 속도제어가 필요치 않다. 그렇지만 상당히 큰 기동 토크가 요구되며, 컨베이어의 설치 장소는 광산과 같은 먼지가 많고 보수가 어려운 곳에서는 컨베이어 구동용 전동기로서는 튼튼하고 유지보수가 크게 요구되지 않으며, 기동 토크가 큰 전폐형 2중 농형 유도전동기가 많이 사용되고 있다. 또한 50[kW] 이상의 대형에서는 권선형이 많이 사용되고 있다.

벨트 구동 전동기의 소요 동력은 벨트의 형태, 즉 수평과 경사에 따라 다음과 같이 구할 수 있다.

(1) 수평일 때 구동 동력

수평 벨트 컨베이어를 구동하는데 필요한 동력 P[kW]는 식 (3-9)와 같다.

$$P = \frac{C_1 v + C_2 Q}{102.7} l \,[\text{kW}] \tag{3-9}$$

여기서, C_1 : 무부하시의 컨베이어의 주행저항[kg/m]

C_2 : 부하시의 컨베이어의 주행저항[kg/m](0.002)

v : 벨트속도[m/s], Q : 수송량[t/h], l : 벨트 컨베이어의 길이[m]

표 3-1 C_1의 값(원통 베어링 캐리어의 경우)

벨트폭 [mm]	300	400	500	600	700	800	900	1,000	1,200	1,300
C_1 [kg/m]	0.95	1.54	2.48	2.94	3.38	4.11	5.21	9.80	6.97	9.38

(2) 경사일 때 구동 동력

적재물을 올리기 위한 동력 p[kW]는 식 (3-10)과 같다.

$$p = \frac{1,000QH}{6,100 \times 60} = \frac{QH}{366} \,[\text{kW}] \tag{3-10}$$

여기서, H : 컨베이어 양단의 양정[m]

따라서 경사 벨트 컨베이어의 전 소요동력 P_0[kW]는 식 (3-11)과 같다.

$$P_0 = P + p = \frac{C_1 v + C_2 Q}{102.7} l + \frac{QH}{366} \,[\text{kW}] \tag{3-11}$$

식 (3-10)에 컨베이어의 기계적 효율을 η(2~3단 감속기어 일 때 0.7~0.8)라 하면 구동전동기의 용량 P_t[kW]는 식 (3-12)로 나타낼 수 있다.

$$P_t = \frac{P_0}{\eta} = \left(\frac{KC_1 v + C_2 Q}{102.7} l + \frac{QH}{366} \right) \frac{1}{\eta} \,[\text{kW}] \tag{3-12}$$

여기서, K : C_1에 대한 보정계수

3.6 송풍기

3.6.1 종 류

기체를 어떤 압력에 저항해서 유동시키는 것을 송풍기(送風機)라 하며, 기체에 주는 압력의 크기에 따라 통풍기(fan), 송풍기(blower) 및 압축기(compressor)로 분류할 수 있다.

(1) 통풍기

통풍을 목적으로 단순히 기체만을 유동시키는 것으로 풍압 0~500[mmAq] 정도의 것을 말한다.

(가) 프로펠러 팬(propeller fan)

프로펠러형의 날개를 가지고 100[mmAq] 이하의 저압으로 풍량이 많은 경우에 사용되며, 팬 내의 기체의 유동 방향이 축방향과 같다고 하여 축류통풍기라고도 한다. 이것은 날개의 익양력에 의해 기체를 축 방향으로 유출시키는 구조로 되어 있어, 탁상용 선풍기, 한기선 등이 여기에 속한다. 일반적으로 회전이 빠르고, 2극, 4극의 유도전동기나 동기전동기가 사용된다. 고속이기 때문에 비교적 소형, 경량으로 제작할 수 있고 효율 및 특성이 좋으나 소음이 크기 때문에 소음을 고려해야 한다.

(나) 다익 통풍기(multi-vane fan)

시로크 팬이라고도 하며 가장 많이 사용하고 200[mmAq] 이하에 주로 사용된다. 구조는 폭이 좁고, 직경 방향으로 깊이가 얕으며, 회전방향으로 기울어진 여러 개의 날개를 가지고 있다. 일반 환기용, 전동기 강제통풍용으로 사용되며, 효율은 낮고 소형이 많다.

(다) 터빈 통풍기(turbo fan)

다익 통풍기와는 반대로 폭이 좁고, 깊이가 깊은 날개를 회전방향과 반대방향으로 굽혀서 여러 개 설치한 구조로 50~500[mmAq]의 넓은 범위에서 사용된다. 효율이 좋고 소음이 적지만, 형태가 큰 결점이 있다. 보일러 통풍기, 광산용 통풍기 등으로 사용된다.

(라) 직익 통풍기(plate fan)

터빈 통풍기의 일종으로 래이디얼 송풍기(radial fan)라고도 한다. 적은 수의 날개를 가지고 있는 통풍기로 50~350[mmAq] 정도의 것이 많으며, 일반적으로 시멘트, 미분탄 수송용, 보일러 유인 통풍용 등 먼지가 많은 고온 가스용에 사용된다.

(2) 송풍기

송풍기는 통풍기(通風機)와 거의 같은 종류의 것이 사용되고 있으며, 대표적인 것이 터빈 송풍기이다. 그림 3-10에 송풍기의 날개 형태를 나타내었다.

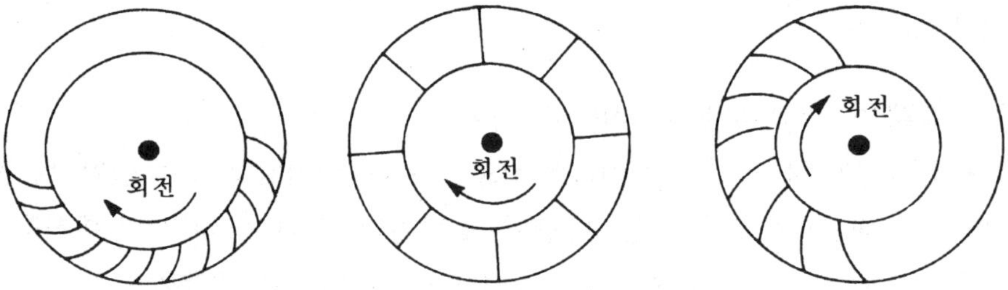

(a) 전향다익 송풍기 (b) 반경방향 레이디얼 송풍기 (c) 후향 터빈 송풍기

그림 3-10 원심식 송풍기의 날개

(가) 회전 송풍기

이 송풍기는 풍압이 100~300[mmAq] 정도로, 풍량이 적은 경우에 사용된다.

(나) 터빈 송풍기

터빈 통풍기와 같은 형이지만 압출 풍압은 약 400[mmAq](25[mmHg]) 이상이며, 주철제의 케이싱(와류실)과 압력에 따라 안내 날개를 설치한다. 1단 150[mmHg] 정도가 최고이고 그 이상의 압력에 따라 단수를 더해서 중간 냉각기를 설치하여야 하며, 풍압이 1,400[mmHg] 이상의 압력을 내는 것을 터빈 압축기라 한다.

(다) 왕복동 송풍기

주로 용광로나 코크스로 등의 배기가스로 운전되는 경우가 많다.

(3) 압축기

송풍기 중에 풍압이 약 3[kg/cm^2] 이상의 높은 곳에 사용하는 것을 **압축기**(壓縮機)라 하며, 그 이하의 것을 **송풍기**라 한다. 풍량이 많고 압력이 작은 경우에는 터보형이 사용되고, 풍량이 적고 압력이 높은 경우에는 왕복 압축기가 사용된다. 그림 3-11과 그림 3-12에 압축기의 구조와 단면을 나타내었다.

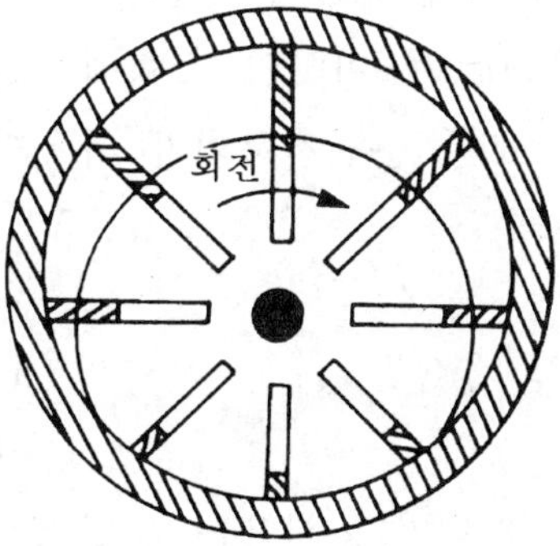

그림 3-11 가동날개 압축기 구조

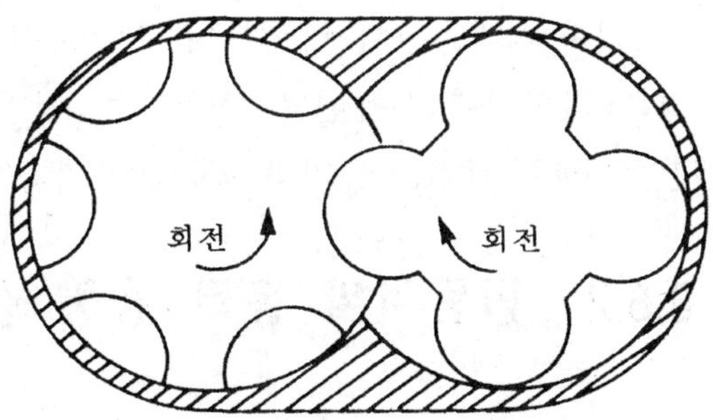

그림 3-12 나사압축기 단면
(회전비 2/3의 예)

(가) 터빈형

통풍기, 송풍기와 같지만 이들보다 고압으로 하기 위해 단수를 증가하고 필요에 따라 냉각기를 구비해야 한다. 구동전동기의 기동토크는 약 40[%]이면 충분히 기동할 수 있기 때문에 가장 많이 사용되고 있다.

(나) 회전형

가동 날개 압축기는 케이싱에 편심하여 설치된 회전자의 반대 방향으로 가동하는 강판제의 날개를 가지고 있다. 날개는 원심력에 의해 케이싱 내벽 쪽으로 누르면서 회전하며, 공간을 여러 개의 작은 공간으로 나누고, 이 용적의 변화에 의해 가스를 압축하는 것이다.

나사 압축기는 2개의 회전자가 맞물리어 케이싱과 사이에 가스실을 만들어 이것을 축소하면서 축방향으로 가스를 보내는 형이다. 2개의 회전자 사이에는 매우 작은 캡이 있지만 맞닿지는 않는다. 소용량의 것은 매우 빠른 고속을 얻기 위해 10,000[rpm] 이상의 고속으로 운전해야 하며, 최근 많이 사용되고 있다.

(다) 왕복동형

실린더 내에서 피스톤이 왕복해서 가스를 압축하는 것으로 높은 고압을 얻을 수 있는 것으로 1,000~2,000[kg/cm^2]에 이르는 것도 있다. 크랭크축으로 구동하며 구동전동기는 12극에서 20극 전후의 것이 많고 대용량인 것은 동기전동기가 사용된다.

압축기는 속도제어가 필요 없으므로 정속도 전동기가 사용되며 전동기와의 연결은 직결과 벨트 걸이가 있으나, 벨트 걸이는 100[kW] 이하의 소형에 사용하고, 직결은 대형기에 사용된다. 직류기는 선반용이고 보통 분권전동기가 사용되며, 교류전동기에는 유도전동기와 동기전동기가 사용된다.

3.6.2 전동기와 동력 용량 산정

송풍기용 전동기는 차량용과 선박용에서는 직류전동기가 사용되고 있고, 가정용과 사무실용의 선풍기 또는 환풍기(換風機)에는 단상 유도전동기가 사용되고 있다. 그 외의 대부분은 3상 유도전동기 또는 동기전동기가 사용되고 있다.

송풍기용 전동기의 소요동력 P[kW]는 식 (3-13)으로 구할 수 있다.

$$P = k\frac{QH}{6,120\eta}\,[\mathrm{kW}] \tag{3-13}$$

여기서, Q : 풍량[m^3/min], H : 풍압[mmAq],

η : 송풍기효율[%](직익 : 0.5~0.6, 다익 : 0.45~0.55)

k : 여유계수(1.1~1.5)

3.7 펌 프

3.7.1 종 류

펌프는 압력작용에 의해 액체나 기체와 같은 유체(流體)를 관을 통해서 수송하는 기계로써 주로 지하수(地下水)의 배수, 농업용수의 관개 등 광산, 토목공사장, 공장, 가정에 이르기까지 많이 사용되고 있다. 또한 석유나 약품, 펄스, 슬러지 등의 특수한 유체의 수송에도 사용되고 있다. 펌프의 기본 성능을 표시하는데는 펌프가 액체를 밀어 올릴 수 있는 높이를 나다내는 양정과 단위시간에 송출할 수 있는 액체의 부피를 나타내는 유량으로 표시된다. 그림 3-13에 펌프의 종류를 나타내었다.

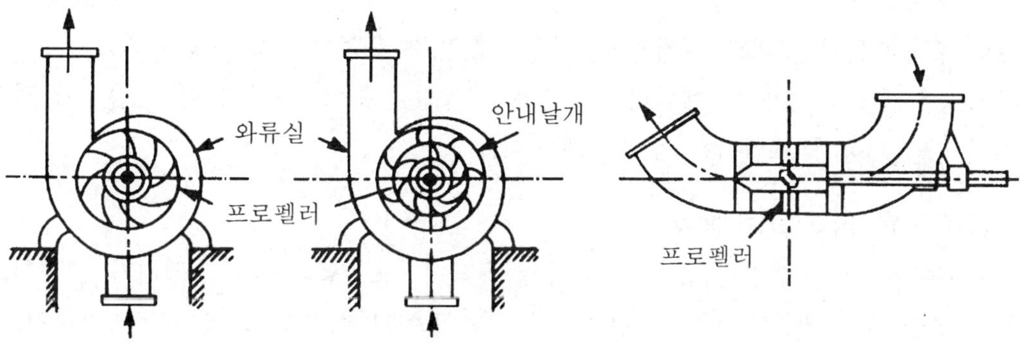

(a) 볼류트 펌프　(b) 터빈 펌프　(c) 프로펠러 펌프

그림 3-13 펌프의 종류

(1) 와권 펌프(centrifugal pump)

와권 펌프는 액체가 가득 찬 용기 중에서 회전차를 회전시켜 낮은 곳에 있는 액체를 높은 곳으로 밀어 올리는 펌프로 원심펌프이다.

와권 펌프는 그림 3-13과 같이 볼류트 펌프(회전차의 외주에 있는 바로 와권실이 있는 것), 터보펌프(안내 깃을 가진 것) 및 프로펠라 펌프(프로펠러형의 회전차를 가진 것)로 분류할 수 있다.

(2) 용적용 펌프(displacement pump)

이 펌프는 일정 용적 내에 흡입된 액체의 용적이 차차로 혹은 급격히 감소하여 압송되는 것이다. 용적 펌프는 회전 펌프, 왕복동 펌프의 2종으로 분류할 수 있으며, 이 외에도 펌프내의 액체의 흐름의 방향에 따라 축류 펌프와 사류 펌프, 배치에 따라 횡축형과 종축형으로 나눌 수 있다.

(가) 회전 펌프(rotary pump)

펌프의 피스톤 작용을 하는 부분이 회전운동을 하여 피스톤 작용을 로터에서 행하게 하는 것으로 송출밸브와 흡입밸브를 가지고 있지 않는 로터리 펌프이다.

배인 펌프, 기어 펌프 및 나사 펌프가 있으며, 물, 가솔린, 윤활유, 도료, 아스팔트 등에 널리 사용되고 있고, 자동제어용 유압 펌프로서도 많이 사용된다.

(나) 왕복동 펌프(reciprocating pump)

이 펌프는 실린더 안을 피스톤 또는 플렌저가 왕복운동을 하는 펌프로서 송출밸브와 흡입밸브가 교대로 개폐하여 액체를 흡입, 송출하면서 양수를 한다.

가정용 우물펌프가 그 예이다. 이 펌프는 양정이 크고 유량이 작은 경우에 적합하며, 수압기용과 보일러용 등에 사용된다.

(다) 축류 펌프(axial flow pump)

양정이 낮고 양수량이 많을 경우에 사용되며, 프로펠러형의 임펠러가 회전함으로써 물을 축방향으로 보내는 펌프이다. 양수량이 변화하여도 효율이 저하하지 않도록 운전 중에 임펠러의 설치각도를 변화시킬 수 있는 것도 있다.

(라) 사류 펌프(mixed flow pump)

이 펌프는 물의 압력 및 속도 에너지 중의 일부는 임펠러에서 받는 원심력으로, 일부는 임펠러가 주는 양력으로 얻는 것이며 원심 펌프와 축류 펌프의 중간형에 속한다.

3.7.2 전동기와 동력 용량 산정

펌프의 운전에는 기동토크가 크지 않아도 되므로 보통 직류에서는 분권 또는 복권전동기가 사용되나 이것은 선박용으로 한정되어 있다. 교류에서는 농형 또는 특수농형 3상 유도전동기가 사용되지만, 고속 대용량 또는 저속 대용량인 경우에는 권선형 유도전동기를 사용하기도 한다. 또한 양수발전소의 양수 펌프에는 발전기가 그대로 동기전동기를 사용하며, 가정용 우물 펌프에는 단상 유도전동기가 사용된다.

펌프에는 두 가지 동력을 사용하고 있다. 그중에서 단순히 물을 퍼 올리는데 요구되는 동력인 수동력 P_w[kW]와 부하를 운전하는 펌프의 축에 필요한 동력인 축동력을 P_s[kW]라 하면 식 (3-14)와 (3-15)로 나타낸다.

$$\text{수동력}\ P_w = \frac{1,000QH}{75\times\frac{60}{0.746}} = \frac{QH}{6.12}\ [\text{kW}] \tag{3-14}$$

여기서, Q : 양수량[m³/min], H : 전 양정[m]

$$\text{축동력}\ P_s = \frac{P_w}{\eta} = \frac{QH}{6.12\eta}\ [\text{kW}] \tag{3-15}$$

여기서, η : 펌프효율[%]

전동기의 출력은 펌프의 설계, 제작상의 오차 등을 감안하여 계산상의 축동력(軸動力)에 10~20[%]의 여유를 두고 있다. 전동기 출력 P_m[kW]은 식 (3-16)으로 나타낸다.

$$\text{전동기 출력}\ P_m = k\frac{QH}{6.12\eta}\ [\text{kW}] \tag{3-16}$$

여기서, k : 여유계수(1.1~1.2)

3.8 압연기

3.8.1 종 류

압연 공업에서는 일반적으로 선철을 제조하는 제선작업, 용강작업 및 각종 강재를 만드는 압연작업으로 나눌 수 있다. 압연 방법에 따라 재료를 가열 상태로 압연하는 열간압연(hot rolling)과 박철판의 압연 등에 상온으로 재료를 압연하는 냉간압연(cold rolling)이 있다.

압연기(壓延機)의 롤스탠드의 구조에 따라 분류하면 롤의 본수에 따라 2중 롤식, 3중 롤식, 4중 롤식 등이 있다. 취급하는 제품에 따라 압연기를 분류하면 노(爐)에서 나온 강괴를 처음에 압연하는 것을 분괴밀(blooming mill), 후판을 만드는 후판밀(plate mill), 구조용 재형강을 만드는 대중형밀, 작은 각재나 환재를 압연하는 소형밀, 선재를 압연하는 선재밀(wire rod mill), 30[cm] 이상으로 폭이 넓은 대강을 만드는 스트립밀(strip mill), 폭이 좁은 대강을 전문으로 만드는 스켈프밀(skelp mill), 박판을 만드는 박판밀(sheet mill) 등으로 나눌 수 있다.

(1) 2중 롤식

2중 롤식은 그림 3-14와 같이 상하 2본의 롤이 롤 하우징 내에 베어링으로 설치되어 스핀들에 의해 피니온 스탠드내의 피니온에 연결되고 피니온은 전동기에 연결되어 있다.

압연작업 중 제품의 형상 조절 이외에는 상부의 롤을 상하로 움직이지 않는 것과, 압하 장치에 의해서 한번 통과할 때마다 상하로 움직이는 것이 있다. 2중 롤식은 분괴, 후판, 슬라브, 궤조, 형강 등의 압연에 많이 사용된다.

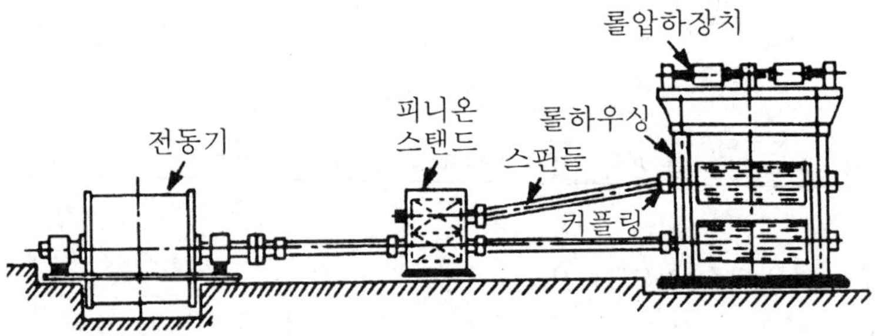

그림 3-14 2중 롤식

(2) 3중 롤식

3중 롤식은 그림 3-15와 같이 상, 중, 하로 3본의 롤이 있고 중롤과 상, 하롤은 그 회전이 반대로 되어 있다. 전동기의 회전방향은 일정하고 상, 중롤로 왕압연을 하면 중, 하롤로 복압연을 하게 된다. 이것은 소형, 중형의 형강밀에 많이 사용되고 있다.

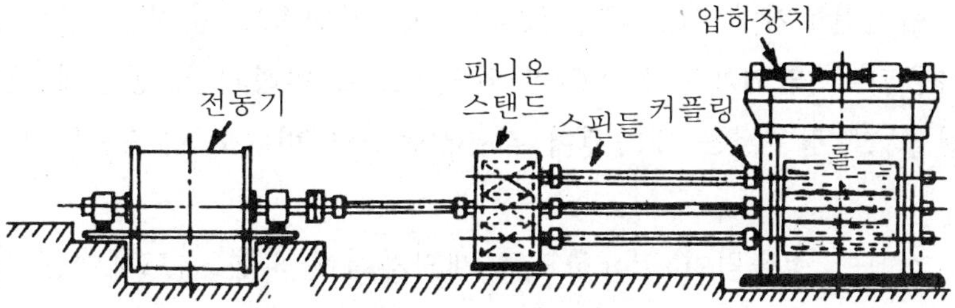

그림 3-15 3중 롤식

(3) 4중 롤식

4중 롤식은 그림 3-16과 같이 지름이 작은 2본의 압연 롤과 각각 이 롤을 지지하며, 누르는 지름이 큰 2개의 롤로 모두 4개의 롤로 되어 있다. 냉간 압연 등에서는 다시 상하로 2개의 압연롤을 설치한 5중 롤식이나 5개의 압연롤을 시설한 12중 롤식도 있다.

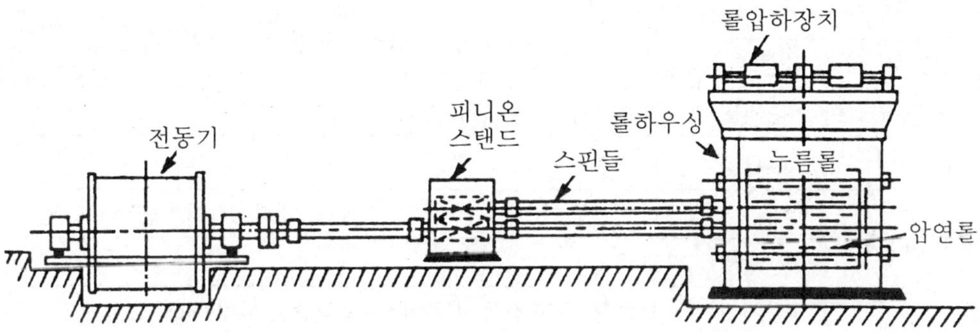

그림 3-16 4중 롤식

3.8.2 압연기용 전동기

압연기용 전동기는 직류와 교류를 막론하고 심한 운전을 하게 되므로 충분한 기계적, 전기적으로 튼튼하여야 한다. 압연기의 운전방법으로는 소형, 중형, 얇은 판, 선재 등에 널리 사용되고 있는 정속도 운전과 대형밀이나 연속 스트립밀, 냉간 스트립밀 등에 사용되는 가변속도 운전으로 분류될 수 있다.

정속도 운전용 전동기는 구조가 간단하고 신뢰성이 높은 정속도 특성을 가진 유도전동기나 동기전동기가 사용되고 있다. 또한 가변속도 운전용 전동기는 대형과 중형밀에 사용되며, 압연재료가 변하면 압연속도도 변하지만, 동일재료를 압연하는 정속도 운전을 할 경우에는 계자제어 직류전동기와 변속도 유도전동기가 사용되고 있다.

연속 압연기에는 정출력이 필요하므로 계자제어에 의한 속도제어를 하고 전압제어는 압연기가 가동할 때 필요하다. 강괴용 압연기의 분괴밀에는 일그너방식의 직류전동기가 후판밀에는 교류전동기가 사용된다. 소형강용 압연기의 대강밀에는 레오너드 방식의 직류전동기가, 강관밀에는 교류전동기, 선재밀에는 주파수변환방식의 고속도 유도전동기가 사용되고 있다. 또한 대형강용 압연기의 후판밀 및 형광밀에는 동기전동기, 박판밀에는 레오너드 방식의 직류전동기가 사용되고 스트립밀에는 변속용 유도전동기 등이 사용된다.

표 3-2는 압연기의 종류와 사용되는 전동기에 대하여 나타내었다.

표 3-2 압연기의 종류와 사용 전동기

압 연 기		사용 전동기(속도제어 및 가역방식)
분 류	종 류	
강괴용 압연기	분괴밀	직류전동기(일그너 방식)
	후판밀	교류전동기
소형강용 압연기	대강밀	직류전동기(계자제어, 레오너드 방식, 정지 레오너드 방식)
	강관밀	교류전동기
	선재밀	고속도 유도전동기(주파수 변환기, 셀비우스 방식)
대형강용 압연기	스라빙밀	권선형 유도전동기
	후판밀	동기전동기
	형강밀	변속도 유도전동기
	스컬프밀	변속도 유도전동기(셀비우스 방식)
	스트립밀	직류전동기(계자제어)
	박판밀	직류전동기(계자제어, 레오너드, 정지 레오너드 방식)

연습문제

1. $GD^2 = 150$[kg · m²]의 플라이휠이 1,200[rpm]으로 회전하고 있을 때 축적 에너지는 약 몇 [J]인가?

① 296,000 ② 148,000 ③ 79,000 ④ 39,000

2. 플라이휠을 이용하여 변동이 심한 부하에 사용되고 가역 운전에 알맞은 속도 제어 방식은?

① 워드 레오너드 방식 ② 전원 주파수를 바꾸는 방식
③ 일그너 방식 ④ 극수를 바꾸는 방식

3. 직류 전동기의 속도 제어에서 가장 효율이 낮은 것은?

① 워드 레오너드 제어 ② 전압 제어
③ 저항 제어 ④ 계자 제어

4. 일그너 장치의 속도 특성과 사용처는?

① 정속도 소용량 탈곡기 ② 고속도 소용량 압연기
③ 가변 속도 중용량 크레인 ④ 가변 속도 대용량 제관기

5. 전원으로 일그너 방식을 사용하는 것은?

① 냉동용 가스 압축기 ② 제철용 압연기
③ 제지용 초지기 ④ 시멘트 공장용 분쇄기

6. 선박의 전기 추진에 많이 사용되는 속도 제어방식은?

① 극수 변환 제어 방식 ② 전원 주파수 제어 방식
③ 2차 저항 제어 방식 ④ 크래머 제어 방식

7. 섬유 공장에서 실을 감는데 사용하는 포트 모터는?

① 동기 전동기 ② 농형 유도 전동기
③ 정류자 전동기 ④ 권선형 유도 전동기

8. 엘리베이터에 사용되는 전동기의 종류는?

① 직류 직권 전동기 ② 동기 전동기

③ 단상 유도 전동기　　　　④ 3상 유도 전동기

9. 높이 10[m]인 곳에 있는 용량 100[m^3]의 수조를 만수시키는데 필요한 전력량은 몇 [kWh]인가? 단 전동기 및 펌프의 효율은 80[%], 전손실 수두는 2[m]로 한다.

① 1.5　　② 2.4　　③ 3.2　　④ 4.1

10. 양수량 40[m^3/min], 총양정 13[m]의 양수 펌프용 전동기의 소요 출력[kW]은 약 얼마인가? 단, 펌프의 효율은 80[%]이다.

① 106　　② 283　　③ 422　　④ 637

11. 풍량 Q=170[m^3/min], 전풍압 H=50[mmAq]의 축류 팬을 구동하는 전동기의 소요동력[kW]은? 단, 효율 75[%], 여유계수 1.35이다.

① 2　　② 2.5　　③ 3.5　　④ 4.5

12. 권상 하중 5[t], 12[m/min]의 속도로 물체를 들어올리는 권상기용 전동기의 용량은 몇 [kW]인가? 단, 전동기를 포함한 기중기의 효율은 70[%]이다.

① 7　　② 14　　③ 19　　④ 25

13. 5층 빌딩에 설치된 적재 중량 1000[kg]의 엘리베이터를 승강 속도 50[m/min]으로 운전하기 위한 전동기의 출력[kW]은? 단, 평형률은 0.5이다.

① 4　　② 6　　③ 8　　④ 10

14. 전동기의 출력이 8200[W], 900[rpm]으로 회전하고 있는 전동기의 토크[kg·m]는? 단, 효율은 90[%]이다.

① 9.2　　② 7.1　　③ 9.5　　④ 8.9

15. 3상 유도 전동기의 플러깅이란?

① 플러그를 사용하여 전원에 연결하는 방법
② 운전 중 2선의 접속을 바꾸어 상회전을 바꾸어 제동하는 법
③ 단상 상태로 기동할 때 일어나는 현상
④ 고정자와 회전자의 상수가 일치하지 않을 때 일어나는 현상

16. 3상 유도 전동기를 급속히 정지 또는 감속시킬 경우, 가장 손쉽고 효과적

인 제동법은?

① 발전제동 ② 와전류제동 ③ 회생제동 ④ 역상제동

17. 전동기를 발전기로 운전시키고 유도 전압을 전원 전압보다 높게 하여 발생 전력을 전원에 반환하는 방식의 제동은?

① 발전제동 ② 와전류제동 ③ 역상제동 ④ 회생제동

18. 기동, 정지가 빈번한 경우에 적당한 전동기는 어느 것인가?

① 권선형 유도 전동기 ② 특수 농형 유도 전동기
③ 보통 농형 유도 전동기 ④ 동기 전동기

19. 직권 정류자 전동기는 다음에 분류하는 전동기 중 어디에 속하는가?

① 변속도 전동기 ② 다속도 전동기
③ 가감속도 전동기 ④ 정속도 전동기

20. 전동기의 정격 회전수에서 기동 토크가 가장 큰 것은?

① 직류 분권 전동기 ② 직류 복권 전동기
③ 직류 직권 전동기 ④ 교류 동기 전동기

21. 교류, 직류를 모두 사용할 수 있는 전동기는?

① 동기 전동기 ② 직권 전동기
③ 콘덴서 기동 전동기 ④ 히스테리시스 전동기

22. 전동기의 운전시에 생기는 진동은 기계적인 원인 및 전자력의 불평형의 원인이 있으며 다음 중 기계적인 원인은?

① 회전자의 편심
② 회전시 공극의 변동
③ 회전자의 정적, 동적 불평형
④ 고조파자계에 의한 자기력의 불평형

23. 다음 전동기의 손실 중 부하에 관계없는 손실은?

① 브러시에서의 전력손 ② 베어링 마찰손
③ 여자회로에 있어서의 저항손 ④ 표유 부하손

24. 단상유도전동기의 기동토크를 발생시키기 위한 회전자계를 만드는 방법을

설명하시오.

25. 동기전동기의 기동법에 대하여 설명하시오.

26. 직류전동기의 속도제어방식에 대하여 설명하시오.

27. 유도전동기의 속도제어방식에 대하여 설명하시오.

28. 전동기의 전기적 제동법에 대하여 설명하시오.

제4편

전기철도

제 1 장

전기철도

1.1 전기철도의 분류

1.1.1 수송목적에 의한 분류

(1) 시가지 철도(street railway)

도시의 시가지(市街地) 도로상에 건설하여 버스처럼 트롤리를 통해 전원을 공급받아 운행하는 노면전차로서 운행간격은 짧다. 스위스 등 유럽에서 아직도 운행하고 있지만 점차 사라지고 있는 추세이다.

(2) 도시 고속철도(city rapid transit railway)

도시 내의 고가철도(高架鐵道) 또는 지하철도(地下鐵道) 등을 말하며, 도시 내 짧은 구간에도 고속운전 및 대량 수송이 가능한 도시 교통수단(交通手段)을 말한다.

(3) 교외 철도(suburban railway)

도시를 중심으로 도시와 도시 외곽을 운행하는 철도로서 도시 고속철도와 규모가 비슷하며 전차를 주체로 하는 고가감속열차이다.

(4) 도시간 철도(interurban railway)

도시와 도시를 연결하는 중대형 철도로서 전차는 출력이 높고, 정차간격도 길고 표정속도가 크기 때문에 고속여객운송에 적합한 철도이다.

(5) 간선 철도(main line railway)

주요 도시간을 연결한 기간철도를 말하며, 운행거리와 정차역 간격이 길어 전기기관차 또는 전동차로 고속운전을 한다. 우리나라에서는 경부선(京釜線)이 예이다.

(6) 지선 철도(branch railway)

간선에서 분기한 철도를 말한다.

(7) 특수 철도(special railway)

등산철도, 케이블카, 가공삭도, 모노레일, 광산용 철도, 관광용 철도 등과 같이 특수한 용도나 장소에 사용되는 수송수단을 말한다.

1.1.2 전기방식에 의한 분류

전기철도(電氣鐵道)의 전기방식은 직류방식과 교류방식으로 나눌 수 있다. 교류방식은 상별, 주파수별, 전압별로도 나누어진다. 표 1-1에 전기방식에 따른 전압을 나타내었다.

표 1-1 전기방식의 분류

전기방식	전 압
직류방식	600[V], 750[V], 1,500[V], 3,000[V]
교류 단상식	주파수 $16\frac{2}{3}$[Hz] : 11[kV], 15[kV] 주파수 25[Hz] : 6.6[kV], 11[kV] 주파수 50[Hz] : 6.6[kV], 16[kV], 20[kV], 25[kV] 주파수 60[Hz] : 25[kV]
교류 3상식	주파수 $16\frac{2}{3}$[Hz] : 3.7[kV], 6[kV] 주파수 25[Hz] : 6[kV]

(1) 직류 방식

이 방식은 전철용 변전소(變電所)에서 일반 전력계통으로부터 수전(受電)한 22.9

[kV] 또는 154[kV]의 교류 특별고압을 철도용 변전소의 변압기를 이용하여 적절한 전압으로 낮추고, 실리콘 정류기 등으로 직류로 변환하여 전차선로(電車線路)에 직류를 공급하여 운전하는 방식을 말한다. 세계 전기철도의 약 43[%]가 이 방식으로 운행(運行)하고 있다. 우리나라에서는 서울과 부산시내의 노면전차에 600[V]가 있었으나 폐지되고, 지금은 서울역과 청량리역 등을 중심으로 22[kV]를 수전하여 직류 1,500[V]로 변성해서 운전하는 방식을 채용하고 있다.

직류방식은 전기차(電氣車)의 구동용 전동기로 견인 특성이 우수한 직류 직권전동기(直捲電動機)를 그대로 사용할 수 있어 전기차의 설비가 간단하고 전압이 낮기 때문에 전차선로나 기기의 절연이 쉽다. 그러나 교류방식과 비교하면 변전소에 정류장치 설치에 따른 건설비가 높고, 전압이 낮아 전류가 커지므로 전선의 굵기가 커야 한다. 또한 전력손실(電力損失) 및 전압강하(電壓降下)가 크기 때문에 변전소 간격이 짧아지고 누설전류(漏泄電流)에 의한 전식의 피해도 우려된다. 그림 1-1에 교류와 직류방식에 대하여 나타내었다.

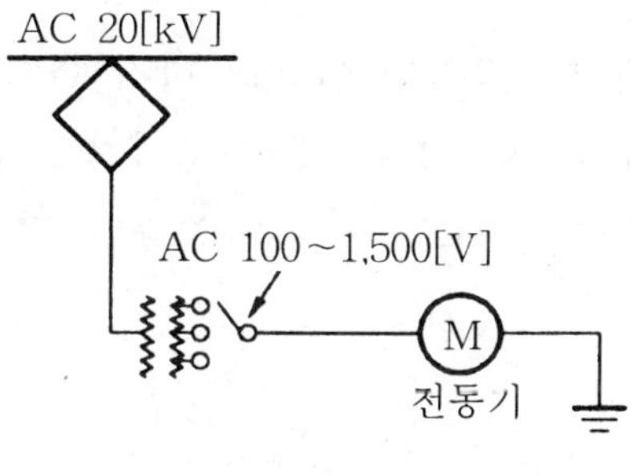

(a) 단상 교류방식

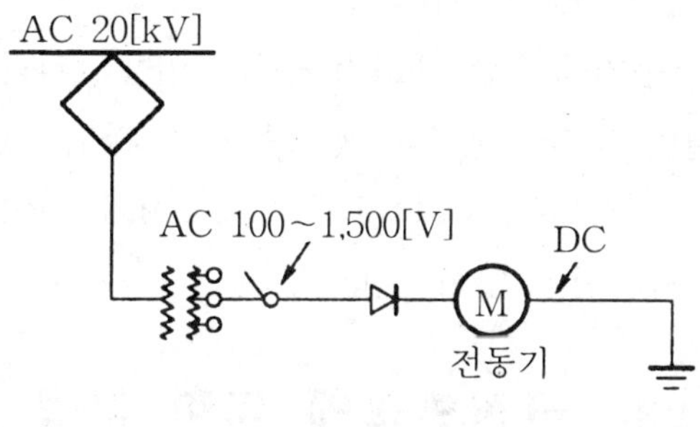

(b) 단상 교류-직류방식

그림 1-1 전기방식

(2) 교류 단상식

이 방식은 변전소로부터 수전하는 상용주파수(商用周波數) 3상 교류를 단상변압기 또는 3상/2상 변환장치에 의해 전차선로에 단상교류를 공급하여 운전하는 방식이다. 세계 전기철도의 약 57[%]가 이 방식을 사용하여 운행하고 있다.

우리나라는 1973년경부터 중앙선과 영동선 등이 점차 전철화(電鐵化)하여 주파수 60[Hz], 22[kV]와 154[kV]의 3상 전압을 수전하여 단상교류 2,500[V]로 변성하여 사용하고 있다. 단상 교류방식은 전압과 주파수에 따라 여러 방식으로 나누어지지만, 근래에는 상용주파수를 사용하는 경우가 많아지고 있다. 이것은 수전한 사용주파수의 전력을 주파수 변환 없이 그대로 전기차에 공급할 수 있기 때문에 기존의 변압기에 부가하여 설치할 변환장치가 필요 없어 간단하다.

전기차에도 변압기를 설치하여 있기 때문에 전기차 내에서 전압을 자유롭게 선택이 가능하고 전차선의 전압을 비교적 높게 할 수 있고, 전차선 전류가 작게 되어 전압강하도 작게 됨과 동시에 전식에 의한 피해도 줄일 수 있으며, 변전소 간격이 넓어 변전소의 수가 적어지는 등의 이점이 있다. 그러나 상용주파수의 높은 전압을 사용할 경우에는 근접한 통신선로에 대하여 유도장해를 주게 되므로 이에 대한 대책이 필요하다.

(3) 단상 교류-직류방식

전철용 전동기에는 원래 직류 직권전동기가 사용되었고, 현재에도 차내에 실리콘 정류기를 설치하여 이것으로 정류해서 직류 직권전동기를 운전하고 있다.

(4) 3상 교류방식

주전동기에 3상 유도전동기가 이용되지만 상변환장치를 필요로 하지 않아 전기차 설비는 간단해진다. 정류문제가 없고, 전력회생제어가 쉽게 이루어지는 반면에 단상 3선식의 경우와 같이 속도제어가 어렵고, 기동 토크도 작아 보통 전기철도에서는 사용되지 않고 있다.

1.1.3 급전방식에 의한 분류

(1) 가공식

가공식(架空式)은 그림 1-2와 같이 전차선을 궤도 위의 공중에 설치하고, 집전장치를 통해 전력을 공급받으며, 레일을 귀로하는 방식이다. 이 방식은 가선구조가 간단하고 설비비 및 보수비가 저렴하며, 가공단선식과 전원선을 둘 다 가공 전차선에 접속하는 가공복선식이 있다. 집전방식 중에서 고속운전에 적합한 것은 가공단선식이며 대부분의 전기철도가 가공 단선식을 사용하고 있다.

가공 복선식은 정(+), 부(−)의 2선의 전차선을 공중에 가설(架設)하는 방식으로 노면전차의 일부에 사용되며, 가공 단선식에 비하여 전식이 적다는 장점이 있다.

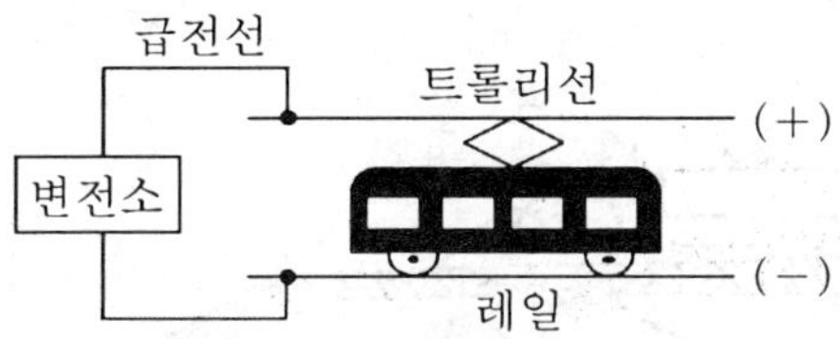

(a) 단선식

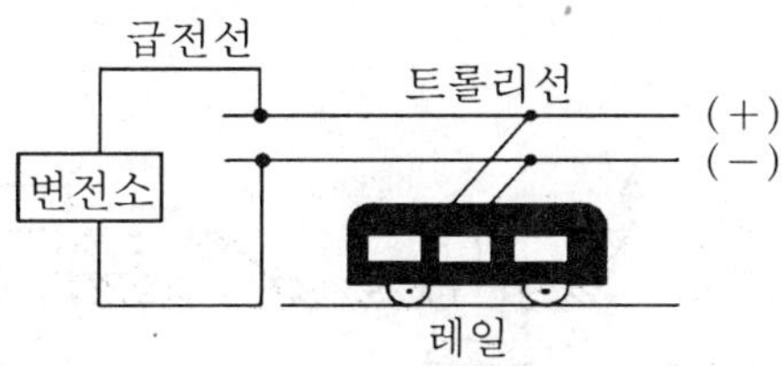

(b) 복선식

그림 1-2 가공방식

(2) 강체식

이 방식은 지하구간에 적합하도록 개발된 가선방식으로 주로 도시 지하철(地下鐵)에 사용하는 것이 강체단선식이며, 모노레일 등에 사용되는 것은 강체 복선식으로 주행 궤도 구조물에 강체 구조로 한 급전용 및 귀선용의 정, 부(+, −) 도전레일을 설치하여 운행하고 있다.

(3) 제3궤조식

제3궤조(제3레일)식은 그림 1-3과 같이 레일 위에 설치하는 전차선 대신에 주행레일 외에 도전레일을 설치하고, 그 도전레일로부터 집전화에 의해 전력을 공급받는 방식으로 도시의 지하철 또는 저전압(低電壓)을 이용하는 단거리 터널구간 등에 사용되고 있다.

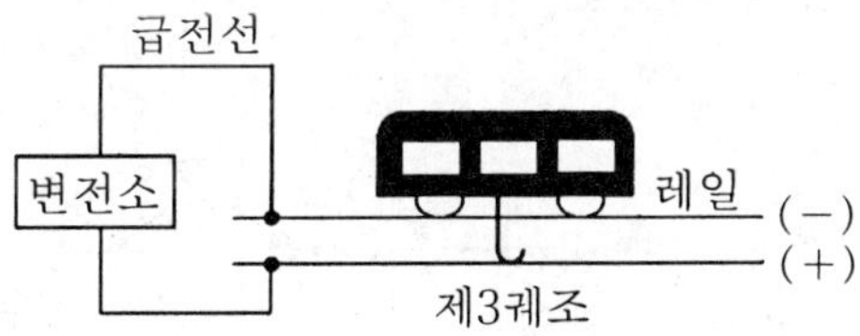

그림 1-3 제3궤조식

1.2 선 로

철도선로는 열차(列車)를 안전하게 유도하는 설비로 노반, 궤도 및 각종 선로 구조물을 말한다. 그림 1-4에 선로 횡단면의 일례를 나타내었다.

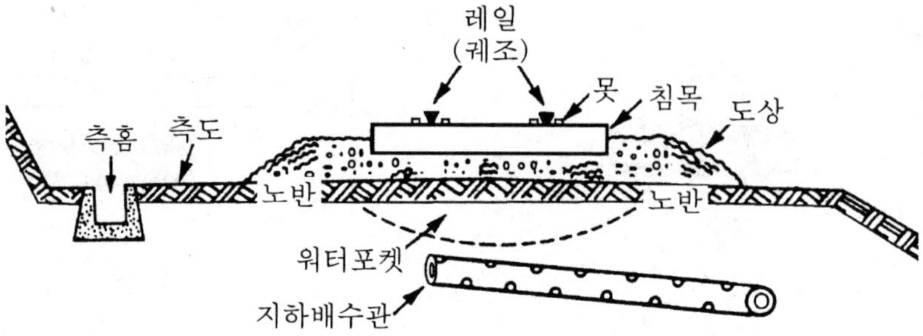

그림 1-4 선로의 구성

1.2.1 선로의 구성

(1) 궤도(track)

궤도(軌道)는 레일, 침목, 도상의 3요소로 구성된다.

(가) 레일(rail)

레일은 차량을 지지하고 차량의 운행을 안내하는 역할을 한다. 레일은 강(탄소 0.6~0.8[%], 망간 0.6~1[%], 규소 0.4[%] 이하, 기타 인, 황을 0.05[%] 이하)을 압연하여 만든다. 그림 1-5에 레일의 단면 형태에 따라 T형, 구형, 단형으로 구분된다. 일반적으로 노면전차 이외에는 T형만이 사용되고 있다. 레일의 중량은 1[m]당의 무게를 [kg]으로 표시하며, 레일 1개의 길이는 30[kg]은 20[m], 그 외 37[kg]과 50[kg]은 25[m]가 표준으로 되어 있다.

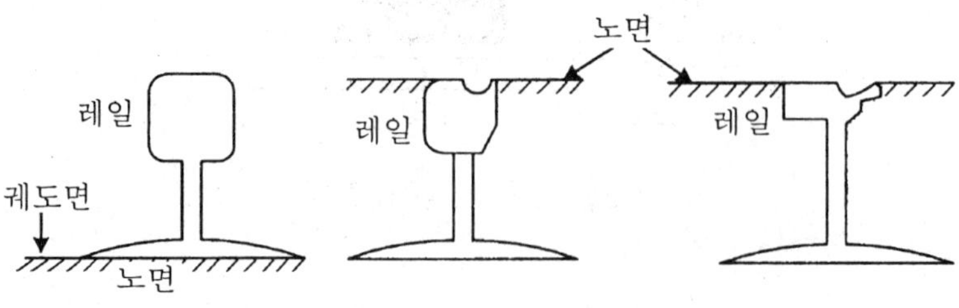

(a) T형 (b) 구형 (c) 단형

그림 1-5 레일(궤조)의 종류

최근에는 용접으로 이음매를 줄여 승객(乘客)의 쾌적감을 도울 뿐만 아니라, 레일이나 차량의 진동을 줄여 수명을 길게 하기 위해 공장에서 100~200[m]로 용접한 것을 다시 현장에서 1,500[m] 정도로 용접하여 설치하는 경우도 있다.

(나) 침목(sleeper)

침목(枕木)은 레일의 위치를 고정시켜주고 차량의 하중을 받아 하중을 도상(道床)으로 전달하는 역할을 한다. 침목은 원래 밤나무, 회나무와 같은 단단한 재료를 사용하였으나, 최근에는 PS콘크리트로 바뀌고 있다. 콘크리트를 사용할 때는 레일과 침목과의 사이에 방진고무를 넣어 충격에 의한 콘크리트의 파괴를 방지하는 것과 동시에 레일의 누설전류를 억제할 필요가 있다. 또한 외기(外氣)의 온도차에 의한 레일의 신축으로 좌굴(挫屈, buckling : 하중에 의해 휘는 현상)을 일으킬 수 있으므로 침목을 콘크리트로 해서 중량을 크게 하고 도상과의 사이의 마찰 저항을 크게 한다. 또 적당한 간격마다 신축 계목을 하여 온도 변화에 의한 레일의 축압의 변화를 방지하여야 한다.

(다) 도상(ballast)

도상(道床)은 노반위에 잡석(지름 15~75[mm])을 200~300[mm]의 두께로 깔은 것인데, 단단한 노반과 침목 사이에서 선로에 적당한 탄성을 주는 역할을 한다. 전기철도에서는 레일이 운전전류나 신호전류(信號電流)의 회로가 되므로 도상은 배수가 잘되고, 대지와 레일간의 누설저항을 크게 하는 역할도 한다. 대지와 레일 사이 또는 레일과 레일 사이에 요구되는 누설 콘덕턴스는 선로의 상황에 따라 크게 변화된다. 도상이 잡석일 경우에는 0.5[℧/km] 전후이지만, 자갈일 경우에는 배수(排水)가 나쁘기 때문에 1~0.5[℧/km]까지 저하하므로 지하철이나 터널 구간에서는 이 점을 고려를 하여야 한다.

(2) 궤간(gauge)

궤간(軌間)은 그림 1-6과 같이 궤도에 있어 한 레일과 마주보는 레일과의 거리를 말하며 궤간은 레일 두부면으로 부터 아래쪽 16[mm](고속철도, 도시철도 14[mm])점에서 상대편 레일 두부의 동일점까지의 내측간 최단거리를 말하는 것으로 다음과 같이 분류할 수 있다.

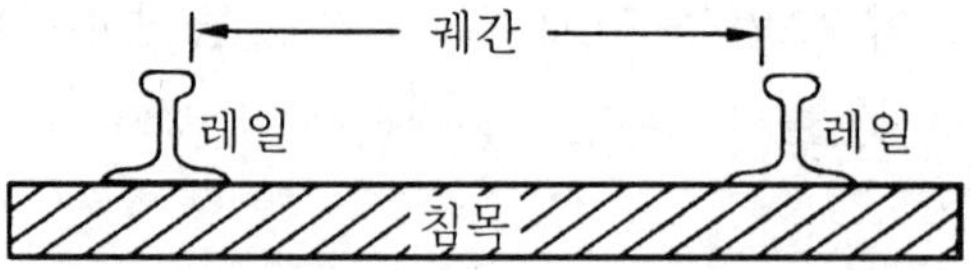

그림 1-6 궤간

① 협궤(挾軌, narrow gauge) : 1,067[mm], 1,000[m]
② 표준궤간(標準軌間, standard gauge) : 1,435[mm]
③ 광궤(廣軌, broad gauge) : 1,676[mm], 1,600[mm], 1,523[mm]

우리나라의 간선철도는 대부분 표준궤간을 사용하고 있다. 특수궤간으로는 1,372[mm], 남미나 인도의 일부에서는 1,676[mm], 러시아는 1,524[mm]의 광궤를, 구미 쪽은 주로 표준궤간을 사용하고 있다.

(3) 유간(clearance)

그림 1-7과 같이 유간(遊間) 또는 이음새는 여름과 겨울 등의 기온차로 레일이 신축하게 되므로, 기온의 차이로 인해 발생하는 레일의 신축에 대응하기 위해 레일과 레일에 약 10[mm]의 간격을 주는 것을 말하며, 레일간의 접속 볼트에도 여유를 가지게 하여야 한다.

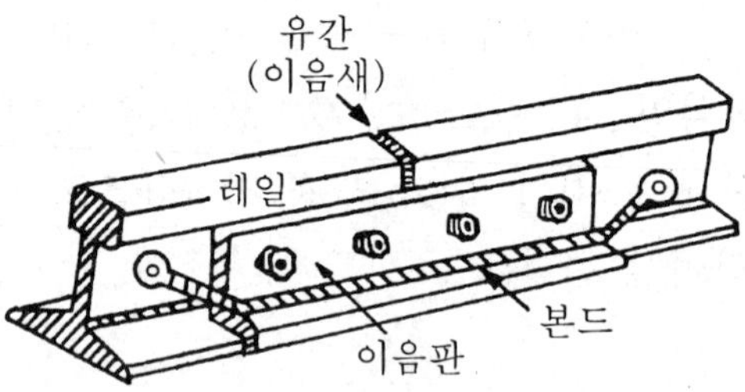

그림 1-7 레일의 접속

(4) 복진지(anti-creeper)

열차의 주행과 기온차의 영향으로 레일이 궤도의 앞 뒤 방향으로 이동하는 것을 복진(匐進)이라 하며, 이는 구배구간, 제동구간, 도상이 견고하지 못한 구간, 교량의 전후 및 분기점 부근에서 발생하는 경우가 많다. 이것을 방지하기 위해 복진지를 레일 하부에 탄성의 물질을 설치하든가 또는 레일 앵커를 실시하거나 레일 또는 접합판에 구멍을 뚫어 철도용 못을 박아서 침목의 이동을 방지시키는 것이 좋다.

1.2.2 곡선궤도와 구배

선로는 가급적 직선으로 부설하는 것이 좋지만 지형에 따라 곡선이나 구배(勾配)를 둘 필요가 있다. 그러나 너무 급한 곡선으로 하면 차량의 안정성이 나빠져서 경우에 따라서는 탈선의 위험, 차량의 공전(空轉) 및 활주(滑走)의 위험성이 있다. 따라서 곡선이나 구배는 선구의 수송조건에 따라 일정한 한도를 정하고 그 이하가 되도록 선정하여야 한다.

(1) 곡선의 종류

곡선(曲線)의 종류에는 그림 1-8과 같이 단곡선(simple curve), 완화곡선(transi-tion curve), 반향곡선(reverse curve 또는 S curve)의 3종류가 있으며, 그 표시는 각도로 나타낼 경우에는 θ[°], 반경으로 표시할 경우에는 반경 R[m]로 나타낸다.

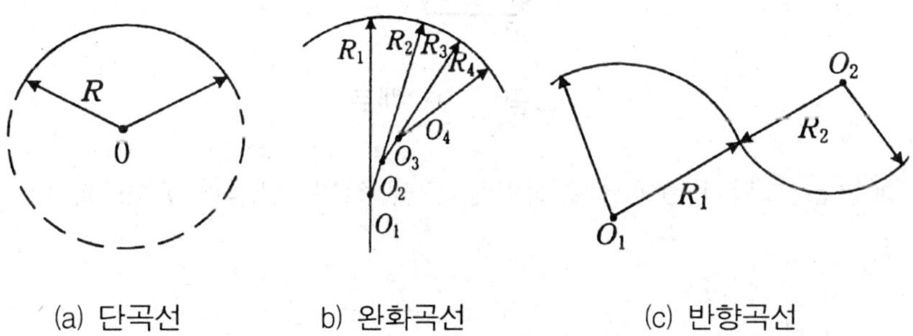

그림 1-8 곡선의 종류

단곡선은 반경이 일정한 1개의 원호로 된 곡선이고, 완화곡선은 2개 이상의 원호, 즉 반경이 다른 원호로 되어 있다. 직선부분에서 갑자기 곡선으로 들어가면 열차에 충격을 주게 되므로 그림 1-8 (b)와 같이 곡선 입구의 반경은 크게 하고 차츰 곡선 반경을 작게 하는 일종의 복심곡선이다. 반향곡선은 S자형 곡선을 말한다.

(2) 캔트(cant) 또는 고도

차량이 곡선부분을 달릴 때는 원심력(遠心力)으로 차륜이 레일에서 탈선하려 하며, 이때 승객들에게 불쾌감을 주게 된다. 그러므로 차량에 안정감을 주기 위해 곡선부분에서 외측레일을 내측보다 어느 정도 높게 하여 주행시 차량의 무게중심을 곡선의 안쪽으로 기울어지게 해서 원심력과 평형이 되도록 해야 한다.

그림 1-9와 같이 이 레일의 외측과 내측의 고저차를 캔트 또는 고도라 하며 단위는 [mm]로 나타낸다.

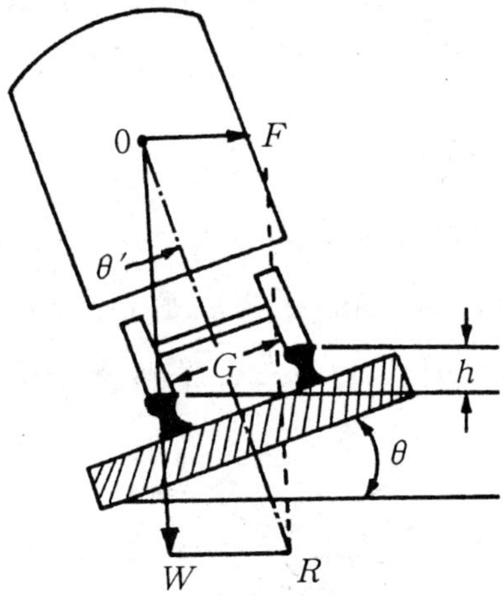

그림 1-9 캔트

캔트의 계산은 그림 1-9에서 원심력을 F라 하면, 원심력 F는 식 (1-1)로 나타낼 수 있다.

$$F = \frac{mV^2}{R} \text{[kg]} \tag{1-1}$$

여기서, m : 차량의 질량[kg], V : 차량 속도[m/s], R : 곡선 반경[m]

차량의 중량을 W[kg], 속도를 V[km/h]라 하면 원심력은 식 (1-2)로 다시 나타낼 수 있다.

$$F = \frac{W}{9.8R}\left(\frac{V\times10^3}{3,600}\right)^2 = \frac{WV^2}{127R} \text{[kg]} \tag{1-2}$$

원심력 F와 차량중량 W와의 합력 R이 궤간 중심에 오는 것이 가장 좋기 때문에 식 (1-3)과 같은 관계가 성립한다.

$$\tan\theta = \frac{F}{W} \tag{1-3}$$

내측레일을 외측레일보다 h[mm] 만큼 높게 하고, 레일 궤간을 G[mm]라고 하면 식 (1-3)을 식 (1-4)로 나타낼 수 있다.

$$\frac{F}{W} \cong \frac{h}{G} \tag{1-4}$$

캔트의 높이 h[mm]는 궤간 G[mm], 평균속도 V[km/h], 곡선 반경 R[m]라 할 경우 식 (1-5)와 같이 나타낼 수 있으며, 160[mm]를 넘으면 안 된다.

$$\text{캔트 } h = \frac{GV^2}{127R}\,[\text{mm}] \tag{1-5}$$

식 (1-5)에서 최대 운전속도 V_m[km/h]는 식 (1-6)으로 나타낼 수 있다.

$$\text{최대 운전속도 } V_m = \sqrt{\frac{127Rh}{G}}\,[\text{km/h}] \tag{1-6}$$

(3) 슬랙(slack) 또는 확도

철도차량은 자동차와 달리 2개 또는 3개의 차축을 대차에 강결시킨 고정 차축으로 구성되어 있어 이것이 곡선을 통과할 때 전·후 차축의 위치 이동이 불가능 할 뿐 아니라 차륜 내는 플랜지(foange)가 있어 곡선부를 원활하게 통과하지 못한다. 그러므로 곡선부 궤도에서는 직선보다 궤간을 확대시켜야 하는데 이를 곡선부 확대라 하며 슬랙(slack)이라고도 하고 곡선의 내측 레일을 궤간 외측으로 확대하는 것을 말한다. 슬랙은 곡선 반지름의 크기에 따라 다르지만 30[mm]를 넘으면 안 된다. 슬랙의 계산은 식 (1-7)로 구할 수 있다.

$$\text{슬랙 또는 확도 } S = \frac{l^2}{8R}\,[\text{mm}] \tag{1-7}$$

여기서, R : 곡선 반경[m], l : 고정자축 거리[m]

(4) 구배(grade)

구배(勾配)는 그림 1-10과 같이 2점간의 고저차를 그 수평거리 1,000[m]당 몇 [m]를 올라가느냐하는 정도를 나타낸 것으로 보통 다음과 같이 3종류로 나타내지만 보통 1,000분율(퍼밀 ‰)로 나타낸다. 또한 선로구배의 변환점에 구배표를 세워 표지판 양면에 구배를 표시하는 숫자를 기입하고 구배의 상, 하의 방향을 표시하여 기관사에게 운전의 편의를 제공한다.

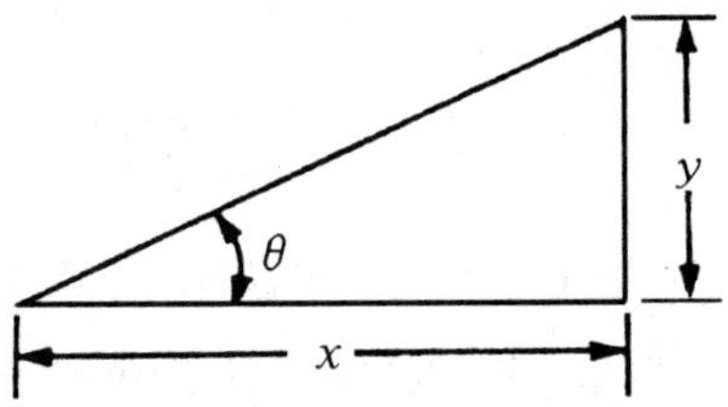

그림 1-10 구배 표시법

(가) 분수법

그림 1-10과 같이 $\tan\theta = y/x$로 표시된다. 즉 1/40의 구배 등과 같이 분수로 나타내며, 구배가 작을 경우에는 $\tan\theta = \sin\theta$로 계산해도 무방하다.

(나) 백분율법

1/40의 구배인 경우 1/40×100=2.5[%]로 표시하면 된다.

(다) 천분율법

1/40인 경우 1/40×1000=25[‰]로 나타낸다. 구배의 한도는 간선철도인 경우 25[‰], 지방철도인 경우 35[‰], 노면철도인 경우 40[‰]로 하는 것이 보통이다.

(5) 선로의 분기

분기기(分岐器, turn-out)는 차륜을 하나의 궤도에서 다른 궤도로 유도하기 위해 선로를 두 방향으로 분리하거나 합쳐지는 부분에 설치하는 것이다. 선로의 분기는 그림 1-11과 같이 열차를 유도하고 싶은 방향으로 전환시키는 포인트부와 두개의 선로가 동일 평면에서 교차하는 크로싱부 및 포인트부와 크로싱부의 중간의 리드부로 나눌 수 있다.

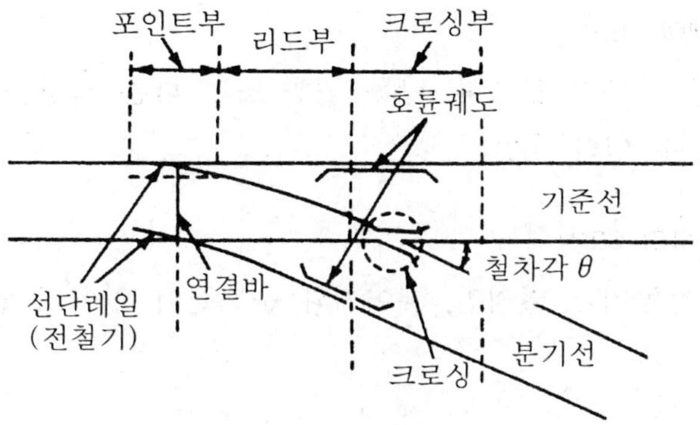

그림 1-11 선로의 분기

이 분기(철차)는 본선과 분기 방향과의 사이에 각도를 두는데 그 정도를 철차각(轍叉角 ; 크로싱 각)이라 하며, 수단계로 나누어 번호로 나타내는데 이것을 철차 번호(크로싱 번호) N이라 한다. 철차각 θ와 철차 번호 N과의 사이에는 식 (1-8)과 같은 관계를 가지고 있다.

$$N=\frac{1}{2}\cot\frac{\theta}{2} \fallingdotseq \cot\theta \tag{1-8}$$

여기서 N은 8~16 정도가 많이 사용되고, N이 클수록 θ가 작아지므로 중요한 선로인 경우에는 16번과 같이 N이 큰 것을 이용한다.

1.3 전기 차량

1.3.1 차 량

차량(車輛, rolling stock)이란 차체(car body)와 대차(truck)을 포함하는 차 전체를 호칭하는 말로 보통 기관차(locomotive), 객차(passenger car) 및 화차(freight car)로 나눌 수 있다.

(1) 성능에 의한 분류

(가) 전기 기관차(electric locomotive)

구동용 전동기를 갖추고 있어 다수의 부수차로 된 열차를 견인한다.

(나) 전동차(motor car)

구동용 전동기를 갖추고 있으며, 단독 운행 또는 다른 차량을 연결하여 승객 또는 화물을 수송할 수 있다.

(다) 제어차(control car)

부수차와 같이 전동기는 없지만, 제어기와 운전실이 있어 동일 열차의 전동차를 제어할 수 있다.

(라) 부수차(trailer car)

전동기와 제어장치가 없는 차량, 즉 객차 또는 화차를 말한다. 전동차(電動車)도 객차의 일종이라 볼 수 있다.

(2) 대차에 의한 분류

대차(臺車)에 의한 차량의 분류는 그림 1-12와 같이 분류할 수 있다.

(a) 4륜차 (b) 보기차 (c) 연결차

그림 1-12 대차에 의한 차량의 분류

(가) 4륜차(four-wheel car)

이것을 단차(single truck car)라고도 하며 차축은 2개이고, 시가지 전차나 교통량이 적은 곳에 사용되었으나 최근에는 점차 그 사용이 줄어들고 있는 편이다.

(나) 보기차(bogie car)

보기차(寶器車)는 가장 많이 사용하는 것으로 대차는 2대, 즉 차축이 4개이다. 대차는 차체에 대하여 자유롭게 회전하므로 급커브에서도 원활하게 주행할 수 있다. 최근에 전기차들이 모두 이 형식을 채용하고 있다.

(다) 연결차(articulated car)

연결차는 2대의 자체가 1대의 대차를 공유하고 있으며 두 차량은 분리할 수가 없다. 그러나 대차의 수를 줄일 수 있어 차량 전체의 중량을 경감시킬 수 있다.

1.3.2 차체와 대차

(1) 차체(car body)

전기차량의 차체는 차량의 외형을 구성하는 부분으로 직사각형의 상형으로 전강차(all steel car), 반강 차(semi steel car), 경합금 차(aluminium alloy car), 스테인레스 차(steinless car) 및 목조 차(wooden car) 등이 있다.

차체(車體)는 자중 및 하중에 대한 굽힘이나 전단, 비틀림, 차 길이 방향의 인장 및 압축, 차 내·외의 공기압 차 등에 충분히 견딜 수 있도록 설계해야만 한다. 차체는 차륜에 의해 레일 위를 주행하지만 전기차는 모두 2축 4륜을 가진 전후 2개의 대차 위에 차체를 실어 주행을 안정하게 하여 쾌적한 느낌을 주도록 하고 있다.

대차와 륜축(차륜과 차축)과의 사이에 축상(axle box)과 축스프링을 두어 전후 방향으로는 고정되어 있지만, 상하에는 응동성(應動性)을 갖도록 하여 진동이나 충격을 흡수함과 동시에 상호변위에 대해서 충분한 복원력을 지니도록 해야 한다.

(2) 대차(truck)

대차(臺車)는 그림 1-13과 같이 대차틀로 륜축을 지지하고 중심의 센터프레이트로 차체와 연결되고, 이곳에는 센터핀 또는 킹볼트가 들어 있다. 대차는 차체에 대해서 센터프레이트를 중심으로 수평면내에서 약간의 각도만을 회전할 수 있고, 선로의 곡선에 대해서는 고속 원활한 응동성을 지니게 하고 있지만, 차체의 중량은 센터프레이트의 좌우에 있는 축수(bearing)로 스프링 및 댐퍼를 거쳐 지지하도록 하고 있다.

따라서 베어링의 마찰력을 적당히 가감해서 대차와 차체 사이의 자체적 회전운동을 억제하여 열차가 구불구불 휘어지며 가는 것을 방지하고 있다.

최근 베어링의 스프링에는 공기 스프링을 사용하여 하중의 변화에 따라 공기압(空氣壓)을 자동 조절하여 차체의 안정과 승객들에게 쾌적감을 증진시키고 있으며, 차체와 대차간의 좌우 상대운동은 진동받침대 또는 공기 스프링으로 억제를 하고 있다.

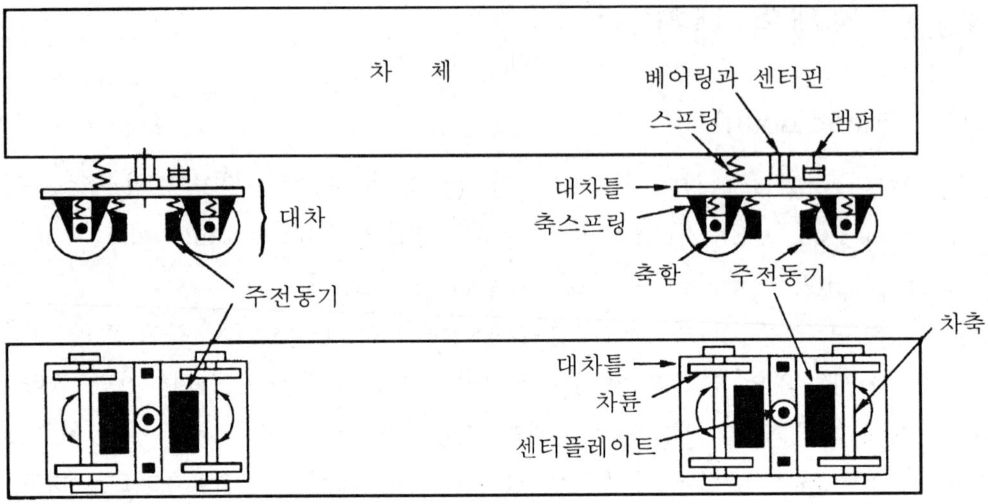

그림 1-13 보기대차와 차체

제 2 장

전차선로

전차선로(電車線路 : electric car line)는 전기차에 운전용 전력을 공급하기 위하여 궤도를 따라서 설치된 선로로서, 가공전차선, 급전선로, 귀선로 및 이에 부속하는 모든 설비를 말한다.

2.1 전차선의 지지물

가공 전차선로를 지지하기 위하여 강주(전철주)에 취부한 외팔보를 브래킷(bracket)이라고 하며, 두 강주 사이에 가로로 건너지른 보를 빔이라 한다. 사용목적에 따라 브래킷은 고정용과 가동용 브래킷이 있고, 빔(beam)은 고정식과 스팬선식으로 나누어진다.

2.1.1 브래킷

(1) 고정 브래킷

고정 브래킷은 그림 2-1 (a)와 같이 강재를 한 개 또는 두 개를 합쳐서 강주에 한쪽으로만 지지하여 설치한 것을 말한다.

(2) 가동 브래킷

가동 브래킷은 그림 2-1 (b)와 같이 강관을 조립하여 강주와의 설치 점을 중심으로 회전하도록 한 브래킷으로 현재 교류, 직류 전철의 역 중간에 전차선 지지물로 사용되고 있다.

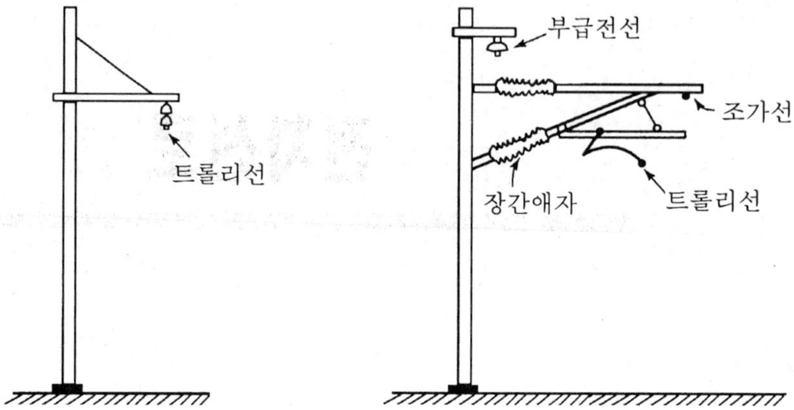

(a) 고정식 (b) 가동식

그림 2-1 브래킷의 구조

2.1.2 빔

(1) 고정 빔

고정 빔은 그림 2-2와 같이 강재를 트러스 구조로 조립하여 2개의 강주에 연결한 트러스 빔형과 1개 또는 2개의 강재를 합쳐서 양 강주 사이에 연결한 구조인 크로스 빔형이 있다.

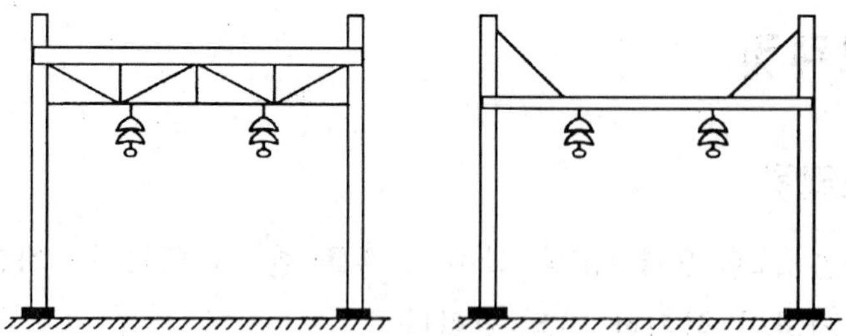

(a) 트러스 빔형 (b) 크로스 빔형

그림 2-2 고정 빔형의 구조

(2) 스팬선 빔

스팬선 빔형은 그림 2-3과 같이 궤조의 양측 선로와 직각으로 가설(架設)된 스팬선에 의해 구성된 빔으로 주로 시가지의 노면전차에 많이 사용된다. 종류에는 단 스팬선식, 커티너리 스팬선식 및 헤드 스팬선식이 있다.

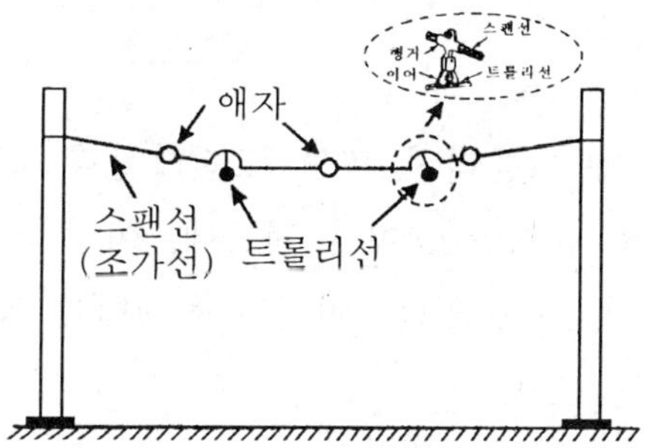

그림 2-3 스팬선 빔의 구조

2.1.3 전차선

전차선(트롤리선 ; trolly wire, Catenary)은 레일면상에서 일정한 높이로 가선되어 전기차의 집전장치(集電裝置)와 직접 접촉하여 선기차의 전동기에 전력을 공급하는 가공전선(架空電線)을 말한다.

전기차의 트롤리에 접촉하는 전선이라는 의미로 트롤리선이라 부르며, 경동, 합금강을 사용하고 조가선에는 아연도강연선을 사용하고 있다. 단면적은 85, 110 및 170[mm^2]의 3종류가 있으며, 형상에는 그림 2-4와 같이 원형, 홈원형, 홈제형, 홈이형으로 분류되며 현재 홈원형이 가장 많이 사용되고 있다.

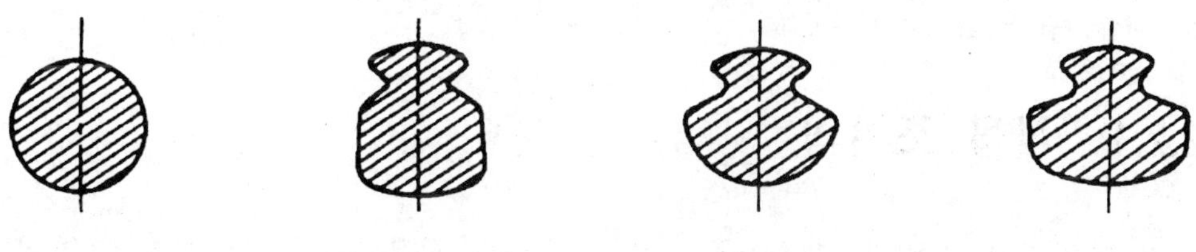

(a) 원형　　(b) 홈원형　　(c) 홈제형　　(d) 홈이형

그림 2-4 트롤리선의 종류

(1) 전차선의 높이

전차선(電車線)의 높이는 레일면에서 전차선까지의 거리를 말한다. 일반적으로 전차선의 높이는 5.2[m]를 표준으로 하고 범위는 5.1~5.4[m]이며, 고가다리 등에서는 4.8[m], 터널, 교량 등에서는 팬터그래프가 꺾이는 높이(0.25[m])를 고려하여 4.55[m]로 줄여 설치할 수도 있다.

(2) 전차선의 이선

전기차가 주행하는 중에 트롤리선 또는 도전레일과 집전장치와의 접촉이 이탈(離脫)하는 것을 이선(loss contact)이라 하는데, 이선의 정도를 이선율이라 하고 식 (2-1)과 같이 나타내며, 보통 3[%] 이내로 유지하는 것이 가장 이상적이다.

$$\text{이선율} = \frac{\text{이선시간}}{\text{실제 운전시간}} \times 100[\%] \qquad (2\text{-}1)$$

이선은 가공선과 팬터그래프의 습동판 또는 슬라이더와의 사이에 아크나 불꽃을 발생시켜 전기적 마모, 전파 잡음, 소음을 일으킨다. 따라서 팬터그래프의 압상력(押上力, upward force)을 크게 하면 이선율은 감소하지만, 기계적 마모가 심해지므로 일반적으로 압상력은 5~10[kg]의 범위로 하고 팬터그래프의 압상력은 가공선 높이의 변화에 관계없이 항상 일정한 구조로 한다.

2.2 전차선의 가선방식

전차선을 지지하는 방법을 가선방식이라 한다. 전차선로는 가선하고자 하는 선로의 조건 등에 따라 조가방식은 직접 조가식, 커티너리 조가식, 강체 조가식 등으로 분류할 수 있으며, 전기를 급전하는 방식에 따라 가공식, 강체식 및 제3궤조식으로 나눌 수 있다.

2.2.1 직접 조가식

직접 조가식은 그림 2-5 (a)와 같이 조가선을 사용하지 않고 가로로 건너지른 스팬선 등의 전차선 1조만으로 트롤리선을 직접 지지하는 방식이다. 실비비는 적게 들지만 전차선의 장력을 일정하게 유지시키기 어려운 단점이 있어 전기차의 허용속도 85[km/h] 이하로 제한하여 사용하고 있다.

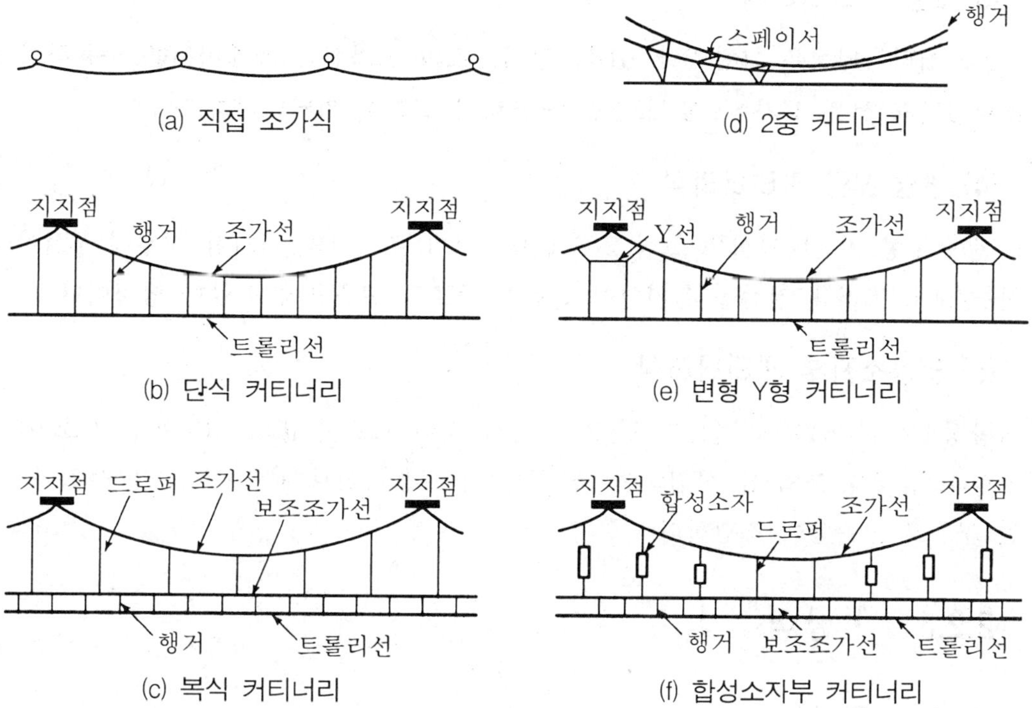

그림 2-5 전차선의 조가방식

2.2.2 커티너리 조가식

(1) 단식 커티너리(Catenary)식

단식 커티너리는 그림 2-5 (b)와 같이 1조의 조가선에서 행거를 통하여 트롤리선 1조를 붙잡아 두는 구조로 구조가 간단하여 많이 이용하고 있다. 보통 경간거리는 45~50[m]이고 약 10개의 행거를 사용한다. 가선의 중앙과 끝부분의 탄성이 달라 고속 주행시에는 이선율이 커지므로 속도 100[km/h] 정도 이하에서 사용하기 적당하다.

(2) 복식 커티너리식

복식 커티너리식은 그림 2-5 (c)와 같이 조가선에서 드로퍼로 붙잡아 둔 보조조가선에 의해 트롤리선을 붙잡아 두는 구조로 높은 속도에 사용되며 경간거리는

80[m] 정도이다.

(3) 2중 커티너리식

2중 커티너리식은 그림 2-5 (d)와 같이 2조의 조가선과 스페이서를 사용하여 1조의 트롤리선을 V자형으로 붙잡는 구조로서 V자형 커티너리라고 한다.

(4) 변형 Y형 커티너리식

변형 Y형 커티너리식은 그림 2-5 (e)와 같이 조가선의 지지점 전후에 Y선이라 하는 보조 조가용 전선을 설치하여 붙잡는 구조로 고속용에 적합한 형식이다.

(5) 합성소자부 커티너리식

합성소자부 커티너리식은 그림 2-5 (f)와 같이 트로퍼 또는 행거에 합성소자(스프링과 댐퍼를 조합)를 삽입하여 조가선에서 트롤리선과 보조조가선을 붙잡아 두는 구조로 고속용에 적합하다.

2.2.3 가공식

(1) 가공 단선식

궤도의 상부에 설치된 가공 접촉선으로부터 집전장치로 공급받은 전류를 레일을 귀선(歸線)으로 하여 변전소에 다시 돌려보내는 방식이다. 직류 급전의 경우에는 귀선인 레일로부터 대지에 누설되는 전식이 문제가 될 수 있다. 또한 교류 급전인 경우에는 주변의 통신선(通信線)에 유도장해(誘導障害)를 발생시킬 수 있다.

(2) 가공 복선식

서로 절연된 정(+), 부(−) 2조의 가공 접촉선을 설치하여 한쪽 가공선(架空線)은 전기차에 전력을 공급하고, 다른 쪽 가공선을 통하여 변전소로 돌려보내는 방식이다. 이 방식은 절연문제 때문에 전압을 높게 할 수 없으므로 보통 전차버스에 사용되고 있다.

2.2.4 강체가선식

강체가선식은 그림 2-6과 같이 강체에 완전하게 일체화시켜 고정한 형태이다. 터널 등의 천장에 애자(碍子)로 절연하고 알루미늄 합금이나 도전강으로 된 T형의 도체를 설치하고, 이어(ear) 등을 사용하여 트롤리선을 일체화하여 고정시킨 전기차의 집전장치로 집전하는 가공방식의 일종이다.

트롤리선은 탄성이 적고 강성이 크므로 마모나 보수 등에 문제점이 있어 트롤리선을 도체 성형재로 일체화하여 고정시켰으므로 단선의 위험이 없고 터널의 높이도 낮게 할 수 있다. 주로 교외철도와 지하 구간의 전차선로에 많이 사용되고 있다.

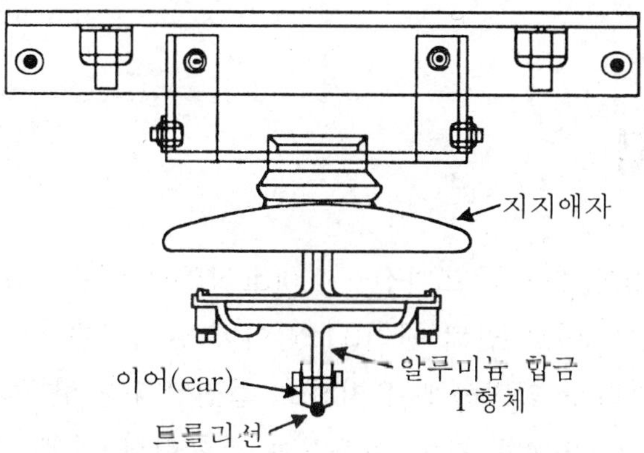

그림 2-6 강체가선식의 구조

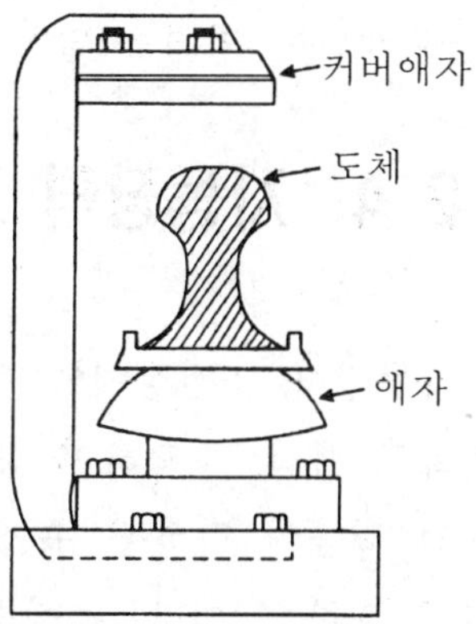

그림 2-7 제3궤조의 구조

2.2.5 제3궤조식

제3궤조식은 그림 2-7과 같이 주행용 레일 외에 궤도의 측면에 설치된 급전용 레일로부터 전기차에 전기(電氣)를 공급하고, 주행 레일은 귀선으로 사용하는 방식이다. 정전용량이 크고 지지구조가 간단하며 터널 단면을 작게 할 수 있으나, 감전(感電)의 위험 등이 있기 때문에 저압을 사용하는 단거리 구간에 많이 사용하고 있다.

2.3 구분장치

구분장치(section device)란 사고 또는 보수작업시 전차선을 부분적으로 정전(停電)시키기 위한 절연장치를 말하며 **섹션**이라고도 한다. 이 장치는 전기차의 통행을 방해하지 않고 원활하게 집전이 되게 하며 절연성이 매우 좋아야 한다. 이 중에 전차선의 일부를 중복 평행시켜 전차선 상호간의 공간을 절연으로 이용한 구분장치를 에어섹션(air section)이라 하며, 주로 본선의 절연구분이나 역 중간에 설치하고 있다.

또한 위상 또는 전압이 서로 다른 전차선을 전기적으로 절연하기 위해 설치한 구분장치를 **데드섹션**(dead section) 또는 **무전압구분**이라고 한다. 이것은 교류와 직류를 혼용하여 사용하는 구간으로 양쪽 전압이 변경되는 구간에서 타성(관성)으로 운행되는 영역을 말한다.

2.4 자동장력 조정장치

자동장력 조정장치는 트롤리선(2,000[daN]), 조가선(1,400[daN])이 외부 기온의 변화로 팽창, 수축하여 장력이 변하고, 이로 인해 단선(斷線)이나 늘어짐이 일어나 집전 성능이 약화될 수 있으므로 장력을 일정하게 유지하고 집전상태를 양호하게 하기 위한 것이다. 조정방식에는 그림 2-8과 같이 활차식과 스프링식 외에 유압식, 레버식 등이 있어 전선의 장력 변화, 기온 변화에 대응하여 장력을 일정하게 유지시키도록 동작한다.

【참고】 daN : deca Newton의 약자. da는 10의 1승을 나타냄. 인장강도의 단위

2.4.1 활차식

활차식 자동동력 조정장치는 그림 2-8 (a)와 같이 활차(滑車)의 원리를 이용한 것으로 활차부(대활차, 소활차)에 각각 와이어로프를 감아 소활차에 전차선을 인류하고, 대활차에 추를 걸어 내린 것이다. 외부 온도변화에 따라 전차선의 이도 및 장력이 변화하면 활차가 회전하고 동시에 추가 상하 운동을 하면서 전차선이 신축하고 이도를 조정하면 전차선의 장력을 항상 표준 장력상태로 유지시키는 구조이다.

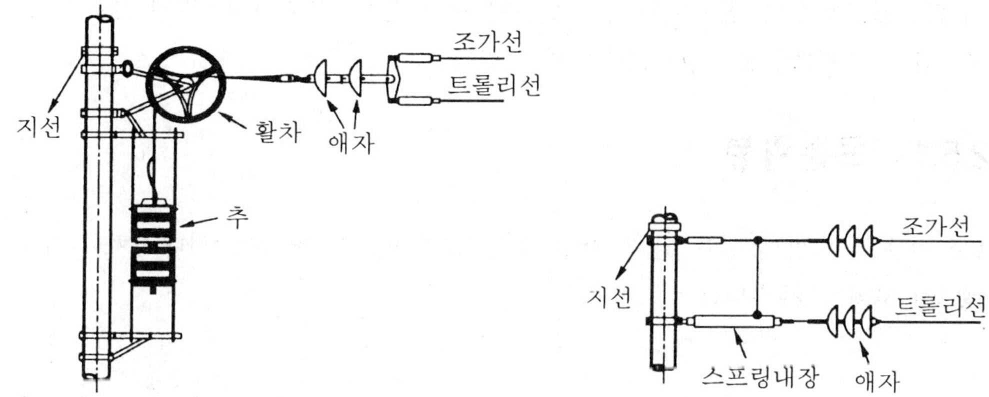

(a) 활차식 (b) 스프링식

그림 2-8 자동장력 조정장치

2.4.2 스프링식

스프링식 자동장력 조정장치는 그림 2-8 (b)와 같이 스프링의 탄성을 이용하여 장력을 조정하는 스프링식 텐션 밸런서(STB)이다. 터널에 사용되는 것을 터널용 텐션 밸런서(TTB)라 한다. 스프링식 텐션 밸런서는 강철제 코일상의 스프링제의 신축을 피스톤 운동과 연동시켜 전차선의 장력을 조정하는 구조로 외관이 간단하지만, 스프링의 탄성 등으로부터 장력을 일정하게 유지시키는데 다소 어려운 점이 있다. 역구내와 같이 전차선의 이동에 대하여 억제 저항이 큰 개소에 적합하고, 인류구간의 길이가 600[m] 이하의 짧은 역구내 상하 건널목 및 측선 등에 사용하기 적합하다.

2.5 집전장치

집전장치는 가공 전차선이나 제3궤조 등으로부터 차량내로 전력을 끌어들이는 장치를 말한다. 소용량으로 속도가 낮은 시가지의 무궤도 전차는 트롤리봉이 사용되고, 노면전차에서 트롤리봉을 대신하여 사용하도록 한 것으로서는 활 모양으로 상부 트롤리선과 접촉하도록 한 습동판을 가진 궁상 집전기, 즉 뷔겔이 사용된다.

고속도, 고전압이 되면 가선구조가 복잡하게 되므로 커티너리 조가식을 채용하여 팬터그래프로부터 집전하는 방식을 채용하고 있다. 지하철과 터널 내에서는 가선식보다는 도전레일을 사용하는 경우가 많다.

2.5.1 트롤리봉

트롤리봉은 그림 2-9와 같이 단선 또는 복선식으로 저속의 시내전차나 무궤도(無軌道) 전차에 사용된다.

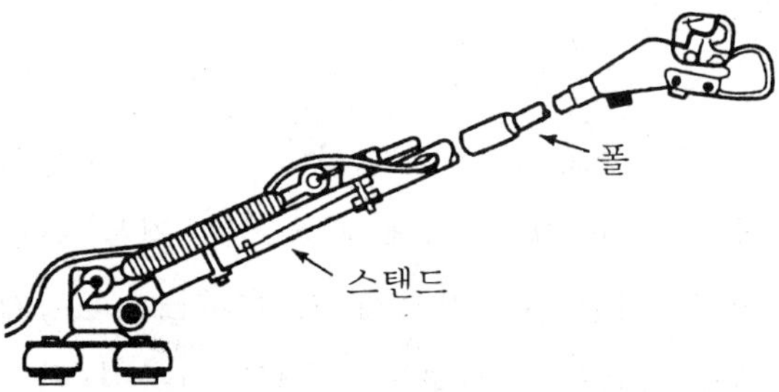

그림 2-9 트롤리봉의 구조

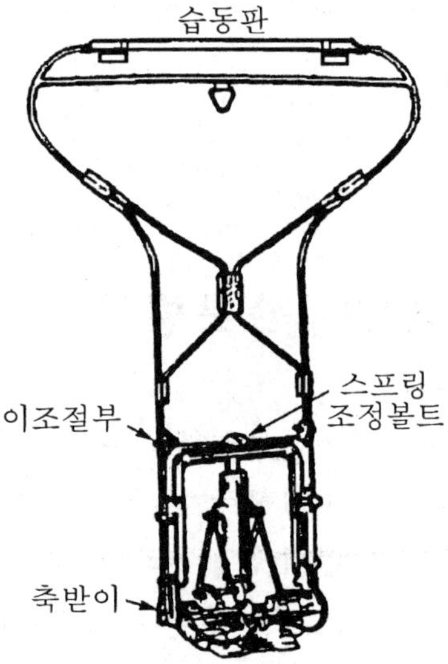

그림 2-10 뷔겔의 구조

2.5.2 뷔 겔

뷔겔은 그림 2-10과 같이 활 모양으로 상부에 트롤리선과 접촉하는 습동판을 부착한 것으로 하부에 스프링 장치가 되어있다. 노면전차에 트롤리봉을 대신하여 많이 사용되고 있다.

2.5.3 팬터그래프

팬터그래프(pantograph)는 그림 2-11과 같이 가공선식으로 고속, 대용량의 전기차에 사용되는 것으로 얇은 강판이나 듀랄루민 판으로 만들어진 활모양의 습동판 지지부를 접을 수 있는 관절형 틀의 상부에 부착하고, 동, 철, 탄소 등으로 소결 합금한 습동판을 설치하여 스프링이나 압축공기의 힘에 의해 전차선에 3~5 [kg] 정도의 압상력으로 접촉을 유지하면서 집전하는 방식이다. 팬터그래프의 압상력은 가공선 높이의 변화에 관계없이 항상 일정한 구조가 되도록 해야 한다.

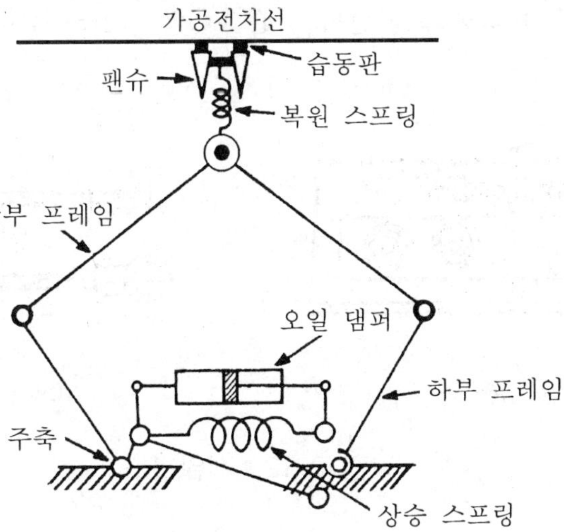

그림 2-11 팬터그래프의 구조

2.6 귀선, 레일본드 및 보조귀선

2.6.1 귀 선

급전선(給電線 : ACSR 288[mm²] 나전선)을 통해 전기차에 공급된 전력은 다시 레일을 통하여 변전소로 되돌아가는 것을 귀선(歸線)이라 한다. 가공 단선식 전차선로에서는 주행 레일을 전기차 전류의 귀로(歸路)로 이용하기 때문에 이 레일을 귀선레일이라 한다.

2.6.2 레일본드

전기철도에서는 주행레일이 전동차나 전기기관차(電氣機關車)의 귀로가 되기 때문에 레일의 저항을 가능한 한 작게 하는 것이 좋다. 그러나 레일 이음매에서는 레일접합의 충격 등으로 전기저항이 크게 되어 대전류를 흘리면 전압강하가 커질 뿐만 아니라 대지에 많은 누설전류(漏泄電流)가 흘러서 전식의 피해가 발생할 우려가 있다. 이 때문에 레일 접합부분의 전기저항을 작게 하기 위해 레일본드(rail bond)라는 도체(동선 또는 철선)로 레일과 레일 사이를 접속시키고 있다.

설치방법은 그림 2-12와 같이 용접에 의하여 설치하는 용접본드와 레일에 미리 구멍을 뚫어서 본드의 단자를 안입하는 압축본드 방식이 있다.

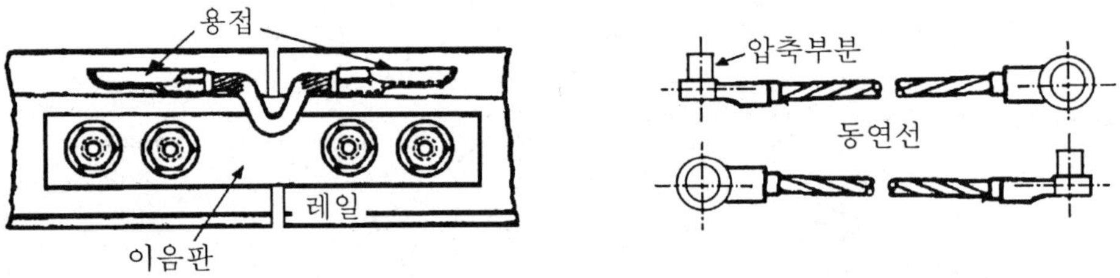

(a) 용접본드 (b) 압축본드

그림 2-12 레일본드

2.6.3 보조귀선

직류 전차선로에서 귀선(歸線)로의 전기 저항이 클 때에는 귀선로에 의한 전압강하가 크게 되어 레일의 전위가 상승하므로 레일에서 대지로 누설전류가 흐르게 된다. 이것이 전식 현상으로 통신선에 유도장해를 일으킬 수 있기 때문에 이것을 방지하기 위해 귀선의 저항을 감소시키기 위해 전선을 귀선레일과 병렬로 시설하여 귀선전류의 일부를 분류시키거나, 상호간의 적당한 간격으로 그림 2-13과 같이 보조귀선인 균압선(均壓線)을 연결하여 귀선전류를 감소시키고 레일의 전위 및 누설전류를 감소시켜 전식(電蝕)을 줄이기도 한다.

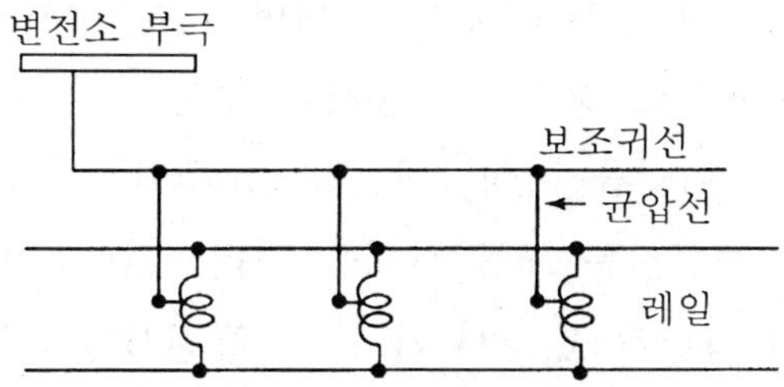

그림 2-13 보조귀선

교류 전차선로에서는 통신선의 유도장해를 경감시키기 위해 귀선 레일과 병렬로 가설된 기공전선을 **부급진선** 또는 **부궤전선**이라 한다. 귀선 전류를 평행시켜 귀선의 종합 저항을 감소시킬 뿐만 아니라 좌우 레일사이 또는 상하선을 전기적으로 접속하는 도체를 그림 2-14와 같이 **크로스본드**(cross bond)라 한다.

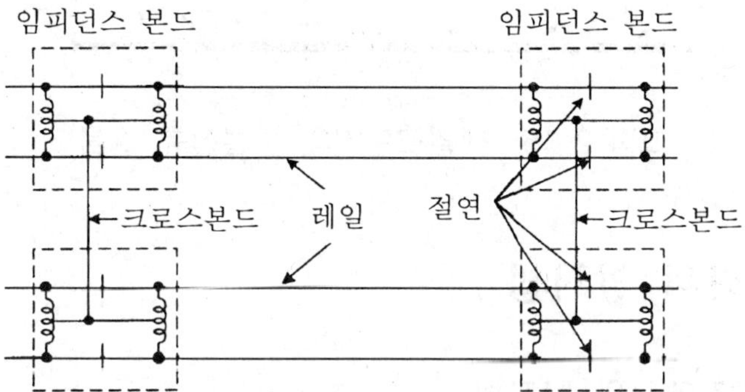

그림 2-14 크로스본드

2.7 전 식

2.7.1 전식의 발생

가공 단선식 전기철도에서 레일을 전차 전류의 귀로로 사용하므로 레일 접속부분의 저항이 높으면, 레일을 흐르는 전류의 일부가 대지로 누설하여 레일 부근의 수도관, 가스관, 전력 케이블 등 지중 금속 매설물을 통하여 전기차의 전류 귀류점인 변전소로 되돌아 흐르게 된다.

이 때문에 전철용 레일에 근접되어 매설된 지중 금속 매설물은 전차 운전 중에 레일로부터 대지로 누설된 전류의 귀로가 되며 흐르는 전류가 클 경우에는 지중 금속 매설체로부터 지중으로 전류가 유출하는 부분에 전해작용이 일어나 부식(腐蝕)을 일으키게 되는데 이것을 전식(電蝕, electrolytic corrosion)이라 한다. 그림 2-15에 레일로부터의 누설전류 흐름 상태를 나타내었다. 이 전식의 양 M은 패러데이의 법칙에 따라 화학당량 Z, 전류값 I 및 통전시간 t에 비례하여 식 (2-2)로 나타낼 수 있다.

$$M = Zit\,[\mathrm{g}] \tag{2-2}$$

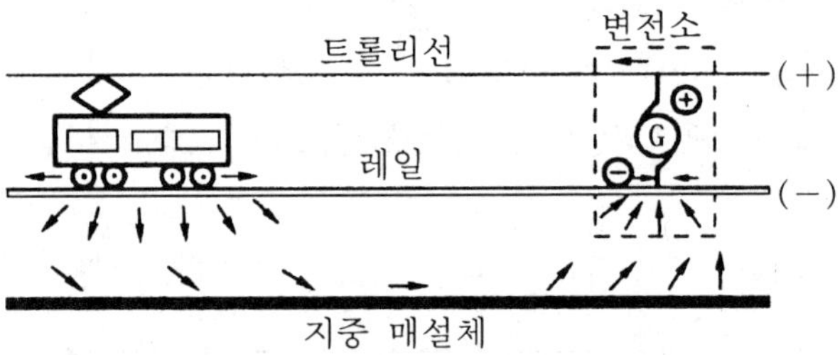

그림 2-15 레일로부터의 누설전류 흐름도

2.7.2 전식의 방지법

(1) 전기철도측에서의 방지법

① 귀선저항을 작게 하기 위해 레일에 본드를 시설하고 시공, 보수에 주의해야 한다.

② 레일을 따라 보조귀선을 설치하며, 그 굵기는 50[mm^2] 이상의 동선을 레일 30[cm] 이내에 설치하고 이것과 레일을 하나씩 걸러 접속한다.

③ 변전소 간격을 줄여 급전구역을 축소시켜 누설전류를 감소시킨다.

④ 귀선의 극성을 정기적으로 바꾸어 전기화학 반응을 중화시킨다.

⑤ 도상의 배수를 잘하고 절연도상, 절연 체결부분 등을 채용해서 누설저항을 크게 한다.

⑥ 절연 음극 궤전선을 설치하여 레일과 접속시킨다.

(2) 지중매설 금속체에서의 방지법

① 미지전류의 유입을 막기 위해 도복강으로 절연저항이 큰 도막을 실시한다.

② 매설 금속체를 금속관 등의 도체로 차폐하고, 누설전류가 지중 금속체에 유입 및 유출되는 것을 방지한다.

③ 매설 금속체의 접속부에 전기적인 절연을 실시하여 도체로서 전기저항을 크게 한다.

④ 전기차의 궤도와 접근 및 교차를 막고, 가능한 이격거리를 크게 한다.

(가) 직접 배류법

직접 배류법(排流法)은 그림 2-16과 같이 지중금속과 레일을 직접 도체로써 접속하여 배류하는 방법으로 매설 금속체의 전위가 대지 또는 레일의 전위(電位)보다 높아 전철측에서 매설금속체로 역류가 없는 경우에 사용하는 것으로 현재 거의 사용하지 않는다.

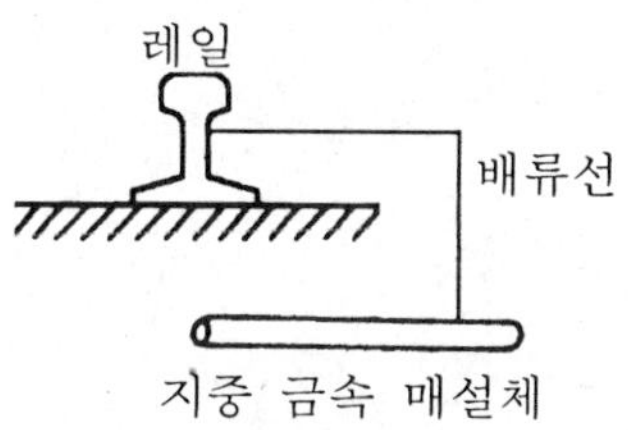

그림 2-16 직접 배류법

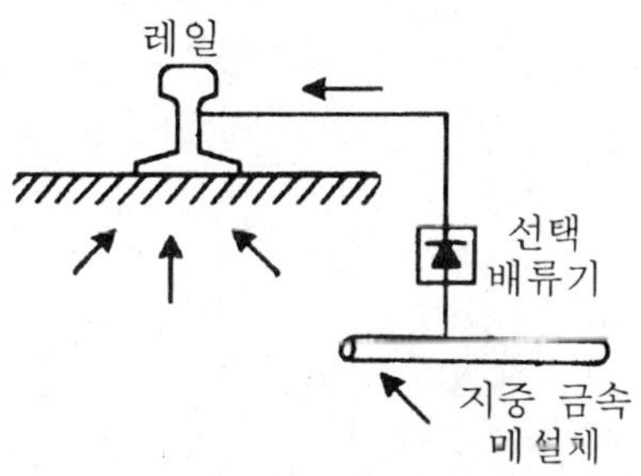

그림 2-17 선택 배류법

(나) 선택 배류법

선택 배류법(選擇 排流法)은 그림 2-17과 같이 지중 금속 매설체와 레일을 연결하는 배류선에 선택배류기를 설치하고, 금속 매설체가 레일보다 높은 전위인 경우에만 전류를 배출하도록 한 것으로 많이 적용되고 있다.

(다) 강제 배류법

강제 배류법(强制 排流法)은 그림 2-18과 같이 적당한 정류기를 사용하여 교류에서 직류전원을 얻어 이것을 누설전류와 반대방향으로 가하는 방법이다.

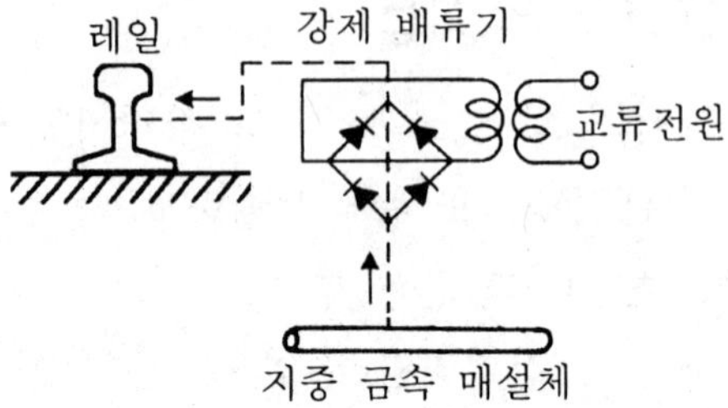

그림 2-18 강제 배류법

제 3 장

전기운전설비

3.1 전기운전설비의 구성

전기철도의 운전을 위하여 일반 전력계통(電力系統)의 전력을 전기운전에 적합한 형태로 변성하는 변전소와 변전소로부터 전력을 전기차에 공급하는 전차선로(電車線路)가 필요하다. 또한 변전소(變電所)에서 전차선로에서의 급전 범위의 구분 또는 변경과 회로의 보호차단을 위해 변전소간에 궤전구분소와 보조 궤전구분소 등의 설치가 필요할 수도 있다.

이와 같이 전기 운전용 전력을 공급하기 위해 시실된 시상설비를 선기운전설비라 부르며, 변전소에서 전차선로를 통하여 전기차에 이르는 회로를 급전계통이라 한다. 그림 3-1에 전기운전설비의 계통도를 나타내었다.

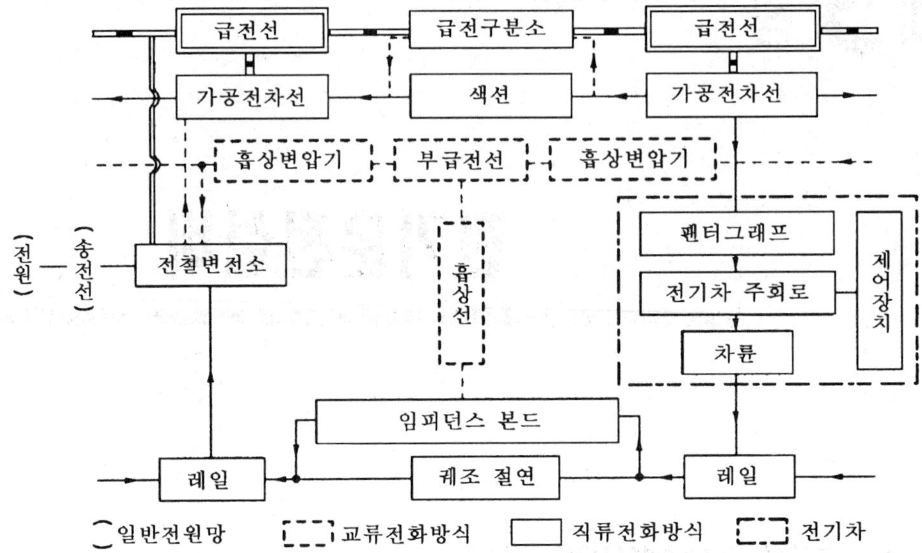

그림 3-1 전기운전설비의 계통도

3.2 급전설비

전기철도의 운전설비는 고속으로 주행하는 전기차에 전원으로부터 안정된 전기를 공급하기 위한 설비로서 급전설비(feeding facility)라고 한다. 원활한 전기를 공급하기 위해 전원망에서 변전한 전기를 차량에 알맞은 전압으로 변성하는 변전소를 두고, 주행 중인 전기차에 안정된 전력을 공급함과 동시에 전기차의 운전 전류에 의한 나쁜 영향이 전원망에 악영향을 주지 않도록 해야 한다.

3.2.1 직류 급전방식

직류 급전방식은 일반 전력계통으로부터 22.9[kV] 또는 154[kV]의 교류전압을 고압으로 감압하고, 감압된 전압은 정류장치를 통하여 직류(直流) 1,500[V]로 변환시켜 전기차에 공급하는 방식이다. 이 방식의 특징은 전압이 낮아 절연 및 통신선에 유도장해를 발생시키지 않는 장점이 있지만, 누설전류에 의한 전식에 대한 대책이 필요하다. 우리나라에서는 서울 지하철과 일산선이 이 방식에 해당된다. 그림 3-2에 직류 급전방식의 구성도를 나타낸 것이고, 그림 3-3은 직류변전소의 계통도를 나타낸 것이다.

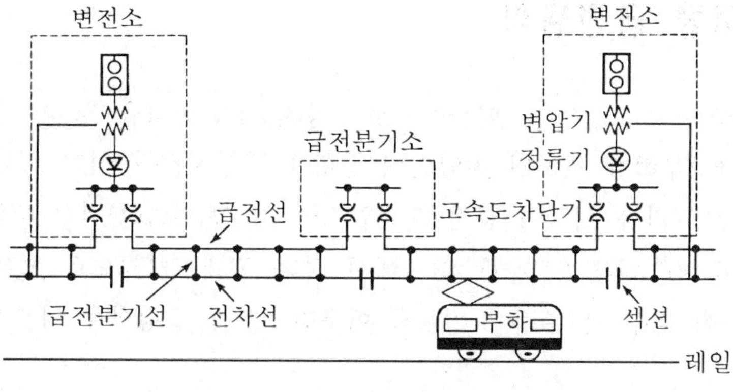

그림 3-2 직류 급전방식의 계통도

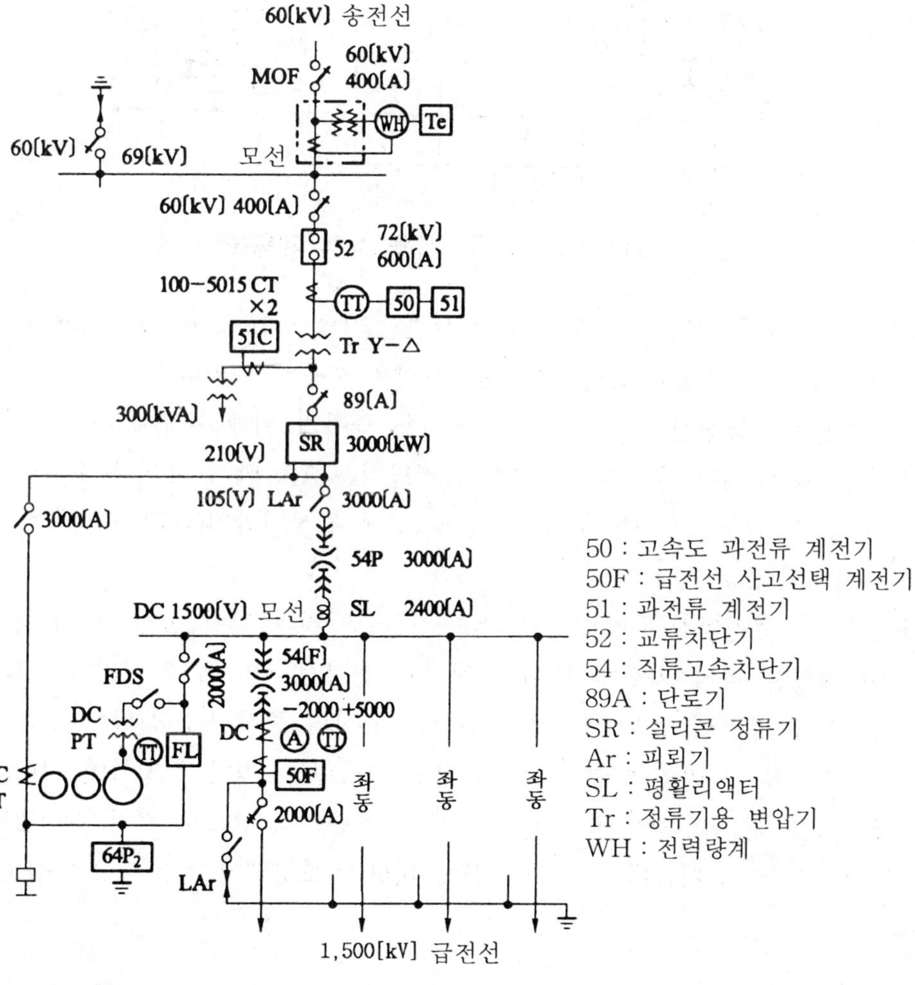

그림 3-3 직류변전소의 계통도

3.2.2 교류 급전방식

교류 급전방식(給電方式)은 일반적으로 3상전원의 전력을 공급 받으나, 3상의 전력망에서 단상부하를 취하면 전압의 불평형을 발생시킬 우려가 있다. 이와 같이 전압 불평형의 경감을 위하여 급전용 변압기는 스코트(scott)결선 변압기로서 3상 전력을 위상이 90° 다른 2상(그림 3-4에서 M과 T에 해당)으로 변환하는 결선법을 사용한다. 이 경우 각 부하가 평형을 이루면 3상측도 평형을 이루게 된다.

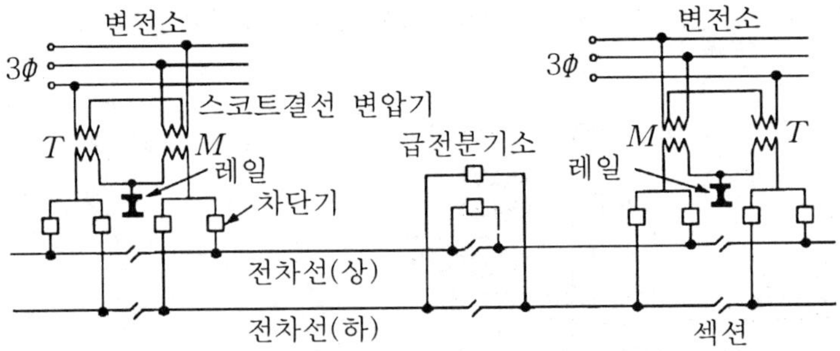

그림 3-4 교류 급전방식의 계통도

또한 교류 급전방식에는 직접방식, 흡상변압기(BT : booster transformer) 방식 및 단권변압기(AT : auto transformer) 방식을 사용하고 있다.

흡상변압기는 통신선에 미치는 유도장해를 줄이기 위해 궤도로부터 누설전류를 다시 흡상하는데 사용되는 변압기로서 급전방식은 권선비 1 : 1의 특수변압기를 약 4[km]마다 설치하여 운영한다. 그림 3-5 (a)에 흡상변압기(BT)를 이용한 급전방식을 나타내었다.

단권변압기 급전방식은 그림 3-5 (b)에 나타낸 것과 같이 변전소에서 급전선(給電線)을 레일을 따라 가설하여 이 급전선과 전차선 사이에 약 10[km] 간격으로 단권변압기를 병렬로 설치 접속하여 변압기 권선의 중성점을 레일에 접속하는 방식이다. 이 방식은 대용량 열차 부하에서도 전압변동, 전압 불평형이 적어 안정된 전력공급이 가능하고, 레일에 흐르는 전류는 차량을 중심으로 각각 반대방향의 단권변압기로 흐르기 때문에 근접 통신선에 대한 유도장해가 적어지는 이점도 있다.

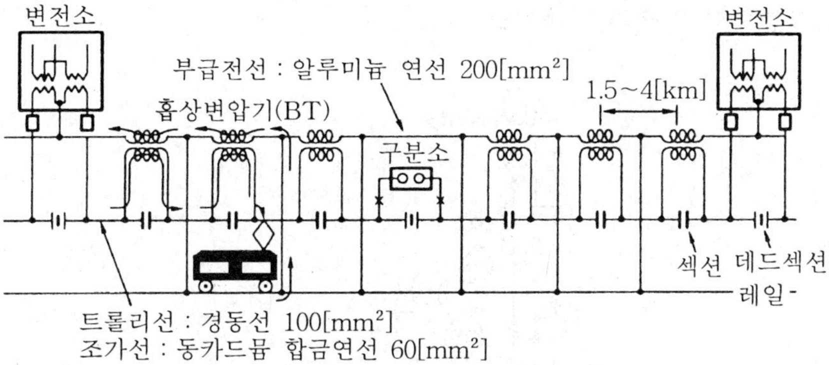

(a) 흡상변압기(BT) 급전방식

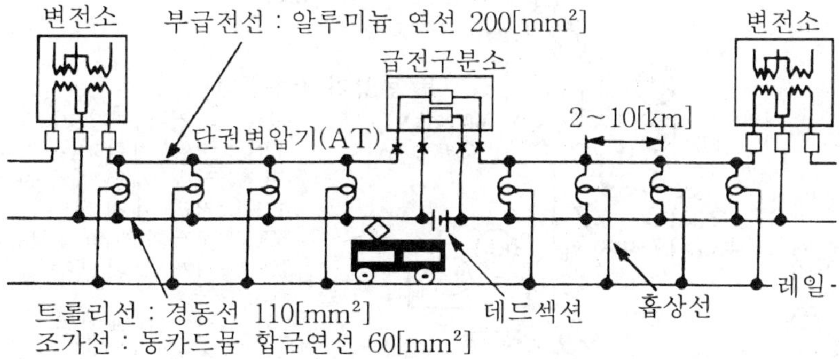

(b) 단권변압기(AT) 급전방식

그림 3-5 흡상변압기를 이용한 급선방식

3.2.3 변전소의 이격거리

변전소(變電所)를 설치하는 장소나 간격은 선로의 상태, 사용전압 및 운행 방법 등에 따라 다르지만, 어느 것이든 부하의 중심에 설치해야 한다. 변전소의 수를 많이 하면 건설비 및 경상비가 증가하게 되지만, 전차선의 전압강하 및 전력손실이 감소하고 전식작용이 적어지는 등의 장점도 있으므로 변전소 건설비, 운전비 및 전력 손실비를 고려하여 건설하는 것이 좋다.

일반적으로 시가지 철도는 2~5[km], 교외 및 도시간 철도는 전압이 600[V]인 경우에는 8~15[km], 전압이 1,500[kV]인 경우에는 10~25[km], 전기기관차인 경우에는 20~30[km]를 대략적인 표준으로 이격하여 시설하고 있다. 그림 3-6은 교류변전소 계통도의 일례를 나타내었다.

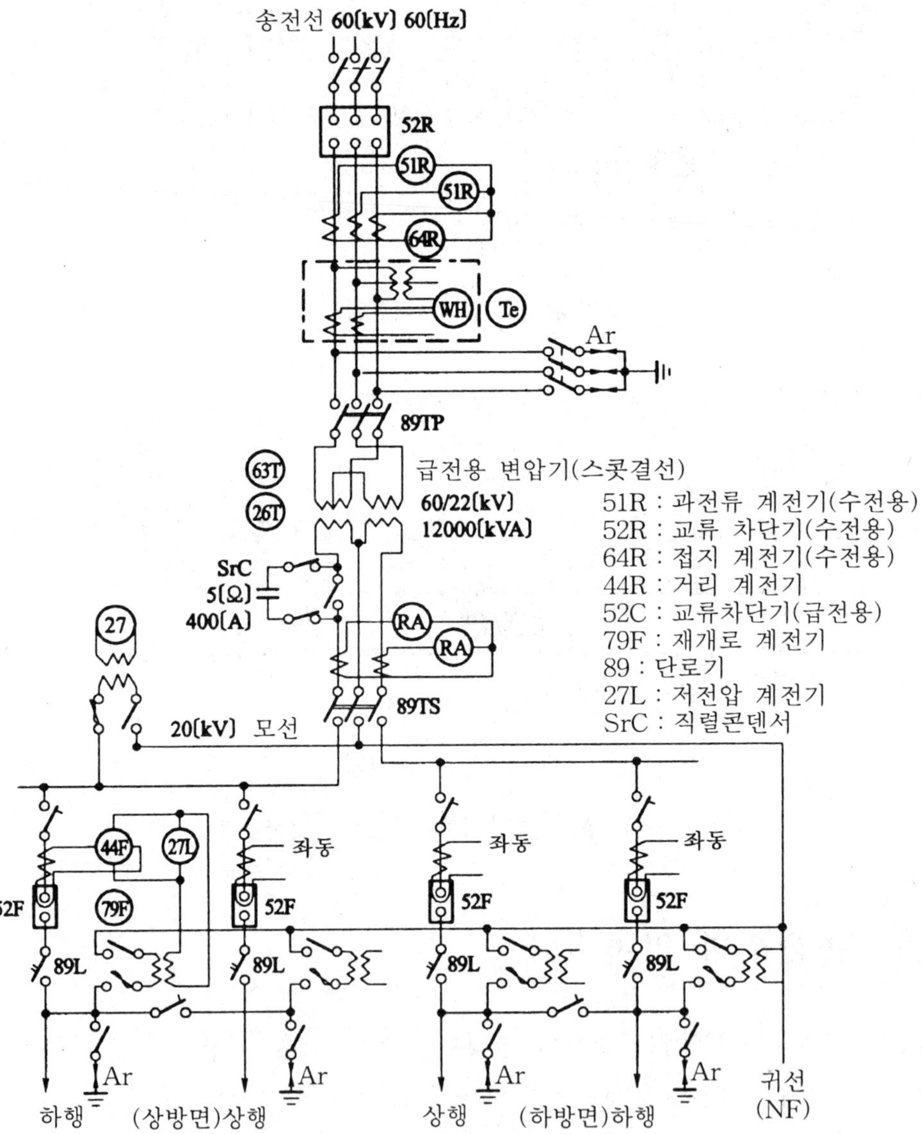

그림 3-6 교류변전소의 계통도

제 4 장

전기철도용 전동기

4.1 주전동기의 구비조건

차량을 주행시키기 위해 동륜을 구동하는 전동기를 견인전동기라 하며, 전기차량의 동력원이 되고 있는 전동기이다. 이와 같은 전기차량을 이동시키는 전동기를 주전동기라 하며, 다음과 같은 조건을 갖춘 것을 사용한다.

① 넓은 속도범위에서 고효율로 사용할 수 있는 것.
② 속도제어가 용이할 것.
③ 기동시 또는 상승구배 운전시에 큰 인장력을 낼 수 있는 것.
④ 병렬 운전시 부하의 불평형이 적을 것.
⑤ 전원전압의 급변에 대하여 견딜 수 있을 것.
⑥ 심한 진동이나 충격에 강하고 또한 수리나 점검이 용이할 것.

또한 구조적으로는 소형, 경량 및 방진, 방수, 방설형이어야 하며, 특성적으로 저속에서 큰 토크를 내며 속도가 상승할수록 토크가 점차 감소하는 직권 특성이 좋아야 한다. 이에 따라 직류 직권전동기가 전철용 전동기로서 주종을 이루고 있다. 그러나 최근에는 사용주파수에 의한 교류 전화방식이 채용되고 있지만, 이 경우 역시 정류기에 맥류화된 전류를 사용해서 직권특성이 좋은 맥류전동기를 사용하고 있다.

3상 교류식 유도전동기를 채용하는 경우에는 두개의 가선이 필요하므로(2상은 가공선, 1상은 레일에 사용) 가공선이나 팬터그래프가 복잡해지므로 현재 스위스의 등산 전차에 사용될 정도뿐이다.

전철용 전동기는 주로 직류전동기와 맥류전동기가 사용되며, 주전동기의 동력은 직접 차륜과 연결하지 않고 기어를 이용해서 전동기의 회전수를 높여 소형화 및 경량화하고 있다. 전동기는 전기차의 바닥 밑에 장치하는 방식을 채용하고 있으므로 방진, 방수, 빙설에 유익한 자기 통풍형을 채용하고, 흡기구에는 필터를 달아 물이나 얼음 등의 침입을 방지하고 있으므로 주전동기 선정시에는 미리 온도 상승분도 충분히 고려해서 용량을 결정해야 한다.

4.2 주전동기의 종류와 특성

4.2.1 직류 직권전동기

직류 직권전동기(DC series motor)는 구조상이나 강도 면에서는 유도전동기(誘導電動機)에 비해 떨어지지만, 속도-인장력 특성이 차량용으로 적당하고 전압급변 등에 대한 과도정류도 뛰어나 오래전부터 많이 사용되고 있다. 그림 4-1은 직류 직권전동기의 주회로를 나타냈으며 인가전압(印加電壓) V와 역기전력(逆起電力) E는 식 (4-1)과 (4-2)로 나타낼 수 있다.

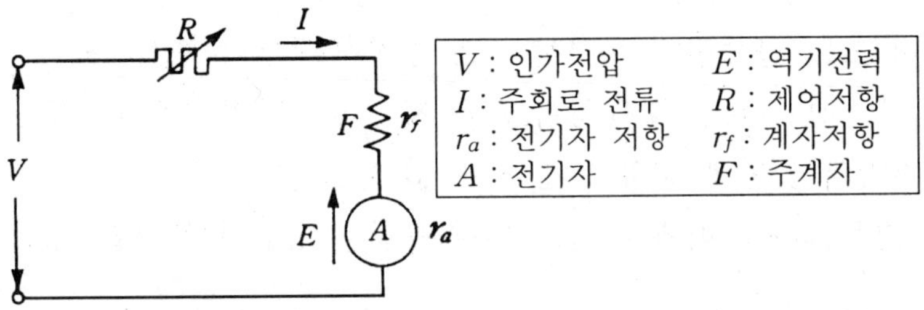

그림 4-1 직류 직권전동기의 주회로

$$V = E + (I + r_a + r_f + R) \tag{4-1}$$

$$E = k_1 n \Phi \tag{4-2}$$

여기서, n : 전기자 회전수, Φ : 매극 자속 따라서 식 (4-1)과 (4-2)를 식 (4-3)으로 나타낼 수 있다.

$$V = k_1 n \Phi + (I + r_a + r_f + R) \tag{4-3}$$

직류전동기이므로 $\Phi = k_2 I$(철심이 포화하지 않는 범위)일 때 식 (4-4)로 나타낼 수 있다.

$$V = k_3 n I + (I + r_a + r_f + R) = I(k_3 n + r_a + r_f + R) \tag{4-4}$$

따라서 전동기 회전력(토크) T는 식 (4-5)와 (4-6)으로 나타낼 수 있다.

$$T = k_4 I \Phi = k_5 I^2 \tag{4-5}$$

또는

$$n = \frac{V - I(r_a + r_f + R)}{k_3 I} = \frac{V}{k_3 I} - \frac{1}{k_3}(r_a + r_f + R) \tag{4-6}$$

전기차의 인장력은 회전력 T에 대하여 전기자와 계자권선의 저항손, 브러시의 전기손, 기계손(베어링손, 풍손) 등을 고려한 효율(85~96[%])을 곱한 것이므로 식 (4-7)로 나타낸다.

$$T = \eta k_5 I^2 = k_6 I^2 \tag{4-7}$$

따라서 직류 직권전동기의 토크(회전력)는 전류와 계자자속의 곱에 비례하고, 자로가 포화하지 않는 경우는 전류의 제곱에 비례한다. 이에 대한 관계 특성을 그림 4-2에 나타내었다. 그림에서 전류에 의해 토크를 크게 할 수 있고 토크는 전류에 의해 정해진다.

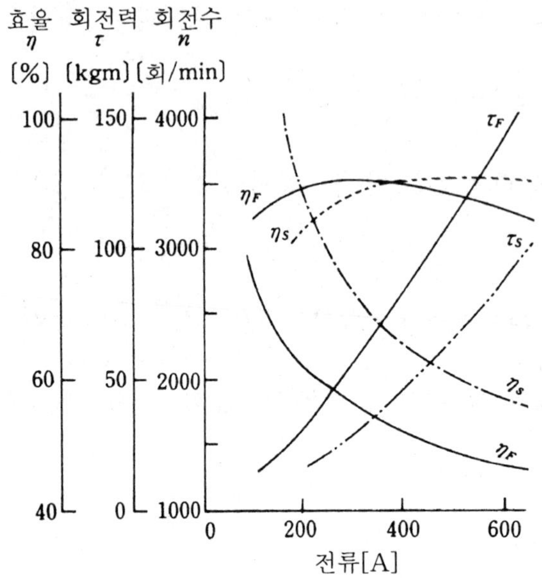

그림 4-2 직류전동기의 특성

4.2.2 맥류전동기

교류 전기차에서는 그림 4-3과 같이 가공선의 상용주파수 전압을 정류기로 정류(整流)해서 평활리액터나 필터로 직류에 가깝게 만들지만, 전원이 단상(單相)이기 때문에 전동기 전류를 직류에 가깝게 하면 교류측이 직사각형에 가까워져서 파형이 나빠져 전원에 악영향을 줄 뿐만 아니라 그 고주파에 의해 주변 통신선에 장해 전압을 유기시킬 수 있다.

또한 전동기 전류에 고주파가 많이 포함되면 철손(鐵損)과 동손(銅損)이 증가하기 때문에 이 두 가지를 적당히 혼합한 맥류 전동기가 사용된다. 맥류의 정도를 나타내는 맥동률은 식 (4-8)과 같으며 그림 4-4에 나타내었다.

$$\text{맥동률}\ \mu = \frac{I_{\max} - I_{\min}}{I_{\max} + I_{\min}} \times 100[\%] \qquad (4\text{-}8)$$

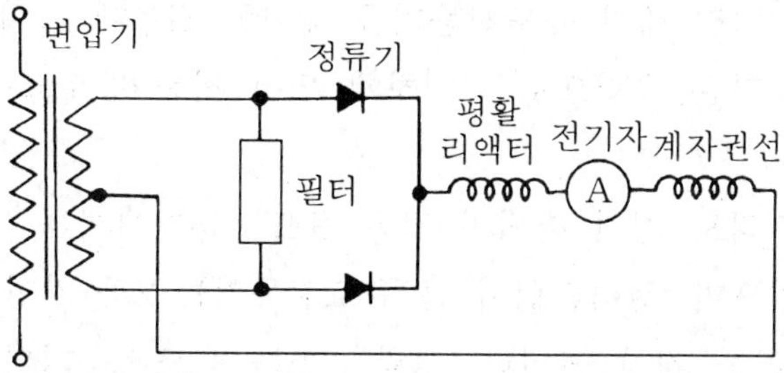

그림 4-3 정류기식 교류 전기차 주회로

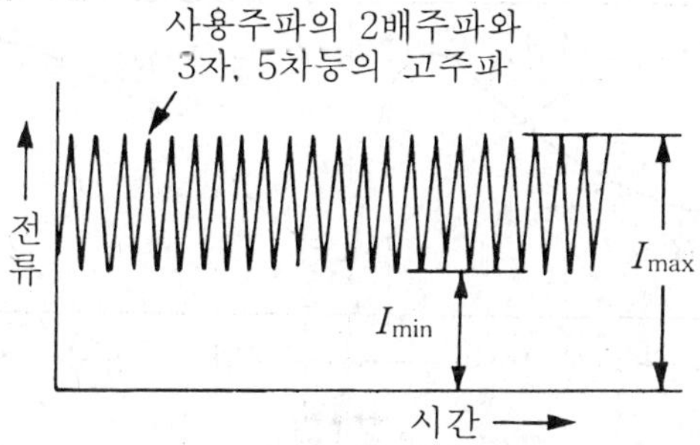

그림 4-4 맥류 파형

4.2.3 단상교류 직권 정류자전동기

직권 정류자전동기의 특성은 직류 직권전동기의 특성과 비슷하여 전기차용 주전동기로도 적합하며, 정류기(整流器) 등을 이용하지 않고 교류 전원으로 직접 구동할 수 있어 구성도 간단하다. 그러나 저전압 대전류가 되면 변압기 기전력에 의한 정류 악화 등의 문제 때문에 $16\frac{2}{3}$[Hz], 25[Hz]와 같은 저주파가 이용되었지만, 근래에는 반도체(半導體) 정류기를 사용한 정류기식 전기차가 많이 이용되게 되었다.

4.2.4 유도전동기

유도전동기는 회전자가 간단한 농형으로 3상, 4극이 기본이지만, 전기차에서는 6극을 사용하며 대차의 하부에 설치하기 때문에 소형 경량화를 요구하고 있다. 또한 1대의 인버터로 여러 대의 유도전동기를 제어할 경우에는 차륜의 직경 차이 때문에 유도전동기는 다른 슬립으로 회전하게 되어 전류와 토크에 불평형이 발생할 수도 있다.

차륜 직경이 같더라도 정격 슬립이 작은 유도전동기에서는 기동시에 토크 불균형 양이 커질 수 있으며, 정격슬립이 큰 유도전동기는 2차 저항, 즉 회전자 저항이 크고, 효율이 저하하는 경향도 있다. 그림 4-5는 유도전동기의 특성을 나타낸 것이다.

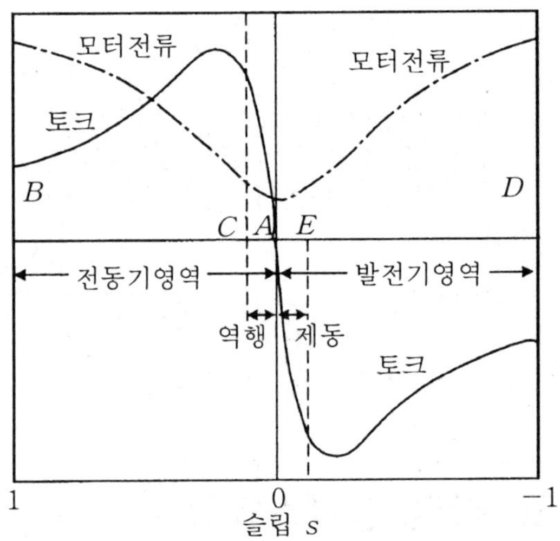

그림 4-5 유도전동기의 특성곡선

전기차(電氣車)의 역행시에 사용되는 영역은 AC로 슬립 0, 즉 A점에서는 토크가 0이며, 슬립이 1, 즉 B점은 구속 상태로 전류가 최대가 되는 영역이다. 전기차의 제동시에 사용되는 영역은 AE의 제동영역이다.

4.3 주전동기의 정격

전철용 전동기의 정격은 사용 목적에 따라 1시간 정격과 연속정격이 있다. 보통 가감속의 반복이 빈번한 단속부하가 걸리는 통근 전차와 같은 경우에는 한 시간 정격을 사용하고 장거리용의 연속 부하가 걸리는 전차에는 연속정격을 사용한다. 정격 산정의 목표는 다음과 같다.

① 최고 운전 시속에서도 가속성에 다소의 여유를 둘 것(0.5[km/h/s]).
② 2승 평균 평방근 운전 전류를 기초로 해서 정격 전류를 정할 것.
③ 구배구간용 전동기는 온도 상승에 특히 유의해야 하며, 구배 도중에서 정차하는 경우의 재출발 부하를 고려할 것.
④ 고속 운전용에는 약화계자정격을 마련할 것.

4.4 구동장치

주진동기의 토크를 차륜에 전달하는 장치를 **구동장치** 또는 **동력전달장치**(動力傳達裝置)라 한다. 구동장치(驅動裝置)는 소용량의 주전동기를 각 윤축마다 분산 배치하여 토크를 전달하는 단독축 구동방식과 1, 2개의 대용량의 주전동기를 사용하여 연결봉으로 동시에 2개 이상의 윤축으로 동력을 전달하는 연축 구동방식으로 구분할 수 있다.

단독축 구동방식은 전기기관차, 전차의 구동장치로써 많이 사용되고 있고, 최근에는 가요(플렉시블) 커플링에 의해 토크를 전달하는 대차 장하방식을 사용하여 차륜으로부터 오는 진동이나 충격을 적게 하고 있다. 최근에는 여객용 대차의 구동장치에는 구동전동기는 대차판 또는 차체에 설치하고, 치차장치는 바퀴측에 부착하여 카르단(cardan)축이나 탄력계수 WN 계수 등의 휨계수로 연결한 것이 대부분이다.

4.4.1 평행 카르단방식

카르단방식이란 주전동기와 동력 윤축 사이에 가요성 연결판을 이용하여 토크를 탄성적으로 전달할 수 있는 구동방식으로 그림 4-6에 나타내었다.

평행 카르단방식은 주전동기를 동륜축과 평행하게 배치하여 대차 몸체에 고정하고, 전동기의 전기자축과 소기어와의 사이에 가요성 커플링을 사용하여 토크를 전달시켜 소기어와 동륜축의 대기어를 구동시키는 것으로 주전동기는 대차 장착식이다. 또한 이것은 전동기의 전기자축을 중공으로 하여 그 안에 카르단축을 관통시키고 양단에 가요성 커플링을 취부시킨 구조로 되어 있다. 주전동기의 토크는 중공 전기자축으로부터 가요성 커플링을 통하여 중공축을 관통하여 카르단에 전달하고 카르단축의 토크는 반대편의 가요성 커플링을 통하여 소기어로 전달된다.

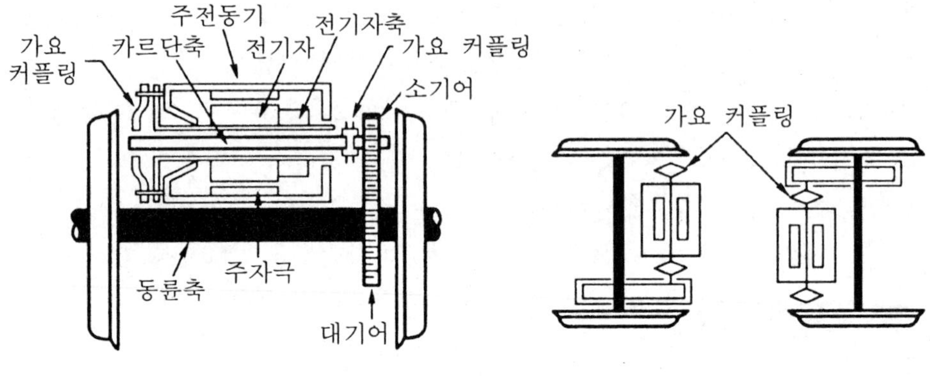

그림 4-6 중공축 전동기식 평행 카르단식

4.4.2 WN 커플링방식

이 방식은 카르단방식의 일종이며, 그림 4-7과 같이 주전동기를 구동륜축과 평행하게 하여 대차 몸체에 고정하고 전동기의 전기자축과 소기어를 결합하는 가요성 커플링을 이용하는 방식으로 주로 광궤일 경우에 사용하고 있다.

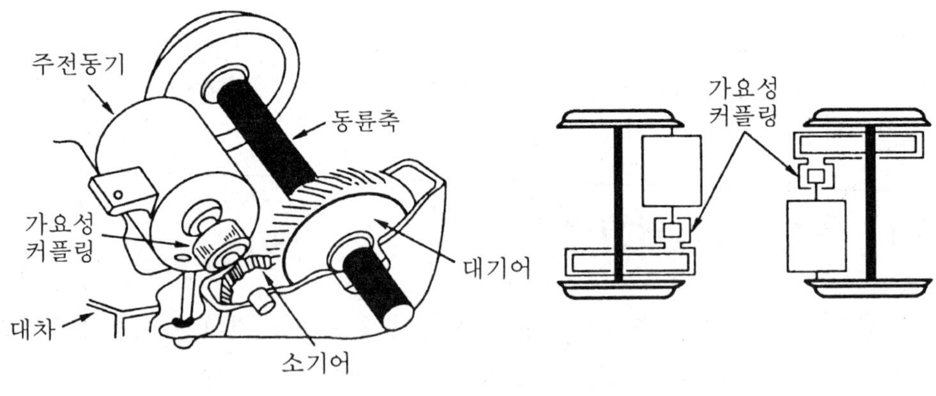

그림 4-7 WN 커플링방식

4.4.3 퀼방식

퀼방식은 그림 4-8과 같이 중공축에 설치된 대기어와 주전동기의 작은 기어를 서로 맞물리게 하여 먼저 중공축을 회전시키고, 중공축의 끝 쪽에 있는 돌기부분에 의하여 스프링을 사이에 두고 주전동기의 토크를 차축에 전달하는 구동방식이다.

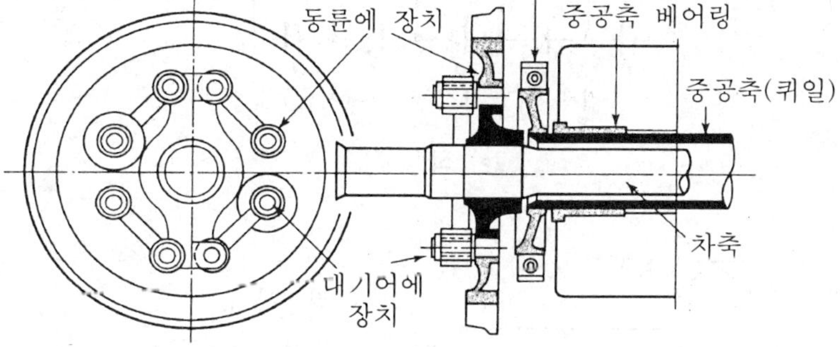

그림 4-8 퀴일(quill) 방식

4.5 속도 제어방식

4.5.1 직류전동기의 제어방식

(1) 저항제어

직류 전기차의 주전동기 제어방식으로 그림 4-9와 같이 주전동기에 직렬로 저항을 삽입해서 전압을 변화시키거나 여러 대의 주전동기를 직병렬로 연결을 바꾸어 속도를 제어하는 방법이다. 전기차에서 변압기의 탭 또는 제어 저항 R의 탭 전환에 의해서 단계적으로 제어하는 이 전환 단계를 노치(notch)라고 한다.

직렬 접속법은 그림 4-9 (a)와 같이 기동시에는 주저항기를 직렬로 접속하여 기동전류를 필요한 값으로 제한하고, 속도가 상승해서 역기전력이 증대됨에 따라 순차적으로 a에서 f까지의 접점 스위치를 닫아서 저항을 감소시킨다.

직·병렬 접속법은 그림 4-9 (b)와 같이 노치에 따라 a에서부터 접점을 닫으면 저항이 조합되어 적당한 저항값을 얻을 수 있으며 보통 이 방법이 널리 사용되고 있다. 이와 같이 노치 전환에 의해 저항 R을 변화시켜 전류와 속도를 변환한다.

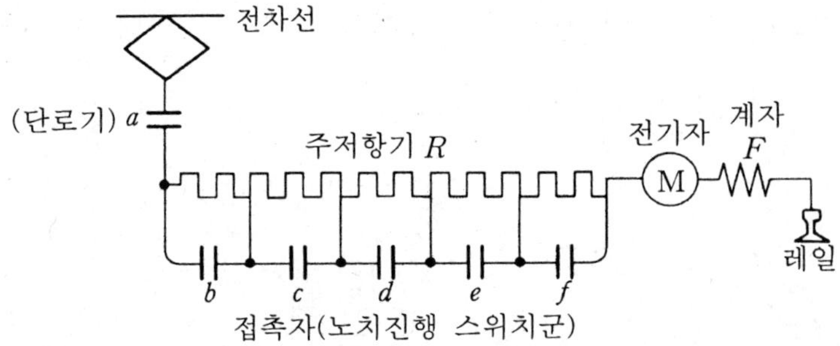

(a) 직렬 접속

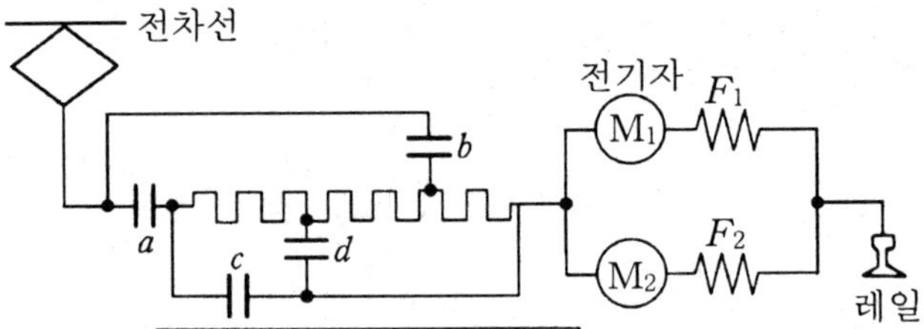

노치		1	2	3	4	5
접촉자	a					○
	b		○	○	○	○
	c			○		○
	d				○	

(b) 직 · 병렬 접속

그림 4-9 저항제어

(2) 직병렬제어

전기차 주전동기는 보통 1차량에 적어도 4개씩 장착되어 있으므로 그림 4-10과 같이 이 전동기를 직병렬로 바꾸어 연결하면, 전압값을 1/4 또는 1/2로 제어할 수 있어 가속시에 저항 R에서 소비되는 전력을 절약할 수 있다.

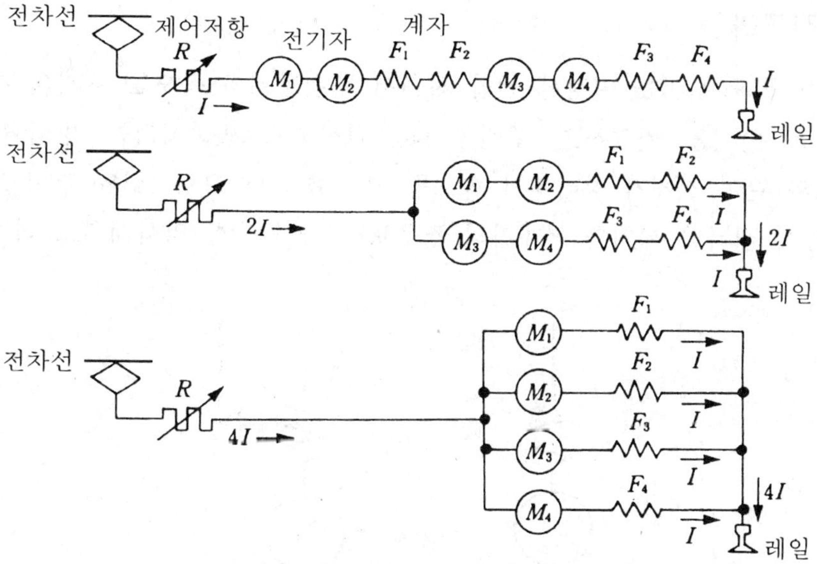

그림 4-10 직병렬제어

이 직병렬회로에서 절환으로 회로전류를 끊은 다음에 접속을 바꾸게 되면 전기적, 기계적 충격이 크므로 다음과 같은 전이(transition)방식을 사용하는 경우도 많다.

(가) 개로 전이

주전동기 회로를 열고 절환시키는 방법으로 절환시에 전동기 회로를 개방하기 때문에 인장력이 없어져서 충격이 발생하는 단점이 있다. 소용량 외에는 거의 사용하지 않는다.

(나) 단락 전이

회로 절환시 주전동기 회로를 단락한 상태에서 병렬로 절환시키는 방법으로 직렬접속의 한 부분에 1개의 전동기를 단락하고, 단락된 전동기의 한 단자를 제거해서 병렬접속으로 절환한다.

(다) 브리지 전이

회로 절환시에 기동용 저항기와 주전동기를 브리지회로로 만들어서 회로를 절환하는 방법으로 최근에 이 방법을 많이 사용하고 있다.

(3) 계자제어

계자제어(界磁制御)는 일정한 전압 하에서 주전동기의 속도는 계자의 세기에 반비례하므로 이것을 가감하면 주전동기의 회전수도 변화시키는 방법이다. 그림 4-11 (a)와 같이 전계자 상태에서 속도를 크게 하려면 그림 (b)와 같이 도중의 탭을 사용해서 계자의 세기를 전계자의 경우보다 약하게 한 약화계자로 하면 된다.

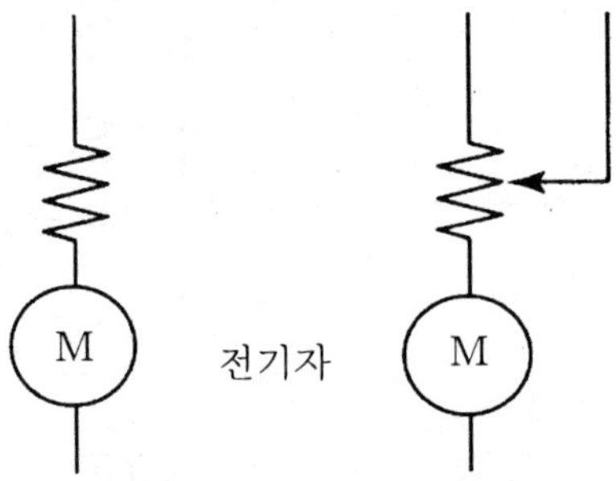

(a) 전계자 (b) 약화계자

그림 4-11 직병렬제어

계자권선에 흐르는 전류의 전기자 전류에 대한 비율을 계자율이라 하고 단계적으로 계자를 약하게 하며, 최약 계자율은 30~50[%] 정도이다. 방향을 역전할 때는 계자나 전기자의 전류 방향을 바꾸면 되지만, 보통 계자를 반대로 바꾼다.

(4) 초퍼제어

이 방식은 그림 4-12와 같이 전동기의 전기자에 인가되는 전압을 직접 제어하여 속도제어를 하는 방식이다. 그림과 같이 환류용 다이오드 D를 설치하여 초퍼 OFF 작용시, 주 평활리액터 MSL에 저장되어 있던 에너지를 환류용 다이오드 D를 통하여 전동기의 전기자로 귀환시켜 전동기에 흐르는 전류의 흐름을 연속시켜 주게 된다.

이 제어법은 주전동기를 발전기로 동작시킬 수 있어서 발전한 에너지를 저항으로 소비하는 발전제동과 가선에 연결하여 다른 부하에 소비시키는 회생제동하는 것이 가능하다.

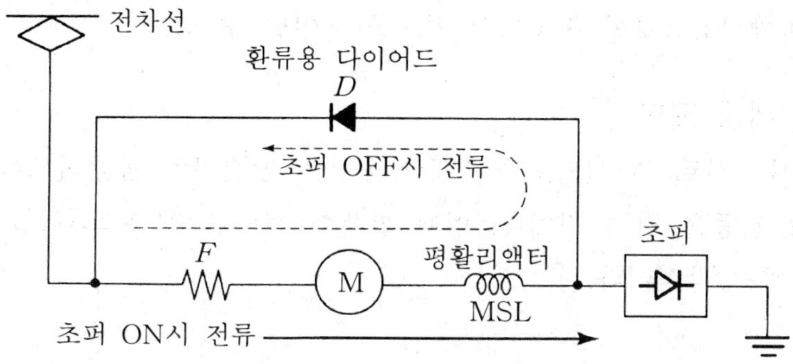

그림 4-12 초퍼제어

(가) 역행 운전 모드

그림 4-13 (a)와 같이 가속(역행)제어를 하고 있는 상태이다. 이것은 SW(스위치)가 시간 T_1동안 ON시 팬터그래프로부터 주전류가 통하여 가속되고 있다. 스위치를 OFF한 그림 (b)에서는 시간 T_2동안 주전류가 흐르지 못하고, 전동기의 전기자는 D(환류용 다이오드)와 폐회로를 이루게 되어 전동기의 관성에 의한 기전력은 D를 거쳐 환류되면서 점차 감속하게 된다.

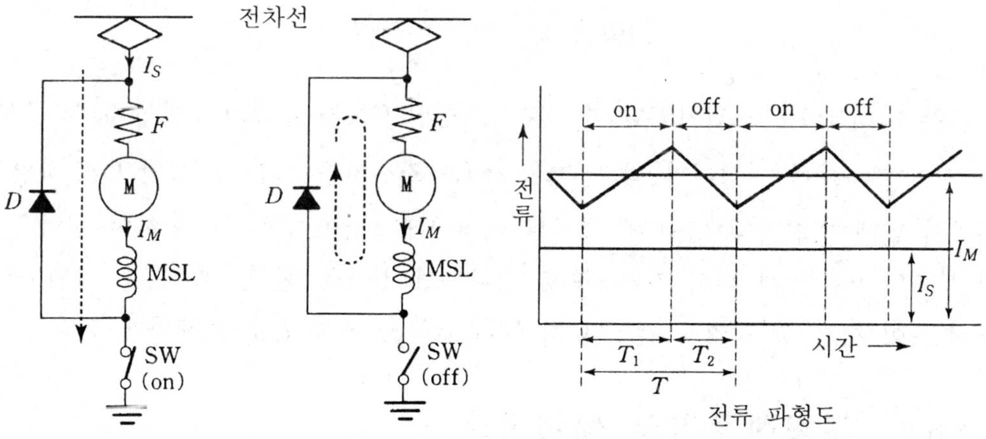

(a) 초퍼 ON시 (b) 초퍼 OFF시 (c) 역행운전 원리도

그림 4-13 역행 운전모드

그림 (a)와 (b)를 반복하게 되면 주전류는 그림 (c)와 같은 변화를 되풀이 하게 된다. 결국 시간 T_1동안만 가속이 되므로 T_1과 T_2의 비를 변화시켜 평균 운전

전류 I_s를 변화시킴으로써 전동기의 속도를 제어할 수 있다.

(나) 회생 제동 모드

그림 4-14는 회로 결선을 변경시켜 전동기를 발전기로 동작하도록 하여 그 토크를 이용해 제동을 하는 것이다. 이때 발생한 전력은 팬터그래프를 통하여 전차선으로 반환하는 방식이다.

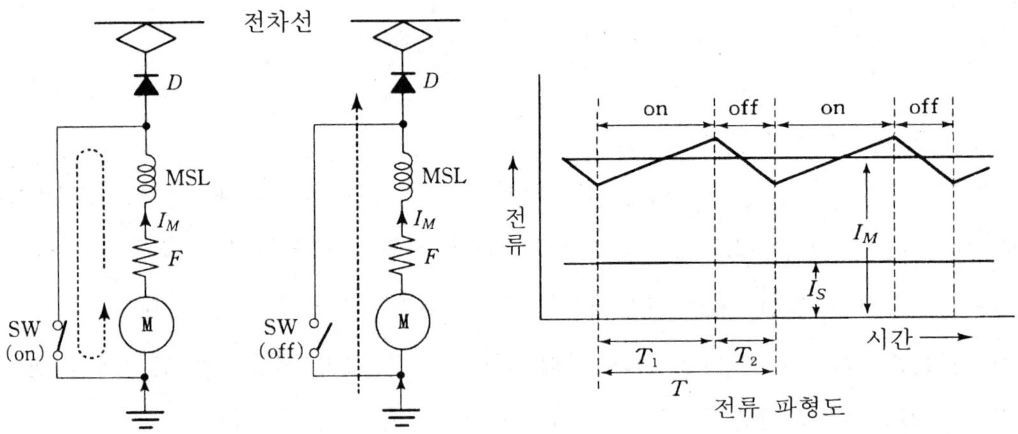

(a) 초퍼 ON시 (b) 초퍼 OFF시 (c) 회생제동 원리도

그림 4-14 회생 운전모드

그림 4-14 (a)는 스위치(SW)를 시간 T_1동안 ON하여 폐회로(閉回路)가 구성시켜 전기제동을 하는 상태가 되고, 그림 (b)는 스위치를 시간 T_2동안 OFF하면 전기자의 발생 기전력과 MSL에 축적된 에너지에 의한 기전력을 합하여 전압을 전차선 전압보다 높게 해서 전차선으로 반환하여 전력을 회생하게 된다. 그림 (c)에서 보듯이 시간 T_2영역의 전류가 회생전류로 평균전류 I_s로 회생하게 된다.

4.5.2 교류전동기의 제어방식

(1) 탭제어방식

교류는 변압기의 1차측 코일과 2차측 코일의 권수비(卷數比)를 변화시키면서 그에 비례한 전압을 출력하는 것으로 변압기에 다수의 탭(tap)을 설치하고, 이것을 스위치로 절환하는 방법으로 출력전압을 조절하여 구동 전동기를 제어할 수 있다.

또한 변압기의 2차측 출력은 실리콘 정류기를 이용하여 직류로 변환한 후 구동 전동기에 공급하여 견인력을 얻을 수 있다. 그림 4-15에 교류 전기차의 제어방식을 나타내었다.

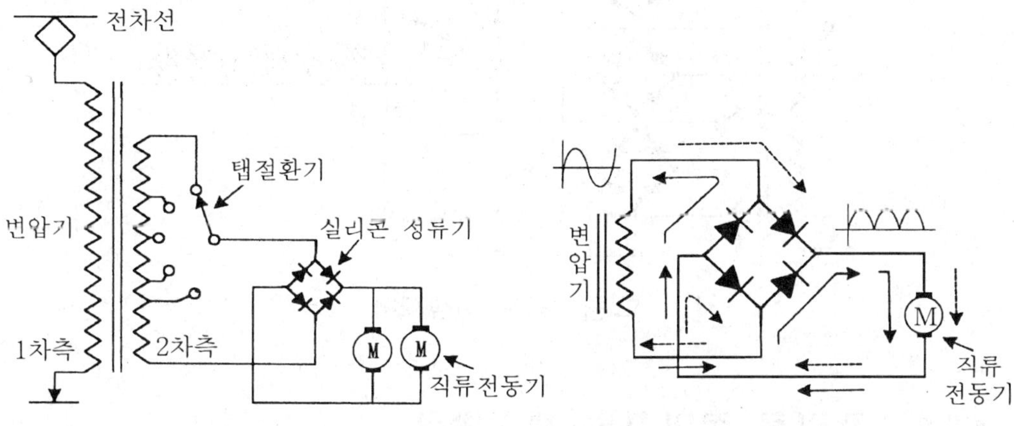

(a) 탭제어방식 (b) 정류기

그림 4-15 교류 전기차의 제어방식

그림 4-15 (a)는 탭 제어방식의 원리도로서 전차선에서 받은 교류전압을 변압기의 2차측 출력을 탭 절환기로 조작하여 단계적으로 전압을 변화시킨 후 실리콘 정류기에서 직류로 변환시켜 전동기를 구동한다. 정류기는 그림 (b)와 같이 전파정류(全波整流)를 하기 위해 4개의 다이오드를 브리지형으로 접속하여 역방향의 전류도 직류로 변환하도록 하였다.

(2) 사이리스터 위상제어

사이리스터는 위상제어(位相制御) 방식으로 탭 절환 스위치가 필요 없다. 초퍼제어방식에서 전압을 잘게 잘라 전압(電壓)을 조절하는 것과 같이 교류의 반사이클 중에서 일부를 잘라내어 전압을 조절하고 정류도 행할 수 있다. 정류브리지의 일부 다이오드를 사이리스터로 하여 사이리스터의 개폐동작을 맡는 신호 전류의 위상을 늦춰서 그 늦춤의 정도에 따라 전압을 조절하는 것을 위상제어라 한다.

그림 4-16에 나타낸 것과 같이 변압기 2차측을 (1)~(4)와 같이 몇 개로 분할하여 다이오드와 사이리스터로 조합시켜 0[V]로부터 소정의 전압까지 무단계로 위상제어에 의하여 조절한다.

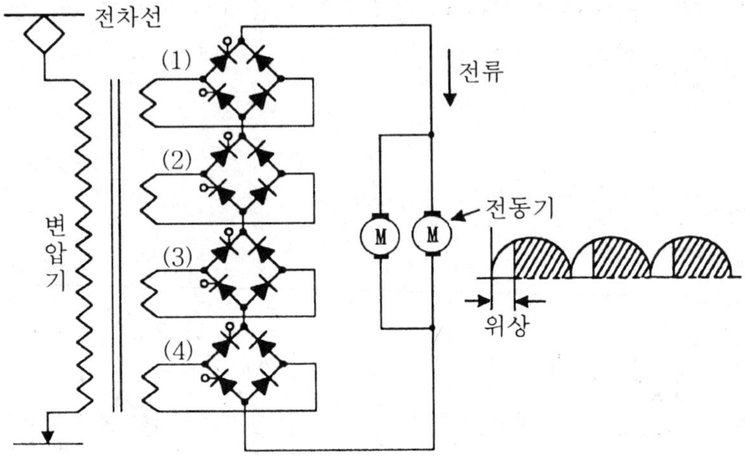

그림 4-16 위상제어

4.5.3 교·직류 전기차의 제어방식

이 제어방식은 교류 구간, 직류 구간을 운행하는 전기차는 일반적으로 직류용 시스템을 기본으로 하고, 교류구간에서는 변압기와 정류기를 조합하여 직류구간에서 수전하는 것과 같이 전압을 시스템에 공급하는 방식이다. 그림 4-17과 같이 직류 전기차에 변압기와 정류기를 합친 구조로써 직·병렬제어 및 계자제어가 일반적으로 사용되었지만, 최근에는 사이리스터 초퍼제어 방식도 사용하고 있다.

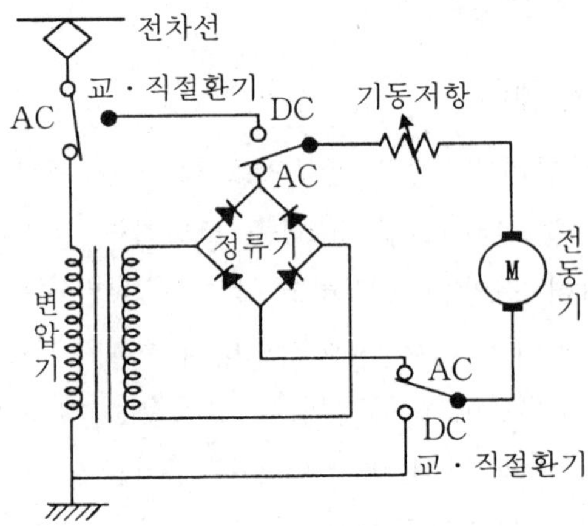

그림 4-17 교·직류 전기차의 제어방식

제 5 장

열차 운전

5.1 열차저항

열차저항(列車抵抗, train resistance)은 열차를 견인하여 주행하는 경우의 저항을 총칭하는 것으로 이것은 출발저항, 주행저항, 구배저항, 곡선저항, 가속도저항 등이 있다. 열차의 견인력은 여러 저항과 평행하는 것으로 가속도저항을 제외한 저항을 좁은 의미로 열차저항이라고 하며, 견인력(牽引力)이 이보다 크면 열차는 가속되고, 반대로 작으면 감속된다.

5.1.1 출발저항

출발저항은 베어링부분이나 기어 등을 급유하는 기름의 피막은 속도 10[km/h] 이상 되어야 형성되므로 기동할 때는 금속적 마찰로 저항이 크게 된다. 기름의 피막이 생긴 후에 저항은 그 점도에 따르고, 일반적으로 일정하나 차량의 종류, 정차 시간의 장단, 외부 온도 등에 따라 다르다. 출발저항 f의 일반 공식은 식 (5-1)과 같이 나타낸다.

$$f = 8 - 1.5V + 0.093V^2 [\text{kg/t}] \tag{5-1}$$

이 식은 30～40[sec] 정차 후에 출발하는 경우로 장시간 정차하면 저항은 15～20[kg/t]에 달하는 경우도 있다. 일반적으로 출발저항은 다음 값을 사용하고 있다.

① 전기기관차 : 10[kg/t]

② 전동차 : 8[kg/t]

③ 객차 : 6[kg/t]

④ 화차 : 5[kg/t]

그림 5-1에는 출발저항과 주행저항의 관계를 곡선으로 나타낸 것이다.

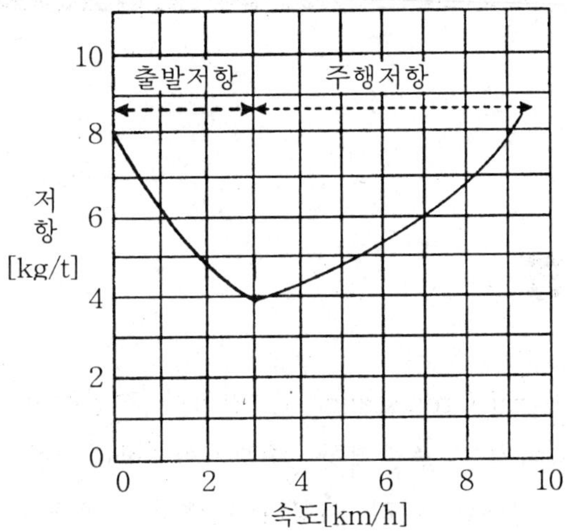

그림 5-1 출발저항과 주행저항

5.1.2 주행저항

주행저항 R_r은 기계적 저항과 공기저항을 합한 것으로 단차의 경우에는 식 (5-2)와 같이 나타낸다.

$$R_r = a + bV + \frac{cAV^2}{W}\,[\mathrm{kg/t}] \tag{5-2}$$

여기서, $a + bV$는 마찰저항, $\frac{cAV^2}{W}$는 공기저항이다.

V : 열차 속도[km/h], A : 열차의 단면적[m²], W : 차량의 중량[t]

a, b, c : 차량의 종류에 따른 계수

열차운전의 경우에는 식 (5-3)으로 나타낸다.

$$f = a + bV + \frac{cAV^2}{W}[1+0.1(n-1)][\text{kg/t}] \qquad (5\text{-}3)$$

여기서, n : 열차의 차량 수

이 식은 암스트롱의 공식으로 일반적으로 사용되는 상수를 넣으면 식 (5-4)로 나타낼 수 있다.

$$f = \frac{24}{\sqrt{W}} + 0.0093V + \frac{0.0038AV^2}{W}[1+0.1(n-1)][\text{kg/t}] \qquad (5\text{-}4)$$

이상의 위식은 1[t]당의 저항으로 전 중량에 대해서는 W를 곱할 필요가 있다. 그래서 식 (5-4)는 식 (5-5)로 나타낼 수 있다.

$$f = aW + bVW + cAV^2[1+0.1(n-1)][\text{kg/t}] \qquad (5\text{-}5)$$

주행저항은 차량의 종류, 궤도의 구조, 레일의 무게, 침목의 개수 및 도상 상태에 따라 균일하지 않다.

(1) 베어링저항

베어링의 구조, 급유 상대, 기름의 종류, 온도, 중량, 속도 등과 관계가 있으며, 겨울은 여름보다 약 20[%] 증가하고, 중량이 커지면 단위 중량당의 저항은 어느 정도 감소한다. 이 저항은 정시상태에서는 크고, 출발저항이 되면 보올 베어링은 평베어링에 비해 약 1/2정도이다.

(2) 궤도저항

궤도(軌道)저항은 다음 3가지의 영향을 크게 받는다.

① 레일의 곡선부, 휘임, 차량의 진동 때문에 생기는 에너지에 의한 것.

② 레일머리와 차륜의 답면 사이에 생기는 회전 마찰저항으로서 접촉부의 변형이나 레일표면이 매끄럽지 못하기 때문에 생기는 것으로 보통 중량에 영향을 받는다.

③ 차량이 좌우로 움직이며 레일과 차륜이 마찰하기 때문에 생기는 저항으로 중

량과 속도에 관계된다.

이와 같이 기계적 저항은 중량과 속도에 관계하므로 이것을 식 (5-6)으로 나타낼 수 있다.

$$F_1 = aW + bWV[\text{kg}] \tag{5-6}$$

혹은 $f_1 = a + bV[\text{kg/t}]$이다.

여기서, F_1 : 전체의 기계적 저항, f_1 : 1[t]당의 기계적 저항

V : 열차속도[km/h], W : 열차 중량[t], a, b : 비례상수

(3) 공기저항

열차가 공기에 의해서 받는 저항은 ① 차량 전면에서 받는 풍압, ② 차량 후면에 생기는 진공에 의한 흡인력, ③ 차량 측면의 공기 마찰에 의한 저항 등으로 ①과 ②는 전면과 후면의 모양에 따라 다르고 면적에 비례하며 속도의 제곱에 비례한다. 이것은 식 (5-7)로 표현된다.

$$F_2 = cAV^2[\text{kg}] \tag{5-7}$$

혹은, $f_2 = \dfrac{cAV^2}{W}[\text{kg/t}]$이다.

여기서, F_2 : 공기 저항, f_2 : 1[t]당의 공기저항, A : 차량의 단면적[m^2]

c : 형에 의한 상수(평면형 : 0.008, 원호형 : 0.0038, 유선형 : 0.002), 그림 5-2에서 평면형을 1이라 하면, 원호형은 1/2, 유선형은 1/4이 된다. 일반적으로 차량은 원호형으로 이것을 표준형으로 하면 계산에는 0.0038을 상수로 하면 된다.

이상의 예와 같이 유선형(포물선형)이 좋다. 그러나 열차 편성에는 곤란하므로 차량 선두만 유선형으로 하고 있다.

열차의 측면 저항을 고려하면 저속도의 경우에는 차량의 모양에 큰 영향을 받지 않지만, 100[km/h] 이상의 고속이 되면 공기 저항은 크게 증가하게 된다. 보통 열차에서는 2량 이상에 대해 1량당 측면 저항이 증가하는 것으로 하고 식 (5-8)과 같이 나타낸다.

$$f_2 = \frac{cAV^2}{W}[1+0.1(n-1)][\text{kg/t}] \tag{5-8}$$

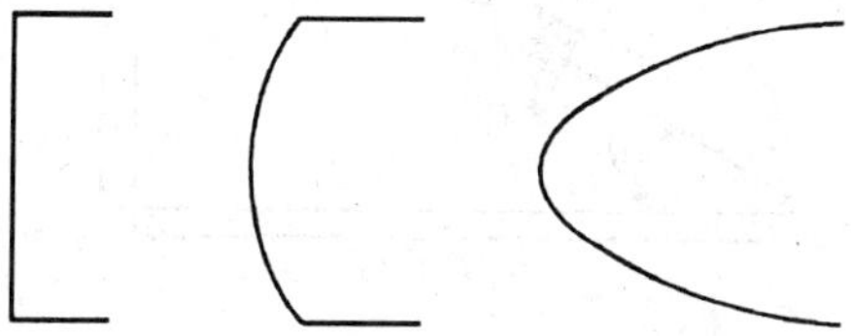

(a) 평면형 (b) 원호형 (c) 유선형

그림 5-2 차량 끝의 모양

5.1.3 구배저항

차량이 그림 5-3과 같은 구배를 주행할 경우에 중력에 의해 발생하는 저항을 구배(勾配)저항이라 한다. 구배는 두 지점간의 수평거리 A, B와 두 지점간의 고저차의 비로 나타내며 $\tan\theta = BC/AB$로 표시할 수 있다.

열차가 기울기를 가진 구간을 달릴 때 중력에 의해 발생하는 저항으로써 기울기 즉 구배를 m[‰]이라 하면 구배저항 R_g[kg]는 식 (5-9)와 같다.

$$R_g = W\sin\theta = \pm mW[\text{kg}] \tag{5-9}$$

여기서, R_g : W[t]의 저항

1[t]당의 구배저항을 r_g라 하면 식 (5-10)으로 나타낼 수 있다.

$$r_g = \pm m\,[\text{kg/t}] \tag{5-10}$$

즉, m[‰]의 구배에 대해 m[kg/t]의 힘이 작용하는 것으로 (+)는 오름구배를, (−)는 내림구배를 말한다.

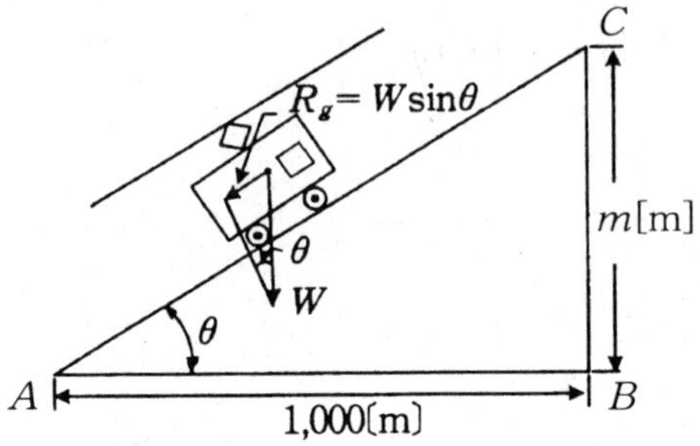

그림 5-3 구배저항

5.1.4 곡선저항

곡선부에서는 차량의 플랜지와 레일머리의 측면과의 마찰에 의해서 저항이 생긴다. 이 저항은 곡선로의 반경, 캔트, 슬랙 상태, 차량 구조, 차륜이나 레일의 마모 등에 따라 좌우된다. 일반적으로 곡선저항 R_c[kg/t]는 식 (5-11)로 나타낸다.

$$R_c = \frac{k}{R}\,[\text{kg/t}] \tag{5-11}$$

여기서, R : 궤도의 곡선반경[m], k : 상수(기관차 : 1,050~1,200, 객화차 : 525~630, 견인차 : 610~630, 전차 : 800)

5.1.5 가속도저항

중량 W[t]인 열차를 가속도 a[km/h/s]로 가속할 때의 가속(加速)저항 R_a'[kg]는 식 (5-12)로 표현된다.

$$R_c' = \frac{1,000\,W}{9.8} \times \frac{1,000}{3,600}\,a = 28,350\,Wa\,[\text{g}] = 28.35\,Wa\,[\text{kg}] \tag{5-12}$$

실제 전동차에는 전동기, 기어, 차륜 등의 회전부분이 있으므로 직선 가속도를 공급함과 동시에 이 회전부분에 각가속도(角加速度)도 공급할 필요가 있으므로 중량은 약간 증가된 것으로 볼 수 있다. 일반적으로 식 (5-13)과 같이 나타낸다.

$$R_a = 28.35(1+x)VW[\text{kg}] \tag{5-13}$$

여기서 x는 관성계수로서 전동차인 경우 0.1, 전기기관차 0.12, 객화차 0.05, 일반열차 0.06으로 계산한다. 따라서 가속도 저항 R_a는 보통 식 (5-14), (5-15)로 나타낸다.

$$\text{전동차인 경우 : } R_a = 31aW[\text{kg}] \tag{5-14}$$

$$\text{부수차인 경우 : } R_a = 30aW[\text{kg}] \tag{5-15}$$

5.2 견인력과 열차저항

가속도저항을 제외한 열차저항 R은 주행저항 R_r, 구배저항 R_g 및 곡선저항 R_c의 합, 즉 $R = R_r \pm R_g + R_c$이다. 이 열차저항 R에 대해서 전동기의 견인력을 F라고 하면, F와 R 중에서 어느 것이 큰가에 따라 다음과 같은 관계가 있다.

① $F > R$: 가속(acceleration)

② $F < R$: 감속(retardation)

③ $F = R$: 등속(constant speed)

견인력 F는 열차저항 R과 가속도저항 R_a의 합이므로 전동기에서 발생하는 견인력은 열차저항과 가속에 필요한 저항 R_a로 소비되기 때문에 $F - R = R_a = 31aW$에서 가속도 a는 식 (5-16), 식 (5-17)로 나타낼 수 있다.

$$\text{전동차의 경우 : } a = \frac{F-R}{31W} \tag{5-16}$$

$$\text{부수차의 경우 : } a = \frac{F-R}{30W} \tag{5-17}$$

따라서 열차운전에서 가속도 a는 식 (5-18)로 나타낼 수 있다.

$$a = \frac{F-R}{31W_m + 30W_t} \tag{5-18}$$

여기서, W_m : 전동차 또는 기관차의 총중량[t], W_t : 부수차의 총중량[t]

타행(coasting)의 경우일 때는 견인력이 $F=0$이기 때문에 식 (5-18)은 식 (5-19)로 나타낼 수 있다.

$$a=\frac{-R}{31W_m+30W_t} \tag{5-19}$$

이때 $a<0$이면 감속을 뜻하지만, $R_g<0$ 즉 구배를 내려갈 때는 $R<0$이 되어 가속되는 경우도 있다.

5.3 최대견인력, 점착력

전기차는 주전동기의 전기자에서 발생하는 토크에 의하여 견인력(인장력)을 발생한다. 그림 5-4와 같이 차륜과 레일간의 마찰계수, 즉 점착계수 μ와 차륜에 걸리는 중량 W_a와 차륜이 활주하려고 하는 순간의 최대 견인력 T_m과의 사이에는 식 (5-20)이 성립한다.

$$T_m=1,000\mu W_a[\text{kg}] \tag{5-20}$$

식 (5-20)에서 T_m은 점착인장력, W_a는 동륜에 걸리는 중량으로 점착중량이라 한다. W_a는 전동기가 작용하는 차륜에 가해지는 중량으로 이 크기가 견인력에 직접 영향을 주며, 차량 전체의 중량이 아무리 무거워도 동륜에 걸리는 중량이 가벼우면 최대 견인력은 커질 수 없다.

즉 전동기가 아무리 강력하더라도 열차의 견인력은 μW_a로 결정되고, 그 이상의 견인력이 작용하더라도 차륜은 공전할 뿐이다.

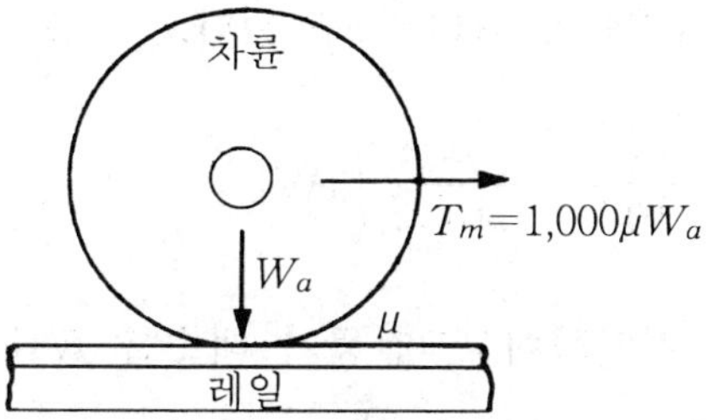

그림 5-4 견인력과 점착계수

점착계수(粘着係數)는 이론상으로는 속도와 무관하지만, 실제로는 차륜의 동요(動搖)나 가열 등의 원인에 의해 변하므로 식 (5-21)과 같이 표현된다.

$$\mu = 0.24 - 0.0015V \tag{5-21}$$

구배나 기동시에는 큰 견인력이 필요하므로 μ를 증가하여 T_m을 크게 하기 위해 레일 위에 모래를 뿌리기도 한다.

5.4 전동기의 출력

어떤 순간일 때 열차속도(列車速度)와 전동기에서 발생하는 견인력으로 전동기의 출력을 구하면 식 (5-22)로 나타낼 수 있다. 일은 힘과 거리의 곱, 또는 공률(power)과 시간의 곱으로 나타낼 수 있기 때문이다.

$$P \cdot dt = F \cdot ds \tag{5-22}$$

여기서, P : 공률 또는 출력[kg · m/s], F : 견인력[kg]
dt : P가 작용하는 미소 시간[s], ds : F에 의한 변위

식 (5-22)에서 공률 P는 식 (5-23)으로 나타낼 수 있다.

$$P = F\frac{ds}{dt} = FV\,[\text{kg}\cdot\text{m/s}] \tag{5-23}$$

여기서, V : 속도[m/s]

1[kW]=1,000[J/s]=1,000[N · m/s]= $\dfrac{1,000}{9.8}$ [kg · m/s]이므로, 속도 V[km/h]

라면 출력 P[kW]는 식 (5-24)로 나타낼 수 있다.

$$P = FV \cdot \frac{1,000}{3,600} \times \frac{1}{102} = \frac{FV}{367.2} [\text{kW}] \tag{5-24}$$

만약 F가 열차의 소요 견인력이고, 전동기 대수를 N대, 전력 전달장치의 효율을 η라고 하면 전동기 1대당의 출력은 식 (5-25)로 나타낼 수 있다.

$$P = \frac{FV}{367.2N\eta} [\text{kW}] \tag{5-25}$$

식 (5-25)에서 견인력 F의 값은 평형 속도 $a=0$의 경우에는 $F=R$이므로 열차저항 R을 알면 견인력 F도 알 수가 있다.

5.5 열차 운전

5.5.1 열차의 운전곡선

전동차(電動車)가 출발역(出發驛)에서 등가속도로 출발하여 최고속도로 된 후에 이 상태를 지속하여 다음 도착역(到着驛)에 가까워지면 등감속도로 소정의 위치에서 정지한다. 이와 같은 그림을 거리-속도 운전곡선이라 하며 그림 5-5에 나타내었다. 운전곡선에 따라 열차 주행상태를 분석하면 다음과 같다.

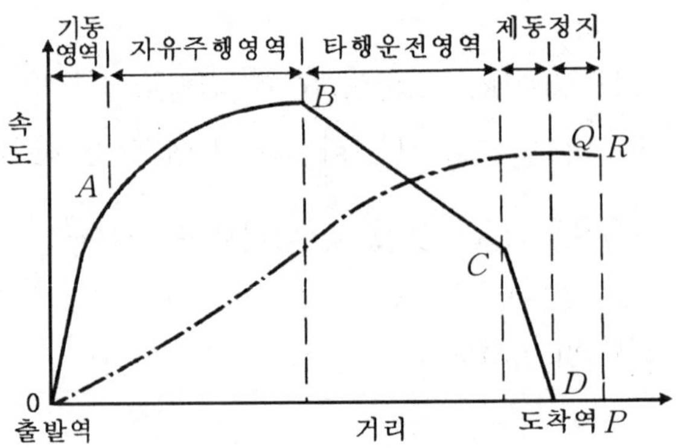

그림 5-5 열차운전 곡선

(1) 기동(starting)영역

정지하고 있던 열차가 동력을 공급받아 출발점 O에서 기동하여 전동기 전류를 일정하게 유지할 경우에 가속도도 일정하게 되어 시간과 함께 속도는 직선적으로 변하며, 점 A에 도달할 경우 전전압이 전동기에 공급된다.

(2) 자유주행(free running)영역

점 A에 도달한 후에는 전동기의 특성에 따라 속도가 향상되며, 열차저항과 평형이 되어 점 B점에서 일정한 속도에 도달한다.

(3) 타행(coasting)운전영역

점 B에서 동력의 공급을 끊으면 타성으로 진행하지만, 여러 가지 저항을 받아 속도가 점차 감소하는 부분이다(BC 영역).

(4) 제동(braking)영역

점 C에서 브레이크가 작동하여 속도가 급격히 저하되어 소정의 정지위치인 점 D에 정지하는 영역이다. 열차 운전에 있어서 고속도는 허용최고속도보다 약간 적게 하여 설비차량에 여유를 갖게 하고, 또한 전 주행구간에 대해 동력을 넣은 채로 운전하면 운전시간의 분배에 여유가 없으므로 평상시에는 적당한 곳에서 주전류를 끊어 타행운전을 한다.

5.5.2 열차의 운전속도

(1) 최고속도

최고속도(maximum speed)는 궤도의 구조에 의해 결정하는 최고 제한속도와 차량의 성능에 의하여 결정되는 최고허용속도로 나눌 수 있다.

(2) 평균속도

평균속도(平均速度, mean speed)는 운전구간의 거리에 정차시간을 뺀 순수한 운전시간으로 나누면 식 (5-26)으로 나타낼 수 있다.

$$\text{평균속도} = \frac{\text{운전거리}}{\text{순주행거리}} = \frac{DQ}{OD} \tag{5-26}$$

(3) 표정속도

표정속도(表定速度, schedule speed)는 운전구간의 거리에 정차시간을 합한 도달시간으로 나눈 것으로 실제 수송시간을 결정하는 속도를 말하며, 식 (5-27)과 식 (5-28)로 나타낼 수 있다.

$$\text{표정속도} = \frac{\text{운전거리}}{\text{순주행거리} + \text{정차시간}} = \frac{PR}{OP} \tag{5-27}$$

또는

$$\text{표정속도} = \frac{(n-1)L}{(n-2)t + T} \tag{5-28}$$

여기서, L : 두 정거장(역)간의 거리, t : 정차 시간, n : 정거장 수
T : 전 주행시간

(4) 평형속도

평형속도(balancing speed)는 열차의 전동륜주의 인장력과 총저항력이 평형이 된 경우의 속도로 가속도가 0으로 되어 열차는 일정한 속도로 주행한다.

5.6 열차제동

주행 중인 열차를 소정의 위치에 정차시키고 또 운전 중에 속도를 조정하거나 정지시킬 필요가 있으므로 열차에는 브레이크 장치를 갖추고 브레이크력에 의해 그 목적을 달성하게 된다.

브레이크력은 물체의 중심에 작용시키는 것이 이상적이지만 보통은 브레이크편으로 차륜에 압력을 가하여 그 사이의 마찰을 이용해서 브레이크력을 발생시킨다. 이 방법은 주행 열차의 운동에너지가 차륜의 답면(tread)과 브레이크편 사이에서 열에너지로 소비된다.

일반적으로 제동장치(制動裝置)는 동력원리상 마찰력을 이용하는 기계적(機械的) 제동과 주전동기를 발전기로서 사용하는 경우 역토크를 이용하는 전기(電氣)제동으로 나눌 수 있다.

5.6.1 공기제동

공기 제동장치는 그림 5-6과 같이 5[kg/cm²] 정도의 압축공기(壓縮空氣)를 이용해서 제동력을 얻도록 한 것으로 지금까지 제동장치의 표준으로 널리 사용되고 있다. 공기압축 펌프를 이용해 공기탱크에 저장된 압축공기를 제동 실린더로 보내어 피스톤 봉을 움직이고, 이 봉의 압력은 기초 제동장치에 의해 제륜자에 전달되면, 제륜자(制輪子)가 차륜에 압착되어 그 사이에 발생하는 마찰력을 이용하여 차륜의 회전을 저지하게 된다.

제동력이 점착력보다 큰 경우에 차륜은 점착부에서 활주를 일으킨다. 즉 차륜(車輪)은 회전을 멈춘 채로 레일면상을 미끄러지게 되어 차륜 답면에 손상을 발생시키게 된다. 그림 5-7은 제륜자와 디스크를 이용한 제동방식을 나타낸 것이다.

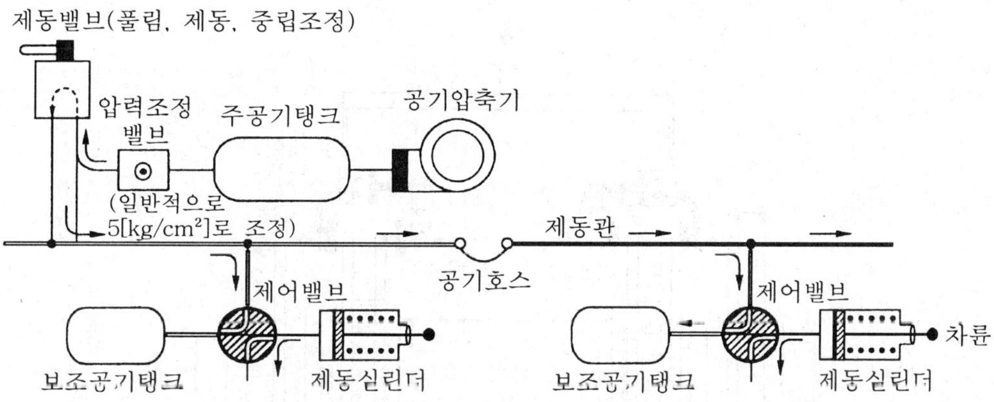

그림 5-6 자동공기제동 시스템

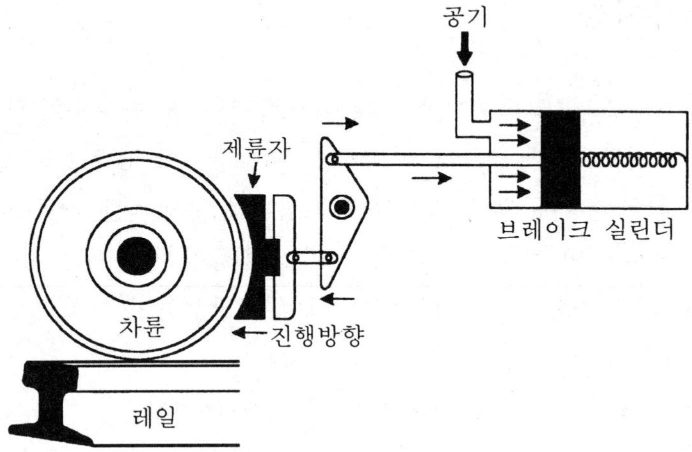

(a) 제륜자 제동장치

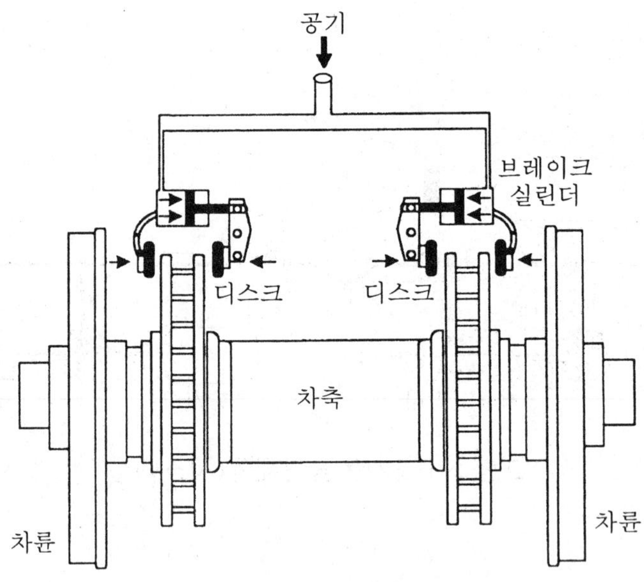

(b) 디스크 제동장치

그림 5-7 제동 시스템

5.6.2 전자제동

전자제동은 전자석의 흡인력을 이용하여 제동하는 것으로 전자레일제동, 전자드럼제동 등으로 보통 전자레일제동이 사용되고 있다. 전자레일제동은 제륜자에 전자코일을 설치하고, 이것을 여자(勵磁)하여 그 흡인력에 의해 제륜자를 직접 레일에 흡착시켜 이 사이에서 발생하는 마찰력을 제동에 이용한 것과 전자석의 흡인력을 직접 제륜자에 전달시키지 않고 지레 등을 넣어 제륜자를 레일에 압착되도록 한 것이 있다.

전자레일제동은 차륜과 레일과의 점착력에 관계없이 움직일 수 있고, 큰 제동력을 얻을 수 있기 때문에 급구배인 등산 전차 등에 많이 채용되고 있다. 그림 5-8은 전자레일제동 시스템을 나타낸 것이다.

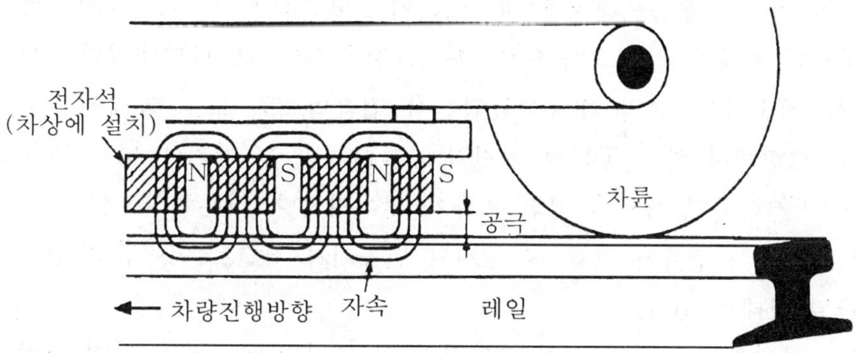

그림 5-8 전자(와전류)레일제동 시스템

5.6.3 유압제동

유압(油壓)에 의해 유압실린더를 동작시켜 제동작용을 한 것으로 자동차 등에서는 이미 이용되고 있다. 전기차용으로는 공기제동방식에 있어 제동실린더에 몇 개의 제동지관을 일단 증압 실린더에 넣어 공기압(空氣壓)을 유압으로 변환해서 이 유압에 의해 유압실린더를 동작시켜 제동작용을 하도록 한 것이다.

유압실린더는 압력을 높게 하면 소형으로 할 수 있으며, 설치기구도 간단하게 할 수 있다. 또한 응동이 빨라 공주(空走)시간도 짧아지게 하는 특징을 가지고 있다.

5.6.4 전기제동

전기제동은 전동기를 발전기로 동작케 하여 전차의 운동에너지를 전기에너지로 변환시켜 저항 내에서 소비하도록 하는 발전제동과 전기에너지를 트롤리선으로 반환하는 회생제동이 있다.

(1) 발전제동

직류 직권전동기의 계자 또는 전기자 단자를 반대로 접속해서 발전기로 하여 타행운전 중의 차량의 운동에너지를 전기에너지로 변환해서 이것을 저항으로 열에너지를 소비시켜 제동을 얻는 방법으로 그림 5-9에 그 예를 나타내었다. 그림 (a)는 계자교환식 접속이고, 그림 (b)는 균압선식 접속법으로 모두 계자권선을 반대로 한 것이다. 그림에서 한 전동기의 기전력이 높아지면 그 계자에 많은 전류가 흐르기 때문에 기전력이 높아져서 점점 전류가 많아지지만, 다른쪽의 전동기는 반대로 기전력이 작아져서 전류가 역류하여 2개의 전동기가 직렬로 이어진 발전기와 같이 되어 단락된 상태로 된다.

그러나 계자교환 또는 균압선식으로 하면 양 계자가 균등하게 되어 항상 유도전압이 평형하게 된다. 이 전기제동은 브레이크 밸브에 의하는 경우와 운전자가 제어기 핸들을 조작하여 전기제동으로 옮기는 경우가 있다.

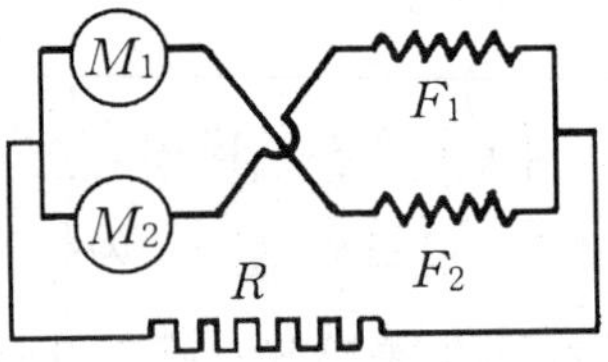

(a) 계자교환식

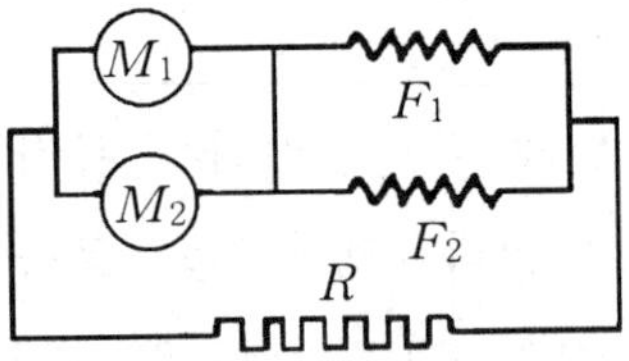

(b) 균압선식

그림 5-9 발전제동

(2) 회생제동

회생제동은 발생한 전력을 트롤리선을 거쳐 반환하는 방식이므로 속도가 너무 늦으면 제동이 되지 않는다. 그래서 이 방법은 정차 브레이크보다 구배 억속(抑速) 브레이크에 많이 사용되며 트롤리선 전압이 급격히 증감하여도 회생전류는 거의 일정한 특성이 있어야만 한다.

이 때문에 직권전동기 자체보다는 타여자의 복권전동기가 많이 사용되고 있다. 전기제동의 여자방식에는 그림 5-10과 같은 방법의 결선법이 있다.

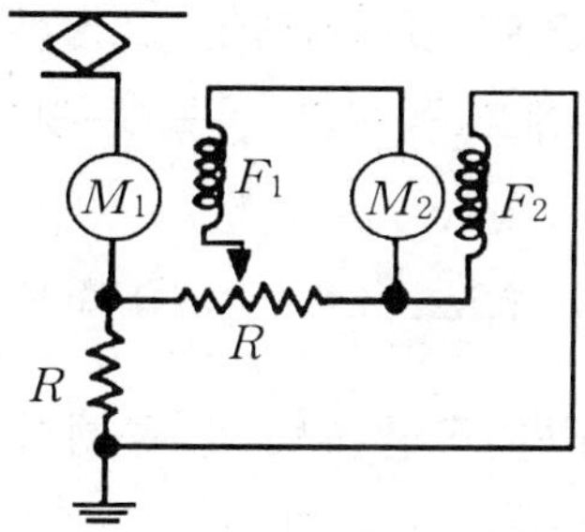

(a) 주전동기로 여자하는 방식

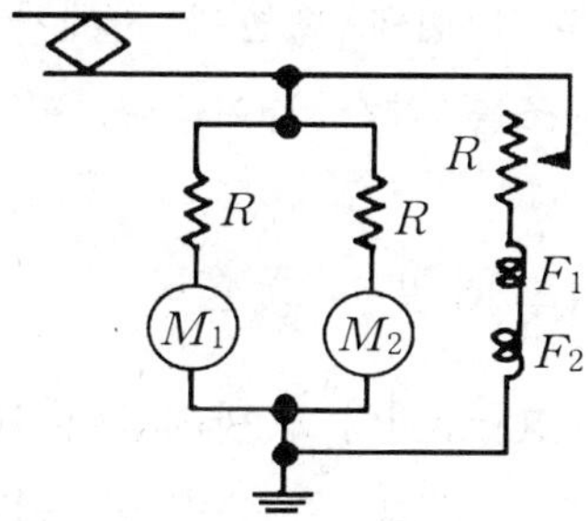

(b) 트롤리선으로 여자하는 방식

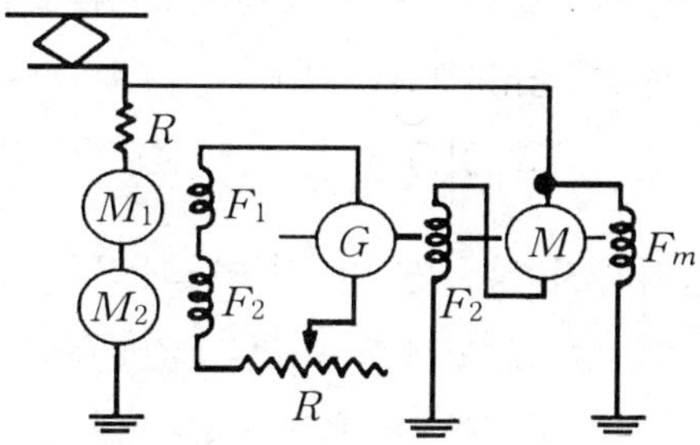

(c) 전동발전기로 여자하는 방식

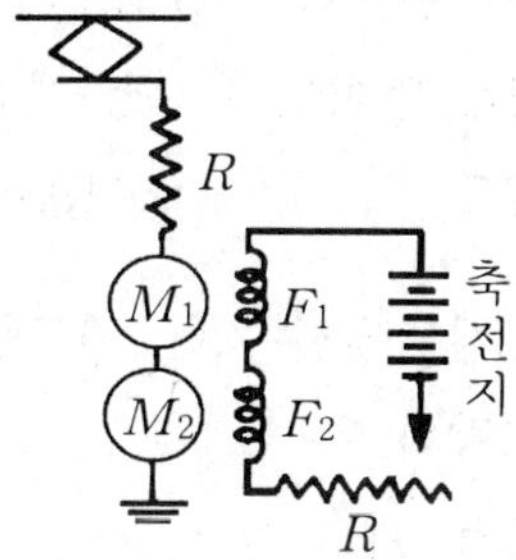

(d) 축전지로 어자히는 방식

그림 5-10 전기제동의 여자방식

연 습 문 제

1. 곡선부의 원심력 때문에 차체가 외측으로 넘어지려는 것을 막기 위하여 외측 궤조를 약간 높여준다. 이 내외 궤조 높이의 차를 무엇이라고 하는가?

① 가이드 레일 ② 슬랙 ③ 고도 ④ 확도

2. 고도가 10[mm]이고 반지름이 1000[m]인 곡선 궤도를 주행할 때 열차가 낼 수 있는 최대 속도는? 단, 궤간은 1435[mm]이다.

① 29.75 ② 38.46 ③ 49.68 ④ 196.0

3. 열차가 반지름 1000[m]의 곡선 궤도를 시속 50[km/h]로 주행할 때 고도 [mm]는 얼마인가?(단, 궤간은 1000[mm]이다.)

① 17.5 ② 19.7 ③ 21.5 ④ 32

4. 직선 궤도에서 호륜 궤조를 설치하지 않으면 안 되는 곳은?

① 교량의 위 ② 고속도 운전 구간
③ 병용 궤도 ④ 분기 개소

5. 전철 전동기에 감속 기어를 사용하는 이유는?

① 동력 전달을 위해 ② 전동기의 소형화
③ 역률의 개선 ④ 가격 저하

6. 전차용 전동기에 보극을 설치하는 이유는?

① 역회전 방지 ② 정류 개선 ③ 섬락 방지 ④ 불꽃 방지

7. 총 중량이 30[t]이고 전동기 4대를 가진 전동차가 20[‰]의 직선궤도를 올라가고 있다. 지금 속도 30[km/h], 가속도 1[km/h/s]라면 각 전동기의 출력[kW]은 약 얼마인가? 단, 열차 저항은 6[kg/t], 기어장치 효율은 0.95로 한다.

① 25 ② 37 ③ 43 ④ 51

8. 전기철도의 전기제동에서 주전동기를 발전기로 쓰고 차량의 운동에너지를

전기에너지로 변환하여 저항기에 의하여 열에너지로 방사하는 제동을 무엇이라 하는가?

① 전력회생제동 ② 발전제동 ③ 전자제동 ④ 저항제동

9. 메타다인(metadyne) 제어법이라 함은?

① 직류 정전류 제어법 ② 직류 정전압 제어법
③ 정속도 제어법 ④ 정출력 제어법

10. 열차의 자동제어 목적이 아닌 것은?

① 운전 조작의 단순화 ② 경제성 향상
③ 열차밀도의 감소 ④ 운전속도의 향상

11. 전차의 표정속도를 높이기 위한 수단은?

① 최대 속도를 높게 한다. ② 정차 시간을 짧게 한다.
③ 가속도를 크게 한다. ④ 제동도를 높인다.

12. 자중 100[t]이고 바퀴 위의 무게가 75[t]인 기관차의 최대 견인력[kg]은 얼마인가? 단, 바퀴와 레일의 점착계수는 0.2이다.

① 7,500 ② 10,000 ③ 15,000 ④ 20,000

13. 궤조를 직류 전차선 전류의 귀로로 사용할 때는 폐색 구간의 경계를 귀로 전류가 흐르게 하여야 될 터인데 이와 같은 목적을 이루기 위하여 각 구간의 경계는 무엇으로 연결하여야 하는가?

① 열차 단락감도 ② 궤도회로
③ 임피던스본드 ④ 연동장치

14. 30[t]의 전차가 30/1000의 구배를 올라가는데 필요한 견인력[kg]은? 단, 열차 저항은 무시한다.

① 90 ② 100 ③ 900 ④ 9000

15. 중량 50[t]의 전동차에 3[km/h/s]의 가속도를 주는데 필요한 힘[kg]은?

① 150 ② 156 ③ 210 ④ 4650

16. 본드(bond)의 전기 저항 측정 방법은?

① 전류계와 밀리볼트계로 측정한다.

② 밀리볼트계로 궤도의 저항과 비교 측정한다.
③ 표준 저항과 비교 측정한다.
④ 궤도의 누설 전류와 비교 측정한다.

17. 전철 전선로의 가선방식에서 스팬션이 사용되는 것은?
① 직접 가선식 ② 커티너리 가선식
③ 제3궤조 ④ 급전선

18. 교류 급전 방식이 아닌 것은?
① 직접 급전 방식 ② 주변압기 방식
③ 흡상변압기 방식 ④ 단권변압기 방식

19. 우리나라 전기철도에 주로 사용하는 집전 장치는?
① 트롤리봉 ② 집전화 ③ 팬터그래프 ④ 뷔겔

20. 전기철도에서 집전장치인 팬터그래프(pantagraph)의 습동판의 압력은 대략 어느 정도인가?
① 1~5[kg] ② 5~11[kg] ③ 20~25[kg] ④ 30~35[kg]

21. 전철에서 전식방지를 위한 시설로 적당치 않은 것은?
① 레일에 본드를 실시한다. ② 변전소 간격을 좁힌다.
③ 도상의 배수가 잘 되게 한다. ④ 귀선을 부극성으로 한다.

22. 전기철도에서 귀선궤조의 누설 전류를 경감하는 방법과 관련이 없는 것은?
① 보조귀선 ② 귀선의 전압강하 감소
③ 전자적 차폐 ④ 귀선을 부극성으로 한다.

23. 단상 교류식 전기철도에서 전압 불평형을 경감하는데 쓰이는 것은?
① 흡상변압기 ② 단권변압기 ③ 크로스결선 ④ 스코트결선

24. 흡상 변압기는?
① 전원의 불평형을 조정하는 변압기이다.
② 궤도용 신호 변압기이다.
③ 전기기관차의 보조변압기이다.

④ 전자유도 경감용 변압기이다.

25. 열차의 곡선 저항에 대한 설명 중 옳은 것은?
① 열차에 중량에 반비례한다. ② 열차의 속도에 비례한다.
③ 궤간에 반비례한다. ④ 궤조곡선의 반지름에 반비례한다.

26. 전철 전선로의 가선방식에서 스팬션이 사용되는 것은?
① 직접 가선식 ② 커티너리 가선식
③ 제3궤조 ④ 급전선

27. 전기철도의 장단점에 대하여 설명하시오.

28. 궤도의 구성 3요소에 대하여 설명하시오.

29. 궤간에 대하여 설명하시오.

30. 완화곡선에 대하여 설명하시오.

31. 캔트에 대하여 설명하시오.

32. 슬랙에 대하여 설명하시오.

33. 전차선의 가선방법의 종류와 종류별로 간단히 설명하시오.

34. 제3궤조방식이란 무엇인지 설명하시오.

35. 레일본드에 대하여 설명하시오.

36. 전식에 대하여 설명하고, 전식방지대책은 무엇인지 설명하시오.

37. 차체의 구비조건에 대하여 설명하시오.

38. 열차의 출발저항, 주행저항, 곡선저항, 구배저항에 대하여 간략히 설명하시오.

39. 열차의 운전곡선에 대하여 설명하시오.

40. 표정속도에 대하여 설명하시오.

41. 전기철도의 집전장치에 대하여 설명하시오.

42. 직류전기철도에 사용되는 제동장치에 대하여 설명하시오.

43. 전기철도용 차량에 사용되는 제동방법에 대하여 설명하시오.

44. 전력회생제동에 대하여 설명하시오.

45. 열차운전의 경우 점착계수에 대해 설명하시오.

제5편

전기화학

제 1 장

전기화학의 기초

1.1 산화와 환원

어떤 물질이 전자를 외부로 상실할 때 그 물질은 산화(酸化)되었다고 하며, 반대로 어떤 물질이 외부로부터 얻었을 때 그 물질은 환원(還元)되었다라고 한다. 동(Cu)을 공기 중에서 가열하면 검정색인 산화동이 되는데 이 변화는 식 (1-1)로 나타내며, 그 산화와 환원반응은 그림 1-1과 같다.

$$2Cu + O_2 \rightarrow 2CuO \quad (1\text{-}1)$$

전자의 움직임에 대하여 이 반응을 살펴보면 식 (1-2)로 표현된다.

$$2Cu + O_2 \rightarrow 2Cu^{2}O^{2-} \quad (1\text{-}2)$$

그림 1-1을 보면 동은 원자 1개당 2개의 전자를 잃어버리고, 산소는 원자 1개당 2개의 전자를 얻고 있다.

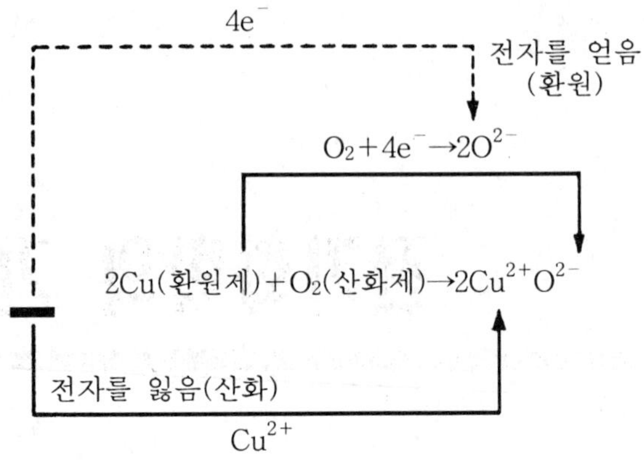

그림 1-1 산화와 환원 반응

하나의 반응에 의해 전자를 잃어버리고, 그 전자를 받아들이는 것이 반드시 있기 때문에 산화와 환원은 동시에 일어난다. 이와 같이 전자를 주고받는 반응을 산화와 환원반응이라 한다.

산화와 환원반응에 있어서 상대 물질을 산화시키는 물질을 산화제, 환원하는 물질을 환원제라고 한다. 산화제는 환원하기 쉬운, 즉 전자를 빼앗기 쉬운 물질이며, 환원제는 산화되기 쉬운, 즉 전자를 주기 쉬운 물질을 말한다.

금속은 수용액 중에서 전자를 방출하여 양이온으로 되기 쉬운 성질을 가지고 있다. 이러한 경향을 **이온화 경향**이라 하며 금속이 이온화 경향, 즉 산화되기 쉬운 순서로 배열하면 그림 1-2와 같다.

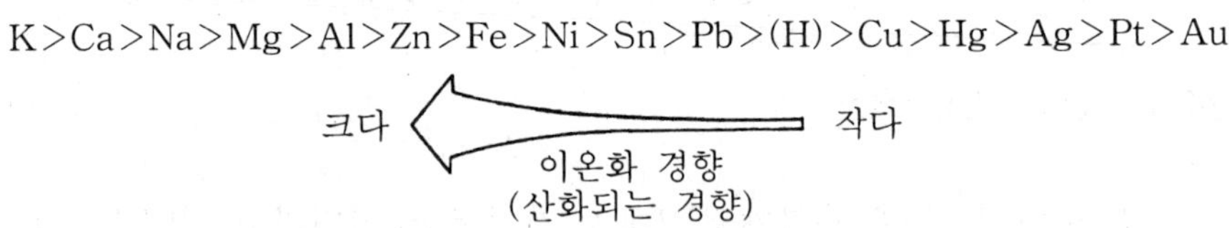

그림 1-2 금속의 이온화 경향의 대소

1.2 볼타전지

이온화 경향에 따른 산화와 환원반응에 의해 지속적으로 전자를 취출하여 외부에 전류를 흘리는 장치가 전자(電子)이다. 그림 1-3과 같이 아연판과 동판을 묽은 황산 중에 넣었다. 이온화 경향이 큰 아연은 묽은 황산 중에 아연이온(Zn^{2+})으로 되어 용출하고, 아연판의 표면에 전자 e^-를 발생시켜 식 (1-3)과 같은 반응이 일어난다.

$$Zn \rightarrow Zn^2 + 2e^- (\text{산화반응}) \quad (1-3)$$

볼타전지의 아연판과 동판을 전선으로 연결시키면 아연판에서 발생한 전자는 도선을 따라 동판측으로 흘러가 동판 표면에서 용액 중의 수소이온과 반응하여 식 (1-4)와 같이 수소 H_2를 발생시키는 환원반응이 일어난다. 이때 전류는 동판에서 아연판으로 흘러간다.

$$2H + 2e^- \rightarrow H_2 (\text{환원반응}) \quad (1-4)$$

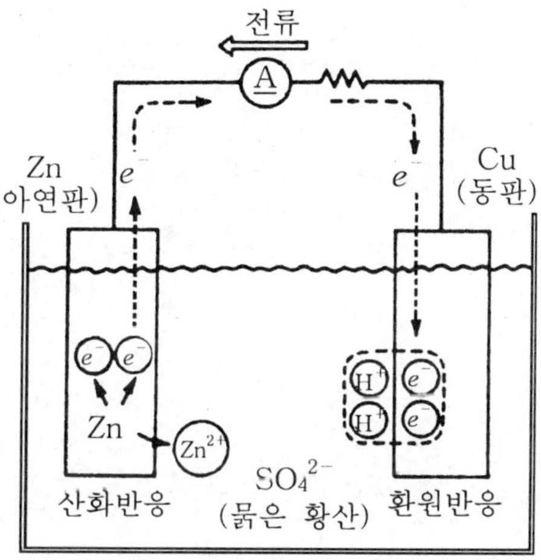

그림 1-3 볼타전지의 원리

볼타전지의 기전력(起電力)은 약 1.1[V] 정도로 낮지만, 그것은 동판 표면에서 발생한 수소가 수소이온으로 식 (1-5)와 같이 복귀하는 반응을 일으키기 때문이다.

$$H_2 \rightarrow 2H^+ + 2e^- \quad (1-5)$$

이와 같은 현상을 분극(分極, polarization)이라 하며, 수소가 발생하지 않도록 산화제를 가하여 물로 되게 한다. 이 분극을 방지하기 위한 산화제를 감극제 (depolarizer)라 하며, 볼타전지의 경우 과산화수소 등이 사용된다.

1.3 표준전지

전지의 전위차를 측정할 때 표준으로 사용하는 전지로서 온도가 일정하고, 항상 일정한 기전력을 가지도록 만들었으며 전류를 흘리는 것을 목적으로 하지 않고 전압의 기준으로 사용되는 전지를 말한다. 이 표준전지는 온도 20[℃]에서 기전력은 1.0183[V]이고, 온도가 1[℃]씩 상승할 때 마다 기전력은 0.04[mV]씩 저하한다. 전지(電池)의 구성은 양극(+)에는 수은, 음극(−)에는 카드뮴아말감, 전해액은 황산카드뮴을 사용하고 있다. 이 표준전지(標準電池)는 웨스턴전지 또는 카드뮴 표준전지라고도 부른다.

제 2 장

화학전지

2.1 화학전지

화학전지(化學電池)는 화학적 반응에 의해 생기는 에너지를 전기에너지로 변환하는 전지(battery)이다. 전지에 직접 전류를 넣는 것을 **충전**(充電, charge)이라하고, 반대로 전지로부터 전기에너지, 즉 전류를 끄집어내는 것을 **방전**(放電, dis charge)이라고 한다.

충전된 전지가 한번 방전해 버리면 기전력의 재생이 불가능한 것을 **1차 전지**(primary cell)라 하고, 충전과 방전을 반복하여 재생이 가능한 전지를 **2차 전지**(secondary cell) 또는 **축전지**(蓄電池, storage battery)라 한다.

2.1.1 1차 전지

1차 전지는 한번 방전해 버리면 기전력이 저하되어 본래의 상태로 돌아갈 수 없는, 즉 충전을 할 수 없는 전지를 말한다. 1차 전지의 대부분은 음극(−)에 아연, 양극(+)에는 카본, 전해액은 염화암모늄, 수산화나트륨 등을 사용하며, 1개의 기전력(起電力)은 약 1.4~1.7[V]이다. 1차 전지의 여러 종류와 특성을 표 2-1에 나타내었다.

(1) 망간 건전지

망간건전지(manganese drycell)는 (−)아연/염화암모늄용액/2산화망간 · 탄소

(+)로 구성되어 있으며, 일명 르크랑세 건전지라고도 하며, 건전지 중에서 대표적으로 값싸기 때문에 널리 사용하고 있다. 그림 2-1에 망간건전지의 구조를 나타내었다.

망간건전지는 음극(陰極)에 아연, 양극에 탄소봉(炭素棒), 전해액(電解液)으로는 염화암모늄(NH_4Cl)과 염화아연($ZnCl_2$)의 혼합물을 사용하며 감극제(減極劑)로서는 이산화망간(MnO_2)을 사용한다. 방전전압(放電電壓)은 1.5[V]이다.

표 2-1 1차 전지의 종류와 특성

명칭	구성			공칭전압 [V]	용도
	정극물질 (감극제)	전해액	부극물질 (부극)		
망간건전지	MnO_2	NH_4Cl $ZnCl_2$	Zn	1.5	통신용 전등용
알카리・망간 건전지	MnO_2	KOH	Zn	1.5	망간건전지보다 중부하용
산화은전지	Ag_2O	KOH 또는 NaOH	Zn	1.55	시계
수은전지	HgO	KOH 또는 NaOH	Zn	1.35, 1.4	와이어레스 마이크, 시계
공기전지	O_2	KOH	Zn	1.4	보청기
리듐전지	MnO_2	유기전해질	Li	3.0	IC카드 전자수첩

망간건전지의 기전반응(起電反應)은 식 (2-1)과 (2-2)로 표현된다.

$$\text{음극반응}: \ Zn \rightarrow Zn^{2+} + 2e^- \tag{2-1}$$

$$\text{양극반응}: \ 2MnO_2 + H_2O + 2e^- \rightarrow Mn_2O_3 + 2OH \tag{2-2}$$

이 반응의 결과로 생성되는 $Zn(OH)_2$는 NH_4Cl과 반응하여 이온을 형성해서 용해되는 것으로 기본반응은 2[F]의 전기량(電氣量)에 대하여 식 (2-3)과 같이 주어진다.

$$Zn + 2NH_4Cl + 2MnO_2 \rightarrow Zn(NH_3)_2Cl_2 + Mn_2O_3 + H_2O \tag{2-3}$$

이 전지의 용도는 휴대용 라디오, 손전등, 완구류, 시계 등에 이용되고 있다.

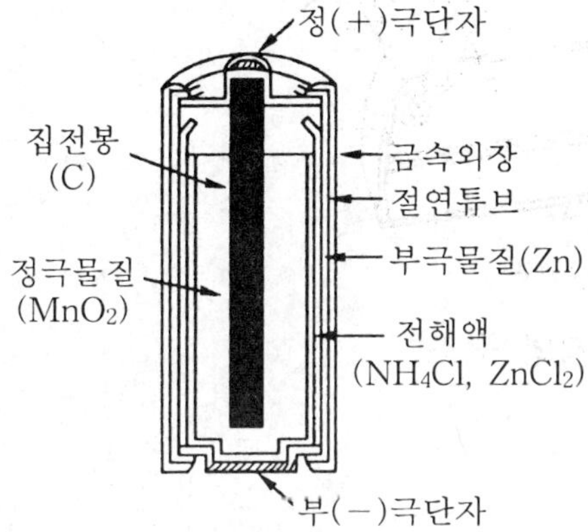

그림 2-1 망간건전지의 구조

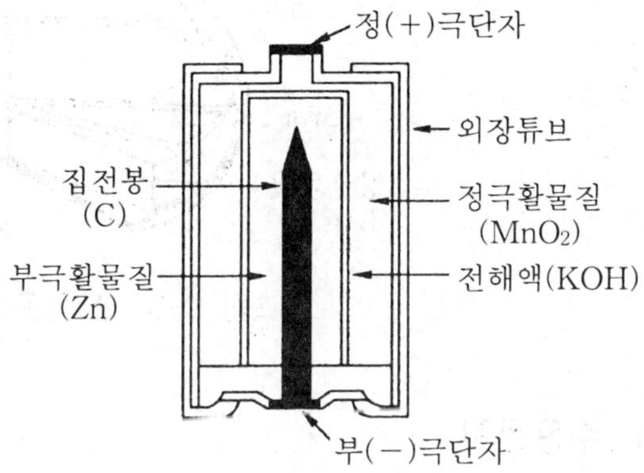

그림 2-2 알칼리·망간건전지의 구조

(2) 알칼리·망간건전지

알칼리·망간건전지는 정극(+)물질에 2산화망간, 부극(−)에는 겔상의 아연, 전해액으로는 수산화칼륨(KOH) 수용액을 사용한다. 그림 2-2에 알칼리·망간건전지의 구조를 나타내었다.

알칼리·망간건전지의 전해액으로는 수산화칼륨을 사용하기 때문에 방전(放電)에 의한 전압의 변동이 적고, 아연은 겔상 아연을 사용하여 표면적이 넓기 때문에 대전류(大電流)를 지속할 수 있어서 부하가 큰 기기에 사용하기 적합하며 망간건전지보다 성능이 우수하다.

(3) 산화은전지

그림 2-3은 버튼형 산화은전지의 구조를 나타낸 것이다. 산화은전지(酸化銀電池, silver oxide cell)는 정극(正極)물질에 산화은, 부극(負極)에 아연, 전해액으로 수산화칼륨 또는 수산화나트륨 수용액을 사용하고 있다. 정극과 전해액 사이의 분리막(分離膜)은 이온의 통과와 두 전극 사이의 단락에 의한 자체방전(自體放電)을 방지하고 있으며, 기전력은 1.55[V]이다. 이 전지는 안정된 전압특성과 폭넓은 온도특성 때문에 전자시계, 계산기, 손목시계 등에 사용되고 있다.

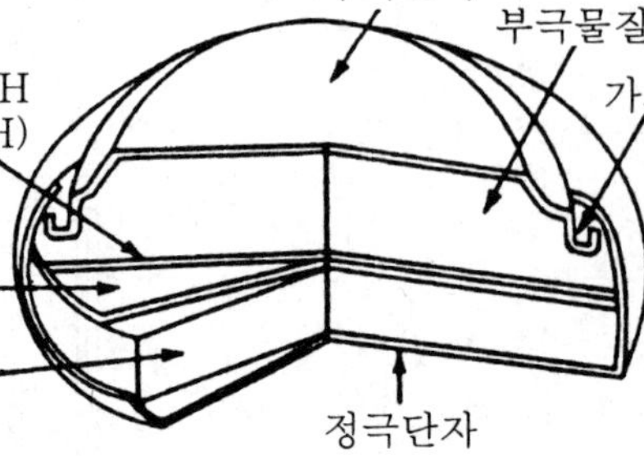

그림 2-3 산화은전지의 구조

(4) 수은전지

수은전지(水銀電池, mercury battery)는 정극물질에 산화수은, 부극에 아연, 전해액(電解液)으로는 수산화칼륨 또는 산화아연(ZnO)을 물로 혼합하여 사용하고 있다. 수은전지는 그림 2-3의 산화은전지와 구조가 같은데, 단지 정극(正極)물질인 산화은(Ag_2O) 대신에 산화수은(HgO)를 사용하는 것이다.

이 전지의 기전반응은 식 (2-4), (2-5)로 표현된다.

$$\text{음극반응}: Zn + 2OH \rightarrow ZnO + H_2O + 2e^- \tag{2-4}$$

$$\text{양극반응}: HgO + H_2O + 2e^- \rightarrow Hg + 2OH^- \tag{2-5}$$

이 전지의 기본 화학반응은 식 (2-6)과 같다.

$$Zn + HgO + H \rightarrow ZnO + Hg \tag{2-6}$$

방전특성은 방전에 의한 도전성(導電性)은 감극제인 산화수은이 수은(Hg)으로 환원되어 저항이 감소하므로 방전의 변화가 적고, 과대한 전류가 흐르지 않는다면 1.1~1.2[V]정도의 기전력을 얻을 수 있다. 주로 전자기기, 카메라, 보청기 등에 사용되고 있다.

(5) 공기건전지

공기 중의 산소를 감극제로 사용하는 것으로 망간건전지와 같은 혼합제를 쓰는 공기건전지(空氣乾電池)와 전해액으로 수용액을 쓰는 공기습전지가 있다. 모두 양극에는 촉매작용을 하는 특수한 활성탄을 사용하여 공기 중의 산소를 흡착한다.

공기건전지의 기전반응은 식 (2-7), (2-8)로 표현된다.

$$\text{음극반응} : Zn \rightarrow Zn^{2+} + 2e^- \quad (2\text{-}7)$$

$$\text{양극반응} : O + H_2O + 2e^- \rightarrow 2OH^- \quad (2\text{-}8)$$

여기서 $Zn(OH)_2$가 생성되지만, 이것은 전해액인 염화암모늄(NH_4Cl) 또는 수산화나트륨(NaOH)에 용해된다. 기본적인 화학반응은 식 (2-9)로 표현된다.

$$\left.\begin{array}{l} Zn + 2NH_4Cl + O \rightarrow Zn(NH_3)_2Cl_2 + H_2O \\ Zn + 2NaOH + O \rightarrow Na_2ZnO_2 + H_2O \end{array}\right\} \quad (2\text{-}9)$$

그림 2-4 (a)의 공기습전지는 정극물질에 산소를 사용하고 부극은 아연, 전해액으로 수산화칼륨수용액이 사용되며, 이 전지의 기전력은 1.4[V]이다. 이 전지는 자체방전이 없고, 오랜 기간 방전에 견디며, 부극의 아연을 교환할 수 있는 등 경제적이며 취급과 유지가 간단하다. 주로 통신용 전원, 기상관측용 전원, 철도용 신호전원 등으로 사용된다.

그림 2-4 (b)는 버튼형 공기건전지이다. 정극(正極)측에 공기 구멍이 있는데, 이곳에 붙어 있는 셀을 떼어내면 수 초 동안 공기 중의 산소와 반응하여 사용 가능한 상태가 된다. 이 전시내의 충전물질 중 대부분은 부극(負極)인 아연이 차지하고 있기 때문에 같은 규격의 수은전지와 비교하면 용량이 2배 이상이고 매우 가볍다. 주로 보청기용 전지로서 수은전지와 함께 사용되고 있다.

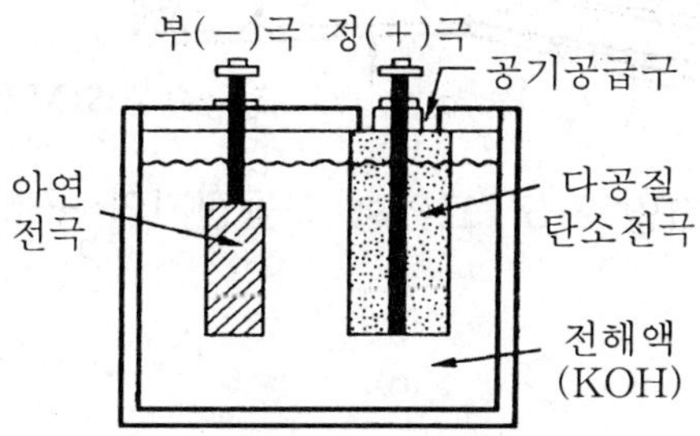

(a) 공기습전지

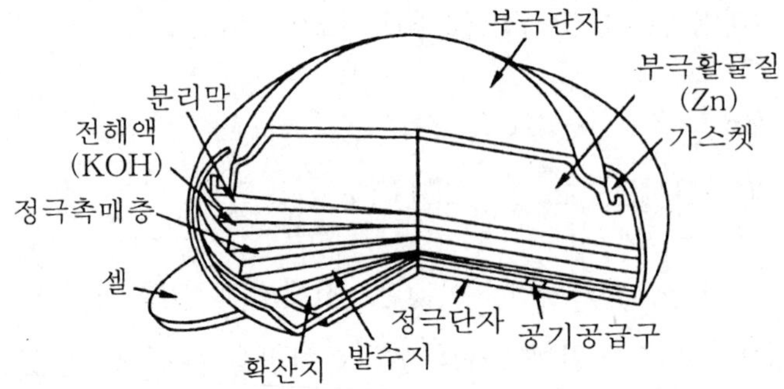

(b) 버튼형 공기건전지

그림 2-4 공기건전지의 구조

(6) 리듐전지

그림 2-5에 코인형 리듐전지의 구조를 나타내었다. 리듐전지는 부극(負極)물질로서 리듐(Li)을 사용한 것으로 리듐은 상온(常溫)에서 물과 격렬하게 반응하여 수산화물(水酸化物)을 발생하기 때문에 전해액으로는 유기 전해질을 사용한다. 이 전지의 기전력은 다른 전지(電池)에 비하여 약 2배인 3[V] 정도이며, 리듐전지는 큰 전기용량, 자체방전이 적고 저장성 및 온도특성이 양호하다. 주로 메모리의 백업용 등의 전자응용제품의 전원으로 사용되고 있다.

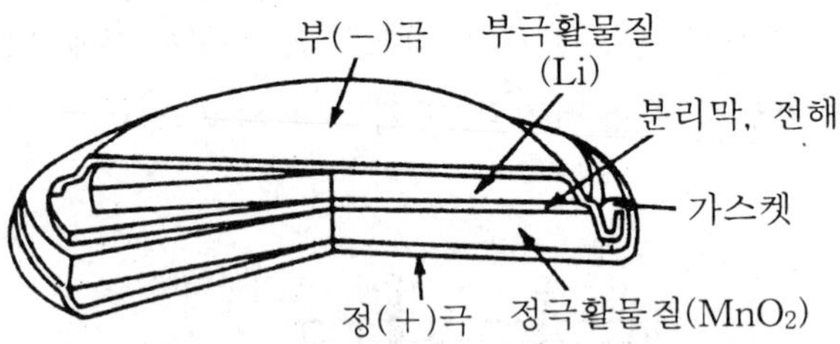

그림 2-5 코인형 리듐전지의 구조

2.1.2 2차 전지

2차 전지는 충전을 하여 반복적으로 재사용이 가능한 건전지를 말하며, 대표적인 것으로는 납축전지(연축전지)와 알칼리축전지가 있다. 축전지(蓄電池)의 용량(容量)은 완전 충전상태에 있는 전지를 전류 I로 방전하여 규정된 방전 종료전압에 이르기까지 사용할 수 있는 전기량을 말한다. 용량 표시는 [Ah]로 나타내며, [Wh]는 자동차 등의 급방전 특성이 필요한 시동용 전지에 사용되는 단위이다.

(1) 납축전지

납축전지(lead storage battery)의 양극(陽極)은 이산화납(PnO_2)을 극판에 입힌 것을, 음극(陰極)에는 해면모양의 납(Pb), 전해액(電解液)은 비중이 1.2~1.3인 황산(H_2SO_4)용액이 들어 있다. 그 구성은 극판, 격리판(隔離板), 전해액(電解液), 케이스로 나누어지며 그림 2-6에 자동차용 납축전지의 구조를 나타내었다.

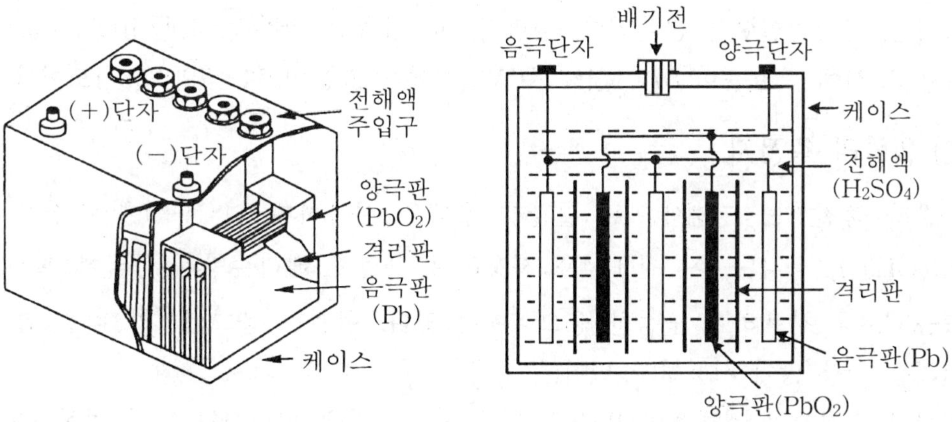

(a) 구조　　(b) 단면도

그림 2-6 납축전지의 구조

납축전지의 기전반응은 식 (2-10)과 (2-11)로 표현되며, 방전(放電)시에는 화살표의 → 방향으로, 충전(充電)시에는 ← 으로 반응이 일어난 후에 원상태로 되돌아간다.

$$\text{부극} : Pb + SO_4^{\,2} \underset{\text{충전}}{\overset{\text{방전}}{\rightleftarrows}} PbSO_4 + 2e^- \tag{2-10}$$

$$\text{정극} : PbO_2 + 4H^+ + SO_4^{\,2} + 2e^- \underset{\text{충전}}{\overset{\text{방전}}{\rightleftarrows}} PbSO_4 + 2H_2O \tag{2-11}$$

납축전지의 반응은 식 (2-10)과 (2-11)을 정리하여 식 (2-12)와 같이 나타낼 수 있다.

$$\text{정극} : Pb + PbO_2 + 2H_2SO_4 \underset{\text{충전}}{\overset{\text{방전}}{\rightleftarrows}} PbSO_4 + PbSO_4 + 2H_2O \qquad (2\text{-}12)$$

(부극) (정극) (전해액) (정극) (부극) (전해액)

방전하면 정부극(正負極)이 모두 물에 녹지 않는 황산납($PbSO_4$)을 발생하고, 극판은 백색화 되며 또한 물(H_2O)도 발생하여 전해액의 비중이 저하된다. 납축전지의 기전력은 약 2[V]로 이것을 몇 개로 배열하면 높은 전압을 얻을 수 있다.

납축전지의 효율(效率)은 방전 종료전압을 잡는 방법, 충전율, 온도 등에 따라 다르지만, 급방전일수록 작아진다. 일반적으로 납축전지에서는 10[Ah]율 충·방전으로 [Ah]시에는 효율이 87~93[%], [Wh]시에는 효율이 71~79[%] 정도이다.

(2) 알칼리 축전지

알칼리 축전지는 전해액으로 알칼리 용액을 사용하며 양극(+)에 수산화니켈($Ni(OH)_3$), 음극(−)에 철(Fe)을 사용하여 구성한 에디슨형과 음극에 철 대신 카드뮴(Cd)을 사용하여 구성한 융그너형이 있다. 현재는 융그너형인 니켈-카드뮴 축전지를 가장 많이 사용하고 있다.

알칼리 축전지의 전해액의 비중(比重)은 충·방전에 의해서는 거의 변화하지 않으며, 비중의 허용범위는 1.16~1.25이다. 알칼리 축전지는 5[Ah]율 전류로 충전과 방전하는 것을 표준으로 하고 있다. 니켈-카드뮴 축전지와 니켈-철 축전지의 충·방전 특성은 다르지만, 실용상 공칭전압(公稱電壓)은 1.2[V], 방전 종료전압은 5[Ah]율 방전에서 약 1.1[V]이다.

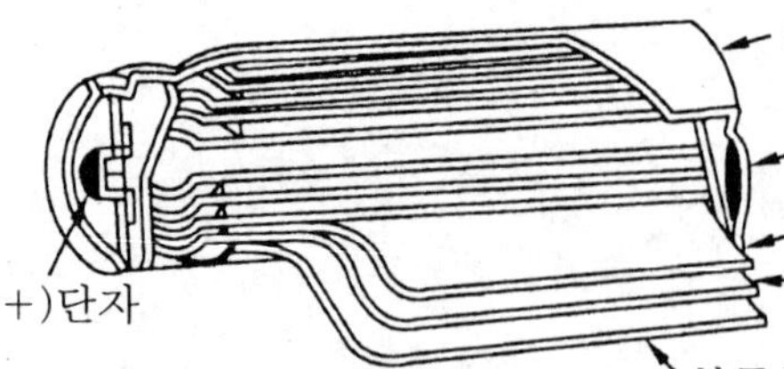

그림 2-7 밀폐형 니켈-카드뮴 축전지의 구조

그림 2-7에 밀폐형 니켈-카드뮴축전지의 구조를 나타내었다.

니켈-카드뮴 축전지의 기전반응(起電反應)은 식 (2-13)과 (2-14)로 표현된다.

$$\text{부극} : Cd + 2OH \underset{\text{충전}}{\overset{\text{방전}}{\rightleftarrows}} Cd\,(OH)_2 + 2e^- \tag{2-13}$$

$$\text{정극} : PbO_2 + 4H^+ + SO_4{}^2 + 2\,e^- \underset{\text{충전}}{\overset{\text{방전}}{\rightleftarrows}} PbSO_4 + 2H_2O \tag{2-14}$$

니켈-카드뮴 축전지의 전체 충·방전 반응은 식 (2-15)로 나타낼 수 있다.

$$\text{정극} : \underset{(\text{정극})}{2NiO(OH)} + \underset{(\text{부극})}{Cd} + 2H_2O \underset{\text{충전}}{\overset{\text{방전}}{\rightleftarrows}} \underset{(\text{정극})}{2Ni\,(OH)_2} + \underset{(\text{부극})}{Cd(OH)} \tag{2-15}$$

니켈-카드뮴 축전지는 과충전(過充電)시에는 물이 전해되어 산소와 수소가스를 발생하지만, 카드뮴은 산소를 흡수하는 작용이 있기 때문에 부극판의 용량을 정극판에 비해 크게 함으로써 부극에서의 수소가스의 발생을 없게 함과 동시에 정극의 산소를 흡수할 수 있어 축전지를 완전 밀폐할 수 있다.

알칼리 축전지는 기계적, 전기적으로 매우 견고하고 구조상 운반, 진동에 강하며, 급한 충·방전과 높은 방전율(放電率)에 견디는 장점이 있지만, 납축전지에 비해 공칭전압이 낮고 값이 비싸다는 단점이 있다. 주로 탄광의 안전등, 열차의 점등용, 항공기용, 선박용의 예비전원, 전기차량 제어회로 전원, 빌딩 정전시 컴퓨터 전원 등으로 사용되고 있다.

제 3 장

연료전지

1차 전지와 2차 전지는 전지내의 화학에너지가 기전반응(起電反應)에 의해 전기에너지의 형태로 모두 전환되면 방전을 더 이상 계속할 수 없다. 그러나 연료전지(燃料電池, fuel cell)는 기전반응을 하는 화학에너지를 전지 밖에서 연속적으로 공급하면 연속방전을 계속할 수 있는 화학전지(化學電池)의 일종이다.

연료전지는 1839년 영국의 W.R. 그로브에 처음 발견하였으나, 1959년 영국의 F.T. 베이컨이 5[kW]급의 수소-산소 연료전지를 개발하여 실증 시험됨에 따라 각광을 받았다. 그 후 1960년대와 70년대에 걸쳐 개발된 연료전지는 아폴로 등의 우주선(宇宙船)에 탑재하였다.

그림 3-1은 연료전지의 구조로서 화석연료(化石燃料) 등에서 얻어진 수소가스를 음극으로 하고, 공기 중의 산소를 양극으로 한다. 전극에는 양극, 음극 모두 주로 판 모양의 다공질 탄소를 사용하며, 촉매(觸媒)로서 음극측(수소측)에는 Pt, Rh, Pd, Ir, Ru, Os 등, 양극(陽極)인 산소측에는 Ag, Cu, Co, Al 산화물의 스피넬(알루미늄 마그네슘 산화물) 등이 사용된다.

그림 3-1에서 음극의 수소가스는 전해액 내의 수산이온과 반응해서 물이 되고 전자를 방출(放出)한다. 양극에서는 전자가 산소나 물과 반응하여 수산이온을 만들어낸다. 여기서 양극을 연결하면 회로에 전류가 흐르고 화학반응에 대응하는 기전력이 발생한다. 이와 같이 연료전지는 수소와 산소를 반응시켜 물을 생성시킬 때 발생하는 화학반응의 에너지를 전기로서 인출하는 것이다.

수소-산소 연료전지의 기전반응(起電反應)은 식 (3-1), (3-2) 및 (3-3)으로 표현된다.

$$\text{부극반응 : } H_2 \rightarrow 2H^2 + 2e \tag{3-1}$$

$$\text{정극반응 : } \frac{1}{2}O_2 + 2H^+ + 2e \rightarrow H_2O \tag{3-2}$$

$$\text{전반응 : } H_2 + \frac{1}{2}O_2 \rightarrow H_2O \tag{3-3}$$

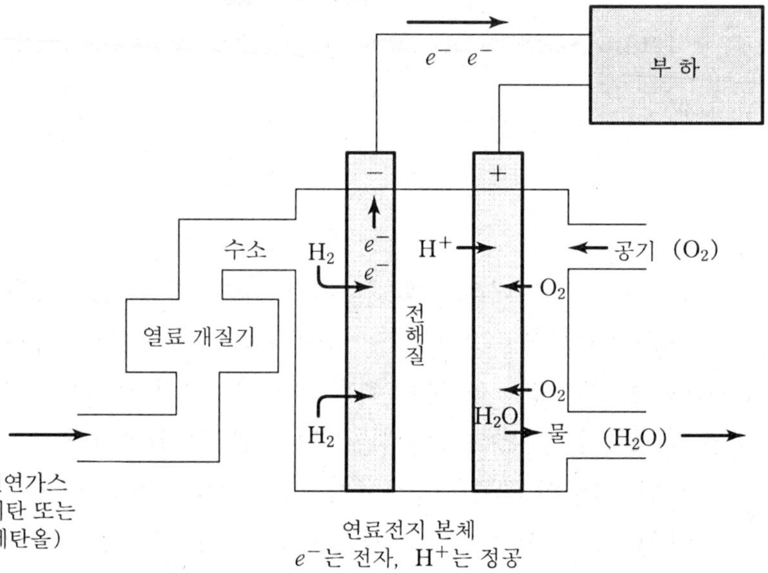

그림 3-1 연료전지의 구조

연료전지는 반응물질을 외부에서 공급하기 때문에 다른 화학전지에 비해서 큰 출력을 연속적으로 얻을 수 있으며, 저공해성, 저소음, 배열을 이용할 수 있기 때문에 종합 효율이 높다. 현재에는 벽지 통신전원, 우주선용 전원 등에 사용되고 있지만 종래의 전지 개념을 넘어 전력 발전용으로까지 개발을 검토하고 있다.

연료전지에 의한 발전(發電)의 특징은 다음 5가지로 정리할 수 있다.

① 발전효율이 높다.

② 폐열 이용이 가능하고 종합에너지 효율이 높다.

③ 환경성이 높고 저소음, 저공해 발전시스템이다.

④ 규모에 따른 효율차가 적으므로 온사이트형 발전 시스템으로 활용할 수 있다.

⑤ 천연가스, 메탄올, LPG 가스 등 연료 다양성이 뛰어나다.

제 4 장

물리전지

화학에너지를 제외한 전지를 말하는 것으로써 효소나 미생물을 사용하여 산화환원반응을 이용하는 생물전지(生物電池)와 물리전지(物理電池)로 나눌 수 있다. 현재 사용되고 있는 특수전지는 대부분 물리전지를 말한다.

반도체(半導體)의 pn접합면에서 태양광선이나 방사선(放射線)을 비추어서 기전력을 얻는 전지를 말하며, 이것을 각각 태양전지, 원자력 전지라고 한다. 이들 전지는 현재 활발히 연구 개발되어 일부는 실용화되고 있다.

4.1 태양전지

태양전지(太陽電池, solar battery)는 실리콘(Si)이나 게르마늄(Ge) 단결정에 pn 접합을 만들고, 태양의 광 에너지를 전지에 쬐어 직접 전기에너지로 변환시키는 전지를 말한다. 태양전지의 구조를 그림 4-1에 나타내었다.

순도가 매우 높은 규소에 미량의 비소(As) 불순물(不純物)을 백만분의 일 정도로 혼입시켜 n형 반도체를 만들고, 이 단결정(單結晶)을 절단한 절편을 붕소(B) 화합물의 증기 중에서 고온 가열하여 붕소원자를 두께 약 2[μm] 정도인 p형 반도체를 부착시켜서 pn접합을 만든다. 전극은 p형측이 양극(+)이고, n형측 전극이 음극(−)이 된다.

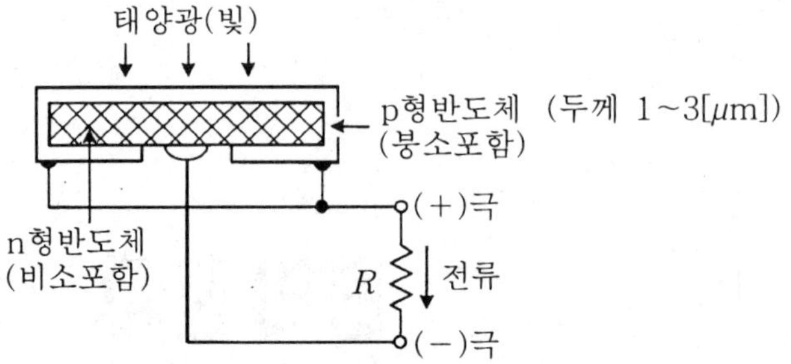

그림 4-1 태양전지의 구조

이렇게 생성된 pn접합의 경계부근에 정전계가 생기고, 태양광을 쬐면 그 광량자(光量子)의 에너지를 흡수하여 생성된 자유전자는 n형 반도체 쪽으로, 정공(正孔)은 p형 반도체 쪽으로 이동하여 기전력이 발생된다. 전압은 약 0.5[V]를 발생하며, 현재의 전력변환효율은 평균 8[%], 최고 15[%]정도로 개발되고 있으며, 표 4-1에 태양전지의 종류와 변환효율을 나타내었다.

표 4-1 태양전지의 종류와 변환효율

종 류	실리콘 반도체			화합물 반도체
	결정계통		비결정계통	GaAs, InP 등
	단결정	다결정	아모르퍼스	
변환효율	12~15[%]	10~14[%]	6~8[%]	-

태양전지의 형상은 그림 4-2와 같이 얇은 원형 또는 책 모양으로 이것을 몇 개 연결해서 모듈화하여 어레이 형태로 패널을 형성하면 더욱 큰 기전력을 얻을 수 있다.

태양전지는 직류(直流)전원으로서 직접 사용할 수 있으나, 야간(夜間)이나 기후가 악천후(惡天候)일 때는 그 기능을 발휘하지 못하므로 평상시에는 태양전지의 출력을 알칼리 축전지 등에 부동 충전(充電)하여 사용하기도 한다. 주로 무인등대, 인공위성, 트랜지스터 라디오, 무선중계국, 화재감지기, 탁사용 전자계산기 등에 사용되고 있다.

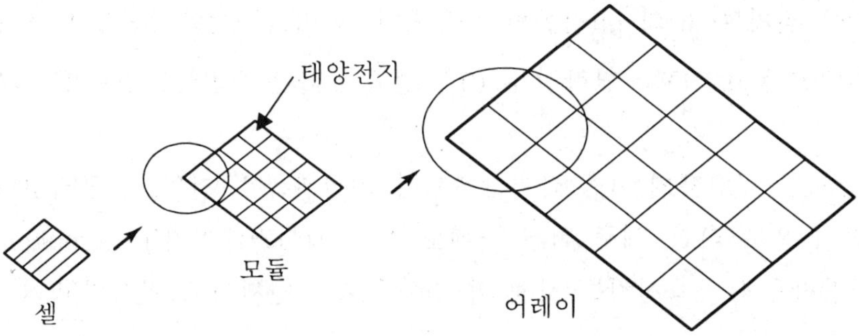

그림 4-2 태양전지 모듈

4.2 원자력전지

원자력전지(原子力電池, atomic cell)는 방사성 동위원소(同位元素)에서 방출하는 방사에너지를 전기적 에너지로 변환하여 전지로서 사용하는 것으로 동위원소발전기 또는 아이소토프(isotope)전지라 한다. 방사선에서 기전력을 얻는 방법으로는 열전소자를 사용하는 열전 변환방식(熱電變換方式)과 pn접합을 이용한 반도체 방식 등을 이용하고 있다. 그림 4-3에 원자력전지의 구조를 나타내었다.

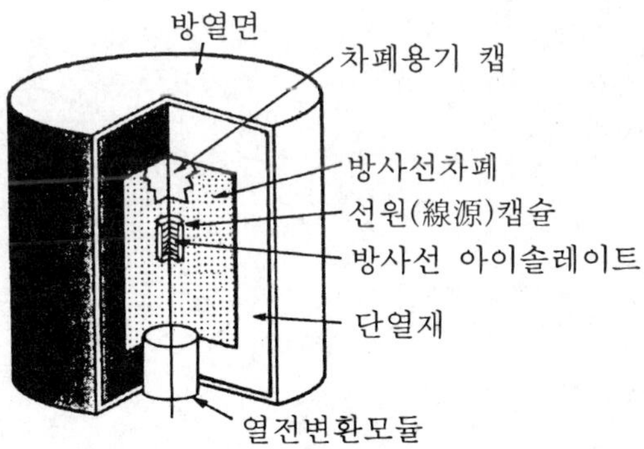

그림 4-3 원자력전지의 구조

원자력전지는 태양전지와 같은 원리로서 태양열(太陽熱) 대신에 방사선 에너지로 여기한다. 방사성(放射性)물질로는 Sr^{90}(스트론튬) 또는 Y^{90}등의 원자로에 의한 핵분열(核分裂) 생성이 이용되며, 방사선으로 β선이 사용된다. 반도체는 태양전지와 같이 실리콘(Si)의 pn접합이 사용되며, 50밀리큐리의 Sr^{90} 또는 Y^{90}을 조사하면 최대전압 0.25[V], 단락전류 10^{-5}[A], 효율은 0.4[%] 정도를 얻을 수 있다.

원자력전지는 부유표지등대, 극지방에서의 기상관측용 전원, 인공위성의 송신용 전원, 항공기 유도 비컨, 해중 비컨 외에도 심장 페이스메이커(pacemaker : 전기자극으로 심장박동을 계속시키는 장치)의 전원으로서 인체에도 이식되고 있다.

제 5 장

응용 전기화학

5.1 전기분해

전기분해(電氣分解, electrolysis)는 그림 5-1과 같이 전극 사이에 전해질 수용액 또는 용융염 등의 이온 도전체에 직류 또는 교류를 인가시켜 두 전극에서 발생하는 화학반응을 이용하여 원하는 생성물을 얻는 방법으로 전해(電解)라고도 한다.

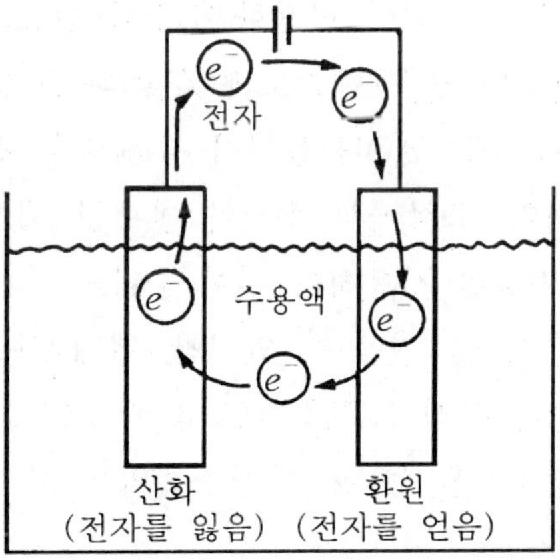

그림 5-1 전기분해

사용되는 이온 도전체가 수용액(水溶液)이면 수용액전해, 용융염(鎔融鹽)이면 용융염전해, 무기물 또는 유기물의 비수용액(非水溶液)이면 비수용액전해라 부른다. 이 중에서 수용액전해가 가장 흔한 방식으로 전기화학 반응속도(反應速度)는 온도,

농도, 전압, 전극 재질, 전위 등에 의해 영향을 받고, 전류로 표시되며 화학반응의 양은 패러데이의 법칙에 의해 계산되는데 식 (5-1)로 나타낼 수 있다.

$$Z = ZQc = Zitc \tag{5-1}$$

여기서, M : 생성물의 양[g], i : 패러데이 전류[A], t : 시간[s],
Z : 전기화학당량[g/C](1[C]의 전기량에 의해 석출되는 물질의 양),
c : 전류 효율

이와 같은 전기분해는 넓은 분야에서 응용되고 있는데 전기분해 분석, 전기야금, 전기분해 연마, 전기도금, 식염수의 전기분해에 의한 염소와 수산화나트륨의 제조 등에 이용되고 있다.

5.2 수용액의 전기분해

5.2.1 물의 전기분해

물(H_2O)을 전기분해하면 그림 5-2와 같이 음극(陰極)에는 수소, 양극(陽極)에는 산소가 발생하는데 두 전극 간에 발생한 수소와 산소가 혼합되지 않도록 격막(膈膜)으로 막고 있다. 그러나 물은 해리도(解離度)와 도전율이 낮기 때문에 물 전해의 전해액으로는 NaOH 또는 KOH 용액이 사용된다. 전극(電極)은 모두 철판에 니켈 도금한 것이 사용되며, 음극에서 수소가 발생할 때는 과전압을 적게 유지하기 위해 몰리브덴, 니켈 합금을 사용하는 것이 좋다.

이 방법으로 간단하게 수소를 얻을 수 있지만, 현재 석유화학공업(石油化學工業)의 발달에 의해 수소가스가 부산물(副産物)로서 싼값으로 생산되기 때문에 그다지 이용하고 있지 않는다. 주로 산소는 용접, 산소흡입용 또는 산소제강에 사용된다.

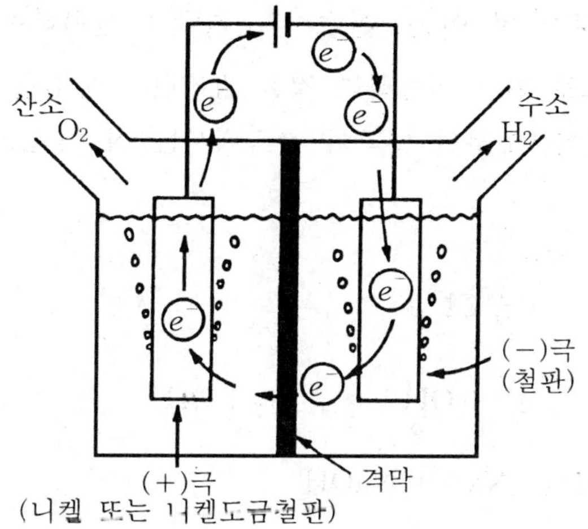

그림 5-2 물의 전기분해

5.2.2 식염의 전기분해

염화나트륨(NaCl)의 수용액(식염수)을 전기분해하여 염소(Cl), 수산화나트륨(NaOH) 및 수소(H)를 제조하는 것이 식염전해(食鹽電解)이다. 제조법에는 격막법과 수은법이 있다. 그림 5-3은 격막법에 의한 식염수(食鹽水)의 전기분해에 대하여 나타내었다.

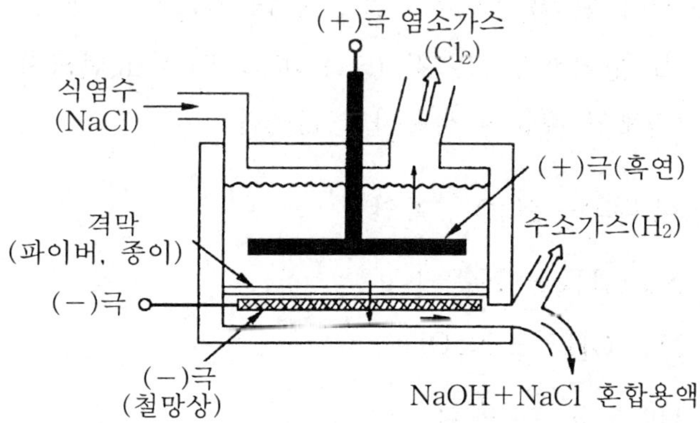

그림 5-3 식염수의 전기분해

격막법(隔膜法, diaphragm process)은 양극에 인조흑연, 음극에는 스테인레스강으로 된 망 전극이 사용되며, 전해조(電解槽) 안의 양극과 음극 사이에 석면으로 되어 있는 아스베스토스 및 이온교환수지의 격막을 설치하여 음극에서 발생하는 OH^- 이온이 양극으로 확산 이동하는 것을 방지하는 방법을 말한다.

식염수(NaCl)를 전기분해하면 양극과 음극에서는 식 (5-2)와 (5-3)으로 표현된다.

$$\text{양극반응}: Cl^- \rightarrow \frac{1}{2}Cl_2 e^- \tag{5-2}$$

$$\text{음극반응}: H^+ + e^- + OH^- \rightarrow \frac{1}{2}H_2 + OH^-$$

$$OH^- + Na^+ \rightarrow NaOH \tag{5-3}$$

양극(陽極)에서는 염소가 발생하면 그림 5-3에서 보듯이 위쪽으로 취출되고, 음극(陰極)에서는 수소와 가성소다(NaOH)가 발생하는데 가성소다는 식염수와의 혼합용액으로서 아래쪽으로 취출된다. 격막은 식염수를 통해서 염소가스와 수소가스의 혼합을 방지하고 있다.

수은법(水銀法, mercury process)에서는 수은(Hg)의 수소 과전압이 가장 큰 금속이므로 식염수 중의 H^+ 이온은 방전하지 않고, Na^+ 이온이 방전하여 수은에 녹아서 나트륨 아말감을 만든다. 이 아말감은 부(−)로 대전되어 있기 때문에 주위에 물이 있어도 반응하지 않는다. 이 아말감은 전조(電槽)에서 배출되어 물과 같이 흑연조각이 가득 찬 전해조에 인도되어 전지를 형성하면서 아말감은 양극이 되어 분해되고, 음극이 된 흑연조각의 표면에서는 H_2가 발생한다. 전해조의 전해액은 NaOH이다. 그 전기반응식은 식 (5-4)와 (5-5)로 표현되지만, 현재 이 방법은 수은에 의한 환경오염 때문에 사용하지 않는다.

$$Na - Hg(\text{아말감}) \mid H_2O \mid \text{흑연}$$

$$\text{양극반응}: Na - Hg \rightarrow Na^+ + e^-$$

$$Na^+ OH^- \rightarrow NaOH \tag{5-4}$$

$$\text{음극반응}: H^+ + e^- \rightarrow \frac{1}{2}H_2 \tag{5-5}$$

5.3 금속의 전해

금속은 광석(鑛石)을 원료로 하는 것으로 광석 중에 화합물로서 소량 함유되는 것이 보통이다. 이러한 광석에서 금속을 얻으려면 불필요한 부분을 어느 정도 제거하고 정련(精鍊)이 용이하도록 예비적 처리를 한 후에 물리적, 화학적 방법에 의해 환원을 하여 순도(純度)가 높은 금속을 얻는 것이다. 이 방법 중의 하나가 전기에너지를 사용하여 환원하는 방법으로 금속을 수용액 중에서 얻는 전해정련법과 금속을 용융염 중에서 얻는 용융염정련법이 있으며, 전해정련은 전해정제법과 전해채취법으로 나눈다.

5.3.1 전해정련

전기분해를 이용하여 금속을 정제하는 것을 전해정련(電解精鍊, electrolytic refining)이라 하며, 그림 5-4에 동(Cu)의 전해정련을 나타내었다.

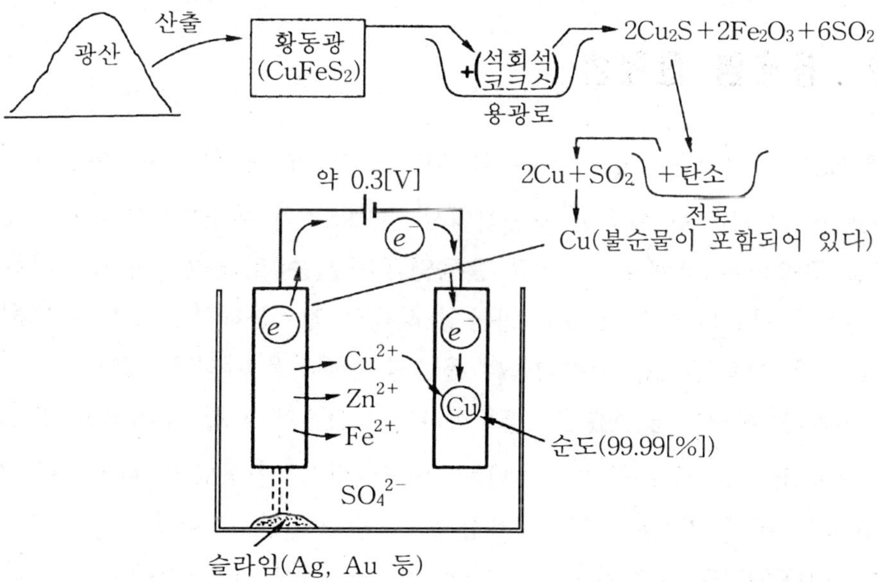

그림 5-4 동(Cu)의 전해정련

동의 주 광석은 황동광($CuFeS_2$)로서 석회석, 코크스를 첨가하여 용광로(鎔鑛爐)에서 가열하면 유화동(Cu_2S)이 식 (5-6)과 같이 만들어진다.

$$4CuFeS_2 + 9O_2 \rightarrow 2Cu_2S + 2Fe_2O_3 + 6SO_2 \tag{5-6}$$

유화동을 전로(電爐)에 넣고 산소를 가하면, 조동(粗銅)이 식 (5-7)과 같이 만들어진다.

$$Cu_2S + O_2 \rightarrow 2Cu + SO_2 \tag{5-7}$$

이 조동은 아직도 불순물을 포함하고 있기 때문에 전기분해에 의해 정련한다. 전해정련은 유산동 수용액 중에서 조동(粗銅)을 양(+)극, 순동(純銅)을 음(−)극으로 하여 시행한다. 조동 중에서 동과 그 외의 불순물인 철과 아연 등은 수용액 중에서 녹지만, 이온화 경향이 작은 금이나 은은 이온으로 되지 않고 슬라임으로서 양극 밑에 가라앉는다. 음극에서는 용해된 이온 중에서 가장 이온화 경향이 작은 Cu^{2+}와 전자가 결합하여 동만이 전착(電着)하게 된다.

동(Cu)의 전해정련은 순순한 동의 석출과 귀금속성 불순물의 회수를 목적으로 한다. 이 전해정련은 동 외에도 금, 은, 니켈, 납, 주석 등에도 사용되고 있는데 순도 99.99[%] 이상을 얻을 수 있다.

5.3.2 용융염 전해법

나트륨(Na), 마그네슘(Mg), 알루미늄(Al), 칼슘(Ca) 등과 같이 이온화 경향이 큰 금속은 수소(H^+)를 함유한 수용액에서 전기분해가 어렵다. 그래서 고체 전해질을 가열 용융하여 액체로 한 것을 **용융염**(鎔融鹽)이라 하며, 이온화 경향이 큰 금속은 수소가 함유되어 있지 않은 용융염 상태로 전기분해하는 방법을 **용융염 전해법**이라 한다. 그림 5-5는 알루미늄의 용융염 전해법을 나타낸 것이다.

알루미늄은 수정석(Na_2AlF_6), 알루미나(Al_3O_3)의 혼합 융해염을 전해(電解)하여 만들지만, 그 원료인 알루미나는 바이어법의 공정도에 따라 보그사이트(bauxite)에서 분리 정제된 것을 사용한다. 수정석에 알루미나를 10~20[%] 정도 배합하여 1,000[℃]로 용해염욕으로 하고, 이것을 알루미늄 전해로 전해하여 노(爐) 바닥의 음극 위에 알루미늄을 액체로 석출시켜 일정시간마다 퍼내며, 용해염 중의 알루미나가 감소하면 분말 알루미나를 보충해준다. 알루미나의 이론 분해전압(分解電壓)은 1.7[V], 전류밀도 0.7~1.0[A/cm²]에 대한 전압은 5[V] 전후로 에너지 효율은 35[%]에 불과하며, 65[%]가 줄열로 소비되지만 이 방법에 의해 얻어진 보통의 알루미늄의 품위(品位)는 99.5~99.8[%]의 순도를 얻을 수 있다.

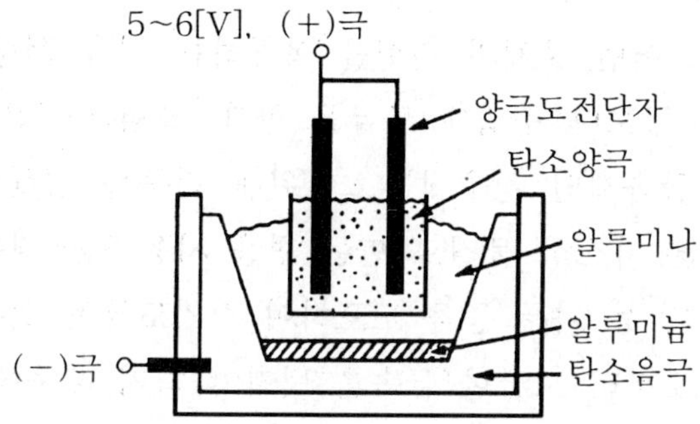

그림 5-5 알루미늄의 용융염 전해법

5.4 전기도금

전기도금(電氣鍍金, electroplating)은 금속표면의 장식이나 내식 및 내마모를 부여하기 위하여 어떤 금속의 표면에 다른 금속의 얇은 막을 입혀 표면처리(表面處理)하는 것을 말한다.

전기도금은 도금(鍍金)하고자 하는 금속을 양극, 도금되는 금속을 음극으로 하여 도금하고자 하는 금속이온을 함유한 수용액 속에서 전기분해하여 음극으로 금속을 석출시키는 것이다. 그림 5-6은 니켈 도금을 나타낸 것이며, 전기분해나 전기도금에 의해 전극에 석출되는 물질의 양은 전기량과 전해액 중의 이온의 종류에 의존한다.

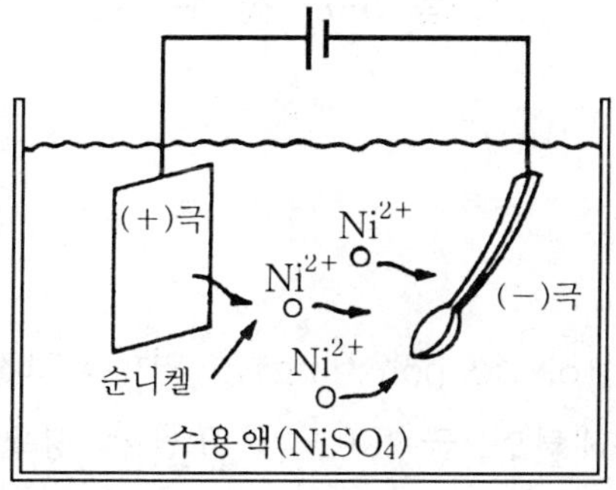

그림 5-6 니켈 전기도금

5.5 전 주

전착(電着)에 의하여 어떤 물체의 원형을 복제하는 것을 **전주**(電鑄, galvanopla-stics)라 하며, 전기도금보다 두껍게 도금을 한다. 그림 5-7은 전주의 원리를 나타낸 것이다. 원형이 금속제인 경우에는 그 위에 전주를 실행하지만, 점토, 석고, 납, 플라스틱 등과 같은 가소성 물질로 만든 형을 사용하는 경우에는 도전성을 부여하기 위해 흑연가루나 동 가루 등을 도포하여 전기도금을 실시한다.

전주가 끝나면 형으로부터 도금한 금속을 벗겨야 하기 때문에 도금 전형의 표면에 엷은 산화물 피막을 만들어 벗기기 쉽게 한다. 전기도금에는 동과 니켈도금이 이용된다. 전주는 주로 원형의 요철을 정밀하게 복제할 수 있기 때문에 레코드의 원판제작, 조가공예품의 복제, 피혁 및 복잡한 프레스형 롤과 같이 기계가공이 어렵고, 정밀도가 높은 제품을 만들 경우에 적합한 방법이다.

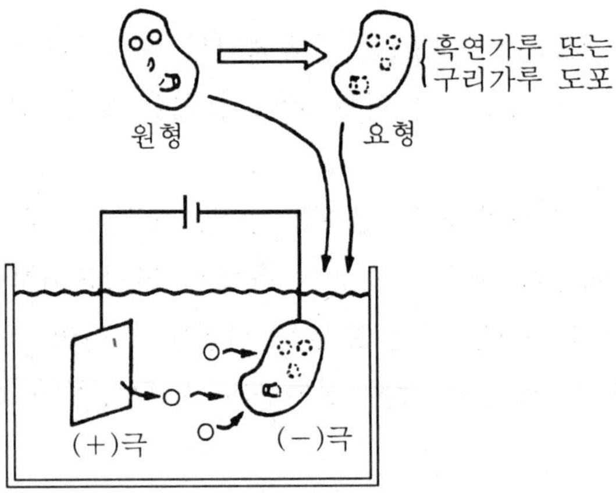

그림 5-7 전 주

5.6 전해연마

전해연마(電解硏磨, electrolytic polishing)는 연마하고자 하는 금속이나 합금을 양(+)극으로 하여 전기분해하면 금속표면의 요철이 평활하게 되는 것을 말한다. 그림 5-8은 포크의 전해연마를 나타낸 것이다.

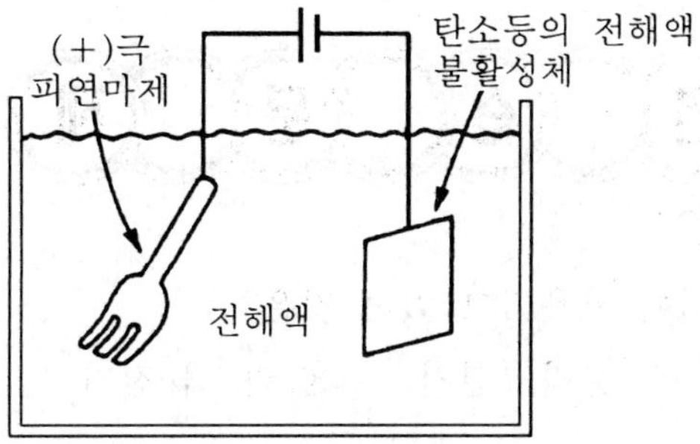

그림 5-8 전해연마

전해연마는 적당한 전해액(電解液) 중에서 비교적 단시간에 연마할 수 있으며, 광택(光澤)이 우수하고 내식성이 뛰어나므로 주사침의 내면 등 형상적으로 기계적 연마가 어려운 것, 포크 또는 스푼 등의 양식기나 정밀 기계부품 등에 많이 이용되고 있다.

5.7 카바이드 제조

석회석(石灰石)인 $CaCO_3$를 약 15[%]의 무연탄(無煙炭)과 함께 석회로에 투입하여 약 900~1,100[℃]로 약 8시간 연소시켜 생석회(CaO)를 만든다. 이 생석회(生石灰)에 무연탄 또는 석유 코크스를 혼합시켜 전기로(電氣爐)를 이용하여 약 2,000[℃]로 가열시키면 식 (5-8)과 같이 카바이드인 $CaCO_2$가 생성된다.

$$CaO + 3C \rightarrow CaC_2 + CO \qquad (5\text{-}8)$$

5.8 인조흑연의 제조

회분이 적은 코크스, 무연탄을 가압 형성하여 강전류를 통하면 온도 2,300[℃] 이상의 고온을 얻을 수 있고, 회분은 환원되어 휘발하며, 이때 탄소질은 결정으로 되어 인조흑연(人造黑鉛)이 된다. 흑연의 제조에는 직접식 저항로가 사용된다. 원료탄소의 순도나 가열온도, 시간 등에 따라 흑연화의 정도도 여러 가지 있지만, 원자료용 감속제, 심염전해용 양극판, 전기로용 전극 등 목적에 따라 다양하다.

연 습 문 제

1. 표준전지로서 현재에 사용되고 있는 것은?

① 다니엘전지　② 클라크전지　③ 카드뮴전지　④ 태양열전지

2. 일정한 전압을 가진 전지에 부하를 걸면 단자 전압이 저하한다. 그 원인은?

① 이온화 경향　② 분극작용
③ 전해액의 변색　④ 주위 온도

3. 전지에서 분극 작용에 의한 전압 강하를 방지하기 위하여 사용되는 감극제는?

① H_2O　② H_2SO_4　③ $CdSO_4$　④ MnO_2

4. 망간 건전지의 전해액은?

① NH_4Cl　② $NaOH$　③ MnO_2　④ $CuSO_4$

5. 자체 방전이 작고 오래 저장할 수 있으며, 사용 중에 전압 변동률이 비교적 작은 것은?

① 보통건전지　② 공기건전지　③ 내한건전지　④ 적층건전지

6. 납축전지의 양극 재료는?

① $Pb(OH)_2$　② Pb　③ $PbSO_4$　④ PbO_2

7. 2차 전지에 속하는 것은?

① 적층전지　② 내한전지　③ 공기전지　④ 자동차용 전지

8. 충분히 방전했을 때 양극판의 빛깔은 무슨 색인가?

① 황색　② 청색　③ 적갈색　④ 회백색

9. 연축전지의 방전이 끝나면 그 양극(+극)은 어느 물질로 되는지 다음에서 적당한 것을 고르면?

① Pb　② PbO　③ PbO_2　④ $PbSO_4$

10. 알칼리 축전지의 공칭 용량은 얼마인가?

① 2[Ah] ② 4[Ah] ③ 5[Ah] ④ 10[Ah]

11. 전해액에서 도전율은 어느 것에 의하여 증가하는가?

① 전해액의 빛깔 ② 전해액의 농도
③ 전해액의 유효단면적 ④ 전해액의 고유저항

12. 전지에서 자체 방전 현상이 일어나는 것은 다음 중 어느 것과 가장 관련이 있는가?

① 전해액 농도 ② 전해액 온도 ③ 이온화 경향 ④ 불순물 혼합

13. 태양 광선이나 빙사선을 조사해서 기전력을 얻는 전지를 태양전지, 원자력 전지라고 하는데, 이것은 다음 어느 부류의 전지에 속하는가?

① 1차 전지 ② 2차 전지 ③ 연료전지 ④ 물리전지

14. 물을 전기분해할 때 도전율을 높이기 위해 20[%] 정도 첨가하는 용액은?

① 가성소다와 황산 ② 가성소다와 가성칼리
③ 가성칼리와 황산 ④ 가성칼리와 인산나트륨

15. 전기분해에 의하여 전극에 석출되는 물질의 양은 전해액을 통과하는 총 전기량에 비례하고 또 그 물질의 화학당량에 비례하는 법칙은?

① 암페어의 법칙 ② 패러데이의 법칙
③ 톰슨의 법칙 ④ 줄의 법칙

16. 전기분해로 제조되는 것은?

① 암모니아 ② 카바이드 ③ 알루미늄 ④ 철

17. 전기분해를 이용하여 순수한 금속만을 음극에 석출하여 정제하는 것을 무엇이라 하는가?

① 전착 ② 전해연마 ③ 전해정련 ④ 전식

18. 전기 도금을 계속하여 두꺼운 금속층을 만든 후, 원형을 떼어서 그대로 복제하는 방법을 무엇이라 하는가?

① 전기도금 ② 전주 ③ 전해정련 ④ 전해연마

19. 황산 용액에 양극으로 구리 막대, 음극으로 은막대를 두고 전기를 통하면 막대는 구리색이 난다. 이를 무엇이라고 하는가?

① 전기도금 ② 이온화 현상 ③ 전기분해 ④ 분극작용

20. 기체 또는 액체에 고체의 입자가 분산되어 있을 경우 이에 전압을 가하면 입자가 이동한다. 이러한 현상을 무엇이라 하는가?

① 전기집진 ② 전기투석 ③ 전기영동 ④ 전기방식

21. 전해 콘덴서의 제조나 재생고무의 제조 등에 주로 응용하는 현상은?

① 전기침투 ② 전기영동 ③ 비산현상 ④ 핀치현상

22. 고온도에 의한 환원으로 얻어진 조금속 또는 정제금속을 주입한 것을 양극으로 하고 목적 금속과 동일한 금속염을 함유한 수용액을 전해액으로서 전해하여 순도가 높은 금속을 얻는 방법은?

① 전해정제 ② 전해채취 ③ 전기도금 ④ 전해연마

23. 금속 중 이온화 경향이 큰 물질은?

① Fe ② Zn ③ K ④ Na

24. 1차 전지와 2차 전지에 대하여 설명하시오.

25. 망간건전지 양극과 음극 재료는 무엇인가?

26. 공기건전지의 양극과 음극 재료는 무엇인가?

27. 수은건전지의 양극과 음극 재료는 무엇인가?

28. 납축전지의 구조와 기전반응에 대하여 설명하시오.

29. 알칼리 축전지의 구조와 기전반응에 대하여 설명하시오.

30. 연료전지에 대하여 설명하시오.

31. 물리전지에 대하여 설명하시오.

32. 전기도금과 전해정련에 대하여 설명하시오.

33. 전주에 대하여 설명하시오.

제6편

정전기

제 1 장

정전기

1.1 정전기 응용

1.1.1 전기집진

전기집진(電氣集塵)은 기체 중에 떠돌아다니는 액체, 고체 등의 미립자를 전기력(電氣力)을 작용시켜 이것을 분리하여 잡아 모으는 기술이다. 보통 코로나방전을 이용하여 입자에 전하(電荷)를 주고 전계(電界)를 작용시켜 쿨롱의 힘에 의해 집진극으로 향하도록 구동시켜 집진을 이루는 것이다.

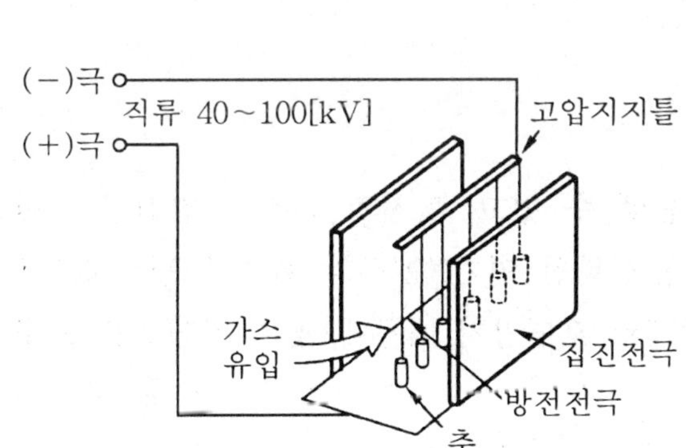

(a) 전극 구조

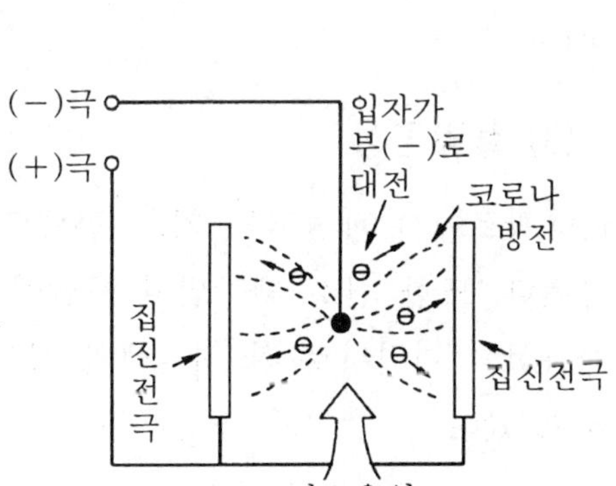

(b) 집진 원리

그림 1-1 콧튼 집진기

그림 1-1은 콧튼 집진기의 전극구조와 집진원리를 나타낸 것으로 화력발전소 등 공업용 집진기로서 사용되고 있다.

집진전극은 평판, 철망 등으로 2~6[mm]의 강철선인 방전전극(放電電極)을 두고 집진전극을 정(+), 방전전극을 부(−)로 하여 직류(直流) 40~100[kV]를 가한다.

집진전극 사이를 지나는 가스 중의 입자는 코로나 방전에 의해 부(−)의 이온으로 대전(帶電)하고 두 전극간의 전계에 의한 쿨롱의 힘에 의해 집진전극으로 끌려가 부착한다. 집진전극에 부착된 미립자는 주기적으로 집진전극을 두들겨서 제거한다. 전기집진기의 응용분야는 발전소, 시멘트, 철강 및 기타 산업분야에 많이 이용되고 있다.

(1) 발전소

발전용 미분탄 연소보일러의 배기가스는 대기오염의 주범이 되므로 공해방지 차원에서 정화가 필수적이다. 연진 중의 미세분자는 시멘트 원료로서 이용할 수 있으므로 멀티사이클론과 집진기를 직렬로 한 플라이애시 회수용 집진기로도 사용한다.

(2) 시멘트공장

중요한 응용면으로서는 로터리 길룬의 배기(排氣)가스의 집진이다. 길룬에는 건식과 습식이 있지만, 건식은 집진 전에 급습이나 온도 저하 등의 방법을 마련해야 한다.

(3) 철강공장

용광로에서 배출되는 가스 연료로 이용할 수 있고, 탈진의 목적에 집진기가 이용된다. 또한 산소 제강법의 보급에 따라 산화철 연기(煙氣)의 회수가 필요하므로 산화철의 미립자로 된 적갈색의 짙은 연기로 오염방지 때문에 높은 집진율을 요구하고 있다.

(4) 기타 분야

그 외에 먼지 소각로, 카본, 고무, 금속제련, 제지, 황산제조, 도시 가스 청정 등의 분야에 많이 이용되고 있고 또한 그림 1-2와 같이 공기정화(空氣淨化)의 목적으로 사무실, 병원, 의약품, 전기제품, 정밀 광학, 방적 등의 여러 현장에서 이용되고 있다.

2단식 집진기는 그림 1-2와 같이 연진(煙塵)에 전하를 주는 충전부와 이것을 잡아 모으는 집진부로 나누어져 있다. 하전입자(荷電粒子)는 공업용 집진기와 같지만, 전극의 구조상 거의 집진되지 않고 다음의 집진부에 들어간다. 여기서 평판전극 사이의 평등 정전계에 의하여 집진된다.

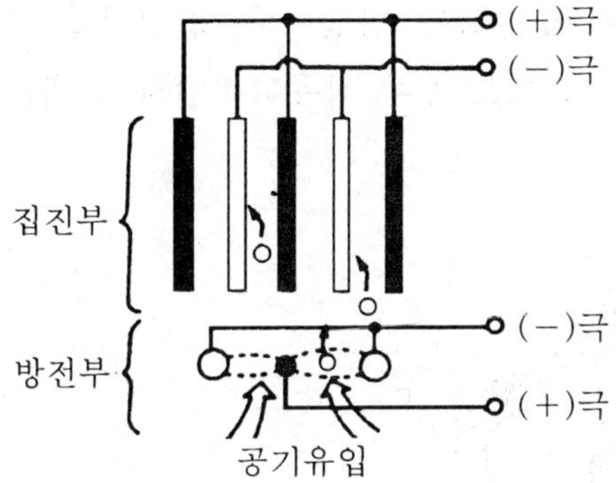

그림 1-2 2단식 집진기

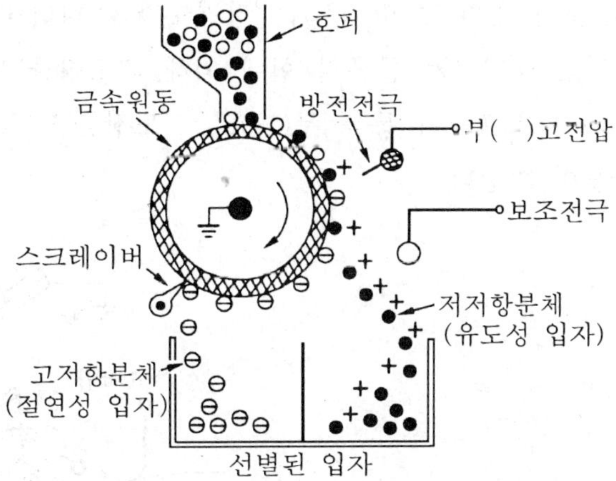

그림 1-3 코로나 하전형 정전선별장치

1.1.2 정전선별

정전선별(靜電選別)은 정전기적 현상을 이용하여 물질의 분리, 선별 등을 시행하는 기술이다. 정전계(靜電界) 중에 놓인 입자에는 보통 전기적 구동력이 작용하지만, 이들의 힘은 입자의 형태, 크기, 전기저항, 유전율, 대전량, 극성 등의 물리적 조건에 따라 좌우된다.

그림 1-3은 코로나 하전형 정전선별 장치를 나타낸 것이다. 선별장치로는 순정전형 원통식 선별장치, 코로나 방전형 원통식 선별장치, 복합형 원통식 선별장치, 마찰을 이용하는 것 등이 있다.

1.1.3 정전도장

정전도장(靜電塗裝, electrostatic painting)은 도료입자를 대전시켜서 전기력에 의하여 이것을 도장대상으로 향하도록 구동시킨다는 원리를 이용한 것으로서 전기집진의 한 응용이라 할 수 있다. 다른 도장법에 비하여 경제성과 위생상의 견지로 보면 많은 장점이 있어 그 용도가 더욱 확대될 것이다. 도장법으로는 그리드법, 캡법 등이 있다. 그림 1-4는 정전도장을 나타낸 것이다. 먼저 도료(塗料)입자를 부(−)로 대전시켜 쿨롱의 힘에 의해 피도장물면에 도장하는 방법이다. 집진기의 경우처럼 스프레이 통을 부(−)로 피도장물을 정(+)으로 하여 직류고전압의 전계를 만들어 가한다.

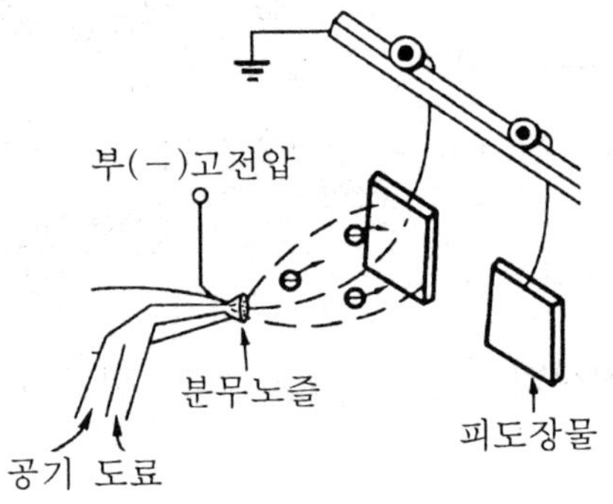

그림 1-4 정전도장

1.1.4 정전식모

정전식모(靜電植毛)는 전계 중에 놓인 섬유상의 유전체가 전계의 방향으로 배열하는 특성을 이용하여 미리 접착제를 붙인 대상 물체에 정전력을 사용하여 단섬유를 심는 기술이다. 그림 1-5는 정전식모의 예를 나타낸 것으로 직류고전압이 인가되어 있는 금속표면에서는 전기력선(電氣力線)이 수직으로 출입하는 원리를 응용한 것이다.

한쪽 원통롤러에 전압을 인가하고 식모하고자 하는 섬유를 짧게 자른 것을 떨어뜨려 전하를 가하면 대전섬유가 떨어질 때에 다른 롤러 전극에 달라붙어 접착제가 도포된 롤러 표면의 포지에 섬유가 선채로 접착해서 전하는 중화된다. 짧은 섬유가 부착된 포지는 건조기에서 건조시켜 접착제를 굳힌 포지 권취기로 포지를 감는다.

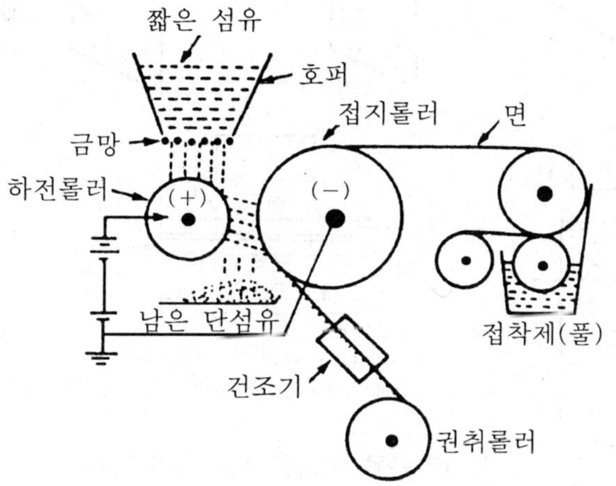

그림 1-5 정전식모

1.1.5 정전기록

정전기록(靜電記錄, electrostatic recording)은 코로나 방전을 이용하여 종이에 문자나 도형에 따라 대전(帶電)시키고, 거기에 토너(미세한 수지분)를 뿌려 가열 정착시키는 방법으로 전자사진, 복사기, 팩시밀리 등에 응용되고 있다. 그림 1-6은 정전기록에 의한 복사기의 일례이다.

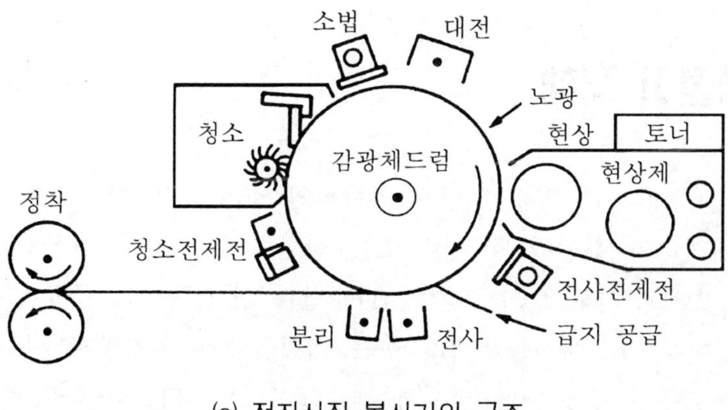

(a) 전자사진 복사기의 구조

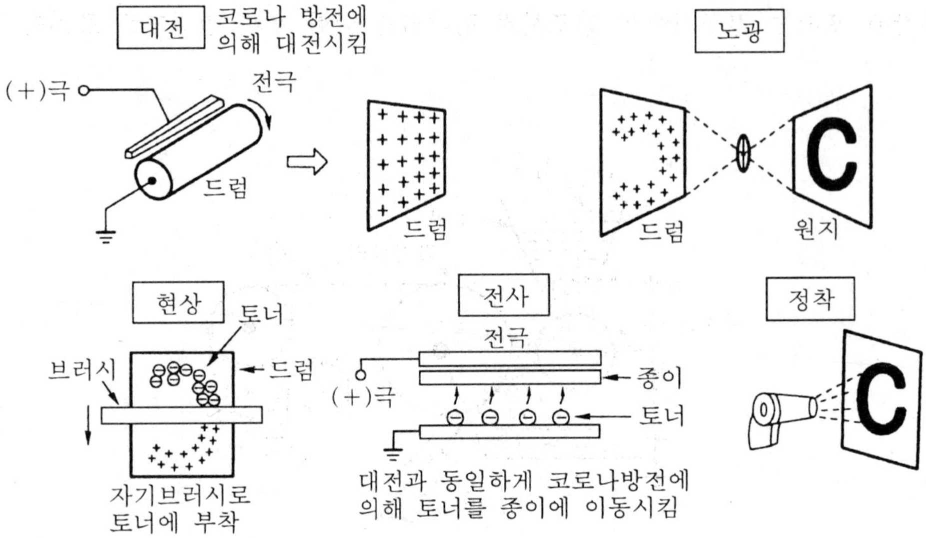

(b) 정전기록을 이용한 복사기의 원리

그림 1-6 복사기

그림 1-6에서 복사기(複寫機)의 동작을 살펴보면 먼저 셀렌과 산화아연으로 된 감광피막의 드럼에 코로나 방전으로 대전시키면 셀렌은 p형의 광도전이 주이기 때문에 정(+), 산화아연은 n형이기 때문에 부(−)로 된다. 대전된 드럼에 광을 조사하면 내부 광전효과(光電效果)에 의해 표면에 정부(正負)의 케리어가 발생하고, 표면 전하가 중화되어 광의 강약에 대한 전하분포가 발생된다(노광). 드럼 표면에 자기 브러시를 사용하여 토너를 부착시킨다(현상). 드럼위에다 종이를 겹쳐 토너의 대전극성과 반대의 코로나 방전에 의해 토너를 이행시키고(전사), 히터를 이용하여 토너를 종이에 정착시키면(정착) 복사가 완료된다.

1.2 정전기 재해

정전기(靜電氣)에 의한 재해는 크게 역학적인 것과 방전적인 것이 있다. 역학작용은 대전물체끼리의 흡인력(吸引力) 또는 반발력(反撥力)에 의한 것으로 체적과 표면적이 큰 것에 현저하게 그 효과가 나타난다. 방전작용은 주로 기체의 절연파괴(絶緣破壞) 현상으로 대전물체끼리 또는 대전물체와 접지물체 사이의 전계강도가 절연파괴강도를 넘었을 때에 발생하는데 그 원인이 되는 전하의 축적은 마찰대전에서 고체, 분체로 한정되지 않고 절연액체에서도 발생하기 때문이다.

1.2.1 역학작용에 의한 장해

예전부터 정전기 장해로 알려져 있는 것은 면사(綿絲), 견사(絹紗) 등의 제조, 처리공정에서의 롤러에 감기라든가 비틀어 맞출 수 없는 등의 현상이다. 직포나 제지공장에서는 천이나 종이가 대전되어 접을 수 없다든지 반대로 달라붙어서 떨어지지 않는 등의 장해가 발생하곤 한다.

플라스틱의 성형가공에서 부스러기가 금형에 달라붙어서 떼어지지 않는 등의 장해가 발생한다. 일반적으로 분체는 표면적이 체적과 비교해서 크기 때문에 대전하기 쉽고 여러 가지 장해를 발생시킨다. 또한 분체(粉體)를 덕트나 파이프로 수송할 때 마찰대전이 발생하여 파이프 내면에 부착되기도 하고 철망에 걸리기도 한다. 일상생활에서도 벽면의 먼지부착, 텔레비전 브라운관의 먼지 부착, 레코드의 먼지 등이 이러한 장해의 일례이다.

1.2.2 방전작용에 의한 장해

전하(電荷)가 축적되고 그것에 의해 발생하는 전계가 커지면 방전이 발생한다. 일상생활에서 카페트 위를 걸은 다음 문에서 쇼크나 자동차 문에 접촉하였을 경우 쇼크는 인체에 축적된 전하가 손끝과 문 사이에 방전할 때에 발생하는데 생명에 위험을 주진 않지만 기분이 좋은 것은 아니다. 그러나 이 같은 방전에 의한 쇼크는 작업현장에서 2차 재해로 이어갈 가능성이 있다.

최근에 반도체소자(半導體素子)는 집적도 높고 개개 소자의 소비에너지가 작아지면서 정전기에 의한 미소한 방전에너지로도 파괴되는 장해가 발생되고 있다. 이에 따라 대전된 인체에서의 방전에 의한 파괴에 관한 연구가 계속되고 여러 가지 대책이 강구되고 있는데, 집적도의 상승에 따라 생상공정상의 미소한 대전이라도 파괴되는 경우가 많아지고 있다.

방전에 의해 발생하는 전자파가 전자기기의 오동작을 일으키는 예가 증가하고 있다. 라디오, TV에서의 소음 정도라면 그다지 문제가 되지 않지만 계측기와 컴퓨터의 오동작은 생산관리, 품질관리에 큰 영향을 미칠 수 있다.

1.2.3 방전에 의한 착화폭발 재해

정전기에 의한 가연성 액체의 폭발사고(爆發事故)는 그 재해만으로도 사회적 파장이 크다. 탱크와 탱크로리 등의 폭발사고 원인의 규명은 오래전부터 있어 왔지만 아직 미지인 부분이 많다. 그 원인으로는 다음과 같이 추정되고 있다.

석유와 같은 천연 액체는 파이프 수송 중에 유동(流動) 대전되고 높은 절연성 때문에 대전된 전하가 장시간 보존된다. 대전된 상태에서 탱크에 축적되면 그 공간전하(空間電荷)에 의해 전계가 형성되고, 그 값이 충분히 커지면 석유 증기 공간에서 방전이 일어난다. 만약 그 혼합기에서의 조건이 착화(着火)범위이고 방전 에너지가 착화에 필요한 에너지 이상이면 착화폭발의 가능성도 있다. 이와 같은 동일한 일이 액체 미립자의 경우에도 발생하고, 수퍼 탱크의 세정시에 발생된 폭발사고는 대전 미립자가 만드는 공간전하 전계에 의한 것으로 추정되고 있다.

연습문제

1. 전기 집진기는 어떠한 것을 이용한 것인가?

① 정전기력 ② 자기력 ③ 만유인력 ④ 전자기력

2. 정전력을 이용하지 않는 장치는?

① 정전도장장치 ② 정전 선별기
③ 전기집진장치 ④ X선장치

3. 공기 성화용 2단식 집진부의 전압은 대략 몇 [kV] 정도인가?

① 3 ② 5 ③ 10 ④ 40

4. 확산(diffusion) 현상으로 틀린 것은?

① 기체 입자의 밀도에 차가 있으면 열운동에 의하여 밀도가 작은 쪽에서 큰 쪽으로 입자가 이동하는 현상이다.
② 온도가 높을수록 확산이 용이하다.
③ 입자 상호간의 충돌 빈도가 클수록 확산이 어렵다.
④ 열평형이란 드리프트와 확산 작용이 동시에 발생하는 경우이다.

5. 전기집진기의 원리에 대하여 설명하시오.

6. 정전선별의 원리에 대하여 설명하시오.

7. 정전도장의 원리에 대하여 설명하시오.

8. 정전기 장해에 대하여 설명하시오.

연습문제 해답 및 풀이

■ 제1편 연습문제

1. ④ 2. ④

3. ②

풀이 $R=\pi B$

휘도 $B=\frac{R}{\pi}=\frac{2000}{3.14}$ [cd/m²] $=637\times10^{-4}=0.064$[cd/cm²]

4. ①

풀이 $R=\pi B=\rho E$

휘도 $B=\frac{\rho E}{\pi}=\frac{0.8\times100}{3.14}=25.47$[cd/m²]

5. ②

풀이 글로브의 효율 $\eta=\frac{\tau}{1-\rho}=\frac{0.5}{1-0.4}=0.833$

조도 $E=\frac{I}{r^2}$[lx] $=E=\frac{I}{r^2}\eta=\frac{0.833\times120}{2^2}=25$[lx]

6. ③

풀이 $E=\frac{I\cos\theta}{r^2}=\frac{150\times\cos60}{5^2}=3$[lx]

7. ②

풀이 조도 $E=\pi B\sin^2\theta$으로, $\sin\theta=\frac{r}{\sqrt{r^2+a^2}}$로

$$E=\pi B\cdot\frac{r}{r^2+a^2}=\frac{\pi r^2B}{r^2+a^2}=\frac{3.14\times0.3^2\times4487}{0.3^2+2.5^2}=200[\text{lx}]$$

8. ②

풀이 평균구면 광도 조도와 평균수명광도 사이에는

$I=0.8I_h=0.8\times200=160$[cd]이므로

전광속 $F=4\pi I=4\times3.14\times160=2009$[lm]

9. ④

풀이 휘도 $B=\frac{I}{S}=\frac{504}{3\times120}=1.4$[cd/cm²]$=1.4$[sb]

10. ②

풀이 $F=4\pi I$에서 광도는 $I=\frac{F}{4\pi}$

$F=P\eta=100\times 14=1400$[lm], 광도 $I=\frac{1400}{4\pi}=111.5$[cd]

11. ①

풀이 $I_0 : I_\theta = r : r\cos\theta$

$I_\theta=\frac{I_0 r\cos\theta}{r}=100\cos\theta$

12. ②

풀이 투과율 $\tau=1-\rho-\delta=1-0.4-0.1=0.5$

투과 광속 $F'=\tau F=0.5\times 1500=750$[lm]

13. ④ 14. ④ 15. ① 16. ③

17. ①

풀이 규산아연(녹색), 텅스텐 칼슘(청색), 규소 카드뮴(동색), 붕산 카드뮴(핑크색), 텅스텐산 마그네슘(청백색)

18. ③ 19. ④ 20. ③

21. ④

풀이 $FUN=EAD$

$E=\frac{FUN}{AD}=\frac{2800\times 0.4\times 20}{(20\times 30)\times 1.5}=25$[lx]

22. ②

풀이 $FUN=EAL$

$E=\frac{FUN}{AD}=\frac{23,000\times 0.25\times 1}{(20\times 24)\times 1.3}=9.2$[lx]

23. ①

24. ④

풀이 $\frac{I_A}{90^2}=\frac{I_B}{(200-90)^2}$, $I_B=\left(\frac{100}{90}\right)^2\times 10=14.9$[cd]

■ 제2편 연습문제

1. ③

풀이 1[BTU]는 물 1[lb]를 1[°F] 높이는데 필요한 열량이다.

1[kcal]=3.968[BTU]

1[BTU]=0.252[kcal]=252[cal]

2. ②

풀이 1[J]=0.24[cal/s]

$1[W]=1[J/s]=0.24[cal/s]=0.24\times10^{-3}\times3600=0.86[kcal/h]$

$200[W]=200\times0.86[kcal/h]=\frac{172000}{3600}=47.78[cal.s]$

3. ②

4. ①

풀이 전력 $P=\frac{E^2}{R}$ 로 전력은 전압의 자승에 비례하므로, P'는

$$\frac{P'}{P}=\left(\frac{E'}{E}\right)^2,\ P'=P\left(\frac{E'}{E}\right)^2=500\times\left(\frac{90}{100}\right)^2=405\,[W]$$

5. ③

풀이 $H=0.24I^2Rt=0.24\times10^2\times10\times10\times60\times10^{-3}=144$

6. ④

풀이 니크롬 제1종 : 1100[℃], 니크롬 제2종 : 900[℃], 철-크롬 제1종 : 1200[℃], 탄화규소 발열체 : 1500[℃]

7. ①　8. ②　9. ①

10. ④

풀이 CaO(석회)와 C(탄소)와의 혼합 재료에 전류를 통하여 2200[℃] 정도로 하여 카바이드(CaC_2)를 만드는 노를 카바이드라 한다.

11. ④　12. ②

13. ④

풀이 아크용접에는 불활성 가스인 아르곤 또는 헬륨 가스를 사용한다.

14. ①　15. ①　16. ④　17. ④　18. ④　19. ③　20. ③

21. ②　22. ④　23. ①　24. ③

25. ①

풀이 $Q=0.24I^2Rt\times10^{-3}=0.24\,VIt\times10^{-3}$

$11=0.24\times30\times200\times1\times10^{-3}=1.44[kcal/s]$

26. ①

풀이 증발에는 기타 잠열 539[kcal]가 필요하다.

$$P=\frac{m[c(\theta_2-\theta_1)+q_l]}{860H\eta}=\frac{6[(100-20)+539]}{860\times0.8\times4}=1.34[\text{kW}]$$

27. ③

풀이 $P=\frac{mc(\theta_2-\theta_1)}{860H\eta}=\frac{1.2(75-15)}{860\times\frac{10}{60}\times0.7}=0.72[\text{kW}]=720[\text{W}]$

28. ③

풀이 $mc(T_2-T_1)=860PH\eta$에서 $H=\frac{mc(T_2-T_1)}{860P\eta}[\text{h}]$

$$H=\frac{mc(T_2-T_1)\times60}{860P\eta}[\text{min}]=\frac{5(70-20)\times60}{860\times1}=17.4[\text{min}]$$

■ 제3편 연습문제

1. ①

풀이 $W=\frac{1}{2}\left(\frac{1}{4}GD^2\right)\left(\frac{2\pi N}{60}\right)^2=\frac{GD^2N^2}{730}=\frac{150\times1200^2}{730}=296,000$

2. ③

풀이 일그너 방식은 워드 레오나드 방식에 플라이휠을 부착한 것을 말한다. 이 방식은 변동이 심한 부하에 사용된다.

3. ②　4. ④　5. ②　6. ②　7. ②　8. ④

9. ④

풀이 총 양정은 $H=10+2=12[\text{m}]$

$$P=\frac{9.8KQH}{\eta}=\frac{9.8\times\frac{100}{3600}\times12}{0.8}=4.1[\text{kWh}]$$

10. ①

풀이 $P=\frac{9.8KQH}{\eta}=\frac{9.8\times\frac{40}{60}\times13}{0.8}=106.17[\text{kW}]$

11. ②

풀이 $P=\frac{100KQH}{102\eta}=\frac{100\times\frac{170}{60}\times50\times1.35}{102\times75}=2.5[\text{kW}]$

12. ②

풀이 $P=\frac{WV}{6.1\eta}=\frac{5\times 12}{6.1\times 0.7}=14[\text{kW}]$

13. ①

풀이 $P=\frac{WVC}{6100\eta}=\frac{1000\times 50\times 0.5}{6100\times 1}=4[\text{kW}]$

14. ④

풀이 $T=0.975\frac{P}{N}=0.975\times\frac{8200}{900}=8.88$

15. ② 16. ④ 17. ④ 18. ② 19. ① 20. ③

21. ②

풀이 동기전동기, 콘덴서 기동 전동기, 히스테리시스 전동기는 교류용이다.

22. ③ 23. ②

▣ 제4편 연습문제

1. ③

2. ①

풀이 고도 $h=\frac{GV^2}{127R}$에서 최대 속도 $V_m=\sqrt{\frac{127Rh}{G}}$ 이다.

$R=1000$, $h=10$, $G=1435$이므로

$$V_m=\sqrt{\frac{127\times 1000\times 10}{1435}}=29.75$$

3. ②

풀이 고도 $h=\frac{GV^2}{127R}$에서 $G=1000$, $V=50$, $R=1000$이므로

$$h=\frac{1000\times 50^2}{127\times 1000}=19.68$$

4. ④ 5. ② 6. ①

7. ②

풀이 $P=\frac{FV}{367M\eta}$이므로, $V=30$, $M=4$, $\eta=0.95$, 총중량 30,

견인력 $F=$총 중량×(주행저항+경사저항+가속저항)으로

여기서 주행저항 $r_1=6$, 경사저항 $r_2=20$, 가속저항 $f_a=31A=31\times 1=31$이므로

견인력 $F=30\times(6+20+31)=1710$이다.

그러므로 $P=\dfrac{1710\times30}{367\times4\times0.95}=36.8$

8. ② 9. ① 10. ③ 11. ②

12. ③

풀이 $F_a=1000\mu W_a=1000\times0.2\times7.5=15,000$

13. ③

14. ③

풀이 견인력 $F=W\sin\theta=30\times10^3\times\dfrac{30}{1000}=900$

15. ④

풀이 $F_a=31WA=31\times50\times3=4,650$

16. ② 17. ① 18. ② 19. ③ 20. ② 21. ③ 22. ③

23. ④ 24. ④ 25. ④ 26. ①

■ 제5편 연습문제

1. ③ 2. ②

3. ④

풀이 분극 작용을 감소시키기 위하여 O_2, Hg_2SO_4 등이 사용된다.

4. ① 5. ② 6. ④ 7. ④ 8. ④ 9. ④

10. ③

풀이 납축전지 : 공칭전압 1셀당 2.0[V], 공칭용량 10[Ah]
알칼리 축전지 : 공칭전압 1셀당 1.2[V], 공칭용량 5[Ah]

11. ② 12. ④ 13. ④ 14. ② 15. ② 16. ③ 17. ③

18. ② 19. ① 20. ③ 21. ① 22. ①

23. ③

풀이 금속의 이온화 경향 순위는 K, Ca, Na, Mg, Al, Zn, Fe, Ni, Sn, Pb 등의 순이다.

■ 제6편 연습문제

1. ① 2. ④ 3. ② 4. ①

찾아보기

ㄴ

ㄷ

ㅅ

ㅊ

참고문헌

1. 電氣應用, 電氣學會, 1994.
2. 電力應用, オーム社, 목촌전사외, 1992.
3. 電氣應用, オーム社, 대곡가능외, 1994.
4. 照明工學, 문운당, 지철근, 1961.
5. 電氣照明, 동명사, 전춘생, 1969.
6. 電熱工學, 電氣學會, 1967.
7. 최신전기응용, 북스힐, 오성근외, 2002.
8. (최신)전기응용, 광명, 조규판외, 2000.
9. 전기철도공학, 동일출판사, 김양수외, 1999.
10. (최신)전기철도개론, 의제, 강인권, 2000.
11. 電氣鐵道, 전춘생, 1964.
12. (改訂)電氣化學, コロナ社, 청야무웅, 1975.
13. 조명원론, 문운당, 지철근, 2000.
14. 신편 전기응용, 태영문화사, 이현수외, 2004.
15. 조명의 이해와 설계, 태영문화사, 최경호외, 2005.
16. 전기응용공사재료, 동일출판사, 검정연구회, 2005.
17. 최신 전기응용, 문운당, 지철근, 2004.
18. 電動機の制御と應用, 東京電機大學出版局, 평도무언, 1977.
19. (最新) 電氣機器, 세화, 김상진, 1995.
20. 전기기기, 동일, 검정연구회, 2005.
21. (新編) 電氣機械, 동명사, 이윤종, 1990.
22. 일반전기공학, 문운당, 이윤종외, 1982.

전기응용

2017. 2. 5 인쇄
2017. 2. 10 발행

판 권
소 유

저 자 : 박성택 · 심상만 · 김천오
이해춘 · 권철오 공저

발행자 : 이진권

발행처 : 도서출판 **태영문화사**

주 소 : 서울특별시 강서구 초원로 38

전 화 : 2661-8751

F A X : 2661-8798

등 록 : 1998년 11월 12일 제 2-2682호

정가 25,000원